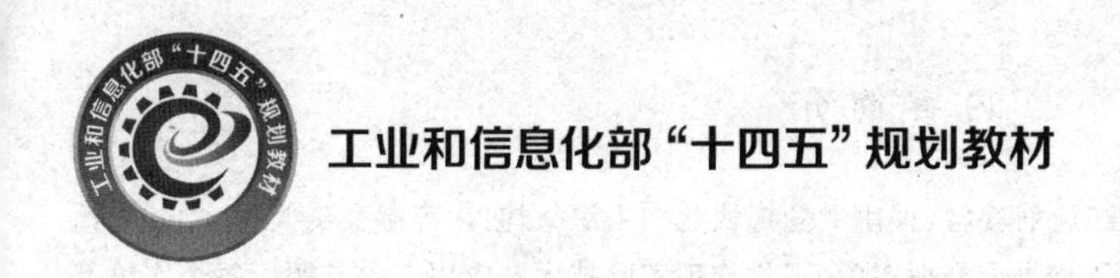


# 近代物理实验

## （第 2 版）

主　编　钱建强　蔡　微

北京航空航天大学出版社

## 内容简介

本书是国家工业和信息化部"十四五"规划教材，采用专题模块化的组织架构，内容涵盖磁共振实验、光谱学实验、激光与信息光学实验、原子核物理与原子物理实验、现代物理实验技术及应用5大专题。每个实验都按照基本实验-拓展性实验-研究性实验递进设置，将理论知识与实验内容相结合，便于开展多层次实验教学。本书还设有综合系列实验，旨在通过该实验让学生掌握凝聚态物理领域的常用实验技术和方法。

本书既可作为高等学校物理类本科生的近代物理实验课程教材，也可作为工科类本科生和研究生基础课程的参考书，同时也可供从事实验教学的教师、工程技术人员参考阅读。

**图书在版编目(CIP)数据**

近代物理实验 / 钱建强，蔡微主编. -- 2版. -- 北京：北京航空航天大学出版社，2024.11

ISBN 978-7-5124-3287-1

Ⅰ. ①近… Ⅱ. ①钱… ②蔡… Ⅲ. ①物理学—实验 Ⅳ. ①O41-33

中国国家版本馆CIP数据核字(2024)第005012号

**版权所有，侵权必究。**

**近代物理实验(第2版)**

主　编　钱建强　蔡　微

策划编辑　董　瑞　　责任编辑　杨国龙

*

北京航空航天大学出版社出版发行

北京市海淀区学院路37号(邮编100191)　http://www.buaapress.com.cn

发行部电话：(010)82317024　传真：(010)82328026

读者信箱：goodtextbook@126.com　邮购电话：(010)82316936

北京时代华都印刷有限公司印装　各地书店经销

*

开本：787×1 092　1/16　印张：18.25　字数：467千字

2024年11月第2版　2024年11月第1次印刷

ISBN 978-7-5124-3287-1　定价：58.00元

若本书有倒页、脱页、缺页等印装质量问题，请与本社发行部联系调换。联系电话：(010)82317024

# 编 委 会

主　编　钱建强　蔡　微

副主编　张高龙　崔丹丹　李文萍　王　玫
　　　　崔益民　唐　芳　郝维昌

编　委　王金良　徐则达　李英姿　刘发民
　　　　张　颖　沈　嵘　于　磊　崔怀洋
　　　　王慕冰　陈昌晔　罗剑兰

# 前言

《近代物理实验》教材自 2016 年 9 月出版以来，一直是北京航空航天大学和国内多所高校的教材或教学参考书。由于教材内涵丰富特色鲜明，因此在 2022 年被评为“北京高等学校优质本科教材”。基于任课教师近些年的教学研究成果，以及在教材使用过程中老师和同学的反馈及建议，在国家工业和信息化部“十四五”规划教材资助项目的支持下，我们编写了《近代物理实验（第 2 版）》教材。

在初版教材的基础上，我们对实验内容进行了修订、完善和增减，增加了任课教师近年来的教学和科研成果以及一些自主开发和研究性实验内容。本版教材仍采用专题模块化的组织架构，涵盖了 5 大专题（磁共振实验、光谱学实验、激光与信息光学实验、原子核物理与原子物理实验、现代物理实验技术及应用）。还设有综合系列实验，即真空获得、蒸发镀膜、物性表征与电子衍射系列实验，通过此系列实验让学生掌握凝聚态物理领域的常用物理知识和实验技术。在磁共振实验专题，新增了脉冲核磁共振和核磁共振成像实验；在光谱学实验专题，结合微区显微拉曼光谱仪器更新了激光拉曼光谱实验；在激光与信息光学实验专题，新增了半导体激光泵浦固体激光器实验、单光子计数实验、激光多普勒测速实验、液晶光电效应实验和光镊微粒操控实验等内容；在原子核物理与原子物理专题，新增了原子核 β 衰变能谱测量实验；在现代物理实验技术及应用专题，结合新的实验硬件，更新了椭偏光法测量薄膜折射率和厚度实验，新增了变温霍尔效应和多传感器图像信息分析实验。

本版教材把课程重点实践的实验技术再次进行了梳理，包括 X 射线技术、核探测技术、真空技术、磁共振技术、光谱技术、微波技术和微弱信号提取技术等。本版教材将课程的难点进一步进行了详尽阐述，包括需要学生掌握的原子物理、量子力学、相对论、固体物理和核物理等现代物理的理论基础，同时也强化了前沿科技、研究热点的融入。

本版教材坚持初版的指导思想，每个实验内容中还包含背景知识、预习要点、拓展性实验、研究性实验等部分。背景知识部分重点介绍实验的背景资料、前沿发展现状以及应用前景等，同时还融入了思政元素，以阐明实验所蕴含的科学思想。预习要点部分要求学生在实验前应掌握的相关理论知识，广泛查阅文献，拟定实验方案。拓展性实验部分要求学生在基本实验的基础上，由教材给予的指导内容，自主拓展新的实验。研究性实验部分则要求学生参考教材所给出的研究性实验内容，结合自己感兴趣的部分，进行自主命题，并在任课教师指导下自主开展一些实验研究。本版教材内容按照基本实验–拓展性实验–研究性实验递进设置，

最终达到能够带动学生整体发展,强化学生创新能力培养,促进拔尖人才成长的目的。

本教材的编写由近代物理实验教学团队共同承担。钱建强编写了核磁共振成像实验、半导体激光泵浦固体激光器实验、液晶电光效应实验、氦氖激光器模式分析及稳频实验和原子力显微镜技术及应用实验,完善修订了核磁共振和光磁共振实验。蔡微编写了激光多普勒测速实验、光镊微粒操控实验、变温霍尔效应实验和光纤光栅传感实验,完善修订了光学运算实验、单色仪实验、扫描隧道显微镜实验和微弱信号检测实验。张高龙编写了原子核β衰变能谱测量实验和原子核物理与原子物理实验专题的引言,完善修订了核衰变统计规律实验、塞曼效应实验和用β粒子验证相对论的动量-动能关系实验。李文萍编写了脉冲核磁共振实验和单光子计数实验。王玫编写了稳态荧光光谱仪和多传感器图像信息分析实验。唐芳编写了X射线实验、光拍法测量光速实验和激光与信息光学实验专题的引言。崔益民编写了超巨磁阻(CMR)材料的交流磁化率测量实验,完善修订了微波磁共振实验,参与修订了光磁共振实验。郝维昌编写了紫外-可见光谱仪实验和光谱学实验专题的引言,参与修订了椭偏仪实验。崔丹丹完善修订了激光拉曼光谱、紫外-可见光谱仪实验和椭偏仪实验。徐则达编写了偏振全息光栅实验。李英姿参与修订了扫描隧道显微镜实验。全书由钱建强、蔡微、崔丹丹负责统稿。

需要着重说明的是,本教材中的部分内容是在北京航空航天大学近代物理实验早期讲义的基础上修订和完善的。在早期讲义中,我们采用的实验内容有:王金良编写的扫描隧道显微镜、验证快速电子的动量和动能的相对论关系、核衰变的统计规律和γ射线的吸收与物质吸收系数的测量实验;于磊编写的用C-V法测量单边突变PN结的杂质分布和LRS-Ⅱ激光拉曼/荧光光谱仪的调节与使用实验;沈嵘编写的核磁共振实验;罗剑兰编写的传输式谐振腔法观测微波铁磁共振实验;张颖编写的微波顺磁共振实验;陈昌晔编写的光磁共振实验;刘发民编写的塞曼效应实验;唐芳编写的用单色仪测定介质的吸收曲线实验;崔怀洋编写的椭偏光法测量薄膜折射率和厚度实验;王慕冰编写的电子衍射实验。

此外,本教材中的一些内容或素材也参考了兄弟院校及有关单位的教学成果和实验教材,在此向有关老师和专家表示感谢,并向所有为北京航空航天大学近代物理实验室建设作出贡献的老师表示感谢,向参与本教材编写工作的本科生以及研究生表示感谢。由于水平和条件有限,时间仓促,教材的不妥之处恳请广大读者提出宝贵意见。

北京航空航天大学近代物理实验教学团队

2024年8月

# 目　录

# 第1章　磁共振实验专题

## 1.0　引　言

磁共振即自旋磁共振，是指磁矩不为零的微观粒子(如电子核、原子等)，在外磁场作用下自旋能级发生塞曼分裂，共振吸收某一特定频率的电磁辐射物理过程。磁共振包含核磁共振、电子顺磁共振、铁磁共振和光磁共振等。

磁共振是在固体微观量子理论和无线电微波电子学技术发展的基础上被发现的。1938年，美国物理学家拉比(Isidor Isaac Rabi)在利用原子束和不均匀磁场研究原子核磁矩时观察到核磁共振现象，首次提出了核磁共振概念，并因此获得了1944年诺贝尔物理学奖。1944年，苏联物理学家扎沃依斯基(Yevgeniy Konstantinovtch Zavoyiskiy)在顺磁性Mn盐的水溶液中首次观察到电子顺磁共振现象。1946年，美国物理学家布洛赫(Felix Bloch)和珀塞尔(Edward Mills Purcell)分别用不同方法在常规物质中观察到核磁共振现象，两人因此获得了1952年诺贝尔物理学奖，他们的实验方法也成为现代核磁共振技术的基础。1946年，英国物理学家格里菲斯用波导谐振腔方法在金属Fe、Co、Ni中观察到铁磁共振现象。1952年，法国物理学家阿尔弗雷德·卡斯特勒(Alfred Kastler)将磁共振和光探测技术有机结合起来，发明了光泵磁共振技术，为研究气态原子超精细结构提供了一种新的实验方法，并由于其在光抽运技术上的杰出贡献，获得了1966年诺贝尔物理学奖。1966年，瑞士科学家恩斯特(Richard Robert Ernst)发展了脉冲傅里叶变换核磁共振技术，使信号采集区域由频域变为时域，大大提高了检测灵敏度。1974年，恩斯特首次成功地进行了二维核磁共振实验，并因此获得了1991年的诺贝尔化学奖。1977年，瑞士科学家库尔特·维特里希(Kurt Wüthrich)首先将二维核磁共振(Two-dimensional nuclear magnetic resonance spectroscopy)的方法用于蛋白质结构分析，发明了利用核磁共振技术测定溶液中生物大分子三维结构的方法，并因此获得了2002年诺贝尔化学奖。利用核磁共振原理，通过外加梯度磁场检测所发射出的电磁波，再进行数字图像处理可以绘制物体内部的结构图像，这种成像方法即为核磁共振成像技术。该技术已经广泛应用于医学领域，为人类健康作出了巨大贡献。对核磁共振成像技术发展做出重要贡献的美国科学家保罗·劳特布尔(Paul Lauterbur)和英国科学家彼得·曼斯菲尔德(Peter Mansfield)共同获得2003年诺贝尔生理学或医学奖。

由于磁共振不破坏物质原来状态和结构，可以用来研究粒子的结构和性质，以及物质内部不同层次的结构，因此在物理、化学、生物等基础学科和量子电子学等新技术领域得到广泛应用，如原子核和基本粒子的自旋、磁矩参数的测定，顺磁固体量子放大器、各种铁氧体微波器件、核磁共振谱分析技术和核磁共振成像技术，也可以利用磁共振对顺磁晶体的晶体场和能级结构、半导体的能带结构以及生物分子结构等开展研究。

将磁共振成像技术用于人体内部结构成像，产生了一种革命性的医学诊断工具——核磁共振成像仪，极大地推动了医学、神经生理学和认知神经科学的发展。它采用静磁场和射频磁场进行人体组织成像，在成像过程中，既不用电离辐射、也不用造影剂就可获得高对比度的清晰图像，并且能够从人体内部反映出人体器官的失常和早期病变，在许多方面优于X射线CT诊断。

核磁共振测井是唯一可以直接测量任意岩性储集层自由流体(油、气、水)渗流体积特性的测井方法，是一种适用于裸眼井的测井新技术。它以某种流体(油、天然气、水)中的氢原子核为研究对象，可直接测量孔隙流体的特征，而不受岩石骨架矿物的影响，并能提供丰富的信息，如地层的有效孔隙度、自由流体孔隙度、束缚水孔隙度、孔径分布及渗透率等参数。

核磁共振陀螺仪是一种利用核磁共振原理工作的全固态陀螺仪，通过探测原子自旋在外磁场中的拉莫尔进动频率确定转速。由于其没有运动部件，因此性能由原子材料决定，理论上动态测量范围无限。核磁共振陀螺仪综合运用了量子物理、光、电磁和微电子等领域技术，具有高精度、小体积、抗干扰能力强、对加速度不敏感等优势，是未来陀螺仪发展的新方向，在航天航空、惯性导航、水下潜航等领域都有良好的应用前景。

本专题共安排6个实验。实验一"连续波核磁共振"，通过观察分析水样品中氢核和聚四氟乙烯样品中氟核的共振信号，掌握用核磁共振测量磁场强度以及测量计算表征核磁矩大小的朗德因子($g$因子)的实验方法。实验二"微波电子自旋共振"，通过观测微波波段电子顺磁共振现象，掌握测量计算电子的$g$因子的实验方法，并学会微波仪器和器件的应用。实验三"微波铁磁共振"，通过观测分析铁磁共振现象，掌握用微波谐振腔测量共振线宽及$g$因子的实验方法。实验四"光磁共振"，学习掌握光抽运和磁共振的光电检测原理及实验方法，理解超精细结构等概念，加深对光跃迁、磁共振两个动态过程的理解。实验五"脉冲核磁共振"，理解弛豫机制，学会用自由感应衰减信号和自旋回波信号测量横向弛豫时间，并学习用反转恢复法测量纵向弛豫时间和化学位移。实验六"核磁共振成像"，掌握核磁共振成像仪的操作和使用，能够使用该仪器进行样品测试及成像；掌握利用多层自旋回波序列、多层梯度回波序列等进行样品测试成像分析的实验方法。

上述6个实验是磁共振的系列实验，它们有着共同的共振理论基础，以及观测共振现象的相似实验方法和手段，但又有着明显的不同。核磁共振的研究对象是自旋磁矩不为零的原子核，电子自旋共振的研究对象是电子，光磁共振的研究对象是原子核和外层电子的耦合作用形成的超精细结构。由于产生的分离能级间距大小有着数量级的差别，对应电磁波的频率大小也有着明显的不同，核磁共振在射频波段，电子自旋共振在微波波段。这些实验采用了两种不同的技术方法，即连续波法(稳态法)和脉冲法(瞬态法)。连续波法是以连续的弱辐射场作用于粒子系统，观测波谱；脉冲法是以脉冲强射频场信号作用于系统，观测弛豫过程的自由感应现象。连续波核磁共振、微波电子自旋共振、微波铁磁共振、光磁共振，采用连续的弱辐射场(射频或微波)与样品相互作用，检测稳态吸收信号，属于连续波法；脉冲核磁共振、核磁共振成像，采用短暂的强射频脉冲作用于样品，检测非稳态信号，属于脉冲法。通过连续波核磁共振、脉冲核磁共振、核磁共振成像这3个核磁共振的系列实验，学生能够深入理解掌握核磁共振的原理、技术和应用。另外，通过微波电子自旋共振和微波铁磁共振两个实验，还可以掌握微波原理、微波技术以及微波器件的应用。

# 1.1　磁共振基础知识

## 一、磁矩、朗德因子和旋磁比

在原子中，电子的轨道角动量 $\boldsymbol{P}_{\mathrm{L}}$ 与自旋角动量 $\boldsymbol{P}_{\mathrm{S}}$ 会产生轨道磁矩 $\boldsymbol{\mu}_{\mathrm{L}}$ 与自旋磁矩 $\boldsymbol{\mu}_{\mathrm{S}}$，其关系为

$$\boldsymbol{\mu}_{\mathrm{L}} = -\frac{e}{2m_{\mathrm{e}}}\boldsymbol{P}_{\mathrm{L}} \tag{1.1-1}$$

$$\boldsymbol{\mu}_{\mathrm{S}} = -\frac{e}{m_{\mathrm{e}}}\boldsymbol{P}_{\mathrm{S}} \tag{1.1-2}$$

其中，$m_{\mathrm{e}}$ 和 $e$ 分别为电子的质量和电量，负号表示磁矩的方向和角动量的方向相反。$\boldsymbol{P}_{\mathrm{L}}$ 与 $\boldsymbol{P}_{\mathrm{S}}$ 合成的角动量 $\boldsymbol{P}_{\mathrm{J}}$ 引起的磁矩为 $\boldsymbol{\mu}_{\mathrm{J}}$，其关系为

$$\boldsymbol{\mu}_{\mathrm{J}} = -g\frac{e}{2m_{\mathrm{e}}}\boldsymbol{P}_{\mathrm{J}} \tag{1.1-3}$$

其中，$g$ 为朗德因子，其大小与原子结构有关。

具有自旋角动量 $\boldsymbol{P}$ 的原子核也具有相应的磁矩 $\boldsymbol{\mu}$，其关系为

$$\boldsymbol{\mu} = g_{\mathrm{N}}\frac{e}{2m_{\mathrm{p}}}\boldsymbol{P} \tag{1.1-4}$$

其中，$g_{\mathrm{N}}$ 为原子核的朗德因子，$m_{\mathrm{p}}$ 和 $e$ 分别为原子核的质量和电量。

引入旋磁比概念，其定义为

$$\gamma = \frac{\boldsymbol{\mu}}{\boldsymbol{P}} = g\frac{q}{2m} \tag{1.1-5}$$

其中，$q$、$m$ 分别为粒子（电子、原子核）的电荷数和质量；$g$ 为朗德因子，在表征粒子磁矩性质方面，$g$ 和 $\gamma$ 是等效的。因此，粒子的磁矩与角动量的关系为

$$\boldsymbol{\mu} = \gamma\boldsymbol{P} \tag{1.1-6}$$

引入玻尔磁子 $\mu_{\mathrm{B}}$ 和核磁子 $\mu_{\mathrm{N}}$，则相应的朗德因子 $g$ 与旋磁比 $\gamma$ 的关系为

$$\gamma = g\frac{\mu_{\mathrm{B}}}{\hbar} \tag{1.1-7}$$

$$\gamma = g_{\mathrm{N}}\frac{\mu_{\mathrm{N}}}{\hbar} \tag{1.1-8}$$

其中，玻尔磁子 $\mu_{\mathrm{B}} = \dfrac{e\hbar}{2m_{\mathrm{e}}}$，核磁子 $\mu_{\mathrm{N}} = \dfrac{e\hbar}{2m_{\mathrm{P}}}$。

式(1.1-8)表示了旋磁比与原子或原子核的朗德因子、磁子之间的关系。由于原子核的质量比电子质量大几千倍，因此原子核的磁矩比电子磁矩小 3 个数量级，核磁子比玻尔磁子小 3 个数量级。

磁共振理论有宏观理论和量子理论两种，它们都能说明磁共振现象的本质。

## 二、磁共振的宏观理论

### 1. 磁共振现象

具有磁矩 $\boldsymbol{\mu}$ 和角动量 $\boldsymbol{P}$ 的粒子,在外磁场中受到一个力矩 $\boldsymbol{L}(\boldsymbol{L}=\boldsymbol{\mu}\times\boldsymbol{B}_0)$ 的作用,其运动方程为 $\frac{\mathrm{d}\boldsymbol{P}}{\mathrm{d}t}=\boldsymbol{L}$,结合式(1.1-5),则有

$$\frac{\mathrm{d}\boldsymbol{\mu}}{\mathrm{d}t}=\gamma\boldsymbol{\mu}\times\boldsymbol{B}_0 \tag{1.1-9}$$

此即为微观磁矩在外场中的运动方程。

设外加磁场 $\boldsymbol{B}_0$ 恒定且方向沿 $z$ 轴,则求解方程(1.1-9)得

$$\begin{cases}\mu_x=\mu_0\sin(\omega_0 t+\delta)\\ \mu_y=\mu_0\cos(\omega_0 t+\delta)\\ \mu_z=C\end{cases} \tag{1.1-10}$$

由式(1.1-10)可见,在外加稳恒磁场作用下,总磁矩 $\boldsymbol{\mu}$ 绕磁场 $\boldsymbol{B}_0$ 进动,如图1.1-1(a)所示。进动角频率为 $\omega_0=\gamma B_0$。磁矩 $\boldsymbol{\mu}$ 的进动频率 $\omega_0$ 与 $\mu$ 和外磁场之间的夹角 $\theta$ 无关。如果外加磁场除了稳恒磁场 $\boldsymbol{B}_0$ 外,在 $x-y$ 平面再加一旋转磁场 $\boldsymbol{B}_1$,其角频率仍为 $\omega_0$,旋转方向与 $\boldsymbol{\mu}$ 进动方向一致,如图1.1-1(b)所示,其对 $\boldsymbol{\mu}$ 的影响近似一恒定磁场,因此磁矩 $\boldsymbol{\mu}$ 在力矩 $\boldsymbol{\mu}\times\boldsymbol{B}_1$ 的作用下也将会绕 $\boldsymbol{B}_1$ 进动,若使 $\boldsymbol{\mu}$ 和 $\boldsymbol{B}_0$ 之间夹角加大,如图1.1-1(c),即发生了磁共振现象。

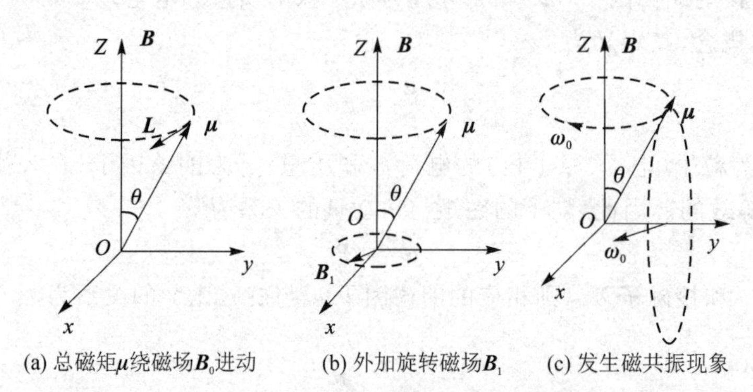


图1.1-1 磁矩在外磁场中进动示意图

由于 $\boldsymbol{\mu}$ 与 $\boldsymbol{B}_0$ 的相互作用能为

$$E=-\boldsymbol{\mu}\cdot\boldsymbol{B}_0=-\mu B_0\cos\theta \tag{1.1-11}$$

因此,$\theta$ 增大意味着系统的能量增加,粒子从 $\boldsymbol{B}_1$ 中获得能量,实现磁共振。

### 2. 弛豫过程与弛豫时间

实际研究的样品不是单个磁矩,而是由这些磁矩构成的磁化矢量。研究的系统也不是孤立的,而是与周围物质有一定的相互作用。

磁化强度矢量 $\boldsymbol{M}$ 定义为单位体积内元磁矩的矢量和,即

$$\boldsymbol{M}=\sum_i\boldsymbol{\mu}_i \tag{1.1-12}$$

在外磁场中,$\boldsymbol{M}$ 受到力矩的作用,则

$$\frac{\mathrm{d}\boldsymbol{M}}{\mathrm{d}t}=\gamma\boldsymbol{M}\times\boldsymbol{B}_0 \tag{1.1-13}$$

以角频率 $\omega_0=\gamma B_0$ 绕进动。

考虑到系统与周围环境的相互作用，处于恒定外磁场内的粒子，其元磁矩 $\boldsymbol{\mu}_i$ 都绕 $\boldsymbol{B}_0$ 进动，但它们进动的初始相位是随机的，因而从式(1.1-5)可得

$$\begin{cases}M_x=\sum_i\mu_{ix}=0\\M_y=\sum_i\mu_{iy}=0\\M_z=\sum_i\mu_{iz}=M_0\end{cases} \tag{1.1-14}$$

即磁化矢量只有纵向分量，横向分量相互抵消。当 $x-y$ 平面内加 $\boldsymbol{B}_1$ 时，各 $\boldsymbol{\mu}_i$ 也绕 $\boldsymbol{B}_1$ 进动，使 $M_x\neq0$，$M_y\neq0$，$M_z\neq M_0$。但当去掉 $\boldsymbol{B}_1$ 后，对每一个自旋磁矩来说，由于其近邻处其他粒子的自旋磁矩所造成的微扰场略有不同，则它们的进动频率也不完全一样，这就使它们的进动相位重新趋于无规则分布，导致 $M_z$ 趋向 $M_0$，$M_{xy}$ 重新趋向 0。这种不平衡状态自动向平衡状态恢复的过程，称为弛豫过程。

设 $M_{xy}$ 和 $M_z$ 向平衡状态恢复的速度与它们离开平衡状态的程度成正比，则

$$\begin{cases}\dfrac{\mathrm{d}M_z}{\mathrm{d}t}=-\dfrac{M_z-M_0}{T_1}\\[2ex]\dfrac{\mathrm{d}M_{xy}}{\mathrm{d}t}=-\dfrac{M_{xy}}{T_2}\end{cases} \tag{1.1-15}$$

其中，$T_1$ 称为纵向弛豫时间，是描述自旋粒子系统与周围物质晶格交换能量使 $M_z$ 恢复平衡状态的时间常数，又称自旋-晶格弛豫时间；$T_2$ 称为横向弛豫时间，是描述自旋粒子系统内部能量交换使 $M_{xy}$ 消失过程的时间常数，又称自旋-自旋弛豫时间。

**3. 共振吸收信号**

式(1.1-13)和式(1.1-15)表示，在磁共振发生时，存在两种独立发生的作用且互不影响，故可把两式相加，得到描述核磁共振现象的基本运动方程，即布洛赫方程

$$\frac{\mathrm{d}\boldsymbol{M}}{\mathrm{d}t}=\gamma\boldsymbol{M}\times\boldsymbol{B}-\frac{1}{T_1}(M_z-M_0)\boldsymbol{k}-\frac{1}{T_2}(M_x\boldsymbol{i}+M_y\boldsymbol{j}) \tag{1.1-16}$$

在进行磁共振实验时，外加磁场为 $z$ 方向的恒定场 $\boldsymbol{B}_0$ 及 $x-y$ 平面上沿 $x$ 或 $y$ 方向的线偏振场 $\boldsymbol{B}_1$。$\boldsymbol{B}_1$ 可看作是两个圆偏振的叠加，$\boldsymbol{B}_1=B_1(\boldsymbol{i}\cos\omega t-\boldsymbol{j}\sin\omega t)$，代入式(1.1-16)得

$$\begin{cases}\dfrac{\mathrm{d}M_x}{\mathrm{d}t}=\gamma(M_yB_0+M_zB_1\sin\omega t)-\dfrac{M_x}{T_2}\\[2ex]\dfrac{\mathrm{d}M_y}{\mathrm{d}t}=\gamma(M_zB_1\cos\omega t-M_xB_0)-\dfrac{M_y}{T_2}\\[2ex]\dfrac{\mathrm{d}M_z}{\mathrm{d}t}=-\gamma(M_xB_1\sin\omega t+M_yB_1\cos\omega t)-\dfrac{M_z-M_0}{T_1}\end{cases} \tag{1.1-17}$$

在各种条件下求解该方程组，可以解释各种磁共振现象。

进行坐标变换，建立一个新坐标系$(x',y',z')$，$z'$轴与原来的 $z$ 轴重合，$x'$轴始终与 $\boldsymbol{B}_1$ 一致，$y'$垂直于 $\boldsymbol{B}_1$，即新坐标系以角速度 $\omega$ 绕 $z$ 轴旋转。在新坐标系中 $\boldsymbol{B}_1$ 是静止的，$M_{xy}$ 在 $x'$、

$y'$上的投影分别为$u$、$v$,如图1.1-2所示,则有

$$\begin{cases} M_x = u\cos\omega t - v\sin\omega t \\ M_y = -v\cos\omega t - u\sin\omega t \\ M_z = M_z \end{cases} \tag{1.1-18}$$

代入式(1.1-17)得

$$\begin{cases} \dfrac{\mathrm{d}u}{\mathrm{d}t} = -(\omega_0 - \omega)v - \dfrac{u}{T_2} \\ \dfrac{\mathrm{d}v}{\mathrm{d}t} = (\omega_0 - \omega)u - \dfrac{v}{T_2} - \gamma B_1 M_z \\ \dfrac{\mathrm{d}M_z}{\mathrm{d}t} = \dfrac{M_0 - M_z}{T_1} + \gamma B_1 v \end{cases} \tag{1.1-19}$$

上式最后一项表明$M_z$是$v$的函数。$M_z$的变化表示系统能量的变化,$v$的变化反映了该系统能量的变化。

在实验时,通常采用扫场或扫频的方法令磁场或频率缓慢变化,则可以认为$u$、$v$、$M_z$不随时间变化,即$\dfrac{\mathrm{d}u}{\mathrm{d}t}=\dfrac{\mathrm{d}v}{\mathrm{d}t}=\dfrac{\mathrm{d}M_z}{\mathrm{d}t}=0$,则式(1.1-19)的稳态解为

$$\begin{cases} u = \dfrac{\gamma B_1 T_2^2(\omega_0 - \omega)M_0}{1+T_2^2(\omega_0-\omega)^2+\gamma^2 B_1^2 T_1 T_2} \\ v = \dfrac{-\gamma B_1 M_0 T_2}{1+T_2^2(\omega_0-\omega)^2+\gamma^2 B_1^2 T_1 T_2} \\ M_z = \dfrac{[1+T_2^2(\omega_0-\omega)]M_0}{1+T_2^2(\omega_0-\omega)^2+\gamma^2 B_1^2 T_1 T_2} \end{cases} \tag{1.1-20}$$

在实验中,只要扫场很缓慢地通过共振区,则可满足上述所设的条件。$u$、$v$分别称为色散信号和吸收信号,如图1.1-3所示,$u$反映$\boldsymbol{B}_1$对样品所发生的$\boldsymbol{M}$的度量,$v$描述样品从$\boldsymbol{B}_1$中吸收能量的过程。

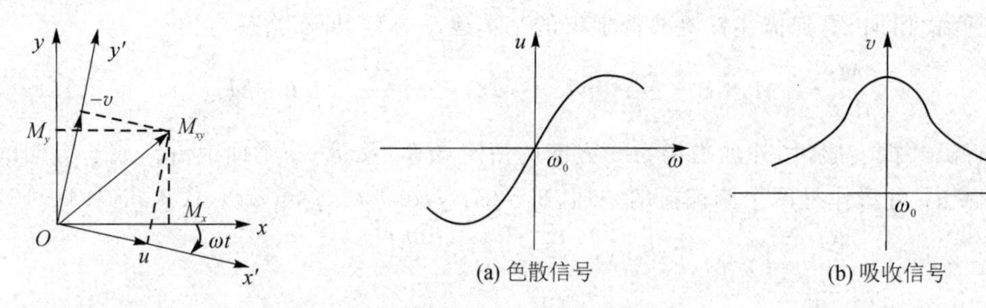


**图1.1-2 $\boldsymbol{M}$在两种坐标系的转换**　　**图1.1-3 扫场过程中$M_{xy}$在新坐标系中的投影信号**

磁共振实验一般观察$v$信号,当$\omega=\omega_0$时,$v$达到最大值,并且当$\boldsymbol{B}_1$、$T_1$越小时,则$v$越大。当外加磁场$\boldsymbol{B}_1$的频率$\omega$等于$\boldsymbol{M}$在磁场$\boldsymbol{B}_0$中的进动频率$\omega_0$时,吸收信号最强,即出现共振吸收。

磁共振吸收发生在一定的频率范围内,即谱线有一定的宽度,吸收曲线半高度的宽度所对应的频率间隔称为共振线宽。由式(1.1-20)可知,共振信号线宽

$$\Delta\omega = \frac{2}{T_2}(1+\gamma^2 B_1^2 T_1 T_2)^{1/2} \tag{1.1-21}$$

在 $\boldsymbol{B}_1$ 很弱、系统不饱和的情况下，则 $\Delta\omega = \frac{2}{T_2}$。如果用磁场表示，则为 $\Delta B = \frac{2}{\gamma T_2}$。在不考虑磁场的非均匀度影响时，共振信号宽度主要由 $T_2$ 决定。

## 三、磁共振的量子理论

在量子力学中，微观粒子自旋角动量和自旋磁矩在空间的取向是量子化的，在外磁场方向（$z$ 方向），$\boldsymbol{P}$ 的分量只能取：$P_z = m\hbar$，$m = I$，$I-1$，…，$-I+1$，$-I$ 共 $2I+1$ 个值。其中，$I$ 为自旋量子数，$m$ 称为磁量子数。在外磁场 $\boldsymbol{B}_0$ 中，磁矩 $\boldsymbol{\mu}$ 与 $\boldsymbol{B}_0$ 的相互作用能为

$$E = -\boldsymbol{\mu}\cdot\boldsymbol{B}_0 = -\mu_z B_0 = -\gamma P_z B_0 = -\gamma m\hbar B_0 \tag{1.1-22}$$

即磁矩与外场的相互作用能也是不连续的，从而形成分立的能级。两相邻能级间的能量差为

$$\Delta E = \gamma\hbar B_0 = \omega_0\hbar \tag{1.1-23}$$

在垂直于恒定磁场 $\boldsymbol{B}_0$ 的平面上施加一个高频交变电磁场，当其频率满足 $hv = \hbar\omega = \Delta E$ 时，将发生粒子对电磁场能量的吸收（或辐射），引起粒子在能级间的跃迁，即发生磁共振现象。

### 1. 粒子差数与玻尔兹曼分布

在热平衡时，上、下能级的粒子数遵从玻尔兹曼分布，即

$$\frac{N_{20}}{N_{10}} = \mathrm{e}^{-\Delta E/(kT)} \tag{1.1-24}$$

其中，$N_{20}$、$N_{10}$ 分别是上、下能级粒子数。一般情况下，$\Delta E \ll kT$，则近似有

$$\frac{N_{20}}{N_{10}} = 1 - \frac{\Delta E}{kT} \tag{1.1-25}$$

这个数值接近于 1，例如氢核在室温下，当磁场为 1 T 时，$\Delta E/(kT) \approx 7\times10^{-6}$，$N_{20}/N_{10} = 0.999\,993$。

这一差数提供了观察磁共振的可能性。磁场 $\boldsymbol{B}_0$ 越强，粒子差数越大，则对观察磁共振信号越有利；而温度越高，粒子差数越小，则对观察磁共振信号越不利。

### 2. 共振吸收与弛豫

下面介绍在发生共振吸收时，上、下能级粒子数之差 $n = N_1 - N_2$ 的变化规律。根据爱因斯坦电磁辐射理论，设受激辐射与受激吸收的跃迁概率为 $P$，则有

$$\begin{cases} \mathrm{d}N_1 = -PN_1\mathrm{d}t + PN_2\mathrm{d}t \\ \mathrm{d}N_2 = -PN_2\mathrm{d}t + PN_1\mathrm{d}t \end{cases} \tag{1.1-26}$$

两式相减，并积分得

$$n = n_0\mathrm{e}^{-2Pt} \tag{1.1-27}$$

其中，$n_0 = N_{10} - N_{20}$。

可见粒子差数随时间 $t$ 按指数规律减少。如果电磁辐射持续起作用，则最后 $n\to0$。由于吸收信号强弱与粒子差数 $n$ 成正比，这时就不再有吸收现象，即样品饱和了。实际上，同时还存在另一个过程，即粒子由上能级无辐射地跃迁到下能级，这种跃迁称为热弛豫跃迁。设由下往上的热弛豫跃迁概率是 $W_{12}$，由上往下的热弛豫跃迁概率是 $W_{21}$，在热平衡时，当不存在电磁场 $\boldsymbol{B}_1$，同一时间由上向下和由下向上跃迁的粒子数应相等，即

$$N_{10}W_{12}=N_{20}W_{21} \tag{1.1-28}$$

可得

$$\frac{W_{12}}{W_{21}}=\frac{N_{20}}{N_{10}}=\mathrm{e}^{-\frac{\Delta E}{kT}}\approx 1-\frac{\Delta E}{kT} \tag{1.1-29}$$

由上式可以看出,由下往上的热弛豫跃迁概率略小于由上往下的跃迁概率,进而有

$$-\frac{\mathrm{d}n}{\mathrm{d}t}=\frac{-\mathrm{d}(N_1-N_2)}{\mathrm{d}t}=2(W_{12}N_1-W_{21}N_2) \tag{1.1-30}$$

式(1.1-30)中的系数2是因为每发生一次跃迁使上、下能级粒子的差数变化2。将上式略加变换,并考虑 $N_1-N_{10}$ 和 $N_{20}-N_2$ 均等于 $(n-n_0)$ 的一半,可得

$$-\frac{\mathrm{d}n}{\mathrm{d}t}=2\left[W_{12}\ \frac{n-n_0}{2}+W_{21}\ \frac{n-n_0}{2}\right]=(W_{12}+W_{21})\ (n-n_0) \tag{1.1-31}$$

令 $W_{12}$ 和 $W_{21}$ 的平均值为 $\overline{W}$,则有

$$-\frac{\mathrm{d}n}{\mathrm{d}t}=2\overline{W}(n-n_0) \tag{1.1-32}$$

进而有

$$(n-n_0)_t=(n-n_0)_{t=0}\mathrm{e}^{-t/T_1} \tag{1.1-33}$$

其中,$T_1=1/(2\overline{W})$。

式(1.1-33)表示,粒子差数 $n$ 相对于热平衡值 $n_0$ 的偏离大小随时间 $t$ 的增加将按指数规律以时间常数 $T_1$ 趋向于0(亦即恢复到热平衡状态)。$T_1$ 即是在宏观理论中讨论过的纵向弛豫时间。

**3. 共振吸收信号的饱和**

在发生磁共振时,有两个过程同时起作用:一是受激跃迁,磁矩系统吸收电磁波能量,其效果是使上、下能级的粒子数趋于相等;二是热弛豫过程,磁矩系统把能量传给晶格,其效果是使粒子数趋向于热平衡分布。当这两个过程将达到动态平衡时,则粒子差数将稳定在某一新的数值上,即可以连续地观察到稳定的吸收。由于电磁共振场的作用,根据式(1.1-27),粒子数的变化率为

$$-\left(\frac{\mathrm{d}n}{\mathrm{d}t}\right)_{\text{共振}}=2nP \tag{1.1-34}$$

而由于弛豫作用,有

$$-\left(\frac{\mathrm{d}n}{\mathrm{d}t}\right)_{\text{弛豫}}=\frac{1}{T_1}(n-n_0) \tag{1.1-35}$$

当这两个过程达到动态平衡时,则总的 $\mathrm{d}n/\mathrm{d}t=0$,即

$$\left(\frac{\mathrm{d}n}{\mathrm{d}t}\right)_{\text{共振}}+\left(\frac{\mathrm{d}n}{\mathrm{d}t}\right)_{\text{弛豫}}=0 \tag{1.1-36}$$

也即

$$2n_sP+\frac{1}{T_1}(n_s-n_0)=0 \tag{1.1-37}$$

其中,$n_s$ 为动态平衡时上、下能级的粒子差数。进而有

$$n_s=\frac{n_0}{1+2PT_1} \tag{1.1-38}$$

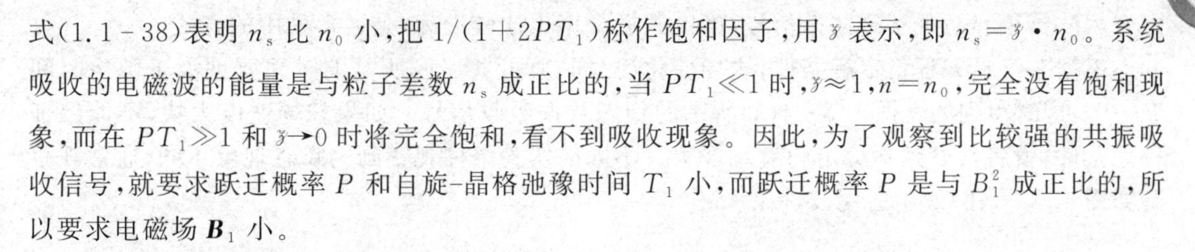

式(1.1-38)表明 $n_s$ 比 $n_0$ 小,把 $1/(1+2PT_1)$ 称作饱和因子,用 $\mathcal{Z}$ 表示,即 $n_s=\mathcal{Z}\cdot n_0$。系统吸收的电磁波的能量是与粒子差数 $n_s$ 成正比的,当 $PT_1\ll 1$ 时,$\mathcal{Z}\approx 1$,$n=n_0$,完全没有饱和现象,而在 $PT_1\gg 1$ 和 $\mathcal{Z}\to 0$ 时将完全饱和,看不到吸收现象。因此,为了观察到比较强的共振吸收信号,就要求跃迁概率 $P$ 和自旋-晶格弛豫时间 $T_1$ 小,而跃迁概率 $P$ 是与 $B_1^2$ 成正比的,所以要求电磁场 $\boldsymbol{B}_1$ 小。

**4. 横向弛豫时间 $\boldsymbol{T_2}$ 和共振吸收线宽**

实际样品中,每一个磁矩由于近邻处的其他磁矩,或所加顺磁物质的磁矩所造成的局部场略有不同,因此它们的进动频率也不完全一样。如果借助于某种方法,使在 $t=0$ 时所有磁矩在 $x-y$ 平面上的投影位置相同,由于不同的进动频率,经过时间 $T_2$ 后,这些磁矩在 $x-y$ 平面上的投影位置将均匀分布,完全无规则。$T_2$ 称为横向弛豫时间,因为它给出了磁矩 $\boldsymbol{M}$ 在 $x$,$y$ 方向上的分量变到零时所需的时间。$T_2$ 起源于自旋粒子与邻近的自旋粒子之间的相互作用,这一过程又称作自旋-自旋弛豫过程。

实际的磁共振吸收不是只发生在由式(1.1-17)所决定的单一频率上,而是发生在一定的频率范围内,即谱线有一定的宽度,能级也有一定宽度。考虑测不准关系,可得由此产生的谱线宽度 $\delta\omega$ 为

$$\delta\omega=\frac{\delta E}{\hbar}\approx\frac{1}{\tau} \tag{1.1-39}$$

其中,$\delta E$ 为能级的宽度,$\tau$ 为能级的寿命。谱线宽度实质上归结为粒子在能级上的平均寿命。

在液体样品的磁共振实验中,自旋-晶格弛豫过程、自旋-自旋相互作用都使粒子处于某一状态的时间有一定的限制。设 $W'$ 为自旋-自旋相互作用跃迁概率,$\overline{W}$ 为自旋-晶格弛豫跃迁概率,这两个过程结合在一起构成总的弛豫作用,其跃迁概率 $W=W'+\overline{W}$。可以证明当电磁场 $\boldsymbol{B}_1$ 很弱,以及不考虑外场不均匀引起的谱线增宽时,有

$$\frac{1}{T_2}=W=W'+\overline{W}=\frac{1}{T_2'}+\frac{1}{2T_1} \tag{1.1-40}$$

其中,$T_2'$ 代表与跃迁概率 $W'$ 相应的平均寿命。实际实验中,电磁场 $\boldsymbol{B}_1$ 越大,粒子受激跃迁的概率就越大,使粒子处于某一能级的寿命减少,这也会使共振吸收谱线变宽。此外,外加磁场的不均匀,使磁场中不同位置处粒子的进动频率不同,也会使谱线增宽。

## 四、实验观察磁共振现象

实验观察研究磁共振有两种方法:一种是连续波法或称稳态方法,是用连续的电磁场(即高速旋转磁场 $\boldsymbol{B}_0$)作用到系统上,观察对频率的响应信号;另一种是脉冲法,用射频脉冲作用在系统上,观察对时间的响应信号。脉冲法有较高的灵敏度,测量速度快,但需要进行快速傅里叶变换。

采用连续波法观察磁共振现象时,常利用扫频法和扫场法两种方式。扫频法是固定外磁场 $\boldsymbol{B}_0$,让旋转磁场 $\boldsymbol{B}_1$ 的频率 $\omega$ 连续变化并通过共振区,当 $\omega=\omega_0=\gamma B_0$ 时,即出现共振信号。扫场法是使旋转磁场 $\boldsymbol{B}_1$ 的频率不变,让外磁场 $\boldsymbol{B}_0$ 连续变化扫过共振区。这两种方式显示的都是吸收信号与频率差之间的关系曲线。而示波器是最常用的观察交变信号随时间变化的有力手段,使用示波器观察磁共振信号,需要使磁共振信号随时间交替出现。扫场法简单易行,

配合示波器很容易观察磁共振信号,确定共振频率也比较准确,是通常采用的方式。

根据布洛赫方程稳定解条件,磁场变化(扫场)通过共振区所需的时间要远大于弛豫时间$T_1$、$T_2$,这时得到的是图1.1-4(a)所示的稳态共振吸收信号。如果扫场速度太快,不能保证稳态条件,就将观察到不稳定的瞬态现象。不同的实验条件观察到的瞬态现象不同,通常观察到如图1.1-4(b)所示的尾波现象。

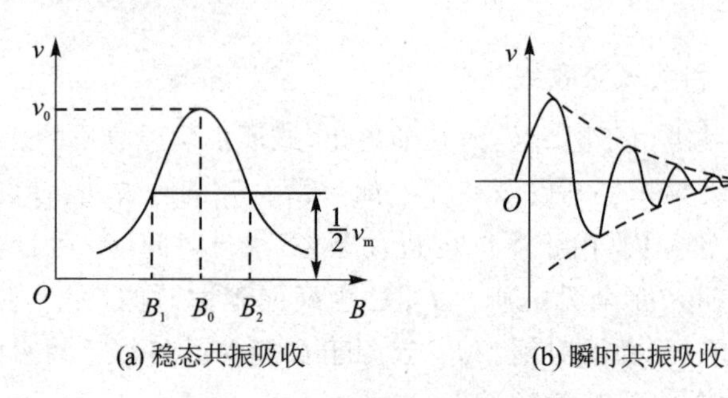


图1.1-4　扫场速度不同时的共振吸收信号

## 1.2　连续波核磁共振

核磁共振(Nuclear Magnetic Resonance,NMR),是指磁矩不为零的原子核,在外磁场作用下自旋能级发生塞曼分裂,共振吸收某一定频率的射频辐射的物理过程。核磁共振能反映物质内部信息而不破坏物质结构,具有较高的灵敏度和分辨本领,是测定原子的核磁矩和研究核结构的直接而准确的方法,也是精确测量磁场的重要方法之一。核磁共振在物理、化学、生物、医学临床诊断、石油分析与勘探等方面获得了广泛应用。利用核磁共振原理,通过外加梯度磁场检测所发射出的电磁波,再进行数字图像处理可以绘制物体内部的结构图像,这种成像方法被称作核磁共振成像技术,在医学上为人类健康作出了巨大贡献。

观察研究核磁共振的技术方法包括连续波射频技术和脉冲射频技术。本实验采用连续波射频技术,要求掌握核磁共振实验的基本原理和实验方法。

### 一、实验要求与预习要点

#### 1. 实验要求

① 掌握连续波核磁共振的基本原理和实验方法。

② 观察氢(H)核的共振信号,掌握用核磁共振测量$g$因子、旋磁比和核磁矩的方法。

③ 观察氟(F)核的共振信号,测量氟核的$g$因子、旋磁比和核磁矩。

④ 改变射频振荡幅度,观察共振信号幅度与振荡幅度的关系,了解饱和过程。

⑤ 改变扫场频率观察氢(H)核的饱和现象,了解变频扫场对饱和效应的影响。

⑥ 估测氟(F)核的弛豫时间。

#### 2. 预习要点

① 原子核的磁矩和角动量之间有什么关系?是否所有的原子核都存在磁矩?

② 观察核磁共振的必要实验条件是什么?为什么射频场必须与恒定磁场垂直?

③ 扫场在本实验中起到什么作用？磁场的均匀性对共振信号有什么影响？

④ 热平衡时原子核在各个能级上如何分布？上下能级的粒子差数是多少？与什么因素有关？

## 二、实验原理

### 1. 产生核磁共振的元素

根据量子力学原理，原子核与电子一样，具有自旋角动量，其自旋角动量的具体数值由原子核的自旋量子数决定。实验结果显示，不同类型的原子核自旋量子数也不同：质量数和质子数均为偶数的原子核，自旋量子数为 0，即 $I=0$，如 $^{12}C$、$^{16}O$、$^{32}S$ 等，这类原子核没有自旋现象，称为非磁性核；质量数为奇数的原子核，自旋量子数为半整数，如 $^{1}H$、$^{13}C$、$^{19}F$ 等，其自旋量子数不为 0，称为磁性核；质量数为偶数，质子数为奇数的原子核，自旋量子数为整数，这样的核也是磁性核。

迄今为止，只有自旋量子数等于 1/2 的原子核，其核磁共振信号才能够被人们利用。经常为人们所利用的原子核有：$^{1}H$、$^{11}B$、$^{13}C$、$^{17}O$、$^{19}F$、$^{31}P$。

### 2. 扫场法观察核磁共振以及磁感应强度、g 因子测量计算原理

采用连续波法进行核磁共振实验，需要有一个稳恒的外磁场 $\boldsymbol{B}_0$ 和一个由 $\boldsymbol{B}_0$ 和 $\boldsymbol{M}$ 所组成的平面垂直的高频旋转磁场即射频场 $\boldsymbol{B}_1$。从经典理论来看，当射频场 $\boldsymbol{B}_1$ 的角频率 $\omega$ 等于原子核在磁场 $\boldsymbol{B}_0$ 中 $\boldsymbol{M}$ 的进动频率 $\omega_0$ 时，就会发生核磁共振。从量子理论来看，磁矩不为零的原子核，在外磁场 $\boldsymbol{B}_0$ 作用下自旋能级发生塞曼分裂，形成能级差 $\Delta E=\gamma\hbar B_0=\omega_0\hbar$，施加一个高频交变电磁场即射频场，当其频率满足 $h\nu=\hbar\omega=\Delta E$ 时，将发生对射频场能量的吸收，在分裂能级间产生跃迁，即发生核磁共振现象。

观察核磁共振信号时，可以保持射频场 $\boldsymbol{B}_1$ 的频率不变即射频场能量不变，让外磁场 $\boldsymbol{B}_0$ 连续变化即形成连续可变的分裂能级差，当分裂能级差等于射频场能量时，就会发生共振现象，这就是扫场法。在实际实验时，为了能够在示波器上稳定观察到核磁共振现象，常采用在稳恒磁场 $\boldsymbol{B}_0$ 上叠加一个交变低频调制磁场（$\widetilde{B}=B'\sin(2\pi ft)$）的方法，使样品所在的实际磁场强度变为 $B_0+\widetilde{B}$，如图 1.2-1 中(a)所示，相应的能级差变为 $\Delta E=\gamma\hbar B_0=\omega_0\hbar$，则能级差也周期性变化。如果射频场的能量是在能级差的变化范围内，当 $\widetilde{\boldsymbol{B}}$ 变化使能级差 $B_0+\widetilde{B}$ 扫过射频场所对应的能量时，则发生共振，可从示波器上观察到共振信号，如图 1.2-1 中(b)所示。

改变射频场频率会使共振信号位置发生移动。当共振信号间距相等且重复频率为 $4\pi f$ 时，表示共振发生在 $2\pi ft=0,\pi,2\pi,\cdots$ 处，如图 1.2-2 所示，此时 $B_0+\widetilde{B}=B_0=\dfrac{\omega}{\gamma}=\dfrac{2\pi\nu}{\gamma}$。

若已知原子核的 $\gamma$，测量出此时对应的射频场频率 $\nu$，即可计算出磁感应强度 $B_0$。若已知磁感应强度 $B_0$，测量出此时对应的射频场频率 $\nu$，可算出 $\gamma$ 和 $g$ 因子。

### 3. 实验现象分析

由布洛赫方程的稳态解可以看出，稳态共振吸收信号有几个重要特点：

当 $\omega=\omega_0$ 时，$\nu$ 值为极大，可以表示为 $\nu_{极大}=\dfrac{\gamma\cdot B_1T_2M_0}{1+\gamma^2B_1^2T_1T_2}$。可见，当 $B_1=\dfrac{1}{\gamma\cdot(T_1T_2)^{1/2}}$ 时，$\nu$ 达到最大值 $\nu_{\max}=\dfrac{1}{2}\sqrt{\dfrac{T_2}{T_1}}M_0$，由此表明，吸收信号的最大值并不是要求

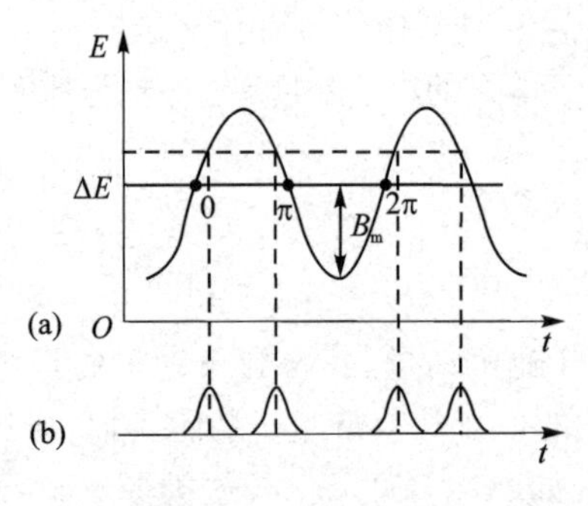

图 1.2-1 核磁共振

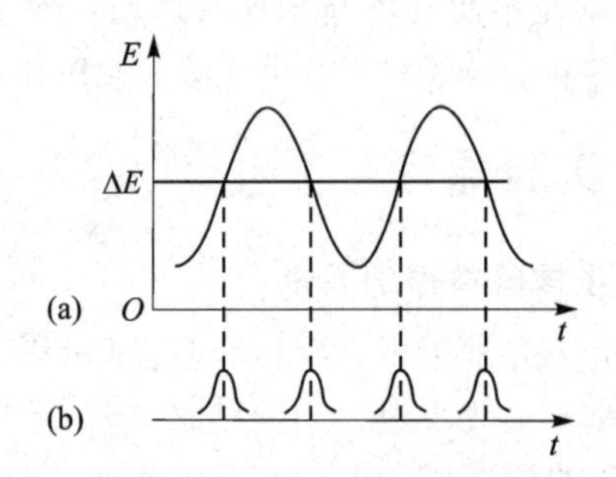


图 1.2-2 等间距共振

$B_1$ 无限的弱,而是要求它有一定的大小。

当共振即 $\Delta\omega=\omega_o-\omega=0$ 时,吸收信号的表示式中包含有 $s=\dfrac{1}{1+\gamma\cdot B_1^2T_1T_2}$ 项,也就是说,$B_1$ 增加时,$s$ 值减小,这意味着自旋系统吸收的能量减少,相当于高能级部分地被饱和,因此人们称 $s$ 为饱和因子。

实际的核磁共振吸收不只是发生在由 $h\nu=\hbar\omega=\Delta E$ 所决定的单一频率上,而是发生在一定的频率范围内,即谱线有一定的宽度。通常把吸收曲线半高度的宽度所对应的频率间隔称为共振线宽,由弛豫过程造成的线宽称为本征线宽。外磁场 $\boldsymbol{B}_0$ 不均匀也会使吸收谱线加宽。吸收曲线半宽度为

$$\omega_0-\omega=\frac{1}{T_2(1-\gamma^2B_1^2T_1T_2{}^{1/2})} \tag{1.2-1}$$

可见,线宽主要由 $T_2$ 值决定,所以横向弛豫时间是线宽的主要参数。

图 1.2-3(a)所示是 $CuSO_4$、甘油、氟碳、纯水在不同振荡幅度下信号的变化。扫场时间周期和弛豫时间对共振信号幅度的关系如图 1.2-3(b)所示。

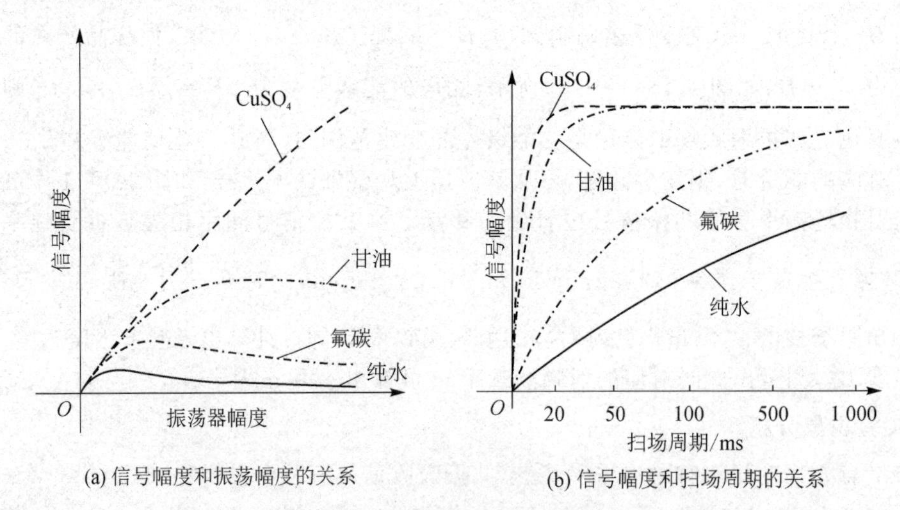


图 1.2-3 共振信号幅度与振荡幅度、扫场周期的关系

## 三、实验仪器

实验仪器由边限振荡器核磁共振实验仪、信号检测器、匀强磁场组件和观测试剂 4 个主体部分组成。

**1. 边限振荡器核磁共振实验仪**

边限振荡器核磁共振实验仪由边限振荡器、频率计、扫场电源等几个功能部分构成，其结构和组成原理分别如图 1.2－4、图 1.2－5 所示。

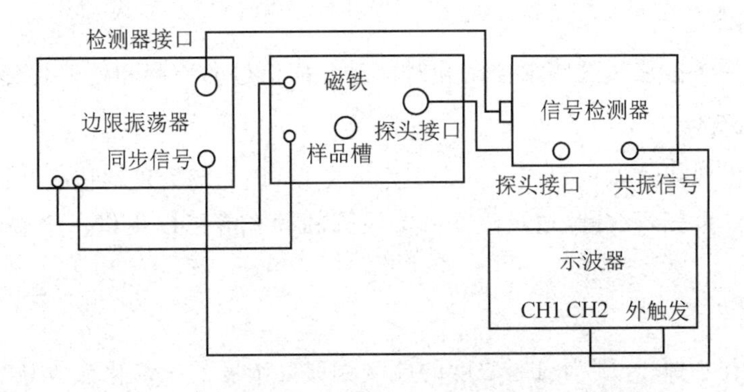


**图 1.2－4　边限振荡器核磁共振实验仪结构示意图**

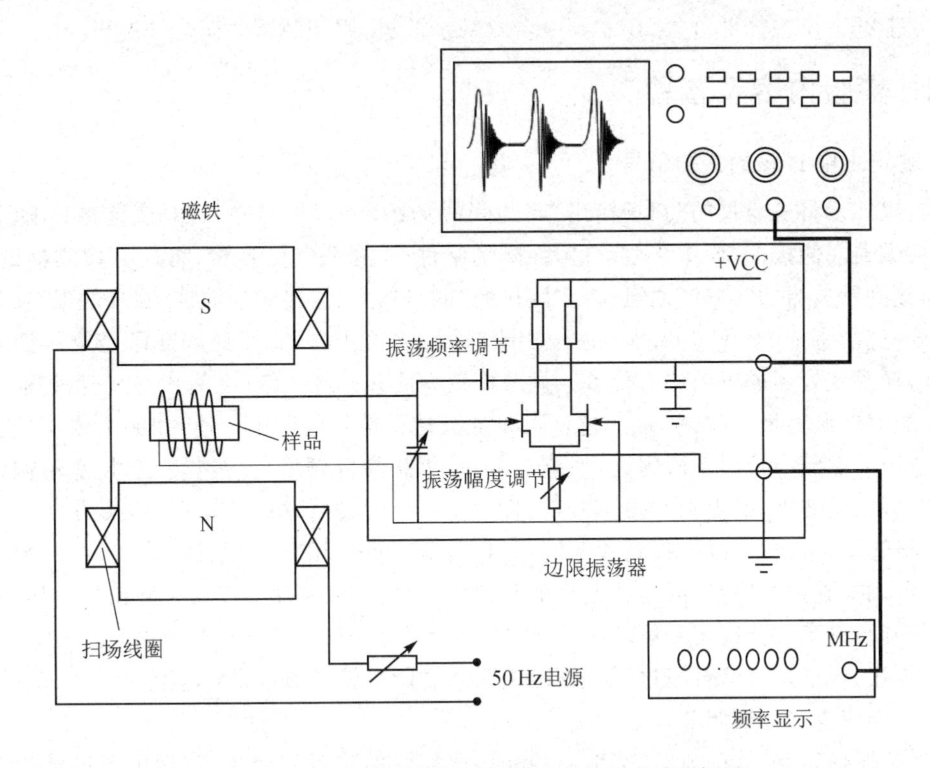


**图 1.2－5　边限振荡器核磁共振实验仪组成原理框图**

① 边限振荡器：处于振荡与不振荡边缘状态的 LC 振荡器，样品放在振荡线圈中，振荡线圈和样品一起放在磁铁中。当振荡器的振荡频率近似等于共振频率时，振荡线圈内射频磁场

能量被样品吸收,振荡器的振荡输出幅度大幅下降,从而检测到核磁共振信号。

② 频率计:可以调节并显示振荡线圈的频率大小和幅度。

③ 扫场电源:控制共振条件周期性发生以便示波器观察,同时可以减小饱和对信号强度的影响。其中,"扫场控制"的"频率调节"旋钮和"速度调节"旋钮可以改变扫场电压的频率和单周期速度,如此可观测到共振信号的饱和现象;"相位调节"旋钮可改变扫场信号与共振信号之间的相位关系(必须将"同步信号"输出接到示波器的CH1或CH2通道时才可以调节相位),"同步信号"输出和共振信号一起可以观察共振信号的李萨如图形。

**2. 信号检测器**

信号检测器是对振荡线圈频率控制和对样品共振信号的检测和处理装置。

**3. 匀强磁场组件**

匀强磁场是由两块永磁铁形成了一个恒定的磁场,该磁场为试剂核磁共振的主体。另外,匀强磁场中还有一个扫场线圈,通过改变扫场线圈的频率等可以提供一个叠加到恒定磁场上的旋进磁场。

**4. 观测试剂**

观测试剂共有6种,分别为:1%浓度的硫酸铜、1%浓度的三氯化铁、1%浓度的氯化锰、丙三醇、纯水和氟。前5种用于观测H核磁共振,后1种用于观测F核磁共振。

除了上述4个主体部分外,还需要一台双踪示波器,用于观测共振信号波形。

## 四、实验内容及步骤

**1. 观察水中H核的共振信号**

用红黑连线将实验仪的"扫场输出"与匀强磁场组件的"扫场输入"对应连接;用短Q9线将信号检测器左侧板的"探头接口"与匀强磁场组件的"探头"Q9连接;将信号检测器的"共振信号"连接到示波器的"CH2"通道;将实验仪的"同步信号"连接到示波器的"外触发"接口。

打开电源,将1%的$CuSO_4$样品放入"试剂探头"插孔内(需保证试剂已经放入插孔的底部),此时样品就处于磁场的中心位置。调节振荡幅度在150~250之间。将"扫场控制"的"扫场速度"顺时针调至最大(3~5圈),这样可以加大捕捉信号的范围。使用"频率粗调"旋钮,将频率调节至共振频率范围下限附近,如范围未知,可从最低频率处匀速转动"频率粗调"旋钮,同时注意观察示波器,捕捉到共振信号(见图1.2-6)闪过后立即停止调节,反方向缓慢转动(一格一格转动)旋钮,可以捕捉到共振信号闪过,这时再使用"频率细调"旋钮,在此频率以上捕捉信号;调节旋钮时要慢,因为共振范围非常小,而频率的变化会滞后于旋钮的动作,很容易跳过。若旋转频率细调旋钮一段时间后还是没找到共振频率,可以再次分别左右转动一下"频率粗调"旋钮,观察是否信号闪过,如果有,说明共振频率就在附近,继续操作"频率细调"旋钮,如果没有,则应重新仔细调节。

出现共振峰后,继续调节"频率细调"旋钮,观察峰的位置的变化,直到出现最佳的三峰等间隔为止。此时改变扫场幅(速)度,可观察到信号幅度、尾波的变化。

当振荡频率等于共振频率时,共振信号如图1.2-7(a)所示,此时称为三峰等间隔,实验仪显示的频率即为H的共振频率。

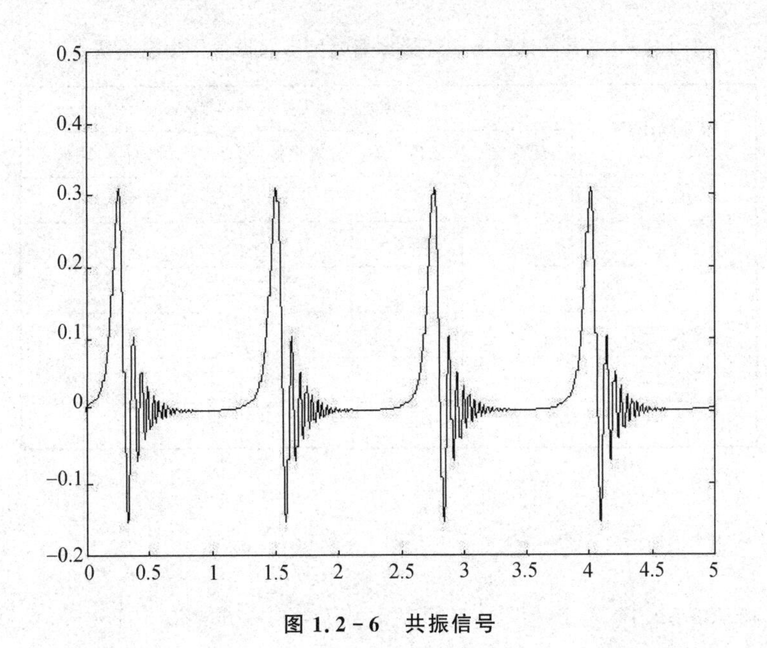


图 1.2 - 6　共振信号

$B_0$
共振磁场

(a) 共振磁场等于磁铁磁场　　(b) 共振磁场小于磁铁磁场

图 1.2 - 7　共振磁场与磁铁磁场之间的关系

**2. 改变振荡器振荡幅度，观察 H 核的饱和现象**

出现合适的共振信号之后，改变振荡器幅度，从示波器上读出共振信号幅度，记录于表 1.2 - 1 中（表 1.2 - 1 中的振荡幅度只是参考值，实验中可以根据实际显示的数值进行记录）。在调节振荡幅度的时候，振荡频率也会发生一定变化，这就需要随时调整振荡频率，使得共振信号一直处于最佳位置。得到各种试剂的共振信号幅度和振荡器幅度的关系曲线，并与图 1.2 - 3(a)中曲线进行比较。

饱和现象是指共振信号的幅度达到最大的过程。

**3. 测量磁场 $B_0$**

按照上述观察水中 H 核的共振信号中的连接方法和调节方法，先以 1%的 $CuSO_4$ 样品为测试试剂，记录共振频率于表 1.2 - 2 中。

**表1.2-1　不同试剂的振荡器振荡幅度与共振信号幅度关系表**

| 振荡幅度/V | 不同类别的共振信号幅度/V | | | | |
|---|---|---|---|---|---|
| | 硫酸铜 | 三氯化铁 | 氯化锰 | 丙三醇 | 纯水 |
| 0.06 | | | | | |
| 0.10 | | | | | |
| 0.15 | | | | | |
| 0.20 | | | | | |
| 0.25 | | | | | |
| 0.30 | | | | | |

由式(1.1-7)和式(1.1-8)可得

$$g=\frac{v_0/B_0}{\mu_N/h}=\frac{\gamma/(2\pi)}{\mu_N/h} \tag{1.2-2}$$

其中,$\mu_N=5.0507866\times10^{-27}\ \mathrm{J\cdot T^{-1}}$,普朗克常数$h=6.626\times10^{-34}\ \mathrm{J\cdot S}$。根据表1.2-3的旋磁比数据,可以计算出磁场$B_0$。

更换其他测试试剂样品,调节其共振频率,记录于表1.2-2中。

需要注意的是,要观测到纯水的共振信号,应将振荡幅度调节到足够低(最好小于100 mV),其他试剂振荡幅度可调到150～250 mV。

**表1.2-2　不同试剂的共振频率、振荡幅度和计算得到的磁场$B_0$**

| 试剂类别 | 共振频率$v_0$ | 振荡幅度 | 磁场$B_0$ |
|---|---|---|---|
| 硫酸铜 | | | |
| 三氯化铁 | | | |
| 氯化锰 | | | |
| 丙三醇 | | | |
| 纯水 | | | |

**表1.2-3　各元素旋磁比数据**

| 元　素 | 丰度/% | 自旋素I | 旋磁比$\left(\frac{\gamma}{2\pi}\right)/(\mathrm{MHz\cdot T^{-1}})$ |
|---|---|---|---|
| $^{1}H$ | 99.9 | 1/2 | 42.577 |
| $^{19}F$ | 100 | 1/2 | 40.055 |

**4. 改变扫场频率,观察H核的饱和现象**

以纯水试剂为观测样品(也可以用其他试剂),调节振荡频率,使之出现合适的共振信号。然后开始调节扫场电源的扫场频率和扫场速度,并观察共振信号幅度随扫场频率增减的变化关系,了解变频扫场对饱和效应的影响。(用长余辉示波器或数字记忆示波器更便于观察变频扫场的饱和现象)

**5. 观察 F 核的共振信号，测量 F 核的 $g$ 因子、旋磁比 $\gamma$ 及核磁矩 $\mu$**

将氟样品放入匀强磁场组件的试剂插孔中，调节振荡幅度在 0.1～1.0 mV。然后按照 H 核的共振信号调节方法调出共振信号，并调节至三峰等间隔。由于氟样品的弛豫时间过长会导致饱和现象而引起信号变小，因此 F 核的共振信号较小，此时应适当的降低射频震荡幅度。记录共振频率，并计算 F 核的 $g$ 因子、旋磁比 $\gamma$ 及核磁矩 $\mu$。

通过改变振荡幅度和扫场频率，观测 F 核共振信号的饱和现象。

## 五、思考题

1. 观察核磁共振信号为什么要扫场？它与旋转磁场本质上是否相同？

2. 如何确定对应于磁感应强度为 $B_0$ 时核磁共振的共振频率？$\boldsymbol{B}_0$、$\boldsymbol{B}_1$、$\widetilde{\boldsymbol{B}}$ 的作用是什么？如何产生？它们之间有什么区别？

3. 在医院的核磁共振成像宣传资料中，常常把拥有强磁场(1～1.5 T)作为一个宣传的亮点。请问磁场的强弱对探测质量有什么影响吗？为什么？

## 六、拓展性实验

**估测氟样品中 F 核的弛豫时间**

提示：先调出氟的共振峰，然后将示波器改用 X－Y 输入方式，把同步信号接到 CH1 端，把共振信号接到 CH2 端，在示波器上可以看到李萨如图形，调节扫场幅度，从示波器上观察到的将是重叠而又相互错开了的两个共振峰。利用示波器上的网格估测其中一个共振峰的半宽度 $\Delta B$ 与扫场范围 $2B'$ 的比值，然后固定扫场的幅度不变，把示波器改回正常的接法，测出共振发生在正弦波的峰顶和谷底时的共振频率之差，求出这时扫场的峰-峰值 $2B'$，进而求出 F 核共振峰的半宽度 $\Delta B$，利用

$$1/T_2 = \pi \Delta B (\gamma/2\pi)_{\mathrm{F}}$$

估算出 F 核的弛豫时间。

## 七、研究性实验

1. 利用本实验装置，研究“水”样品中三氯化铁浓度对共振信号的影响。

2. 自制一种样品，利用本试验装置观察其核磁共振信号。

## 参考文献

[1] 吴思诚，王祖铨. 近代物理实验[M]. 北京：高等教育出版社，2005.

[2] 杨福家. 原子物理学[M]. 上海：复旦大学出版社，2008.

[3] M. L. 马丹，G. J. 马丹，J.－J. 戴尔布什. 实用核磁共振波谱学[M]. 苏邦瑛，陈邦钦. 北京：科学出版社，1987.

[4] 杨文火，王宏均，卢葛覃. 核磁共振原理及其在结构化学中的应用[M]. 福州：福建科学技术出版社，1988.

[5] 沈其丰，徐广智. $^{13}$C－核磁共振及其应用[M]. 北京：化学工业出版社，1986.

# 1.3 微波磁共振

## 一、微波的基本知识

### 1. 微波的特点

微波通常是指波长范围为1 mm～1 m、对应的频率范围为300 MHz～300 GHz的电磁波。它介于广播电视所采用的无线电波与红外线之间，因此微波兼有两者的性质，却又区别于两者，在使用中为了方便将它分为分米波、厘米波和毫米波。与无线电波相比，微波有以下几个主要特点。

① 频率高：微波也称“超高频”，微波的电磁振荡周期为$10^{-9}$～$10^{-12}$ s，与电子管中电子在电极间的飞越时间（约$10^{-9}$ s）相近，因此普通电子管不能再用作微波器件，必须采用工作原理完全不同的微波固体器件、微波电子管和量子器件来代替。更为严重的是，微波元件、微波测量设备和微波传输线的线度与波长具有相近的数量级，因此在导体中传播时趋肤效应和辐射变得十分严重，一般无线电元件（如电阻、电容、电感等元件）都不再适用，也必须用原理完全不同的微波元件来代替，如波导管、波导元件、谐振腔等。

② 波长短：微波波长范围为1 mm～1 m，与日常生活中的物体尺寸相当，微波在空间传播时具有“似光性”，即直线传播，利用这个特点，就能在微波波段制成方向性极好的天线系统，也可以收到地面和宇宙空间各种物体反射回来的微弱信号，从而确定物体的方位和距离，为雷达定位、导航等领域提供广泛的应用。

③ 测量和研究方法不同：微波不像无线电研究电路中的电压和电流，而是研究微波系统中的电磁场，以波长、功率、驻波系数等作为基本测量参量。在微波波段，研究问题必须用“场”的概念来描述，电磁场理论是微波理论和技术的基础，它是分析微波问题的主要工具，但有时也需要借用“路”的等效概念，一般低频的集中参数元件、双线传输线和LC谐振回路已不适用，必须采用波导传输线、谐振腔等，以及由它们构成的分布参数电路元件。

④ 量子特性：在微波波段，电磁波每个量子的能量范围是$10^{-6}$～$10^{-3}$ eV，而许多原子或分子发射和吸收的电磁波的波长也正好处在微波波段内，也恰恰与原子或分子相近能级之差相当，如一般顺磁物质在磁场作用下产生的能级分裂。人们利用这一特点来实验研究分子和原子的结构，发展了微波波谱学和量子电子学等尖端学科，并研制了低噪声的量子放大器和准确的分子钟、原子钟等。

⑤ 能穿透电离层：微波可以畅通无阻地穿越地球上空的电离层向太空传播，是电磁波谱中的宇宙“窗口”，为宇宙空间技术的开拓（如卫星通信、宇航通信和射电天文学等方面）提供了广阔的前景。

⑥ 生物体有害性：微波辐射对人体的影响效果随波长的增加而减小，这种伤害主要是由于微波对人体的热效应和非热效应所引起的。微波的热效应是指微波加热引起人体组织升温而产生的生理损伤，其中以眼睛和睾丸最为敏感；微波的非热效应是指除热效应外对人体的其他生理损伤，主要是对神经和心血管系统的影响，对于微波的非热效应的影响和机理至今还在继续研究。为了防止微波辐射对实验人员造成的伤害，根据GB10436—1989《作业场所微波

辐射卫生标准》规定，对微波设备的要求是距微波设备外壳 5 cm 处，漏能值不得超过 1 mW/cm$^2$。

微波技术是第二次世界大战期间，由于雷达的需要而迅速发展起来的一门尖端科学技术。目前微波技术的应用已经渗透到国民经济、国防军事、科学研究等众多领域，不仅在通信、核能技术、空间技术、量子电子学以及农业生产等方面有着广泛的应用，也是科学研究中一种重要的观测手段。现在已建立起来微波气象学、射电天文学、微波波谱学、微波量子物理学和量子电子学等新学科。微波技术已成为日常生活和尖端科学发展中不可或缺的一门现代技术，因此微波实验是近代物理实验的重要组成部分之一。

**2. 微波的元件**

① 信号源：微波信号源是提供微波信号的必备仪器，实验室中一般常用的是反射速调管振荡器，但近来一些新型的微波固态信号源（如体效应振荡器等）已被广泛应用。由于固态源具有体积小、重量轻、能耗低和工作可靠等优点，相当多的场合已经逐渐取代了速调管微波源。体效应振荡器是一个负阻振荡器，体效应二极管的结构及其等效电路如图 1.3-1 所示，体效应微波振荡现象发生在样品材料的体积之内。1963 年，耿氏（Gunn）在实验中发现了砷化镓晶体的负电阻特性，如图 1.3-2 所示。在 N 型砷化镓样品的两端加上直流电压，当电压较小时样品电流随电压增高而增大；当电压超过某一临界值后，随着电压的增高，电流反而减小（这种随电压的增加电流下降的现象称为负阻效应）；当电压继续增大，则电流趋向饱和。这说明 N 型砷化镓样品具有负阻特性。体效应的广义意义是不含任何界面的半导体，在各种外界因素（声、光、热、电、磁）作用下所表现的现象，后用来专指转移电子效应或耿氏效应。这种效应通常发生在如砷化镓、磷化铟等类导带结构中有多能谷的半导体中。耿氏二极管主要是基于砷化镓型的导带双谷——高能谷和低能谷结构，砷化镓的双能谷结构如图 1.3-3 所示。

体效应管一般是在一块高浓度的 N 型砷化镓单晶上外延一薄层 N 型砷化镓，然后在晶片上下两端分别压焊金属作为阴极和阳极并封装起来。实验发现，当两电极间加上足够高的直流电压时，其会发生微波振荡现象。构成体效应振荡器的谐振腔有矩形波导腔、同轴腔、圆柱腔等，它提供必要的电抗，以便对体效应管的振荡进行调谐并构成谐振回路。体效应振荡器的阻抗变换器作用是将负载阻抗变换到适当值，以便与体效应管阻抗匹配，并使谐振腔产生射频谐振电压。DH1121 型 3 cm 固态信号发生器是能输出等幅信号及方波调制信号的微波信号源。

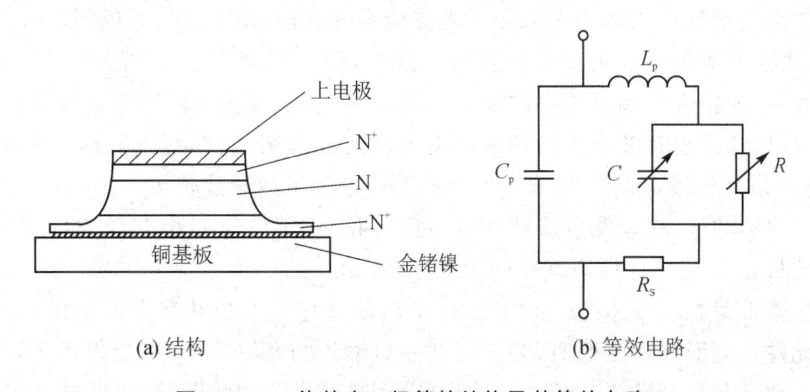


**图 1.3-1　体效应二极管的结构及其等效电路**

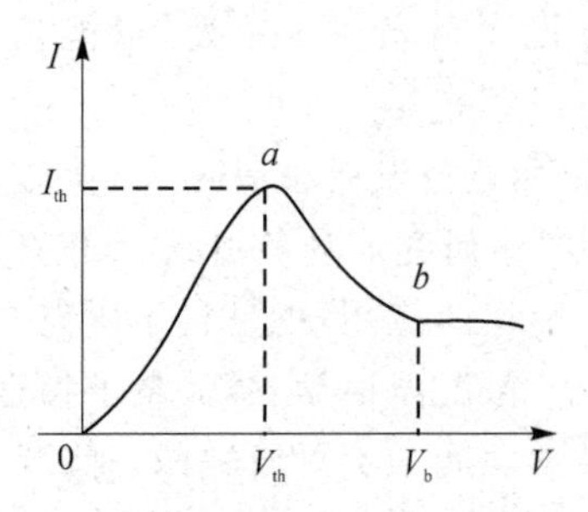


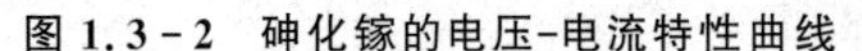

图 1.3-2 砷化镓的电压-电流特性曲线

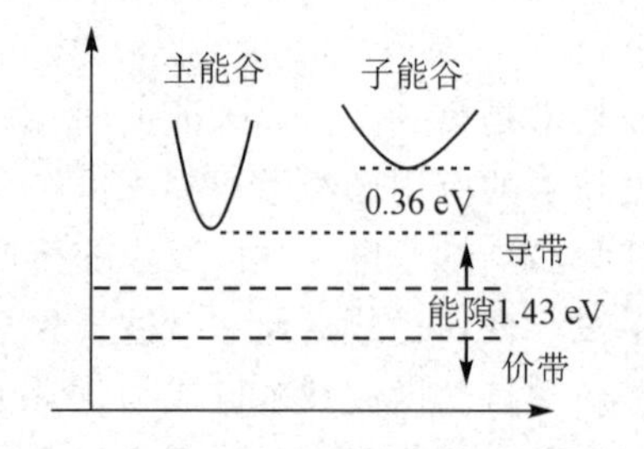


图 1.3-3 砷化镓的双能谷结构示意图

② 隔离器:利用铁氧体对微波的不可逆偏移效应制成的隔离器,是最常用的双臂微波波导元件,如图 1.3-4 所示。它具有单向导通的特性,即在正向时微波功率可以几乎无衰减地通过,而在反向时微波功率因受到很大的衰减难以通过,其作用类似于无线电中具有单向导通特性的二极管。因为绝大多数微波振荡器的功率输出和频率对负载的变动均很敏感,所以为保证振荡器稳定工作,常在其后接上有隔离作用的器件,以有效地消除来自负载的反射,故称隔离器。其隔离特性的好坏用隔离系数来表示。隔离系数被定义为反向传输衰减和正向传输衰减之比的对数值的 10 倍,单位是 dB(分贝)。

③ 可变衰减器:在微波功率传输中用于改变测量系统中微波功率的电平,相当于无线电技术中的可变电阻器。可变衰减器是由宽壁开槽的矩形波导及插入槽内的吸收片组成。为减小来自矩形波导两端的反射,吸收片常做成刀形,如图 1.3-5 所示,吸收片放在与 TE 波电场平行的方向以有效地吸收微波功率。微波功率的衰减量通过螺旋改变吸收片插入波导内的深度来调节。衰减量可根据定标的衰减量与螺旋刻度之间的关系曲线来定量地调节。

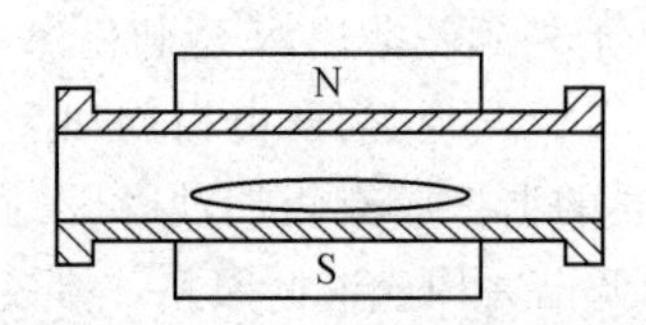


图 1.3-4 隔离器结构示意图

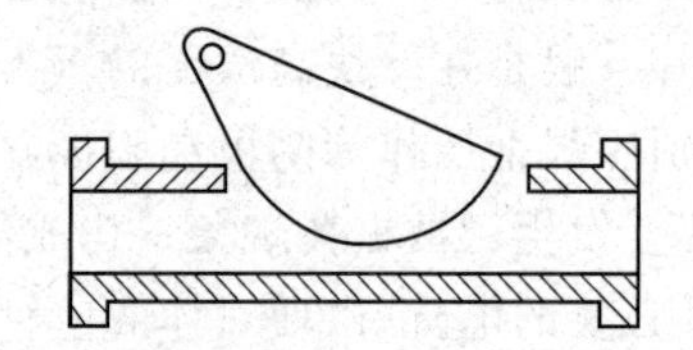

图 1.3-5 可变衰减器结构示意图

④ 波长计:波长是微波波段要经常测量的基本参数。测量波长常见的方法有谐振法和驻波法。谐振法是用谐振腔式波长表来测量微波信号的波长,调节波长表的活塞杆,改变谐振腔的固有频率,当谐振腔的频率与信号源频率一致时,高 $Q$ 值的谐振腔吸收信号的能量突然增大到一个最大值,使信号传输到终端的能量突然减小到一个最低值,记下这时波长表上螺旋测微计的刻度数,再通过查对波长表的校准数据表格或校准曲线,即可得到信号的频率,然后由 $C=\lambda_0 f$ 计算出信号的波长 $\lambda_0$。驻波法是用测量线来测量波导波长 $\lambda_g$,当测量线终端短路时,在传输线中形成纯驻波,移动测量线的探针,测出两个相邻驻波最小点即节点之间的距离,即可求得波导波长 $\lambda_g$。波长计的原理如图 1.3-6 所示。

⑤ 魔 T:魔 T 又称双 T 接头,如图 1.3-7 所示。它是一个具有旁臂平分、对臂隔离特性的四臂波导元件。当四臂皆匹配时,来自任意一臂输入的微波功率,在相邻两臂间平分而毫不进入相对臂。常在其一臂接微波信号源,旁臂分别接两个不同的负载,对臂接功率计形成一个四臂微波电桥,以进入平衡调节。它可取代环行器,但使用元件较多,且要损失部分微波功率。

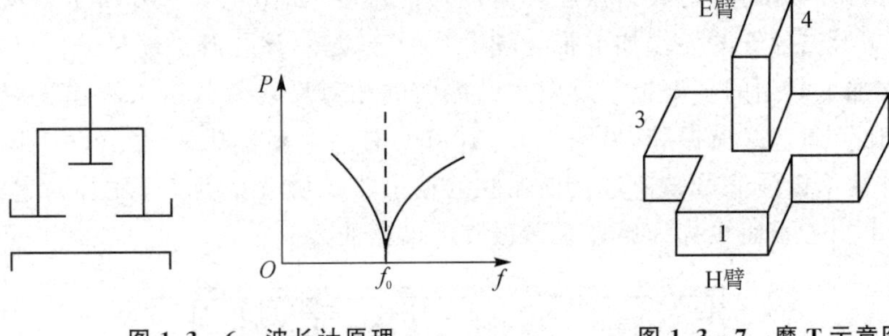


图 1.3－6　波长计原理　　　　图 1.3－7　魔 T 示意图

⑥ 波导管：引导微波传播的空心金属管。电磁波在波导管内有限空间传播的情况与在自由空间传播的情况不同，它不能传播横电磁波。常见的波导管有矩形波导管和圆形波导管，如图 1.3－8 所示。

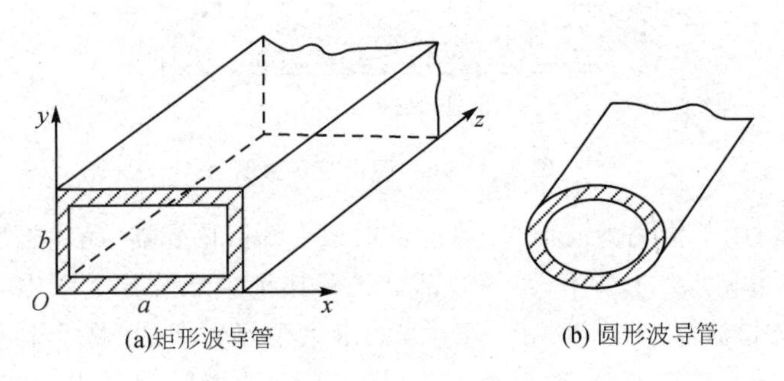


(a)矩形波导管　　(b) 圆形波导管

图 1.3－8　波导管结构示意图

波导管中的工作状态：在一般情况下，波导并非均匀和无限长。例如，在终端接入负载，就会有入射波和反射波存在，所以在波导传输线上就有入射波和反射波合成为驻波。而当微波功率全部被终端负载所吸收（这种负载称为匹配负载）时，系统中就不存在反射波，波导中传播的是"行波"，所以行波状态也称匹配状态。在一般微波传播时以及在测量系统中都希望尽量能达到匹配状态，此时沿 $z$ 方向的场强分布如图 1.3－9(a)所示。当波导终端用短路板短路时，波导中将产生全反射，出现全反射驻波。驻波节点间距为 $\lambda_g/2$，在驻波节点有 $E_{min}=0$，如图 1.3－9(b)所示，本实验就是根据这种状态来测波导波长的。当波导终端开口（即不接入任何负载）时，波导中传播的不是单纯的行波或驻波，而是如图 1.3－9(c)所示的混波状态。

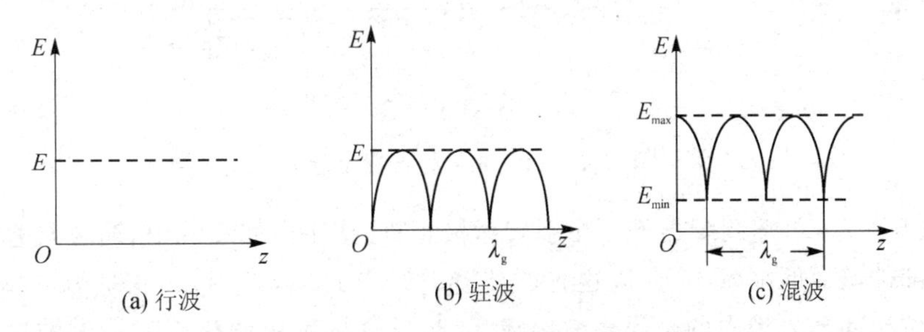


(a) 行波　　(b) 驻波　　(c) 混波

图 1.3－9　沿 $z$ 方向的场强分布

⑦ 谐振腔：微波谐振腔是一段封闭的金属导体空腔，具有储能、选频等特性，常用的谐振腔有矩形和圆形两种。矩形谐振腔的固有品质因数 $Q$ 定义为腔内的总储能与一周期内的损

耗之比。矩形谐振腔分为反射式谐振腔和通过式谐振腔,如图1.3－10所示。反射式谐振腔是把一段标准矩形波导管的一端加上带有耦合孔的金属板,该孔既是能量输入口,又是能量的输出口,另一端加上封闭的金属板。反射式谐振腔的相对反射系数定义为输入端的反射功率与入射功率之比。通过式谐振腔(见图1.3－10(b))有两个耦合孔,一个孔输入微波以激励谐振腔,另一个孔输出微波能量。通过式谐振腔的输出功率和输入功率之比称为它的传输系数。传输系数与频率的关系曲线称为通过式谐振腔的谐振曲线。

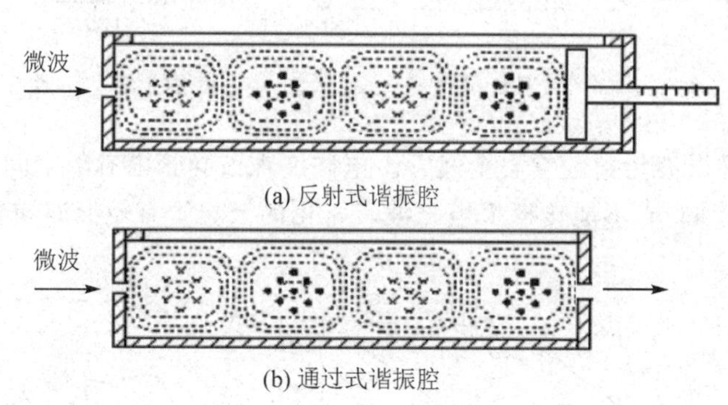


**图1.3－10　谐振腔示意图**

⑧ 晶体检波器:用于检测微波信号,由前置的三个螺钉调配器、晶体管座和末端的短路活塞三部分组成。如图1.3－11所示,其核心部分是跨接于矩形波导宽壁中心线上的点接触微波二极管(也叫晶体检波器),其管轴沿TE1波的最大电场方向,它将拾取到的微波信号整流(检波)。当微波信号为连续波时,整流后的输出为直流;当微波信号为方波调制时,则输出为低频信号。输出信号由与二极管相连的同轴线中心导体引出,接到相应的指示器,如直流电表、示波器或选频放大器。在测量时要反复调节波导终端短路活塞的位置以及输入前端三个螺钉的穿伸度,以使检波电流达到最大值而获得较高的测量灵敏度。由于点接触微波二极管的功率承受能力极差,因此使用中要特别注意不要使信号过大,否则极易因过载而烧毁。

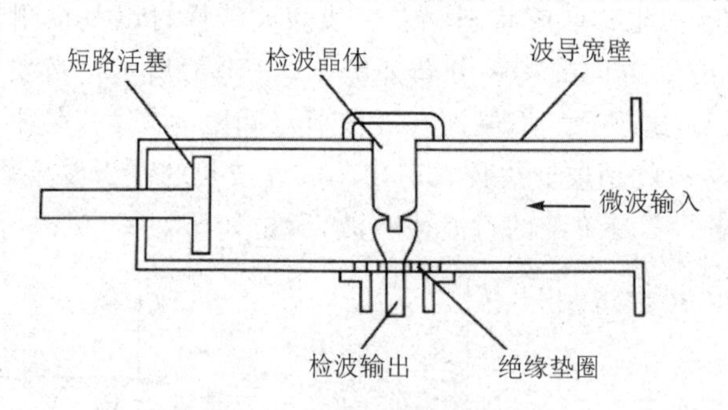


**图1.3－11　晶体检波器示意图**

⑨ 单螺调配器:单螺调配器是一个双臂微波元件,接于微波系统中,通过对它的调整可把后面的微波部件调成匹配状态,所以也称匹配器。如图1.3－12所示,它是由一段宽壁中部开窄槽的矩形波导和插入槽内的金属螺钉组成,通过反复用旋钮调整螺钉沿槽的位置以及用顶部螺旋调整螺钉进入波导的穿伸度来实现匹配,螺钉沿槽的位置和螺钉的穿伸度可以从相应的游标刻度直接读出。它本身不是匹配负载,但其独特的调配功能是匹配负载无法代替的。

⑩ 匹配负载:匹配负载是接在传输系统终端的单臂微波元件,它能几乎无反射地吸收入

射微波的全部功率，常用在传输系统中建立纯行波状态的场合。如图 1.3-13 所示，匹配负载靠在平行于矩形波导宽壁平面安置若干镀 Ni-Cr 的劈形玻璃片来吸收全部微波功率。从阻抗角度讲，它是一个阻抗与传输线特性阻抗相匹配的负载。

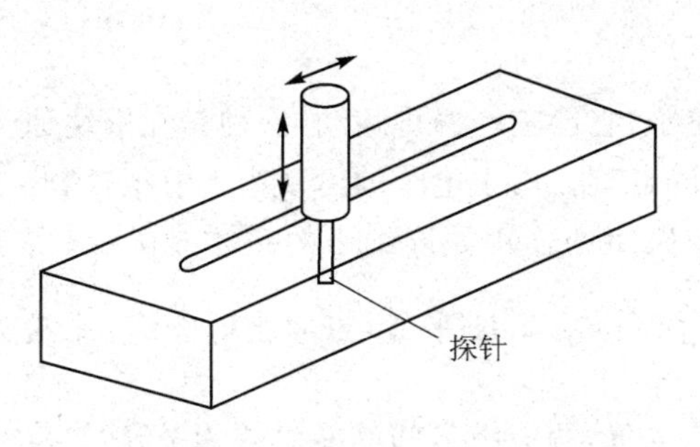


图 1.3-12　单螺调配器示意图

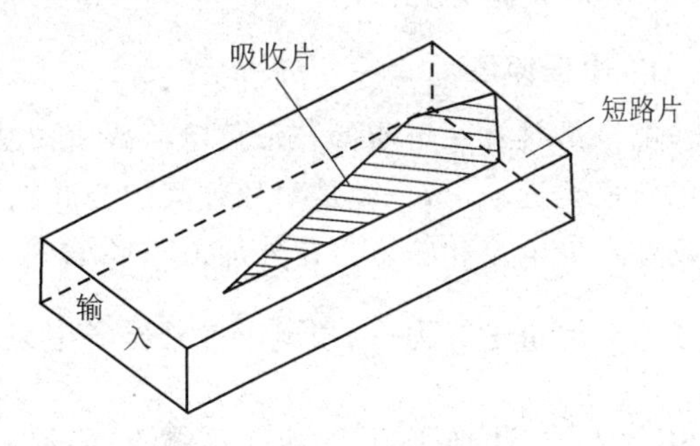


图 1.3-13　匹配负载示意图

## 二、微波电子自旋共振

泡利(W. Pauli)在 1924 年提出的电子自旋概念可以解释碱金属光谱的精细结构。电子自旋共振(Electron Spin Resonance，ESR)，也称电子顺磁共振(Electron Paramagnetic Resonance，EPR)是由苏联物理学家扎沃伊斯基(Zavoisky)在 1944 年从 $MnCl_2$、$CuCl_2$ 等顺磁性盐类中首先发现的，其工作机理与核磁共振是相同的。电子自旋运动和轨道运动也产生磁矩，若一个原子、离子或分子中的所有电子的自旋磁矩与轨道磁矩的总和不为零，则这个原子、离子或分子便是顺磁性的，其不为零的磁矩在外磁场中将引起能级分裂。人们基于这种能级分裂可以方便地观察到顺磁共振现象。除了惰性气体的原子外，大多数原子在游离态(以单个原子形式存在)时总磁矩都不为零，但它们在失去或获得价电子成为离子或组成分子时，电子都是成对的，轨道磁矩和自旋磁矩的总和都等于零，因而没有顺磁性，也不能产生顺磁共振。

在过渡族元素的离子、一般金属中的导电电子、半导体中的杂质原子和自由基(指分子中有一个不配对电子的基团)等物质中存在未偶电子，称为顺磁性物质，可以产生顺磁共振。通过对这些物质 ESR 谱的研究，测量它们的 $g$ 因子、线宽、弛豫时间、超精细结构参数等，可以了解有关原子、分子或离子中未偶电子的状态，从而获得有关物质的微观结构。ESR 已经广泛地应用于物理、化学、医学、生物、考古、石油、地质等领域。ESR 仪具有灵敏的分辨率，可以提供物质结构的丰富信息，是一项先进的无损伤探测技术。

### (一) 实验要求与预习要点

**1. 实验要求**

① 理解微波波段电子自旋磁共振现象。

② 测量 DPPH(二苯基-苦基肼基)中一个未偶电子的 $g$ 因子。

③ 掌握微波基本知识以及微波仪器和器件的应用。

④ 进一步理解矩形谐振腔中驻波形成的情况，并测定驻波波长。

**2. 预习要点**

① 了解电子的轨道磁矩与自旋磁矩。

② 理解什么是电子顺磁共振。

③ 什么是扫场法？如何应用扫场法观察共振信号？

④ 什么是驻波？了解驻波形成的情况，如何确定驻波波长？

## (二) 实验原理

### 1. 原理简述

电子是具有一定质量和带负电荷的一种基本粒子，它能进行两种运动：一种是在围绕原子核的轨道上运动，另一种是对通过其中心的轴所作的自旋。由于电子的运动产生力矩，因此在运动中产生电流和磁矩。在外加恒磁场 $\boldsymbol{H}$ 中，电子磁矩的作用如同细小的磁棒或磁针，由于电子的自旋量子数为 $\frac{1}{2}$，故电子在外磁场中只有两种取向：与 $\boldsymbol{H}$ 平行，对应于低能级，能量为 $-\frac{1}{2}g\beta H$；与 $\boldsymbol{H}$ 逆平行，对应于高能级，能量为 $+\frac{1}{2}g\beta H$，两能级之间的能量差为 $g\beta H$。若在垂直于 $\boldsymbol{H}$ 的方向加上频率为 $\nu$ 的电磁波使恰能满足 $h\nu = g\beta H$ 这一条件时，低能级的电子即吸收电磁波能量而跃迁到高能级，此即电子自旋共振。在上述产生电子自旋共振的基本条件中，$h$ 为普朗克常数，$g$ 为波谱分裂因子(简称 $g$ 因子或 $g$ 值)，$\beta$ 为电子磁矩的自然单位，称为玻尔磁子。

### 2. 观察共振信号

要满足共振条件，可以采用两种方法：固定 $\boldsymbol{H}$ 改变 $\nu$，称作扫频法；固定 $\nu$ 改变 $\boldsymbol{H}$，称作扫场法。由于技术上的原因，一般采用扫场法。微波电子自旋共振实验采用扫场法进行，即在固定的磁场 $\boldsymbol{B}_0$ 上叠加一交变低频的交变调制磁场 $B_m \sin(\omega' t)$，当外磁场与微波频率之间符合一定关系 $B = \frac{\hbar\omega}{g\mu_B}$ 时，将发生微波磁场的能量被吸收的电子自旋共振现象。

### 3. 实验样品

实验样品可分为两大类：

① 在分子轨道中出现不配对电子(或称单电子)的物质，如自由基(含有一个单电子的分子)、双基及多基(含有两个及两个以上单电子的分子)、三重态分子(在分子轨道中亦具有两个单电子，但它们相距很近，彼此间有很强的磁相互作用，与双基不同)等。

② 在原子轨道中出现单电子的物质，如碱金属的原子、过渡金属离子(包括铁族、钯族、铂族离子，它们依次具有未充满的3d,4d,5d壳层)、稀土金属离子(具有未充满的4f壳层)等。

对自由基而言，轨道磁矩几乎不起作用，总磁矩的绝大部分(99%以上)的贡献来自电子自旋。本实验用的顺磁物质为DPPH(二苯基-苦基肼基)。其分子式为 $(C_6H_5)_2N-NC_6H_2(NO_2)_3$，结构式如图1.3-14所示。它的一个氮原子上有一个未成对的电子，构成有机自由基。实验表明，化学上的自由基其 $g$ 值十分接近自由电子的 $g$ 值。

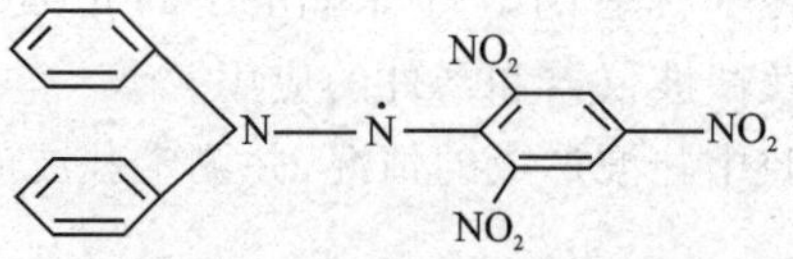

**图1.3-14 二苯基-苦基肼基**

## (三) 实验仪器系统

微波电子自旋共振实验系统连接如图 1.3－15 所示，依次连接信号发生器、隔离器、可变衰减器、波长表、魔 T，魔 T 将信号平分后分别进入相邻两臂，一臂连接单螺调配器、匹配负载，另一臂连接反射式样品谐振腔，魔 T 对边连接隔离器、晶体检波器、微安表，或直接输出至示波器的 Y 端。有机自由基 DPPH 样品密封于谐振腔中，通过旋钮可以调节左右位置。矩形谐振腔的末端是可旋转的活塞，用来改变谐振腔的长度。

实验系统是在 3.2 cm 左右微波频段进行的。在示波器上，X 端信号为磁共振实验仪输出的 50 Hz 正弦波扫描信号，Y 端为晶体检波器检出的微波信号。调节"调相"旋钮可使正弦波的负半周扫描的共振吸收峰与正半周的共振吸收峰重合。

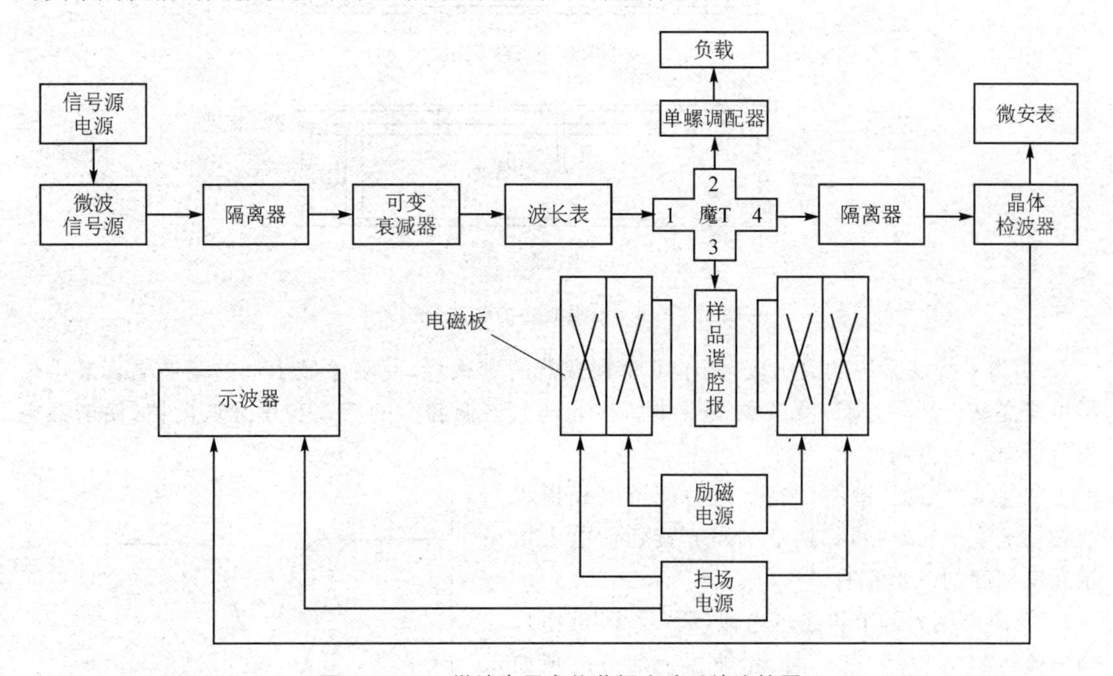


图 1.3－15　微波电子自旋共振实验系统连接图

## (四) 实验内容及步骤

### 1. 实验步骤

① 按图 1.3－15 所示连接好各部件，开启微波源，选择"等幅"方式，预热 20 min。

② 顺时针旋转可变衰减器至衰减最大。

③ 将磁共振实验仪上的旋钮和按钮作设置如下："磁场"逆时针调到最低，"扫场"逆时针调到底。按下 "扫场/检波"按钮，此时磁共振实验仪处于检波状态。

④ 将样品位置刻度尺置于 90 mm 处，样品置于磁场正中央。

⑤ 旋转单螺调配器至"10"刻度。

⑥ 调节可变衰减器及"检波灵敏度"旋钮至某一位置后，磁共振实验仪面板上的调谐电表指针开始偏转，使电表指示占满刻度的 2/3 以上。

⑦ 为使样品谐振腔对微波信号谐振，调节样品谐振腔的可调终端活塞，使调谐电表指示最小。此时，样品谐振腔中的驻波如图 1.3－16 所示。

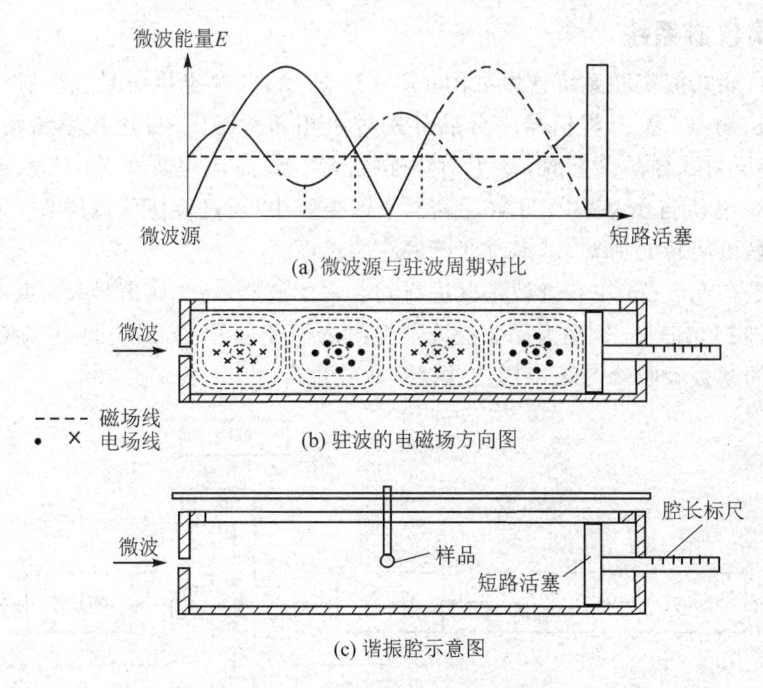


**图 1.3－16　谐振腔中的驻波分布图**

⑧ 为了提高系统的灵敏度,减小可变衰减器的衰减量,使刚才显示过的调谐电表最小值尽可能提高。然后,调节魔 T 两支臂中所接的样品谐振腔上的活塞和单螺调配器,使谐振电表尽量向小的方向变化。

⑨ 弹起"扫场/检波"按钮,这时调谐电表指示为扫场电流的相对指示,调节"扫场"旋钮使电表指示在满刻度的一半左右。

⑩ 由小到大调节恒磁场电流(调"磁场"旋钮),当电流达到 1.8～2.0 A 时,示波器上即可出现如图 1.3－17 所示的电子共振信号。

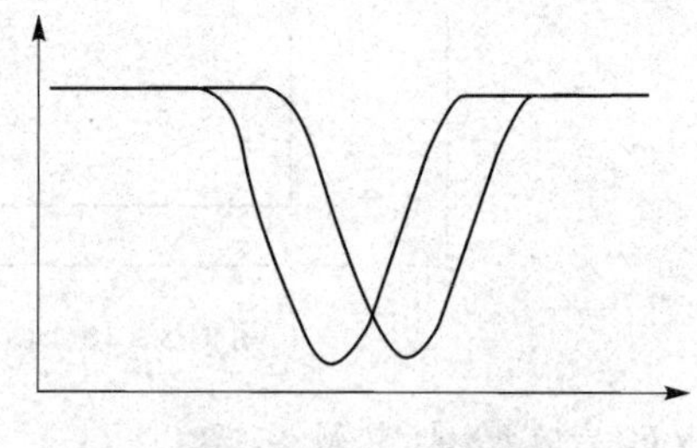

**图 1.3－17　共振波形**

⑪ 若共振波形峰值较小,或示波器图形显示欠佳,可采用下列 3 种方式调整:

(a) 将可变衰减器逆时针旋转,减小衰减量。

(b) 调节"扫场"旋钮,可改变扫场电流的大小。

(c) 调节示波器的灵敏度。

⑫ 若振荡波形左右不对称,调节单螺调配器的深度及左右位置,可使共振波形成图 1.3－17 所示的波形。

⑬ 调节"调相"旋钮即可使双共振峰处于合适的位置。

⑭ 用波长表测定微波信号的频率,具体操作为:将磁场降至 0,磁共振仪返回检波状态。调节波长表,在某一位置附近调谐电表指示减小,(其他位置电表指示不变),在该小范围内仔细调节,使电表指示减到尽可能小,读出此时波长表读数,查表得出相应的振荡频率 $f_0$,振荡频率应该在 8.8～9.4 GHz 范围。测定完频率后,将波长表旋开谐振点。

**2. 数据记录及处理**

① 调试出现理想共振峰后，用高斯计测得外磁场强度 $B$，测量时高斯计的测试头应与磁力线垂直，且处于谐振腔外与样品等高的位置。利用测得的 $B$，根据共振条件计算 DPPH 自由基中的 $g$ 值（$g$ 因子一般在 1.95～2.05 范围）。

② 缓慢移动样品位置，仔细观察共振峰的变化，比照图 1.3－17 认真思考；再左右调节样品，找到有对等共振峰的先后两次发生共振时样品的位置，两者之差即为 $\frac{\lambda_g}{2}$，算出腔体的波导波长 $\lambda_g$。

### (五) 思考题

1. 简述 ESR 的基本原理。

2. 要实现自旋共振，DPPH 样品应放在谐振腔的什么位置？为什么？

3. ESR 实验中加扫场目的是什么？不加扫场能否观察到 ESR 信号？扫场是如何加上的？

### (六) 拓展性实验

自学利用谐振腔微扰法测量介质介电常数和磁导率的实验原理，探索测量微波介质介电常数和磁导率的方法，并讨论如何采取措施使实验精度提高。

### (七) 研究性实验

观测硫酸铜单晶体中 $Cu^{2+}$ 离子的电子自旋共振谱线及其受晶体场影响下的各向异性。

## 三、微波铁磁共振

1935 年，苏联著名物理学家朗道就提出铁磁性物质具有铁磁共振特性。在经过若干年超高频技术发展起来后，才观察到铁磁共振现象。铁磁共振研究的对象是铁磁性物质中的未偶电子，可以说它是铁磁物质中的电子自旋共振。在磁子学的研究中，铁磁共振实验是获取 Gilbert 阻尼系数的最主要手段。在外加微波场的激励下，当微波频率和稳恒磁场满足一定条件时，磁性样品对于微波的吸收会出现一个极大值，这就是铁磁共振（Ferromagnetic Resonance，FMR）。铁磁共振是于 20 世纪 40 年代发展起来的，与核磁共振、电子自旋共振一样，成为研究物质宏观性能和微观结构的有效手段。它利用磁性物质从微波磁场中强烈吸收能量的现象，与核磁共振、电子自旋共振一样在磁学和固体物理学研究中占有重要地位。它能测量微波铁氧体的共振线宽、张量磁化率、饱和磁化强度、居里点等重要参数。该项技术在微波铁氧体器件的制造、设计等方面有着重要的应用价值。

### (一) 实验要求与预习要点

**1. 实验要求**

① 了解微波谐振腔的工作原理，掌握微波磁共振系统调整技术。

② 理解铁磁共振的基本原理、熟悉实验方法，调试出铁磁共振现象。

③ 测量铁氧体的铁磁共振线宽，并计算出朗德因子。

**2. 预习要点**

① 了解传输式谐振腔的谐振特性。

② 说明用谐振腔法观测FMR的基本物理思想。

## (二) 实验原理

铁磁物质的磁性来源于原子磁矩。原子磁矩一般主要由未满壳层电子轨道磁矩和电子自旋磁矩决定。而在铁磁性物质中,电子轨道磁矩受晶体场作用,其方向不停地在变化,不能产生联合磁矩,对外不表现磁性,故其原子磁矩来源于未满壳层中未配对电子的自旋磁矩。但是,铁磁性物质中电子自旋由于交换作用形成磁有序,任何一块铁磁体内部都形成许多磁矩取向一致的微小自发磁化区,称为"磁畴",平时"磁畴"的排列方向是混乱的,所以在未磁化前对外不显磁性,而在足够强的外磁场作用下,即可达到饱和磁化。引用磁化强度矢量 $\boldsymbol{M}$,它表征铁磁物质中全体电子自旋磁矩的集体行为,简称系统 $\boldsymbol{M}$。

铁磁共振在原理上与核磁共振、电子自旋共振相似。由经典力学唯象理论可知,若将铁氧体晶体置于直流磁场 $\boldsymbol{H}$ 中,系统 $\boldsymbol{M}$ 就要绕着 $\boldsymbol{H}$ 作拉莫尔进动,其进动角频率为 $\omega_0=\gamma H$,其中 $\gamma$ 为旋磁比。由于铁氧体内部存在阻尼作用,$\boldsymbol{M}$ 的方向趋于 $\boldsymbol{H}$ 的方向,若同时在垂直于 $\boldsymbol{H}$ 方向加一微波旋转磁场 $\boldsymbol{h}$,当 $\boldsymbol{h}$ 的旋转方向与 $\boldsymbol{M}$ 的进动方向一致且 $\boldsymbol{h}$ 的角频率 $\omega$ 等于 $\boldsymbol{M}$ 的进动频率 $\omega_0$,即微波磁场的角频率与直流磁场强度 $H$ 满足

$$\omega=\omega_0=\gamma H \tag{1.3-1}$$

系统 $\boldsymbol{M}$ 便会从微波磁场中吸收能量,用以克服阻尼使进动角加大,这种共振吸收现象称为铁磁共振。式(1.3-1)中,$\gamma=g\mu_B/\hbar$,称为旋磁比;$g$ 为光谱分裂因子——朗德因子;$\mu_B$ 为玻尔磁子;$\hbar$ 为约化普朗克常量。

在恒磁场中,磁性材料的磁导率可用简单的实数来表示,但在交变磁场作用下,由于有阻尼作用,磁性材料的磁感应强度的变化落后于交变磁场强度的变化,这时磁导率要用复数 $\mu=\mu'+i\mu''$ 来描述。其实部 $\mu'$ 相当于恒磁场中的磁导率,它决定磁性材料中贮存的磁能;虚部 $\mu''$ 则反映铁磁体的磁损耗。实验表明,微波铁氧体在恒磁场和微波磁场同时作用下,当微波频率固定不变时,$\mu''$ 随 $H$ 的变化规律如图1.3-18所示。可见 $\mu''-H$ 的关系曲线上出现共振峰,即产生了铁磁共振现象。

图1.3-18给出了有阻尼作用时铁氧体的共振曲线。在共振点时,铁氧体样品对微波磁场有最大吸收(磁损耗 $\mu''_{max}$),相当于最大功率吸收一半的两个磁场之差称为样品的铁磁共振线宽,以 $\Delta H$ 表示。由磁共振基本知识可知,吸收功率与磁化率 $x''$ 成正比,对于铁磁物质,则与磁导率 $\mu''$ 成正比。当直流磁场改变时,$\boldsymbol{M}$ 趋于平衡态的过程称为弛豫过程。由于弛豫过程的存在,才能维持着连续不断的磁共振吸收。

本实验是采用传输式谐振腔测量铁磁共振线宽。可以在保证谐振腔输入功率 $P_{入}$ 不变和微扰的条件下,通过测量 $P_{出}$ 的变化来测量 $\mu''$ 的变化。即可将图1.3-19所示的 $P-H$ 关系曲线翻为图1.3-18所示的 $\mu''-H$ 共振曲线,并用来测量共振线宽 $\Delta H$。可用如下公式(修正公式)从测量的 $P-H$ 曲线上定出 $\Delta H$

$$P_{1/2}=\frac{2P_0P_r}{P_0+P_r} \tag{1.3-2}$$

其中,$P_0$ 为远离铁磁共振区时谐振腔的输出功率,$P_r$ 为出现铁磁共振时谐振腔的输出功率。此时对应的外磁场为共振磁场 $H_r$,而相应的张量磁导率对角元虚部 $\mu''=\mu''_{max}$,$P_{1/2}$ 为与 $\mu''=\frac{1}{2}\mu''_{max}$(半共振点)相对应的半功率输出值,根据 $P_{1/2}$ 的大小再从图1.3-19中找出相对应的

两个磁场值 $H_1$、$H_2$，则 $\Delta H = H_1 - H_2$。

因为本系统中晶体检波器的检波律符合平方律，即检波电流与输出功率成正比（$I \propto P$），故传输式谐振腔的输出功率可用晶体检波器的检波电流作相对指示。微安表可以检测谐振腔的输出功率。且由 $P_{1/2}$ 计算式（1.3-2）知，对检波电流同样有

$$I_{1/2} = \frac{2I_0 I_r}{I_0 + I_r} \tag{1.3-3}$$

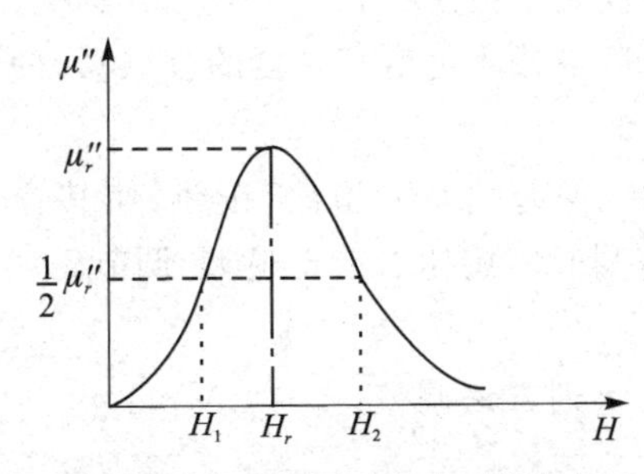


图 1.3-18　张量磁化率对角组元的虚部 μ″与外加恒磁场的关系曲线

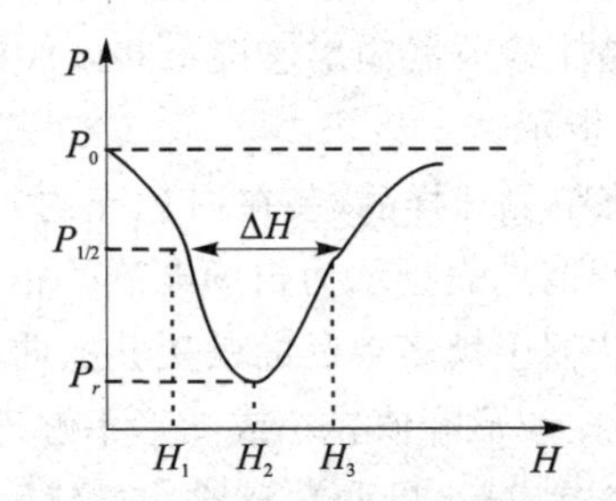


图 1.3-19　输出功率与外加恒磁场的关系

## （三）实验仪器

微波铁磁共振实验系统连接如图 1.3-20 所示，依次连接信号发生器、隔离器、可变衰减器、波长表、直波导、传输式谐振腔、隔离器、晶体检波器，检波信号输至微安表，或直接输出至示波器的 Y 端。实验系统是在 3.2 cm 左右微波频段进行的。在示波器上，X 端信号为磁共振实验仪输出的 50 Hz 正弦波扫描信号，Y 端为晶体检波器检出的微波信号。调节“调相”旋钮可使正弦波的负半周扫描的共振吸收峰与正半周的共振吸收峰重合。

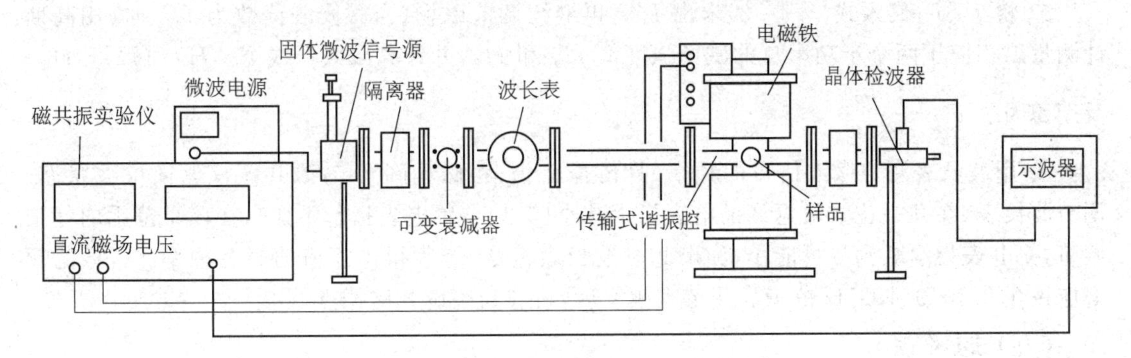


图 1.3-20　微波铁磁共振实验系统连接图

重要参数：谐振频率满足 $l = \frac{n\lambda}{2}$，这就是谐振条件，即矩形谐振腔的长度 $l$ 等于半波导波长 $\lambda$ 的整数倍时，进入腔内的波可在腔内发生谐振。

## （四）实验内容及步骤

### 1. 实验内容

① 将晶体检波器输出连接磁共振仪检波输入，在示波器上调试出单晶的共振曲线，观测铁磁共振现象。

② 将晶体检波器输出连接微安表,测量多晶的共振线宽,并计算朗德因子。

**2. 操作步骤**

① 按图1.3-20所示连接好各部件,开启微波源,选择"等幅"方式,预热20 min。

② 顺时针旋转可变衰减器至衰减最大。

③ 将磁共振实验仪上的旋钮和按钮作设置如下:"磁场"逆时针调到最低,"扫场"逆时针调到底。按下"扫场/检波"按钮,此时磁共振实验仪处于检波状态。

④ 晶体检波器输出连接磁共振仪检波输入。适当减小可变衰减器的衰减量,使调谐电表有适当的指示。

⑤ 将单晶球样品(装在白色壳内)放入谐振腔,弹起"扫场/检波"按钮,使其置于扫场状态,这时调谐电表指示为扫场电流的相对指示。将"扫场"旋钮右旋至最大,调节磁场至恰当强度,在示波器上观察单晶的铁磁共振曲线。

若共振波形峰值较小或图形不够理想,可采用下列方法调整:

(a) 适当减小可变衰减器的衰减量。

(b) 调节"扫场"旋钮,改变扫场电流的大小。

(c) 调节示波器的灵敏度。

(d) 调节"相位"旋钮,可使两个共振信号处于合适的位置。

⑥ 将多晶球样品(装在半透明壳内)放入谐振腔,将"扫场"旋钮逆时针旋到底(不加扫场),调磁场至0,衰减值调至最大,按下"扫场/检波"按钮,使其处于检波状态,晶体检波器输出连接微安表。逐渐减小衰减,使微安表上有理想读数,然后保持衰减不变,缓慢顺时针转动磁共振仪的磁场调节钮,加大磁场电流,观察微安表的读数变化,测得$I_0$(最大读数)、$I_r$(最小读数,即铁磁共振吸收点),且用高斯计测得此时的共振磁场值$H_r$。

⑦ 将$I_0$、$I_r$代入式(1.3-3)求出$I_{1/2}$,再继续调节磁场,当微安表读数为$I_{1/2}$时,用高斯计测量出相应于两个半功率点的磁场强度值$H_1$和$H_2$,并计算出共振线宽$\Delta H=|H_1-H_2|$及朗德因子$g=\dfrac{2m\omega}{e\mu_0 H_r}$。

⑧ 用波长表测定微波信号的频率,具体操作为:将磁场降至0,磁共振仪返回检波状态。调节波长表,在某一位置附近调谐电表指示减小(其他位置电表指示不变),在该小范围内仔细调节,使电表指示减到尽可能小,读出此时波长表读数,查表得出相应的振荡频率$f_0$,振荡频率应该在8.8~9.4 GHz范围。测定完频率后,将波长表旋开谐振点。

## (五) 思考题

1. $I-H$曲线如何反映铁磁共振吸收曲线?

2. 如何用经典与量子观点解释铁磁共振现象?

3. 如何测量铁磁共振线宽?

## (六) 拓展性实验

观测多晶铁氧体的铁磁共振曲线,并实验分析如何提高谐振腔的输出信号。

## (七) 研究性实验

观测钇铁石榴石$Y_2Fe_5O_{12}$(Yttrium Iron Garnet,YIG)单晶铁磁共振现象,并自制多晶YIG,研究分析单晶和多晶共振的异同。

## 参考文献

[1] 吴思诚，王祖铨．近代物理实验[M]．2 版．北京：北京大学出版社，1995．
[2] 徐元植．实用电子磁共振波谱学[M]．北京：科学出版社，2008．
[3] 顾继慧．微波技术[M]．北京：科学出版社，2008．
[4] 王魁香，韩炜，杜晓波．新编近代物理实验[M]．北京：科学出版社，2007．
[5] 何元金，马兴坤．近代物理实验[M]．北京：清华大学出版社，2003．
[6] 王志军，张金宝．工科近代物理实验[M]．北京：科学出版社，2020．

# 1.4　光磁共振

光磁共振是指原子、分子的光学频率的共振与射频频率的磁共振同时发生的双共振现象。对于原子或分子激发态的磁共振，由于激发态的粒子数非常少，所以不可能直接观察到这些激发态的磁共振现象，但若用光频率的共振把这些原子或分子抽运到所要研究的激发态上，只要抽运光足够强，就可产生足够多的处于激发态的粒子数，再观察激发态的磁共振，就可获得很强的共振信号。

法国物理学家卡斯特勒在 20 世纪 50 年代利用光抽运技术打破原子在所研究的能级间的玻尔兹曼热平衡分布，使原子能级的粒子数分布产生偏极化，在低浓度的条件下提高了共振强度。利用光抽运-磁共振-光探测方法，也就是光泵磁共振方法，大大提高了信号强度和检测灵敏度，其灵敏度比一般磁共振探测技术高几个数量级，特别适合原子、分子精细结构的研究。光磁共振是研究原子物理的一种重要的实验方法，它大大地丰富了我们对原子能级精细结构与超精细结构、能级寿命、塞曼分裂与斯塔克分裂、原子磁矩与 $g$ 因子、原子与原子间以及原子与其他物质间相互作用的了解。利用光磁共振原理可以制成测量微弱磁场的磁强计，也可以制成高稳定度的原子频标。

## 一、实验要求与预习要点

### 1. 实验要求

① 掌握光抽运和光检测的原理和实验方法。

② 加深对原子超精细结构、光跃迁及磁共振的理解。

③ 测定 $^{87}$Rb 和 $^{85}$Rb 的 $g$ 因子。

④ 测定地磁场垂直和水平分量。

### 2. 预习要点

① 理解铷原子的超精细结构。

② 了解光抽运、弛豫、光电探测基本物理原理。

③ 了解实验的装置和基本实验内容。

## 二、实验原理

光磁共振技术巧妙地将光抽运、核磁共振和光探测技术综合起来，用以研究气态原子的精细和超精细结构,克服了用普通的方法对气态样品观测时共振信号非常微弱的困难,用这种方法可以使磁共振分辨率提高到 $10^{-11}$ T。

实验以 $^{87}$Rb 和 $^{85}$Rb 为样品,核外电子状态为 $1s^2 2s^2 2p^6 3s^2 3p^6 3d^{10} 4s^2 4p^6 5s^1$。外加磁场使原子能级分裂,光照使原子从基态跃迁至激发态,特别是从 $5^2S_{1/2}$ 态向 $5^2P_{1/2}$ 态跃迁,跃迁过程吸收光子,因而检测到的光信号减弱,当偏极化饱和时跃迁吸收停止,检测到的光信号又增强到光源的光强。

**1. 铷(Rb)原子基态及最低激发态的能级**

实验研究对象是铷的气态自由原子,铷是碱金属,它和所有的碱金属原子 Li、Na、K 一样,在紧束缚的满壳层外只有一个电子。铷的价电子处于第五壳层,主量子数 $n=5$,主量子数为 $n$ 的电子,其轨道量子数 $L=0,1,\cdots,n-1$,同时电子还具有自旋,自旋量子数 $S=1/2$。由于电子的自旋与轨道运动的相互作用(即 L-S 耦合)而发生能级分裂,产生精细结构,电子轨道角动量 $\boldsymbol{P}_L$ 与自旋角动量 $\boldsymbol{P}_S$ 耦合的电子总角动量 $\boldsymbol{P}_J=\boldsymbol{P}_L+\boldsymbol{P}_S$,原子能级的精细结构用总角动量量子数 $J$ 来标记,$J=L+S, L+S-1, \cdots, |L-S|$。

对于铷原子的基态,轨道量子数 $L=0$,自旋量子数 $S=1/2$,基态只有 $J=1/2$,标记为 $5^2S_{1/2}$。铷原子的最低激发态,轨道量子数 $L=1$,自旋量子数 $S=1/2$,是 $5^2P_{1/2}$ 及 $5^2P_{3/2}$ 双重态。5P 与 5S 能级之间的跃迁产生双线,分别为 $D_1$ 线($5^2P_{1/2}\rightarrow 5^2S_{1/2}$)和 $D_2$ 线($5^2P_{3/2}\rightarrow 5^2S_{1/2}$),它们的波长分别为 794.78 nm 和 780.00 nm,如图 1.4-1(a)所示。

通过 $L-S$ 耦合形成了电子的总角动量 $\boldsymbol{P}_J$,其与电子总磁矩 $\boldsymbol{\mu}_J$ 的关系为

$$\boldsymbol{\mu}_J=-g_J\frac{e}{2m}\boldsymbol{P}_J \tag{1.4-1}$$

其中

$$g_J=1+\frac{J(J+1)-L(L+1)+S(S+1)}{2J(J+1)} \tag{1.4-2}$$

其中,$g_J$ 是朗德因子,$J$、$L$ 和 $S$ 是量子数。

原子核自旋磁矩与电子总磁矩之间的相互作用($I-J$ 耦合)导致能级产生附加分裂,这个附加分裂造成超精细结构。核自旋角动量 $\boldsymbol{P}_I$ 与电子总角动量 $\boldsymbol{P}_J$ 耦合成 $\boldsymbol{P}_F$,有 $\boldsymbol{P}_F=\boldsymbol{P}_I+\boldsymbol{P}_J$,形成超精细结构能级,由 $F$ 量子数标记,$F=I+J, \cdots, |I-J|$。铷元素两种同位素核的自旋量子数 $I$ 不同,$^{87}$Rb 的 $I=3/2$,它的基态 $J=1/2$,具有 $F=2$ 和 $F=1$ 两个状态;$^{85}$Rb 的 $I=5/2$,它的基态 $J=1/2$,具有 $F=3$ 和 $F=2$ 两个状态,如图 1.4-1(b)所示。

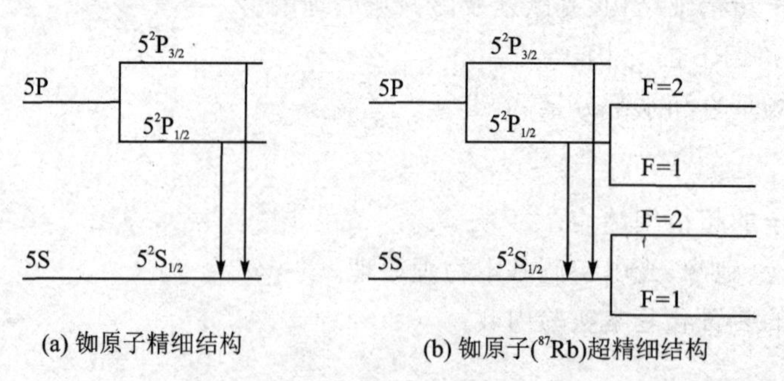


**图 1.4-1 铷原子精细结构与超精细结构示意图**

整个原子的总角动量 $\boldsymbol{P}_F$ 与总磁矩 $\boldsymbol{\mu}_F$ 之间的关系为

$$\boldsymbol{\mu}_F = g_F \frac{e}{2m} \boldsymbol{P}_F \tag{1.4-3}$$

其中，$g_F$ 因子可按类似于求 $g_J$ 因子的方法算出，考虑到核磁矩比电子磁矩小约 3 个数量级，$\boldsymbol{\mu}_F$ 实际上为 $\boldsymbol{\mu}_J$ 在 $\boldsymbol{P}_F$ 方向的投影，从而得

$$g_F = g_J \frac{F(F+1)+J(J+1)-I(I+1)}{2F(F+1)} \tag{1.4-4}$$

$g_F$ 是对应于 $\boldsymbol{\mu}_F$ 与 $\boldsymbol{P}_F$ 关系的朗德因子。

以上所述都是没有外磁场条件下的情况。如果处在外磁场 $\boldsymbol{B}$ 中，原子总磁矩 $\boldsymbol{\mu}_F$ 与磁场 $\boldsymbol{B}$ 相互作用，原子的超精细结构中的各能级进一步发生分裂形成塞曼子能级。用磁量子数 $M_F$ 标记，$M_F = F,\ F-1,\ \cdots,\ -F$，分裂成 $2F+1$ 个能量间距相等的塞曼子能级。$\boldsymbol{\mu}_F$ 与 $\boldsymbol{B}$ 的相互作用能量为

$$E = -\boldsymbol{\mu}_F \cdot \boldsymbol{B} = g_F \frac{e}{2m} \boldsymbol{P}_F \cdot \boldsymbol{B} = g_F \frac{e}{2m} M_F h B = g_F M_F \mu_B B \tag{1.4-5}$$

$^{87}$Rb 塞曼子能级如图 1.4-2 所示。各相邻塞曼子能级的能量差为

$$\Delta E = g_F \mu_B B \tag{1.4-6}$$

如果外磁场 $\boldsymbol{B}=0$，各塞曼子能级将重新简并为原来的超精细能级。

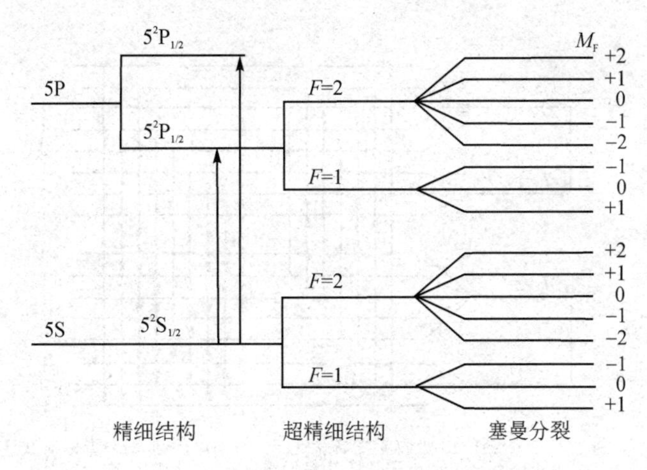


**图 1.4-2　$^{87}$Rb 塞曼子能级图**

**2. 光抽运**

在热平衡时，原子在任意两个能级 $E_1$ 和 $E_2$ 上的粒子数之比遵循玻尔兹曼分布

$$\frac{N_2}{N_1} = \mathrm{e}^{-\frac{\Delta E}{kT}} \tag{1.4-7}$$

其中，$N_1$、$N_2$ 分别是两个能级 $E_1$、$E_2$ 上的原子数目，$\Delta E$ 是两个能级之差，$k$ 是玻尔兹曼常数。由于各塞曼子能级之间的能量差很小，基态各子能级上粒子数彼此相差极小，因此系统处于非偏极化状态时不利于观察塞曼子能级之间的磁共振现象。

卡斯特勒提出利用光抽运方法使原子能级上粒子数分布发生变化，即利用圆偏振光激发铷原子使系统处于偏极化状态。如果偏振光的偏振方向与产生能级塞曼分裂的水平磁场共

轴,偏振光中的左旋偏振光 $\sigma^+$ 的电场 $E$ 绕光传播方向作左旋转动,角动量为 $+\frac{h}{2}\pi$,而右旋偏振光的电场则绕光传播方向作右旋转动,角动量为 $-\frac{h}{2}\pi$,线偏振的 $\pi$ 光则为两个旋转方向相反的圆偏振光的叠加,其角动量为零。

铷光源发出的 $D_1\sigma^+$ 光实际上是连续频率的光,即 $D_1$ 有一定的宽度。当 $D_1\sigma^+$ 左旋偏振光照射气态 $^{87}Rb$ 原子时,在由 $5^2S_{1/2}$ 能级到 $5^2P_{1/2}$ 能级的激发跃迁中,遵守选择定则

$$\Delta F=0,\pm 1,\quad \Delta M_F=+1$$

即基态上量子数为 $M_F$ 的原子,将吸收偏振光能量,跃迁到量子数 $\Delta M_F=+1$ 的激发态能级上去。$5^2S_{1/2}$ 和 $5^2P_{1/2}$ 各子能级最高为 $M_F=+2$,因此只能将 $5^2S_{1/2}$ 中除 $M_F=+2$ 之外的各塞曼能级上的原子激发到相应的能级上去,基态中 $M_F=+2$ 子能级上的粒子其跃迁几率为 0,如图 1.4-3 所示。由 $5^2P_{1/2}$ 到 $5^2S_{1/2}$ 的向下跃迁中,$\Delta M_F=0,+1$ 的各跃迁都是可能的。

经过多次上下跃迁,基态中 $M_F=+2$ 子能级上的粒子数就会大大增加,这样就增加了子能级粒子数的差别,可以认为有大量粒子被抽运到基态的 $M_F=+2$ 的子能级上,形成原子在各能级间的非平衡分布,这种非平衡分布称为粒子数偏极化,也就是光抽运效应。

类似地,也可以用右旋圆偏振光照射,最后粒子都分布在基态 $F=2$,且 $M_F=-2$ 的子能级上。

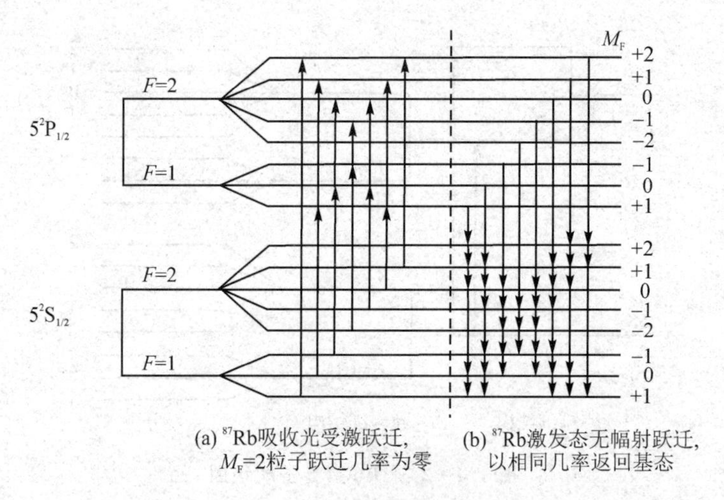


**图 1.4-3 $^{87}$Rb 受激跃迁示意图**

### 3. 弛豫过程

光抽运增大了原子能级粒子数的差别,使系统处于非热平衡分布状态,但系统会由非热平衡分布状态恢复到平衡分布状态,即原子能级粒子数遵循玻尔兹曼分布,这个过程即是弛豫过程。在实验中,应尽量减少返回玻尔兹曼分布的趋势,保持原子分布有较大的偏极化程度。

原子之间以及原子与其他物质之间的相互作用是促使系统趋向平衡的主要原因。在实验过程中,铷原子与容器壁的碰撞以及铷原子之间的碰撞都会导致铷原子恢复到热平衡分布,失去光抽运所造成的原子能级粒子数的较大差别。铷原子与磁性很弱的气体如氮等惰性气体分子碰撞,对铷原子状态的扰动极小,不影响原子分布的偏极化,因此可以在铷样品泡中充入 10 Torr(0.001 33 MPa)的氮气等惰性气体,其密度比铷蒸气原子的密度大 6 个数量级,可减

少铷原子与容器以及与其他铷原子碰撞的机会，保持铷原子能级粒子数较大差别，维持原子分布的高度偏极化。相关研究表明，样品泡内充入氮气后弛豫时间为 $10^{-2}$ s 量级。

温度高低对铷原子系统的弛豫过程有很大影响。温度升高时气态铷原子密度增大，铷原子与器壁及铷原子之间的碰撞都要增加，将导致铷原子能级分布的偏极化减小；温度过低时铷蒸气的原子数太少，信号幅度也会变小。在实验时，样品泡的温度需要控制在 40～60 ℃之间。

**4. 塞曼子能级之间的磁共振**

因光抽运而使 $^{87}$Rb 原子分布偏极化达到饱和以后，特定的子能级上有大量原子而其他能级基本空着，铷蒸气不再吸收 $D_1\sigma^+$ 光，从而使透过铷样品泡的 $D_1\sigma^+$ 光增强，这时在垂直于产生塞曼分裂的磁场 $\boldsymbol{B}$ 的方向加一频率为 $\nu$ 的射频磁场，当满足

$$h\nu = g_F \mu_B B \tag{1.4-8}$$

的磁共振条件时，超精细塞曼子能级之间产生感应跃迁，激发出很强的磁共振信号，称为光磁共振。

跃迁遵守选择定则

$$\Delta F = 0, \quad \Delta M_F = \pm 1$$

在射频场的作用下，铷原子将从 $M_F = +2$ 的子能级向下跃迁到 $M_F = +1$ 子能级上，同时放出一个频率、偏振态与入射量子一样的量子，$M_F = +2$ 子能级上的原子数就会减少；同样，$M_F = +1$ 子能级上的原子也会向下跃迁到 $M_F = 0$ 子能级上；如此下去，就破坏了原子分布的偏极化。与此同时原子又继续吸收入射的 $D_1\sigma^+$ 光，开始进行新的抽运过程，透过样品泡的光强变弱。原子又重新从 $M_F = -2, -1, 0, +1$ 各子能级被抽运到 $M_F = +2$ 的子能级上，透射光强再次增强。如此循环下去，光抽运与感应磁共振跃迁最终达到一个动态平衡。由于光跃迁速率比磁共振跃迁速率大几个数量级，所以光抽运与磁共振的过程就可以连续地进行下去，如图 1.4-4 所示。$^{85}$Rb 也有类似的情况。

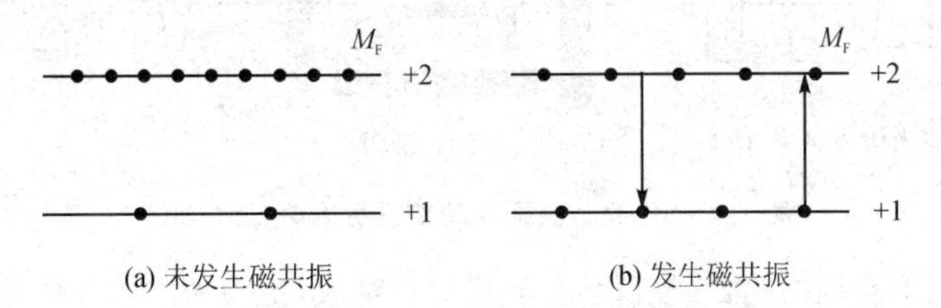


(a) 未发生磁共振　　(b) 发生磁共振

**图 1.4-4　磁共振过程塞曼子能级粒子数的变化**

在射频(场)频率 $\upsilon$ 和外磁场(产生塞曼分裂的磁场)$\boldsymbol{B}$ 之间满足式(1.4-8)的磁共振条件时，就会产生很强的磁共振信号。本实验装置采用扫场法观察磁共振现象。在实验过程中，保持射频场的频率不变，通过改变外磁场强度，使之满足磁共振条件，发生磁共振。

**5. 光探测**

从透过样品泡的光强来看，透射光的强弱变化反映了样品磁共振过程的信息，只要测量透射光强的变化即可得到磁共振信号，实现磁共振的光检测。因此，作用在样品上的 $D_1\sigma^+$ 光，既可做抽运光又可以兼做探测光。用 $D_1\sigma^+$ 光照射铷样品泡，并探测透过样品泡的光强，就实现了光抽运-磁共振-光探测。低频的射频光子信息转换成了高频的光频光子信息，使观测信号功率提高了 7～8 个数量级，则气体样品的微弱磁共振信号的观测，便可用简便的光检测方法

实现。

铷样品泡中含有$^{85}$Rb 和$^{87}$Rb,它们都能被 $D_1\sigma^+$ 光抽运而产生磁共振,可以根据与偏极化有关能态的 $g_F$ 因子不同,对它们加以区分。

## 三、实验装置

实验系统由主体单元、电源、辅助源、射频信号发生器及示波器 5 部分组成,如图 1.4-5 所示。

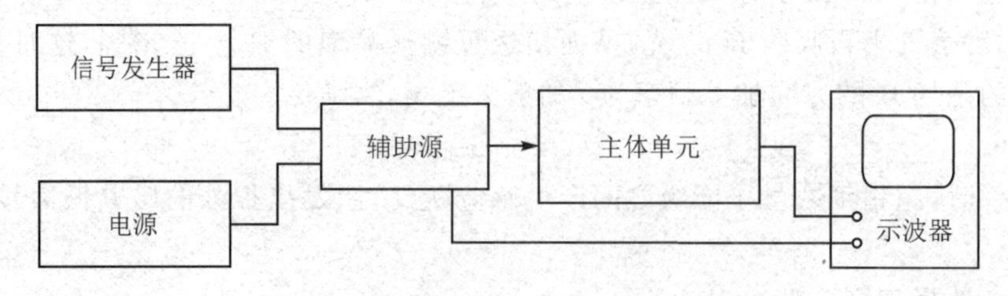


图 1.4-5　光磁共振实验装置方框图

### 1. 主体单元

主体单元是实验装置的核心,如图 1.4-6 所示,由铷光谱灯、准直透镜、偏振片、1/4 波片、铷样品泡吸收池、聚光透镜、光电探测器、可调磁场线圈(水平磁场线圈、垂直磁场线圈、射频场线圈)等组成。

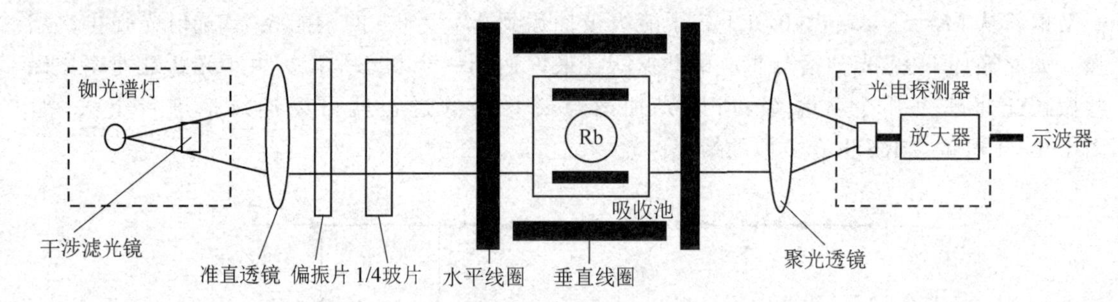


图 1.4-6　光磁共振实验装置主体单元示意图

① 铷光谱灯:由高频振荡器、控温装置和铷灯泡组成,是一种高频气体放电灯。整个振荡器连同铷灯泡放在同一恒温槽内,温度控制在 90 ℃左右。铷灯泡放置在高频振荡回路(频率约为 65 MHz)的电感线圈中,在高频电磁场的激励下产生无极放电而发光。

② 透镜:系统光路上有两个透镜,一个为准直透镜,一个为聚光透镜,两透镜的焦距为 77 mm,它们使铷灯发出的光平行通过吸收泡,然后再会聚到光电池上。

③ 干涉滤光镜:安装在铷光谱灯的透光口上,从铷光谱中选出 $D_1$ 光。

④ 偏振片和 1/4 玻片:偏振片和 1/4 玻片组合,将 $D_1$ 光变成为左旋圆偏振光,照射样品泡。

⑤ 吸收池:天然铷和惰性缓冲气体被充在一个直径约 52 mm 的玻璃泡内,该铷泡两侧对称放置着一对小射频线圈,它为铷原子跃迁提供射频磁场。铷吸收泡和射频线圈全都置于槽内温度在 55 ℃左右的圆柱形恒温槽内,称为"吸收池"。

⑥ 可调磁场线圈:吸收池放置在两对亥姆霍兹线圈的中心,小的一对线圈产生的磁场用

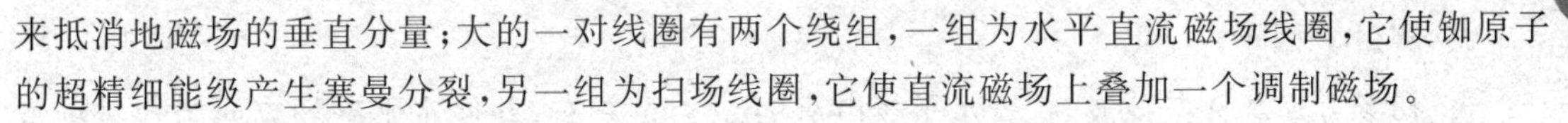

来抵消地磁场的垂直分量;大的一对线圈有两个绕组,一组为水平直流磁场线圈,它使铷原子的超精细能级产生塞曼分裂,另一组为扫场线圈,它使直流磁场上叠加一个调制磁场。

⑦ 光电探测器:采用硅光电池作为接收器,探测透射光强度变化,并将光信号转成电信号,经放大后可在示波器上显示出来。

**2. 电　源**

电源为主体单元提供 4 路直流电源,第 1 路 0～1 A 可调稳流电源,为水平磁场提供电流;第 2 路 0～0.5 A 可调稳流电源,为垂直磁场提供电流;第 3 路 24 V/0.5 A 稳压电源,为铷光谱灯、控温电路、扫场提供工作电压;第 4 路 20 V/0.5 A 稳压电源,为灯振荡、光电检测器提供工作电压。

**3. 辅助源**

辅助源为主体单元提供方波、三角波扫场信号及温度控制电路,与主体单元由 24 线电缆连接,可利用示波器观察其输出的扫场信号。

**4. 射频信号发射器**

射频信号发生器为吸收池中的小射频线圈提供射频电流,使其产生射频磁场。本实验装置中的射频信号发生器频率范围为 100 kHz～1 MHz,在 50 Ω 负载上输出功率不小于 0.5 W,且输出幅度可调节。

## 四、实验内容及步骤

**1. 光路调整**

① 先用指南针确定地磁场方向,调整主体光轴方向,使其与地磁场水平方向平行。

② 调光具座上的各光学元件,以坐标板为基准,调等高共轴,大致确定透镜位置(已知透镜焦距为 77 mm)。

**2. 观测光抽运信号**

① 按下辅助源的池温按钮,并设为方波方式,将扫场幅度、水平场电流及垂直场电流调至最小,并将辅助源后的内外开关拨至“内”(开关标示)。

② 打开电源开关,3 min 后,从铷光灯后的小孔可观察到紫色铷光,大约 10 min 后,辅助源上的池温、灯温指示灯亮。

③ 了解辅助源上的扫场及水平场方向按钮与地磁场方向的对应关系,可通过分别增大水平场与垂直场电流强度并借助指南针来确定(指南针应放在吸收池上面)。

④ 设置扫场方向与地磁场水平分量方向相反,预置垂直场电流为 0.07 A 左右,增大扫场幅度并调节示波器,可初步观察到光抽运信号,然后依次调节透镜、偏振片及扫场幅度、垂直大小及方向,使光抽运信号幅度最大。光抽运信号如图 1.4－7 所示。

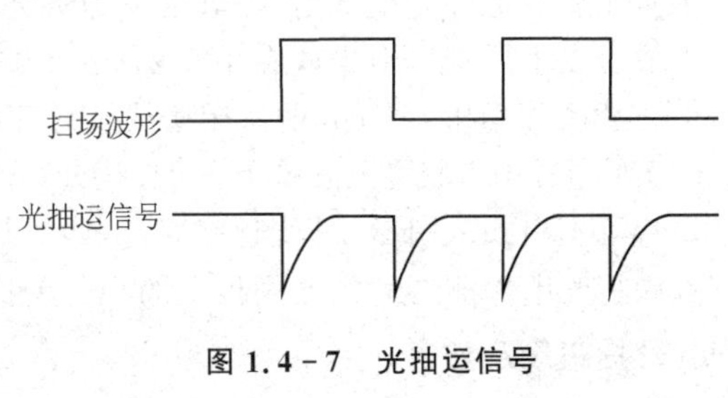


**图 1.4－7　光抽运信号**

**3. 测量 $g$ 因子**

① 扫场方式选择三角波,预置水平场电流为 0.2 A 左右,并使水平磁场方向与地磁场水平分量和扫场方向相同。

② 调节信号发生器的频率,可观察到共振信号(见图 1.4-8),读出$^{85}$Rb 和$^{87}$Rb 的对应共振频率 $v_1$。

③ 改变水平场方向,用上述方法,测出 $\nu_2$,则水平场所对应的频率 $\nu=(\nu_1+\nu_2)/2$,排除了地磁场水平分量及扫场直流分量的影响,并记录水平场电流 $I$。

④ 计算出$^{85}$Rb 和$^{87}$Rb 对应的 $g$ 因子。

$$g_F=\frac{h\nu}{\mu_B H}$$

其中,$\mu_B$ 为玻尔磁子,$h$ 为普朗克常数,$H$ 为水平磁场,$\nu$ 为共振频率。

$$H=\frac{16\pi NI\times 10^{-3}}{5^{3/2}r}$$

⑤ 改变扫场强度或改变水平场电流,重复上述步骤,测出 3~5 组数据并求平均值,将结果与理论值比较。

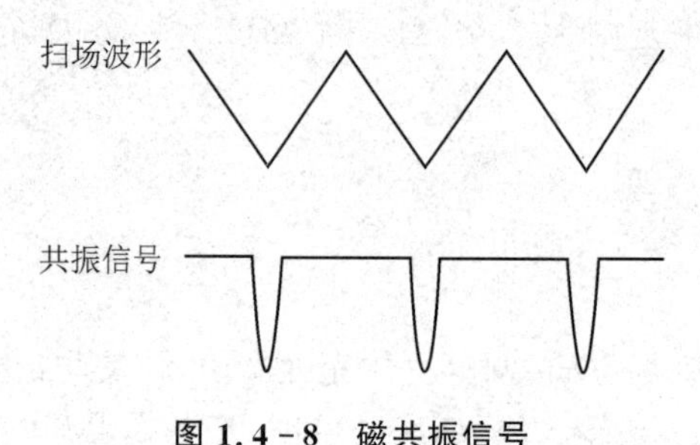


图 1.4-8 磁共振信号

**4. 测量地磁场**

① 同测 $g$ 因子方法类似,先使扫场和水平场与地磁场水平分量方向相同,测得 $\nu_1$。

② 改变扫场和水平场方向,同样测得 $\nu_2$,这样地磁场水平分量所对应的频率为 $\nu=(\nu_1-\nu_2)/2$。利用 $H_{//}=h\nu/(\mu_B g_F)$计算地磁场水平分量。

③ 用垂直场电流计算出地磁场垂直分量 $H_\perp$,与水平分量叠加即得地磁场大小。

$$H^2=H_\perp^2+H_{//}^2$$

**5. 注意事项**

① 实验要避免外光线辐射,尤其要避免灯光,必要时要盖上遮光罩。

② 信号发生器频率至少应在 100 kHz~1 MHz 范围内可调。

③ 注意区分$^{87}$Rb 与$^{85}$Rb 的共振谱线及计算结果(频率较大的为$^{87}$Rb)。

④ 实验过程中本装置主体单元一定要避开其他带有铁磁性物体、强电磁场及大功率电源线。

⑤ 若调不出共振图形,可将频率固定,调节扫场幅度。

⑥ 如将光电探测器后的印刷板上的小开关拨到 SI 字符一边,则波形不够明显。

**6. 数据记录及处理**

(1) *磁场 $H$ 的计算*

水平场、扫场及垂直场的线圈匝数及有效半径如表 1.4-1 所列,磁场 $H$ 可通过如下方式

计算

$$H=\frac{16\pi NI\times 10^{-3}}{5^{3/2}r}$$

其中，$N$ 为线圈匝数，$r$ 为线圈有效半径，$I$ 为流过线圈的电流，$H$ 为磁场强度。

**表 1.4-1　水平场、扫场及垂直场的线圈匝数及有效半径**

| 线圈方式 | 水平场线圈 | 扫场线圈 | 垂直场线圈 |
|---|---|---|---|
| 线圈匝数 | 250 | 250 | 100 |
| 线圈有效半径/m | 0.240 9 | 0.242 0 | 0.153 0 |

(2) 测量 $g_F$ 因子

分别将水平场、扫场、地磁场水平分量方向相同时发生共振的频率 $v_1$ 和方向相反时发生共振的频率 $v_2$ 记录到表 1.4-2 和表 1.4-3 中。

**表 1.4-2　第一组(扫场幅度Ⅰ)**

| $I$(水平场)/A | $^{87}$Rb | | $^{85}$Rb | |
|---|---|---|---|---|
| | $v_1$ | $v_2$ | $v_1$ | $v_2$ |
| 0.20 | | | | |
| 0.23 | | | | |
| 0.25 | | | | |

**表 1.4-3　第二组(扫场幅度Ⅱ)**

| $I$(水平场)/A | $^{87}$Rb | | $^{85}$Rb | |
|---|---|---|---|---|
| | $v_1$ | $v_2$ | $v_1$ | $v_2$ |
| 0.2 | | | | |
| 0.23 | | | | |
| 0.25 | | | | |

(3) 测量地磁场

分别将水平场、扫场、地磁场水平分量方向相同时发生共振的频率 $v_1$ 和方向相反时发生共振的频率 $v_2$ 记录到表 1.4-4 和表 1.4-5 中。

**表 1.4-4　第一组(扫场幅度Ⅱ)**

| $I$(水平场)/A | $^{87}$Rb | | $^{85}$Rb | |
|---|---|---|---|---|
| | $v_1$ | $v_2$ | $v_1$ | $v_2$ |
| 0.20 | | | | |
| 0.23 | | | | |
| 0.25 | | | | |

表1.4-5 第二组(扫场幅度Ⅰ)

| $I$(水平场)/A | $^{87}$Rb | | $^{85}$Rb | |
|---|---|---|---|---|
| | $v_1$ | $v_2$ | $v_1$ | $v_2$ |
| 0.20 | | | | |
| 0.23 | | | | |
| 0.25 | | | | |

(4) 误差分析

本实验的误差主要来自两个方面:一方面是由于仪器的精度不理想造成的误差,主要由信号发生器引起,注意到在测量共振波形的时候,共振峰对应的频率并不是一个确定的值,而是一个大约宽为3 kHz的区间,这就会给读数造成误差,但这种误差可以通过多次测量取平均的方法来消除;另一个方面是由于外部环境造成的实验误差,如光轴是否平行于地磁场水平方向,周围是否有其他强磁性仪器,是否完全屏蔽了外部光源等,这些都对实验精度有影响,而且很难估计。

## 五、思考题

1. 为什么在实验中不能使用直接测得的频率,采用两次频率测量法是为了消除何种磁场?

2. 如何正确地读出光抽运时间?

3. 为什么水平场电流要固定在0.2 A左右?是否可以改变为其他值?

4. 试画出$^{85}$Rb的能级图,并说明在右旋偏振光照射下的抽运过程。

## 六、拓展性实验

**测量地磁场倾角 $\theta$**

地磁场的大小为

$$B=\sqrt{B_{//}^{2}+B_{\perp}^{2}}$$

地磁场倾角可表示为

$$\tan\theta=\frac{B_{\perp}}{B_{//}}$$

根据上述实验中测量地磁场部分获得的地磁场水平分量和垂直分量,计算地磁场倾角。参考数据:北京本地的地磁场倾角为59°17′。

## 七、研究性实验

1. 分析研究观察到的现象,并估测光抽运时间常数。

2. 研究垂直地磁场对光抽运时间的影响。

## 参考文献

[1] 褚圣麟. 原子物理学[M]. 北京:人民教育出版社,1979.

[2] 林木欣. 近代物理实验教程[M]. 北京：科学出版社，1999.
[3] 吴咏华. 近代物理实验[M]. 合肥：安徽教育出版社，1987.
[4] 熊正烨，吴奕初，郑裕芳. 光磁共振实验中测量 $g_F$ 值方法的改进[J]. 物理实验，2000，20(1)：3-4.

# 1.5　脉冲核磁共振

连续波核磁共振是连续施加单一频率的电磁波，能在电磁波作用与自旋系统弛豫效应达到平衡时进行信号获取，因此只能激励某一频率的信号。脉冲傅里叶变换核磁共振采用脉冲射频场激励，并利用快速傅里叶变换技术将时域信号变换成频域信号，这相当于多个单频连续波核磁共振波谱仪同时作用，能够在较大范围内观察到核磁共振现象，并且信号幅值为连续波谱仪的两倍。因此，核磁共振成像仪采用脉冲傅里叶变换核磁共振，绝大部分核磁共振波谱仪也采用脉冲傅里叶变换核磁共振。

## 一、实验要求与预习要点

**1. 实验要求**

① 了解脉冲核磁共振的基本实验装置和基本物理思想以及弛豫机制。

② 掌握自由感应衰减( Free Induction Decay，FID)信号和自旋回波(Spin Echo，SE)信号，学会测量表观横向弛豫时间 $T_2^*$ 和横向弛豫时间 $T_2$。

③ 用反转恢复法测量纵向弛豫时间 $T_1$，理解并测量化学位移。

**2. 预习要点**

① 脉冲核磁共振的必要实验条件是什么？温度对脉冲核磁共振有什么影响？

② 磁场均匀度对共振信号有什么影响？

③ 反转恢复法测量纵向弛豫时间的工作机制。

## 二、实验原理

基本原理参见核磁共振实验的核磁共振理论和布洛赫方程，下面重点介绍脉冲射频的实现及信号的提取。

**1. 射频脉冲磁场瞬态作用**

原子核具有自旋和磁矩，它在外磁场的作用下绕着磁场方向做进动。设核的角动量为 $\boldsymbol{P}$，磁矩为 $\boldsymbol{\mu}$，外磁场为 $\boldsymbol{B}$，则 $\frac{\mathrm{d}\boldsymbol{P}}{\mathrm{d}t}=\boldsymbol{\mu}\times\boldsymbol{B}$。由于 $\boldsymbol{\mu}=\gamma\cdot\boldsymbol{P}$，所以 $\frac{\mathrm{d}\boldsymbol{\mu}}{\mathrm{d}t}=\lambda\cdot\boldsymbol{\mu}\times\boldsymbol{B}$，表示成分量的形式为

$$\begin{cases}\dfrac{\mathrm{d}\mu_x}{\mathrm{d}t}=\gamma(\mu_y B_z-\mu_z B_y)\\[2mm]\dfrac{\mathrm{d}\mu_y}{\mathrm{d}t}=\gamma(\mu_z B_x-\mu_x B_z)\\[2mm]\dfrac{\mathrm{d}\mu_z}{\mathrm{d}t}=\gamma(\mu_x B_y-\mu_y B_x)\end{cases}\tag{1.5-1}$$

设稳恒磁场为 $\boldsymbol{B}_0$,且 $z$ 轴沿 $\boldsymbol{B}_0$ 方向,即 $B_x=B_y=0, B_z=B_0$,则式(1.5-1)可以表示为

$$\begin{cases}\dfrac{\mathrm{d}\mu_x}{\mathrm{d}t}=\gamma\mu_y B_0\\[2mm]\dfrac{\mathrm{d}\mu_y}{\mathrm{d}t}=-\gamma\mu_x B_0\\[2mm]\dfrac{\mathrm{d}\mu_z}{\mathrm{d}t}=0\end{cases}\tag{1.5-2}$$

因此,磁矩分量 $\mu_z$ 是一个常数,即磁矩 $\boldsymbol{\mu}$ 在 $\boldsymbol{B}_0$ 方向上的投影将保持不变。实现核磁共振的条件为:首先施加一个恒定外磁场 $\boldsymbol{B}_0$,接着在垂直于 $\boldsymbol{B}_0$ 的平面($x-y$ 平面)内再作用一个旋转磁场 $\boldsymbol{B}_1$,使 $\boldsymbol{B}_1$ 转动方向与 $\boldsymbol{\mu}$ 的拉莫尔进动同方向且 $B_1 \ll B_0$,如图 1.5-1 所示。如果 $\boldsymbol{B}_1$ 的转动频率 $\omega$ 与拉莫尔进动频率 $\omega_0$ 相等,则 $\boldsymbol{\mu}$ 绕 $\boldsymbol{B}_0$ 和 $\boldsymbol{B}_1$ 的合矢量进动,$\boldsymbol{\mu}$ 与 $\boldsymbol{B}_0$ 的夹角 $\theta$ 将发生改变。在脉冲结束后,$\boldsymbol{\mu}$ 则绕 $z$ 轴恢复到平衡位置,此过程即为弛豫过程。$\theta$ 增大,核吸收 $\boldsymbol{B}_1$ 的能量使势能增加。如果 $\boldsymbol{B}_1$ 的转动频率 $\omega$ 与拉莫尔进动频率 $\omega_0$ 不等,则自旋系统会交替地吸收和放出能量,最终没有净能量吸收。能量吸收是一种共振现象,只有 $\boldsymbol{B}_1$ 的转动频率 $\omega$ 与拉莫尔进动频率 $\omega_0$ 相等时才会出现。

旋转磁场 $\boldsymbol{B}_1$ 可以由振荡回路线圈中产生的直线振荡磁场得到。如图 1.5-2 所示,直线磁场 $2B_1\cos(\omega t)$ 可以看成两个相反方向旋转的磁场 $\boldsymbol{B}_1$ 合成,一个与拉莫尔进动同方向,另一个反方向。反方向的磁场对 $\boldsymbol{\mu}$ 的作用可以忽略。旋转磁场作用方式可以采用连续波也可以采用脉冲方式。

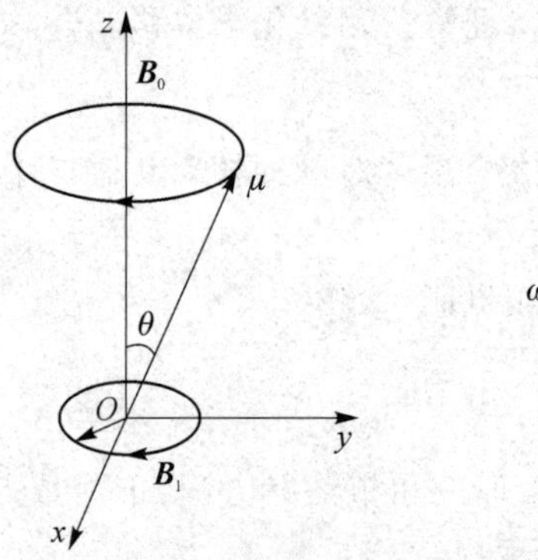


图 1.5-1 拉莫尔进动

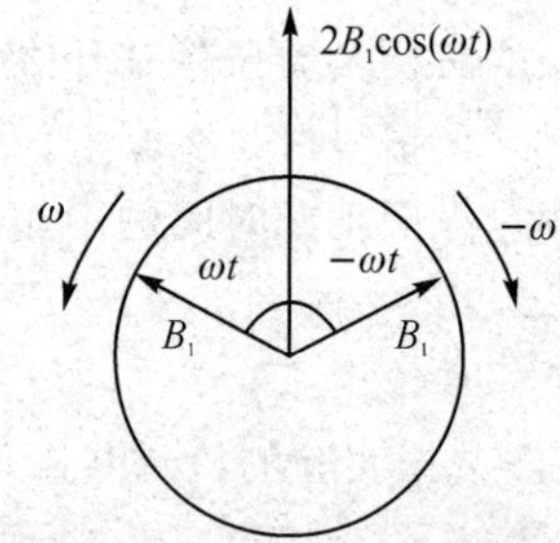


图 1.5-2 直线振荡磁场

因为磁共振的对象不是单个核,而是包含大量原子核的系统,一般用体磁化强度 $\boldsymbol{M}$ 来描述,体现了原子核系统被磁化的程度。具有磁矩的核系统,在恒定磁场 $\boldsymbol{B}_0$ 的作用下,宏观体磁化矢量 $\boldsymbol{M}$ 将绕 $\boldsymbol{B}_0$ 作拉莫尔进动,进动角频率为

$$\omega_0=\gamma B_0\tag{1.5-3}$$

引入一个新的旋转坐标系$(x',y',z')$,$z'$方向与 $\boldsymbol{B}_0$ 方向重合,坐标旋转角频率 $\omega=\omega_0$,则 $\boldsymbol{M}$ 在新坐标系中静止。若某时刻在垂直于 $\boldsymbol{B}_0$ 方向上施加一个射频脉冲,其脉冲宽度 $t_p$ 满足 $t_p \ll T_1, t_p \ll T_2$($T_1$、$T_2$ 为原子核系统的弛豫时间),通常可以把它分解为两个方向相反的圆偏振脉冲射频场,其中起作用的是施加在轴上的恒定磁场 $\boldsymbol{B}_1$,作用时间为脉宽 $t_p$。在射频脉冲作用前,$\boldsymbol{M}$ 处在热平衡状态,方向与 $z$ 轴($z'$轴)重合;在施加射频脉冲作用后,则 $\boldsymbol{M}$ 将以频

率 $\gamma B_1$ 绕 $x'$ 轴进动。$\boldsymbol{M}$ 转过的角度 $\theta=\gamma B_1 t_p$（见图 1.5-3(a)）称为倾倒角，如果脉冲宽度恰好使 $\theta=\frac{\pi}{2}$ 或 $\theta=\pi$，称这种脉冲为 90°或 180°脉冲。在 90°脉冲作用下 $\boldsymbol{M}$ 将倒在 $y'$ 上，在 180°脉冲作用下 $\boldsymbol{M}$ 将倒向 $-z$ 方向。由 $\theta=\gamma B_1 t_p$ 可知，只要射频场足够强，则 $t_p$ 值就可足够小且满足 $t_p \ll T_1 T_2$，即在射频脉冲作用期间弛豫作用可以忽略不计。

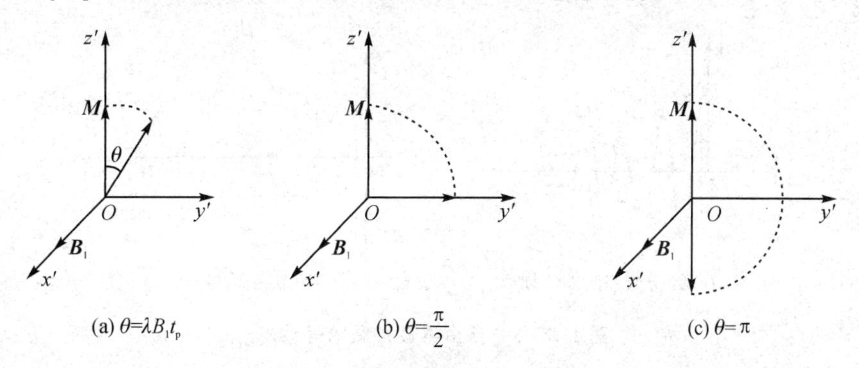


(a) $\theta=\lambda B_1 t_p$　　(b) $\theta=\frac{\pi}{2}$　　(c) $\theta=\pi$

**图 1.5-3　倾倒角示意图**

**2. 自由感应衰减(FID)信号**

设在 $t=0$ 时刻施加射频场 $\boldsymbol{B}_1$，那么当 $t=t_p$ 时 $\boldsymbol{M}$ 绕 $\boldsymbol{B}_1$ 旋转 90°倾倒在 $y'$ 轴上，此时射频场 $\boldsymbol{B}_1$ 消失，核磁矩系统将由弛豫过程恢复到热平衡状态。其中 $M_z \to M_0$ 的变化速度取决于 $T_1$，$M_x \to 0$ 和 $M_y \to 0$ 的衰减速度取决于 $T_2$。从旋转坐标系来看，$\boldsymbol{M}$ 没有进动，恢复到平衡位置的过程如图 1.5-4(a)所示。从实验室坐标系来看，$\boldsymbol{M}$ 绕 $z$ 轴按螺旋形式旋进回到平衡位置，如图 1.5-4(b)所示。

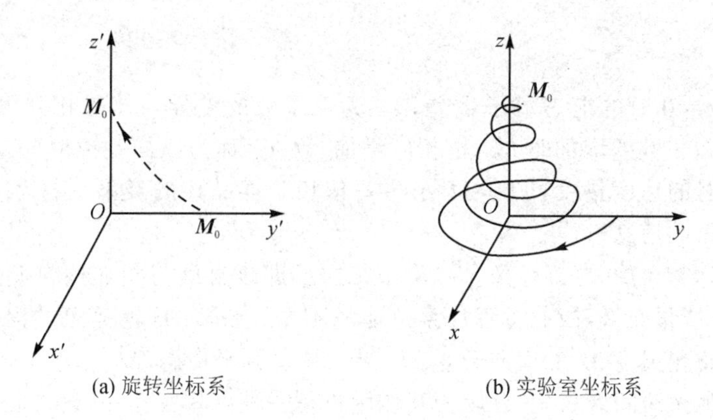


(a) 旋转坐标系　　(b) 实验室坐标系

**图 1.5-4　90°脉冲作用后的弛豫过程**

在这个弛豫过程中，若在垂直于 $z$ 轴方向上放置一个接收线圈，便可感应出一个射频信号，其频率与进动频率 $\omega_0$ 相同，其幅值按照指数规律衰减，称为自由感应衰减信号，也写作 FID 信号。经检波并滤去射频以后，观察到的 FID 信号是指数衰减的包络线，如图 1.5-5(a)所示。FID 信号与 $\boldsymbol{M}$ 在 $x-y$ 平面上横向分量的大小有关，因此 90°脉冲的 FID 信号幅值最大，180°脉冲的幅值为零。

实验中由于恒定磁场 $B_0$ 不可能绝对均匀，样品中不同位置的核磁矩所处的外场大小也有所不同，其进动频率各有差异，因此实际观测的 FID 信号则为不同进动频率指数衰减信号

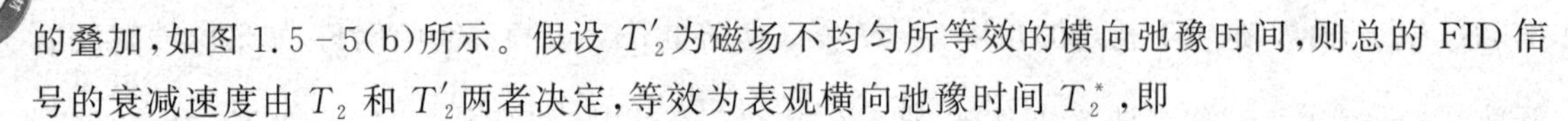



的叠加,如图 1.5-5(b)所示。假设 $T'_2$ 为磁场不均匀所等效的横向弛豫时间,则总的 FID 信号的衰减速度由 $T_2$ 和 $T'_2$ 两者决定,等效为表观横向弛豫时间 $T_2^*$,即

$$\frac{1}{T_2^*}=\frac{1}{T_2}+\frac{1}{T'_2} \tag{1.5-4}$$

若磁场域不均匀,则 $T'_2$ 越小,从而 $T_2^*$ 也越小,FID 信号衰减也越快。

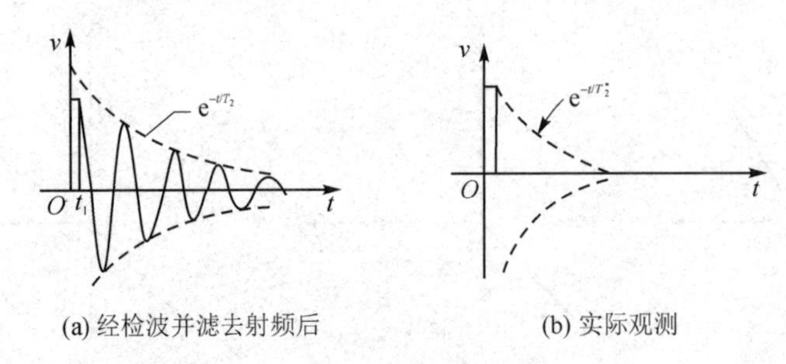


(a) 经检波并滤去射频后　　(b) 实际观测

**图 1.5-5　自由感应衰减信号波形**

**3. 弛豫过程**

弛豫和射频诱导激发是两个相反的过程,当两者的作用达到动态平衡时,在实验中可以观测到稳定的共振信号。当处在热平衡状态时,体磁化强度 $\boldsymbol{M}$ 沿 $z$ 方向,记为 $M_0$。弛豫分为纵向弛豫和横向弛豫,分别指体磁化强度的纵向分量和横向分量变化。

纵向弛豫又称为自旋-晶格弛豫。宏观样品是由大量小磁矩的自旋系统和它们所依附的晶格系统组成。系统间不断发生相互作用和能量变换,纵向弛豫是指自旋系统把从射频磁场中吸收的能量交给周围环境,转变为晶格的热能。自旋核由高能态无辐射地返回低能态,能态粒子数差 $n$ 满足

$$n=n_0\mathrm{e}^{-t/T_1} \tag{1.5-5}$$

其中,$n_0$ 为时间 $t=0$ 时的能态粒子数差;$T_1$ 为粒子数的差异与体磁化强度 $\boldsymbol{M}$ 的纵向分量 $M_z$ 的变化一致,粒子数差增加时 $M_z$ 也相应增加,故 $T_1$ 称为纵向弛豫时间。$T_1$ 是自旋体系与环境相互作用时的速度量度,$T_1$ 的大小主要依赖于样品核的类型和样品状态,因此对 $T_1$ 的测定可知样品核的信息。

横向弛豫又称为自旋-自旋弛豫。自旋系统内部即核自旋与相邻核自旋之间进行能量交换,不与外界进行能量交换,故此过程体系总能量不变。自旋-自旋弛豫过程,是非平衡态(进动相位产生的体磁化强度 $\boldsymbol{M}$ 的横向分量 $M_\perp \neq 0$)恢复到平衡态($M_\perp=0$),所需的特征时间记为 $T_2$,也称横向弛豫时间。自旋-自旋相互作用也是一种磁相互作用,进动相位相关主要来自于核自旋产生的局部磁场。射频场 $\boldsymbol{B}_1$ 和外磁场空间分布不均匀的情况都可看成是局部磁场。

**4. 自旋回波法测量横向弛豫时间**

自旋回波是一种用双脉冲或多个脉冲来观察核磁共振信号的方法。谱线的自然线宽是由自旋-自旋相互作用决定的,但在许多情况下,由于外磁场不够均匀,谱线就变宽了,与这个宽度相对应的横向弛豫时间是前面介绍过的表观横向弛豫时间 $T_2^*$,而不是 $T_2$,但用自旋回波法仍可以测出横向弛豫时间 $T_2$。

通常采用两个或多个射频脉冲组成脉冲序列,周期性地作用于核磁矩系统。比如在 90°射频脉冲作用后,经过 $\tau$ 时间再施加一个 180°射频脉冲,形成一个 90°-$\tau$-180°脉冲序列,其脉

宽 $t_p$ 和脉距 $\tau$ 满足

$$t_p \ll T_1, T_2, \tau \tag{1.5-6}$$

$$T_2^* < \tau < T_1, T_2 \tag{1.5-7}$$

90°-$\tau$-180°脉冲序列的作用结果如图1.5-6所示，在180°射频脉冲后面对应于初始时刻的 $2\tau$ 处可以观察到一个“回波”信号，因其是由脉冲序列作用下核自旋系统的运动引起的，故称为自旋回波。

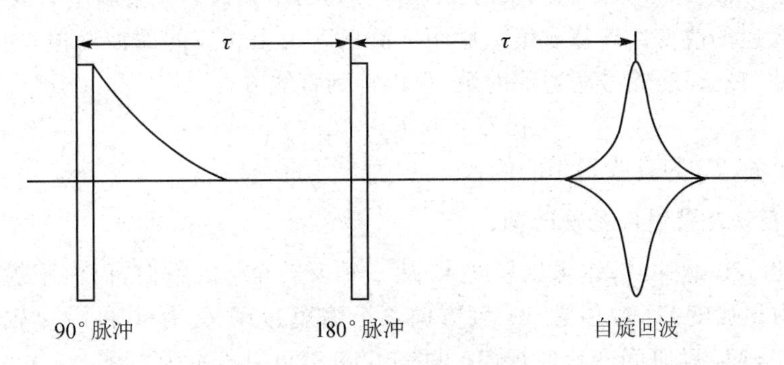


**图1.5-6　自旋回波信号**

自旋回波产生过程的矢量图解如图1.5-7所示，其中图1.5-7(a)表示体磁化强度 $M_0$ 在90°射频脉冲作用下绕 $x'$ 轴转到 $y'$ 轴上；图1.5-7(b)表示脉冲消失后核磁矩自由进动受到 $B_0$ 不均匀的影响，样品中部分磁矩的进动频率不同，引起磁矩的进动频率不同，使磁矩相位分散并呈扇形展开，从旋转坐标系来看，进动频率等于 $\omega_0$ 的分量相对静止，大于 $\omega_0$ 的分量(图中以 $M_1$ 代表)向前转动，小于 $\omega_0$ 的分量(图中以 $M_2$ 为代表)向后转动；图1.5-7(c)表示180°射频脉冲的作用使磁化强度各分量绕 $z'$ 轴翻转180°，并继续它们原来的转动方向运动；图1.5-7(d)表示在 $t=2\tau$ 时刻各磁化强度分量刚好汇聚到 $-y'$ 轴上；图1.5-7(e)表示在 $t>2\tau$ 以后，由于磁化强度各矢量继续转动而又呈扇形展开。

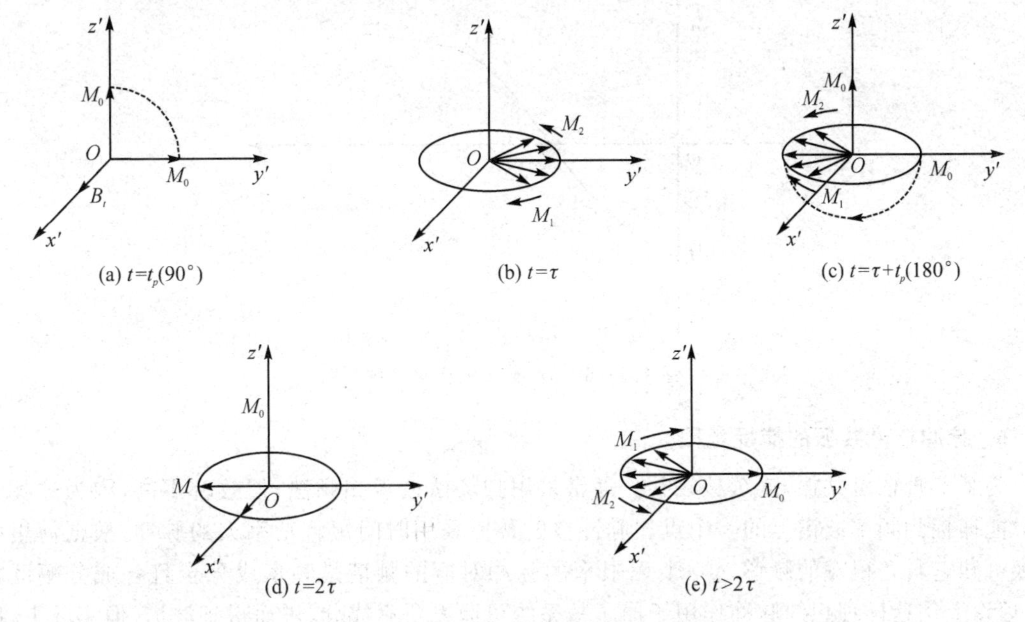


**图1.5-7　90°-$\tau$-180°自旋回波矢量图解**

自旋回波与FID信号密切相关。如果不存在横向弛豫,则自旋回波幅值应与初始的FID信号一样,但在$2\tau$时间内横向弛豫作用不能忽略,体磁化强度各横向分量相应减小,因而使得自旋回波信号幅值小于FID信号的初始幅值,而且脉距$\tau$越大则自旋回波幅值越小,回波幅值$U$与脉距$\tau$存在关系

$$U=U_0\mathrm{e}^{-t/T_2} \tag{1.5-8}$$

其中,$t=2\tau$,$U_0$为90°射频脉冲刚结束时FID信号的初始幅值。在实验中只要改变脉距$\tau$,则回波的峰值就相应的改变。若依次增大脉距$\tau$测出若干个相应的回波峰值,便得到指数衰减的包络线。对式(1.5-8)等号两边取对数,可以得到直线方程

$$\ln U=\ln U_0-2\tau/T_2 \tag{1.5-9}$$

其中,$2\tau$为自变量,$T_2$为直线斜率的倒数。

**5. 反转恢复法测量纵向弛豫时间**

当系统加上180°脉冲时,体磁化强度$\boldsymbol{M}$从$z$轴反转至$-z$方向,而由于纵向弛豫效应使$z$轴方向的体磁化强度$M_z$幅值沿$-z$轴方向逐渐缩短,乃至变为0,再沿$z$轴方向增长直至恢复平衡态$M_0$。$M_z$随时间变化的规律(见图1.5-8)可以表示为

$$M_z(t)=M_0(1-2\mathrm{e}^{-t/T_1}) \tag{1.5-10}$$

要检测$M_z$的瞬时值$M_z(t)$,需先在180°脉冲后,每隔一段时间$t$后,再加上90°脉冲,使$M_z$倾倒至$x'$与$y'$构成平面上,并产生一个自由衰减信号,其初始幅值等于$M_z(t)$。如果等待时间$t$比$T_1$长得多,样品将完全恢复平衡。改变180°-90°脉冲序列的时间间隔$t$重复上述过程,将得到不同的FID信号初始幅值。

图1.5-8所示曲线表征体磁化强度$M$经180°脉冲反转后,$M_z(t)$按指数规律恢复平衡态的过程,通过计算可得纵向弛豫时间$T_1$(自旋-晶格弛豫时间),即$T_1=t_n/\ln 2=144t_n$。

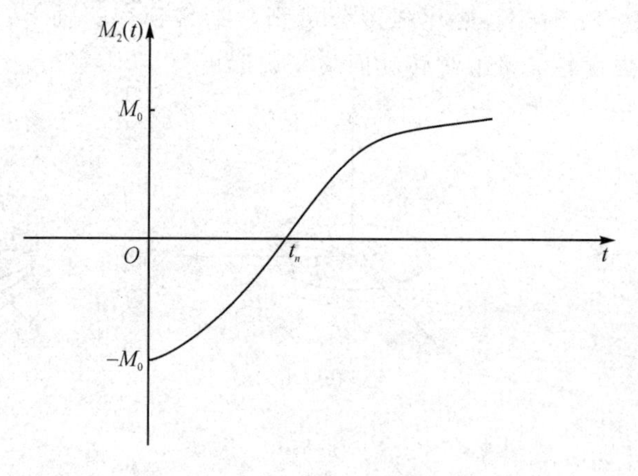


**图1.5-8 $M_z$随$t$的变化曲线**

**6. 脉冲核磁共振的捕捉范围**

为了实现核磁共振,连续核磁共振通常采用扫场法或者扫频法,但效率不高,因为这类方法只能捕捉到频率波谱上的一个点。脉冲核磁共振采用时间短且功率大的脉冲,根据傅里叶变换可知它具备很宽的频谱。一个无限窄的脉冲对应的频谱是频率成分全且各成分幅度相等,理论上用这样理想的脉冲作用于原子核系统可激发所有成分,进而得到波谱,但实际上,射

频脉冲是有一定宽度的方形脉冲，用傅里叶变换可得其频率谱为连续谱，但各频率的幅度不相同，射频 $f_0$ 成分最强，在 $f_0$ 两边幅度逐渐衰减并有负值出现。当 $f=\frac{1}{2T_0}$ 时，幅度第一次为零。但只要 $2T_0$ 足够小，在 $f_0$ 附近就有足够宽且振幅基本相等的频谱区域，这样就能够很好地激发原子核系统，相应频率范围幅度为

$$I(f)=2AT_0\frac{\sin[T_0\cdot 2\pi\cdot(f-f_0)]}{T_0\cdot 2\pi\cdot(f-f_0)} \tag{1.5-11}$$

其中，$T_0$ 是矩形脉冲半宽度，$A$ 是脉冲幅度，$f$ 是射频脉冲频率。可见，$2T_0$ 愈短，则 $\frac{1}{2T_0}$ 覆盖的范围愈宽。在脉冲核磁共振中，只要有足够短的脉冲就具有大的捕捉共振频率的范围，同时对测量无任何影响，这是连续核磁共振无法实现的。

**7. 化学位移**

化学位移是核磁共振应用于化学上的支柱，它起源于电子产生的磁屏蔽。原子和分子中的核不是裸露的核，它们周围都围绕着电子，因此原子和分子所受到的外磁场作用，除了 $\boldsymbol{B}_0$ 磁场，还有核周围电子引起的屏蔽作用。电子也是磁性体，它的运动也受到外磁场影响，外磁场引起电子的附加运动，感应出磁场，方向与外磁场相反，大小则与外磁场成正比，所以核处实际磁感应强度为

$$B_{核}=B_0-\sigma B_0=B_0(1-\sigma) \tag{1.5-12}$$

其中，$\sigma$ 是屏蔽常数，其值很小，通常小于 $10^{-3}$。因此核的化学环境不同，屏蔽常数 $\sigma$ 也就不同，从而引起它们的共振频率也各不相同，即

$$\omega_0=\gamma(1-\sigma)B_0 \tag{1.5-13}$$

化学位移可以用频率进行测量，但是共振频率随外场磁感应强度 $B_0$ 而变，这样标度显然是不方便的，实际化学位移用无量纲的 $\delta$ 表示，单位是 ppm，可以表示为

$$\delta=\frac{\sigma_R-\sigma_S}{1-\sigma_S}\times 10^6\approx(\sigma_R-\sigma_S)\times 10^6 \tag{1.5-14}$$

其中，$\sigma_R$、$\sigma_S$ 为参照物和样品的屏蔽常数。化学位移 $\delta$ 只取决于样品与参照物屏蔽常数之间的差值。

## 三、实验装置

FD－PNMR－C 型脉冲核磁共振实验仪包括恒温箱主机、射频发射模块、信号接收模块和计算机，如图 1.5－9 所示，其硬件系统结构如图 1.5－10 所示。图 1.5－10 中待测样品需放入恒温箱主机中，计算机通过 RS232 接口控制射频脉冲，共振信号则经扩展的声卡采集进入计算机显示和处理。

## 四、实验内容及步骤

**1. 仪器连接**

将射频发射模块（磁铁调场电源）后面板中“信号控制（电脑）”9 芯串口座用白色串行口连接线与电脑主机的串口连接；将“调场电源”用两芯带锁航空连接线与恒温箱主机后部的“调场电源”连接；将“放大器电源”用 5 芯带锁航空连接线与恒温箱主机后部的“放大器电源”连接；

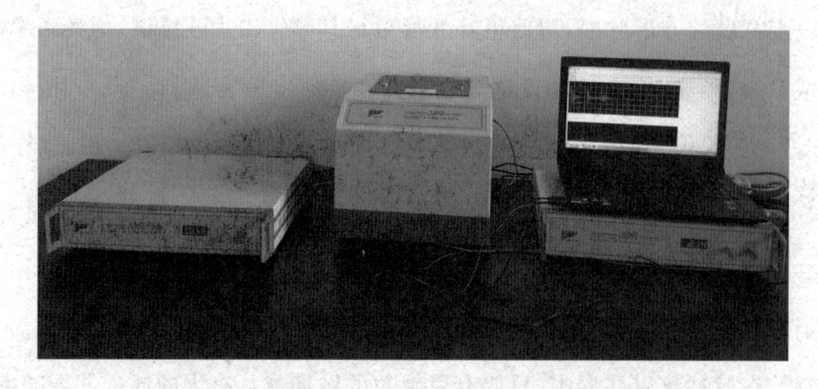

图1.5-9 FD-PNMR-C型脉冲核磁共振实验仪

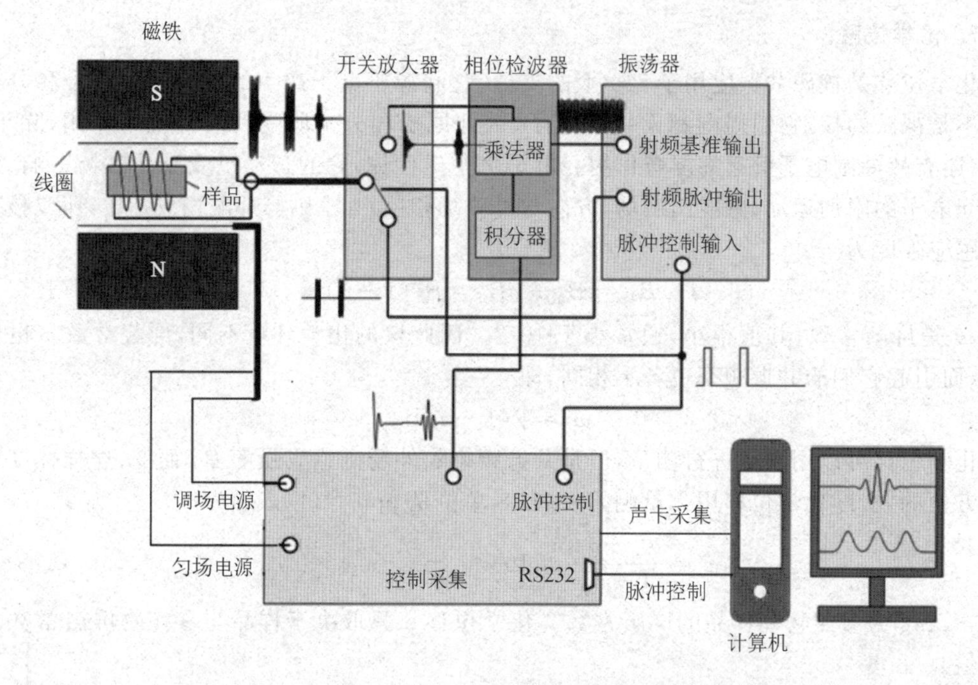


图1.5-10 脉冲核磁共振实验仪硬件系统结构

将“射频信号(O-Output)”用带锁BNC连接线与恒温箱主机后部的“射频信号(I-Input)”连接,插上电源线。

将信号接收主机(磁铁匀场电源)后面板中“恒温控制信号”用黑色串口连接线(其内部接线与白色串口线不同)与恒温箱主机后部的“恒温控制信号”连接;将“加热电源”用4芯带锁航空连接线与恒温箱主机后部的“加热电源(220V)”连接;将“前放信号(I-Input)”用带锁BNC连接线与恒温箱主机后部的“前放信号(O-Output)”连接;用BNC转音频连接线将“共振信号(接计算机)”与计算机麦克风音频插座连接,插上电源线。

**2. 温度控制及控制软件**

打开主机后面板的电源开关,可以看到恒温箱体上的温度显示为磁铁的当前温度,一般与当时当地的室内温度相当,过一段时间可以看到温度升高,因为永磁铁有一定的温漂,所以仪器设置了PID恒温控制系统,保证仪器温度在36.50 ℃(误差为±0.06 ℃)。通常仪器预热时

间为 3～4 h。

打开采集软件，点击“连续采集”按钮，电脑控制发出射频信号，频率一般为 20.000 MHz。其他初始值一般为：脉冲间隔 10 ms，第一脉冲宽度 0.16 ms，第二脉冲宽度 0.32 s。这时仔细调节磁铁调场电源，小范围改变磁场，当调至合适值时，可以在采集软件界面中观察到自旋回波信号。

**3. FID 信号测量表观横向弛豫时间 $T_2^*$**

将脉冲间隔调节至最大(60 ms)，第二脉冲宽度调节至 0 ms，仅剩下第一脉冲，仔细调节调场电源和匀场电源(电源粗调和电源细调结合)，并小范围调节第一脉冲宽度(在 0.16 ms 附近调节)，使尾波最大，应用软件通过指数拟合测量表观横向弛豫时间 $T_2^*$。更换不同浓度的硫酸铜重复进行上述实验。

**4. SE 信号测量横向弛豫时间 $T_2$**

在上述实验的基础上，找到 90°脉冲的时间宽度(作为第一脉冲)，将脉冲间隔调节至 10 ms，并调节第二脉冲宽度至第一脉冲宽度的两倍(因为仪器本身特性，并不完全是两倍关系)作为 180°脉冲，并仔细调节匀场电源和调场电源，使自旋回波信号最大。

应用软件测量不同脉冲间隔情况下的回波信号大小，进行指数拟合得到横向弛豫时间 $T_2$，并与表观横向弛豫时间 $T_2^*$ 进行比较，分析磁场均匀性对横向弛豫时间的影响。

更换取不同浓度的硫酸铜重复实验进行比较。

**5. 反转恢复法测量纵向弛豫时间 $T_1$**

同自旋回波法相似，改变 180°- 90°脉冲序列的间隔，测量第二脉冲的尾波幅度，并进行拟合得到纵向弛豫时间 $T_1$。

**6. 二甲苯的化学位移**

在调节出甘油 FID 信号的基础上，换入二甲苯，通过实验软件分析二甲苯的相对化学位移。

**7. 注意事项**

① 因为永磁铁的温度特性影响，实验前首先开机预热 3～4 h，等磁铁达到稳定时再开始实验。

② 仪器连接时应严格按照说明书要求连线，避免出错损坏主机。

③ 仪器测量的是弱信号，应轻旋调场旋钮和均场旋钮以免信号不稳。

④ 样品试管是玻璃制品，因此需要轻拿轻放。

## 五、思考题

1. 试述倾倒角 $\theta$ 的物理意义并说明如何实现倾倒角？
2. 不均匀磁场对 FID 信号有何影响？

## 六、研究性实验

1. 测量不同浓度硫酸铜溶液中氢核的纵向弛豫时间，分析弛豫时间随浓度变化的关系。
2. 测量感兴趣样品的相对化学位移，比如酒精、机油等。

3. 改变磁场的均匀度,利用FID和SE信号测量表观横向弛豫时间和横向弛豫时间,分析磁场均匀度对它们的影响。

## 参考文献

[1] 杨福家.原子物理学[M]. 北京:高等教育出版社，2008.
[2] 伍长征.激光物理学[M].上海:复旦大学出版社，1989.
[3] 王金山.核磁共振波谱仪与实验技术[M]. 北京：机械工业出版社，1982.
[4] 戴乐山,戴道宣.近代物理实验[M].上海:复旦大学出版社，1995.

# 1.6 核磁共振成像

核磁共振成像(Nuclear Magnetic Resonance Imaging,NMRI),是利用核磁共振原理,通过外加梯度磁场方法获知物体内部原子核的位置和种类,并结合计算机断层图像重建技术绘制物体内部结构图像的一种新兴前沿技术。这种快速变化的梯度磁场的应用,大大加快了核磁共振成像的速度,使该技术在临床诊断、科学研究中的应用成为现实,极大地推动了医学、神经生理学和认知神经科学的迅速发展。将这种技术用于人体内部结构成像,就产生了一种革命性的医学诊断工具——核磁共振成像仪。目前核磁共振成像技术在物理、化学、医疗、石油化工、食品、农业等领域均获得了广泛的应用。从发现核磁共振现象到NMRI技术成熟这几十年期间,有关核磁共振的研究曾在3个领域(物理学、化学、生理学或医学)内获得了6次诺贝尔奖。

核磁共振现象发现以后,很快就形成了一门新的学科,核磁共振波谱学。它可以使人们在不破坏样品的情况下,通过核磁共振谱线的区别来确定各种分子结构,这就为临床医学提供了有利条件。1967年,第一次从活的动物身上测得信号,使NMRI方法有可能用于人体测量。1971年,美国纽约州立大学的R. Damadian教授利用核磁共振谱仪对鼠的正常组织与癌变组织样品进行了研究,发现正常组织与癌变组织中水质子的$T_1$值有明显的不同。在X射线CT发明的同年,1972年,美国纽约州立大学石溪分校的Paul C. Lauterbur做了以水为样本的二维图像,显示了核磁共振CT的可能性,即自旋密度成像法。这些实验都使用限定的非均匀磁场,典型办法是使磁场强度沿空间坐标轴作线性变化,以识别从不同空间位置发出的核磁共振信号。1978年,核磁共振的图像质量已达到X射线CT的初期水平。

## 一、实验要求与预习要点

### 1. 实验要求

① 掌握核磁共振成像仪的操作和使用,能够使用该仪器进行样品测试及成像。

② 掌握利用多层自旋回波(MSE)序列进行样品测试成像分析的方法。

③ 掌握利用多层梯度回波(FSE)序列进行样品测试成像分析的方法。

### 2. 预习要点

① 理解核磁共振成像的基本原理,了解核磁共振成像仪的构造,以及各部件的主要功能。

② 理解确定样品成像方向的原理和确定样品成像的具体位置及厚度的方法,了解如何通过设置软脉冲脉宽去设定层厚。

③ 成像序列由哪几部分组成,各个部分的作用是什么?

## 二、实验原理

### 1. 核磁共振成像原理

根据需要将待测样品分成若干个薄层,这些薄层称为层面,该过程称为选片。每个层面由许多体素组成(见图 1.6－1)。对每一个体素标定一个记号,这个过程称为编码或空间定位。对某一层面施加射频脉冲后,接收该层面的核磁共振信号进行解码,得到该层面各个体素核磁共振信号的大小,最后根据其与层面各体素编码的对应关系,把体素信号的大小显示在荧光屏对应像素上,信号大小用不同的灰度等级表示,信号大的像素亮度大,信号小的像素亮度小。这样就可以得到一幅反映层面各体素核磁共振信号大小的图像,即 NMRI 图像。成像过程如图 1.6－2 所示。

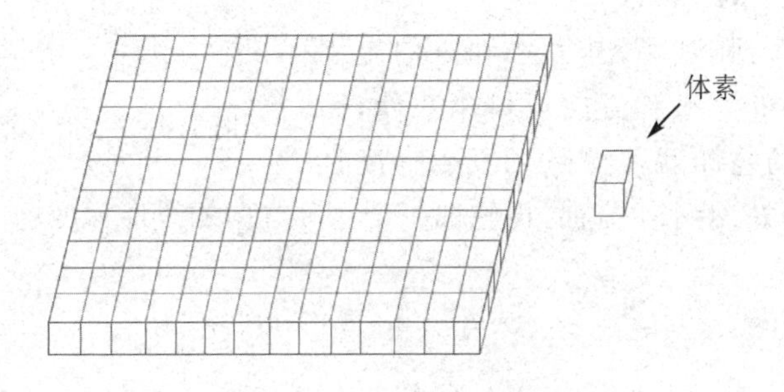


**图 1.6－1　层面和体素**

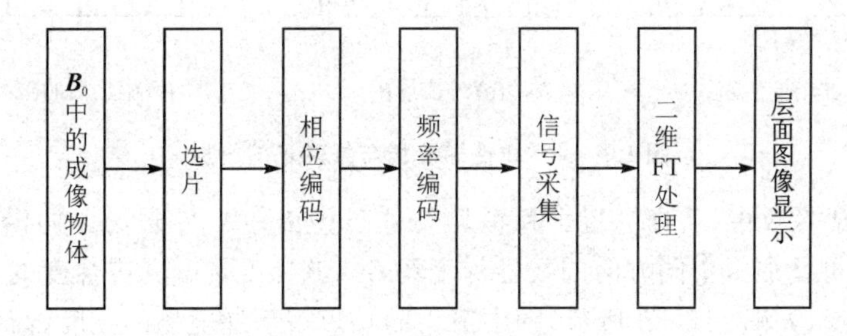


**图 1.6－2　核磁共振成像过程**

用于确定 MR 信号源空间位置的基本方法是使用附加的线性梯度,即成像梯度。处在外磁场 $\boldsymbol{B}_0$ 中的氢质子不论其空间位置如何,产生的核磁共振的频率都相同。如果在外磁场 $\boldsymbol{B}_0$ 上沿某一方向再叠加一个线性梯度磁场,将导致总磁场(外磁场 $\boldsymbol{B}_0$ 与梯度磁场矢量和)在沿梯度磁场方向上呈现一端高一端低,两端之间的磁感应强度呈梯度分布,在磁场梯度方向上使共振频率产生可预见的变化。

磁场梯度是由核磁共振成像仪内产生外磁场 $\boldsymbol{B}_0$ 的主磁体腔内的梯度线圈产生的。运用 3 个相互垂直的磁场梯度,可以在不同的时间内对核磁共振信号源进行空间三维定位。

对于自然状态下的质子,虽然每个质子都有微小的磁矩存在,但由于空间方向上的随机存在而总磁矩为零,因此对外不呈现磁性。将质子置于外磁场中,质子的磁矩方向会倾向于与外磁场的方向一致或相反,并产生一个与外磁场方向相同的纵向磁化强度矢量 $\boldsymbol{M}_0$,即被磁化,磁化后的质子处于稳定状态。根据设定的扫描参数,核磁共振仪发出一个频率与质子进动频率相同的射频激励脉冲,进动质子受到激励后,吸收射频激励脉冲的能量,纵向磁化强度矢量 $\boldsymbol{M}_0$ 偏离纵向,即发生了核磁共振现象。处在外磁场中的样品内质子,在射频激励脉冲磁场作用下产生磁共振,但所有组织的质子以相同的频率共振,产生核磁共振信号来自于样品整体,具有相同的频率特征,没有任何空间信息,因而不能形成 NMRI 的图像。因此,我们引入梯度磁场,利用此时不同区域质子共振频率的不同,从而实现 NMRI 的空间定位。

所谓的线性梯度磁场就是磁感应强度大小随位置以线性方式变化的磁场,简称梯度场。图 1.6-3 所示为一个沿 $z$ 轴方向的线性梯度场。沿 $z$ 轴方向的线性梯度场含义是指线性梯度磁场的磁场方向沿 $\boldsymbol{B}_0$(或 $z$ 轴)方向,磁场的大小随 $z$ 的增加而线性增加。

为了得到任意层面的空间信息,NMRI 系统中在 $x$、$y$ 和 $z$ 轴均使用了线性梯度场。线性梯度场是由梯度线圈产生的,置于 $x$、$y$ 和 $z$ 轴方向的 3 个梯度线圈分别产生 $\boldsymbol{G}_x$、$\boldsymbol{G}_y$ 和 $\boldsymbol{G}_z$。

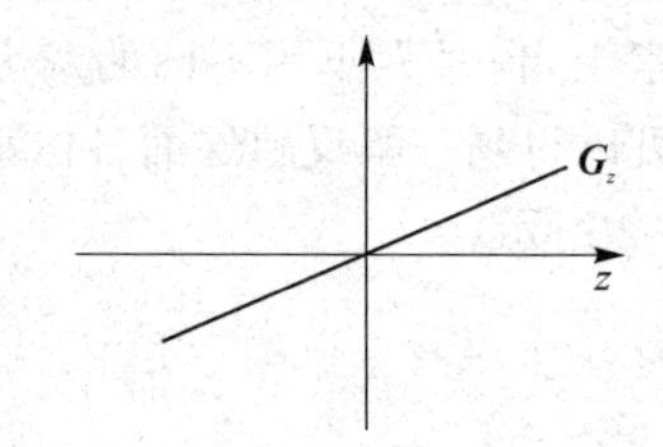

**图 1.6-3 沿 $z$ 轴方向的线性梯度场**

外磁场 $\boldsymbol{B}_0$ 是均匀强磁场,其大小和方向是固定不变的,但梯度场的大小和方向均可以改变,因此梯度磁场和外磁场叠加后使得磁场发生梯度性的变化。如果外磁场 $\boldsymbol{B}_0$ 沿水平方向,再施加一个水平方向的线性梯度场,则叠加后如图 1.6-4 所示。

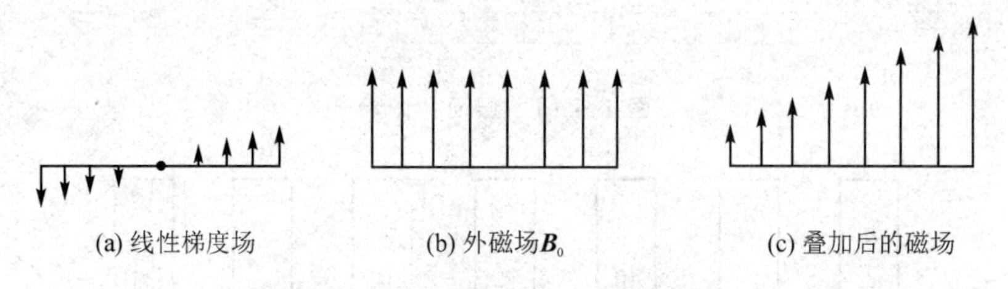

**图 1.6-4 线性梯度场与外磁场的叠加**

在核磁共振成像仪中,将样品置于稳恒均匀外磁场 $\boldsymbol{B}_0$ 中,外磁场方向沿 $z$ 轴方向,在外磁场 $\boldsymbol{B}_0$ 基础上,再叠加一个同方向的线性梯度场 $\boldsymbol{G}_z$,该梯度场磁感应强度的大小沿 $z$ 轴方向由小到大均匀改变,如图 1.6-5 所示,图中箭头的长短表示梯度场的强度,箭头的方向表示梯度场的方向,垂直于 $z$ 轴方向同一很薄的平面(或层面)上的磁感应强度相同,不同位置的层面上(1、2、3 层面)由于梯度场的强度不同,所以不同位置层面的磁感应强度不同。

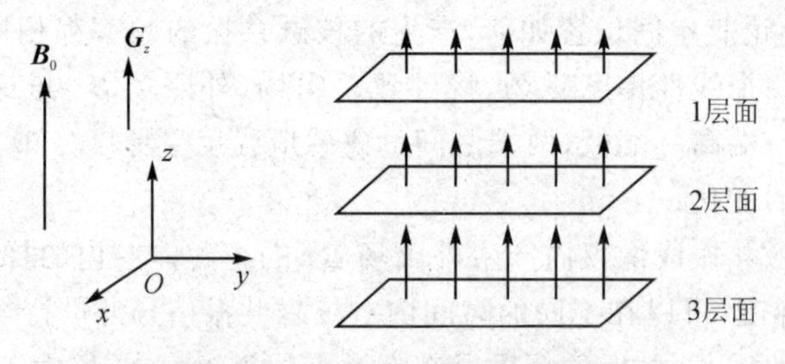

**图 1.6-5 梯度场的层面选择**

如果射频脉冲的频率使 2 层面的氢质子发生磁共振,则 1 和 3 层面内的氢质子因不满足拉莫尔公式而不发生共振,若把射频脉冲的频率设计为满足其他层面的磁共振条件时,也可以

使其他层面内的氢质子发生共振，而其余的层面内氢质子不会发生共振。

**2. 成像方向**

在进行样品成像实验时，首先要考虑的问题就是确定 3 个与成像有关的方向：选层方向、相位编码方向以及频率编码方向。

坐标轴和磁场方向的关系如图 1.6－6 所示，在坐标系中，$z$ 方向指的是仪器的上下，$y$ 方向指的是仪器的前后，$x$ 方向是指仪器的左右。通常，坐标轴的方向关联图像的方向，例如，将 $x$、$y$、$z$ 依次设为选层、相位编码、频率编码方向；同样也可以将坐标轴的方向不关联图像的方向，例如，可以选择 $z$ 轴为选层方向，$y$ 轴为相位编码方向，$x$ 轴为频率编码方向。

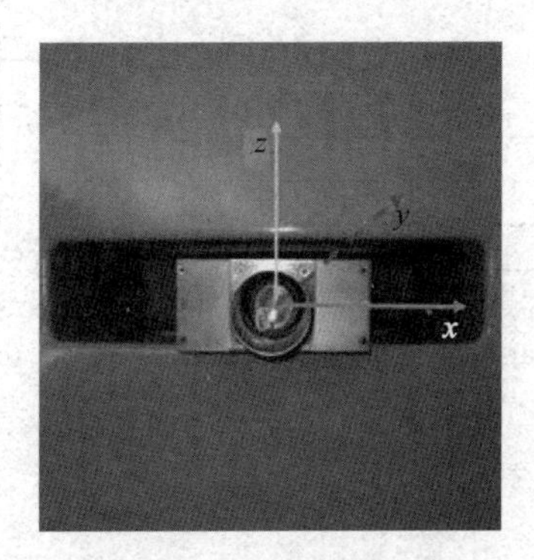


图 1.6－6　主磁场方向

成像软件有 3 个参数用于设置成像方向，分别为：矢状面、冠状面和横断面。

(1) 矢状面

选择矢状面成像，如图 1.6－7(b)所示，$x$ 轴为选层方向、$z$ 轴为相位编码方向、$y$ 轴为频率编码方向，就可以获得样品的矢状面成像。图 1.6－7(a)所示为选择矢状面成像时各个参数的值。

| | 选层 | 相位 | 频率 |
|---|---|---|---|
| $x$ | 1 | 0 | 0 |
| $y$ | 0 | 0 | 1 |
| $z$ | 0 | 1 | 0 |

(a) 参数

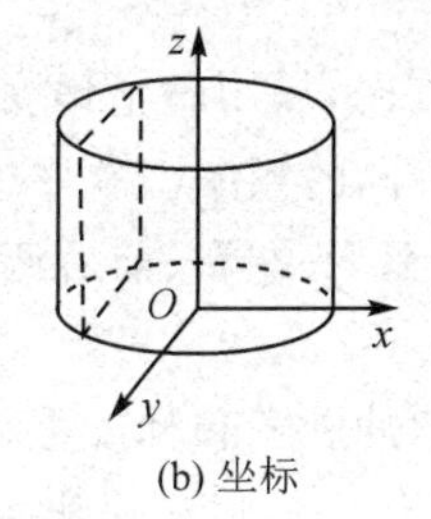


(b) 坐标

图 1.6－7　矢状面成像及参数

(2) 冠状面

选择冠状面成像，如图 1.6－8(b)所示，$z$ 轴为选层方向、$y$ 轴为相位编码方向、$x$ 轴为频率编码方向，就可以获得样品的冠状面成像。图 1.6－8(a)所示为选择冠状面成像时各个参数的值。

(3) 横断面

选择横断面成像，如图 1.6－9(b)所示，$y$ 轴为选层方向、$z$ 轴为相位编码方向、$x$ 轴为频率编码方向，就可以获得样品的横断面成像。图 1.6－9(a)所示为选择横断面成像时各个参数的值。

| | 选层 | 相位 | 频率 |
|---|---|---|---|
| *x* | 1 | 0 | 0 |
| *y* | 0 | 0 | 1 |
| *z* | 0 | 1 | 0 |

(a) 参数

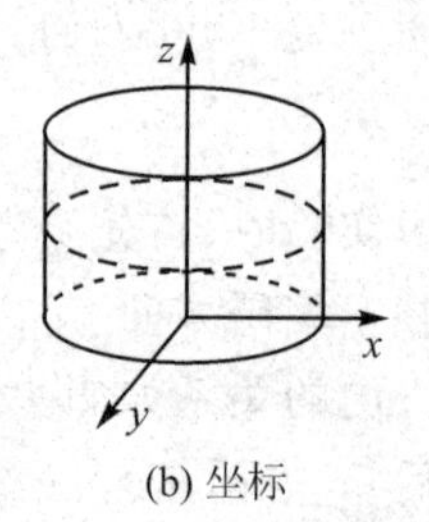

(b) 坐标

图 1.6-8　冠状面成像及参数

| | 选层 | 相位 | 频率 |
|---|---|---|---|
| *x* | 1 | 0 | 0 |
| *y* | 0 | 0 | 1 |
| *z* | 0 | 1 | 0 |

(a) 参数

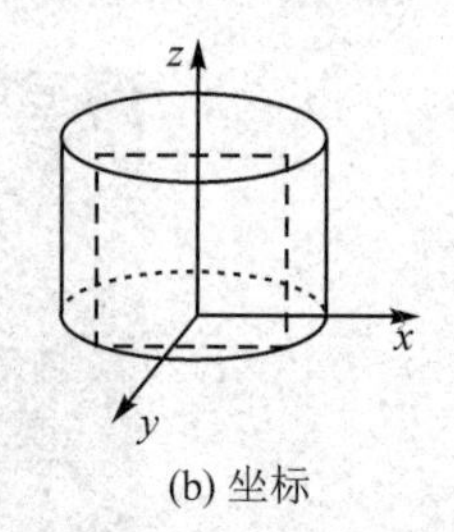

(b) 坐标

图 1.6-9　横断面成像及参数

**3. 成像位置及层厚**

成像层面的位置和频率之间具有确定的关系。在加入梯度场之前，磁场是均匀的，任何位置 $A(x,\ y,\ z)$ 的场强都为 $B_0$，加入梯度场 $G_x$、$G_y$ 和 $G_z$，此时 A 位置的场强为 $B_{x,y,z}=B_0+G_xx+G_yy+G_zz$，频率为 $f_{x,y,z}=\gamma B_{x,y,z}$，其中，$\gamma=42.58\ \mathrm{MHz\cdot T^{-1}}$ 是旋磁比，因此可以通过梯度场来选择位置。此外，每一个位置都有一个原始频率 $f_0=\gamma B_0$，因此可以通过中心频率的偏移量来选择位置。

(1) 成像的位置

选层方向是 $z$ 方向，只用一个梯度方向进行选层。每个点的频率为 $f_{x,y,z}=\gamma G_zz$，在 $z$ 方向不同的层面会有不同的频率。软件中无须计算偏移量，只需调节参数界面中的层面偏移量(Offset Slice)，就可上下、左右、前后调节图像位置。

(2) 层面的厚度

层厚主要受软脉冲脉宽和梯度强度的影响。例如，五波瓣的 sinc 波软脉冲的脉宽为 $3t_p$ (主波瓣的脉冲宽度为 $t_p$)，则该软脉冲的激励带宽为 $2/t_p$。

如图 1.6-10 所示，脉冲宽度越小，层厚越薄，所以选用软脉冲；另一个参数是梯度强度，梯度强度越大，层厚越薄。可以用下面的公式来计算厚度

$$h=\frac{2}{t_p\cdot G_s\cdot\gamma}\tag{1.6-1}$$

其中，$G_s$ 是选层梯度。

## 三、实验仪器

实验采用低磁场核磁共振成像仪，其内部硬件结构如图 1.6-11 所示。整个系统包含谱仪系统、射频单元、梯度单元、磁体柜 4 部分，其信号流程如图 1.6-12 所示。

在低磁场核磁共振成像仪中，梯度单元分为相互独立的 3 路($x$、$y$、$z$ 三个相互垂直的方

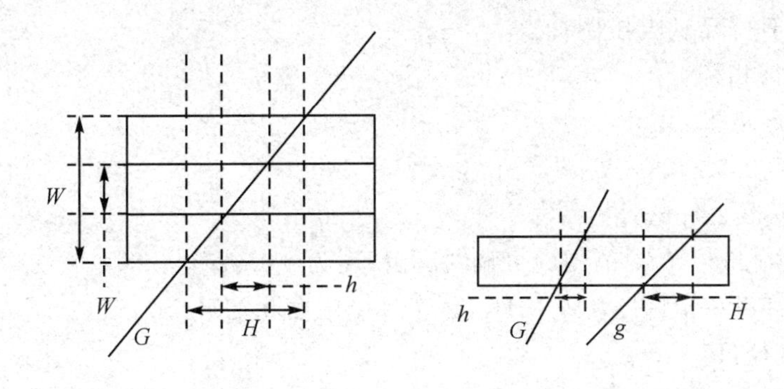


图 1.6－10　层厚与脉冲宽度

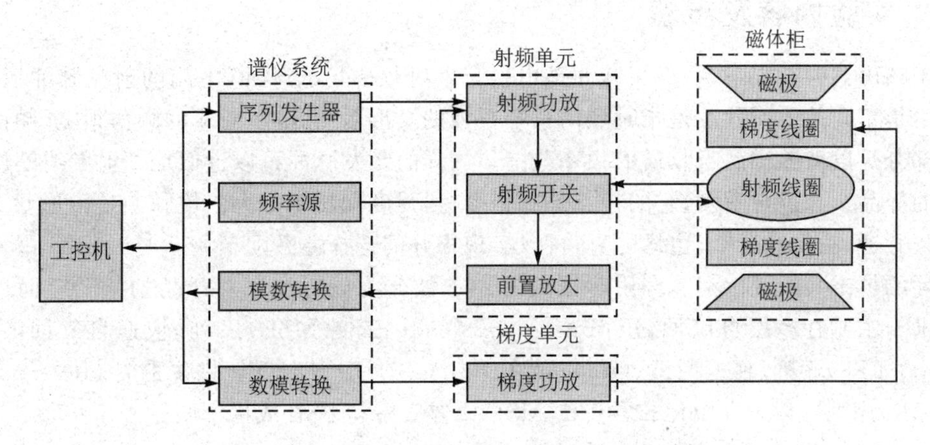


图 1.6－11　低磁场核磁共振成像仪硬件结构框图

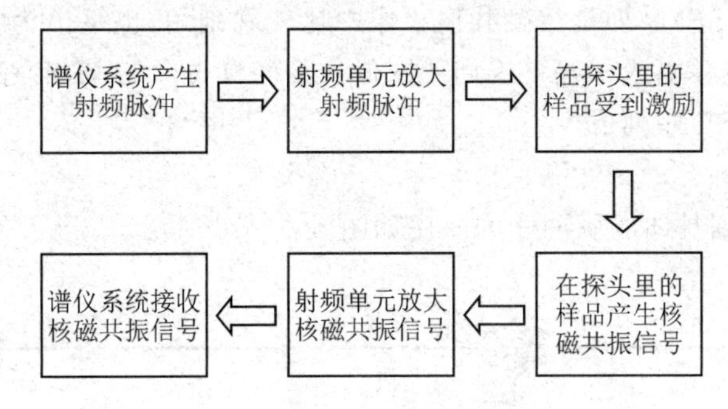


图 1.6－12　低磁场核磁共振成像仪信号流程

向)，用于在三维空间内对物体进行准确定位。

低磁场核磁共振成像仪的工作过程：在工控机(脉冲序列)的控制下频率源产生满足共振条件的射频信号，在波形调制信号的控制下调制成所需的形状，送到射频功放系统，进行功率放大后经发射线圈发射并激发样品产生核磁共振。在信号采集期间，射频线圈将感应得到核磁共振信号，此信号为 FID 信号，经前置放大后再进行混频放大，然后进行模数转换与数据采集，采集的数据送入工控机进行相应处理就可得到核磁共振信号的谱线。在二维核磁共振成像序列中，还需要从脉冲序列发生器中发出 3 路梯度控制信号，分别在梯度功放后，经由梯度线圈产生 3 个维度上的梯度磁场，起到对核磁共振信号进行空间定位的作用，通过计算机处理

获取的数据从而得到样品的二维图像。

仪器的主要性能指标:

① 磁体类型:永磁体。

② 磁感应强度:0.5±0.08 T。

③ 磁场均匀度:≤20 ppm。

④ 磁体温度:在25~35 ℃范围内可调,控温精度为±0.02 ℃。

⑤ 射频场:脉冲频率范围1~30 MHz,频率控制精度0.1 Hz。

⑥ 探头线圈直径:15 mm。

⑦ 采样速率:50 MHz。

## 四、实验内容及步骤

对于核磁共振系统来说,射频脉冲是用来产生射频磁场的脉冲,不同的射频脉冲形式,产生的作用是不同的。硬脉冲是指时域内很窄很强的矩形射频脉冲,对应的频谱很宽,频谱的主瓣中央部分足以覆盖样品吸收谱的频率范围。这样的激发脉冲可以近似地把射频线圈所作用范围内的样品全部进行激发,它的特点是脉宽很短,强度和功率很大。软脉冲是指形状为sinc波的射频脉冲,频带宽度窄,边缘陡直,可以实现很好的选择性激励。

实际的核磁共振成像都是利用时域内的sinc波作为软脉冲来对样品的某个层面进行选择性激励。主要有多层自旋回波(Multi - slice Spin Echo,MSE)序列、快速自旋回波(Fast Spin Echo,FSE)序列、梯度回波(Gradient Echo, GRE)序列和反转恢复脉冲(Inversion Recovery, IR)序列。以下介绍比较常用的MSE成像实验和FSE成像实验。

**1. MSE成像实验**

多层自旋回波(MSE)序列是核磁共振成像中比较基础的,也是最为常用的成像序列。利用MSE序列可以产生一幅或多幅自旋回波图像。下面首先介绍MSE序列的脉冲序列参数,然后介绍如何使用MSE序列成像。

(1) 脉冲序列参数

多层自旋回波序列具体的脉冲序列时序如图1.6-13所示。

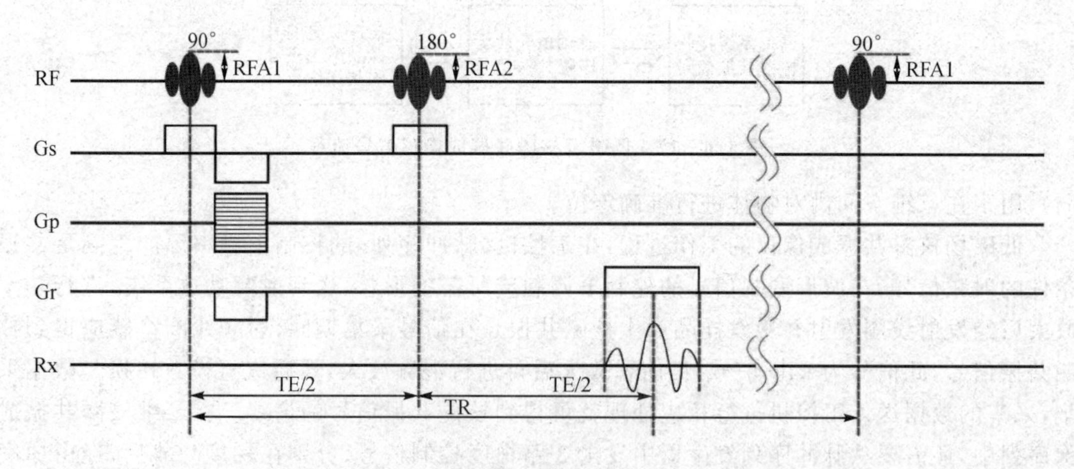


**图1.6-13 多层自旋回波序列的脉冲序列时序**

主要参数如下：

① P1、RFA1、P2、RFA2：

P1 是 90°软脉冲的脉宽，样品受激励带宽为 6/P1。P2 是 180°软脉冲的脉宽，样品受激励带宽应该始终保持一致，所以 P2 值应该始终保持与 P1 相等。

RFA1 是 90°软脉冲的幅度，RFA2 是 180°软脉冲的幅度。成像序列是通过调节软脉冲的幅度来达到所需要的射频能量。

② TR、TE：

TR 是重复采样的等待时间，即 90°软脉冲中心到下一个 90°软脉冲中心的时间间隔。用 TE 来调整回波时间，即 90°软脉冲中心到回波中心的时间间隔。TR、TE 的大小取决于用户成像的要求。

③ Slice、Slice Width、Slice Gap：

Slice 是选层层数或成像幅数，通过 MSE 序列可同时得到样品多个平行层面的图像，其图像的多少由 Slice 来控制，但最多为 32 幅图像。

Slice Width 是选层层厚，厚度与软脉冲宽度及梯度强度有关。

Slice Gap 是选层间距，最小可设置为 0.5 mm。

④ Average、Read Size、Phase Size：

Average 是重复采样次数，且必须为偶数，其默认值为 4。当增大时，可以提高图像信噪比。如果要提高成像速度也可设置为 2。

Phase Size 是相位编码步数，增大 Phase Size 后相位方向的 FOV 增大。

Read Size 是频率编码步数，增大 Read Size 后频率方向的 FOV 增大。

(2) 实验步骤

在开始成像实验之前，首先需要将标准样品放入磁体箱内并完成系统参数的设置工作，再将实验样品放入磁体箱内，对样品设置合理的序列参数。若样品是岩心、橡胶等弱信号的样品，参数调节可由标准油样完成；若样品的实际信号较强，则无需选用标准油样调节参数。由参数改变而导致的信号变化将会在下一个采样周期内产生(提示：在改变参数后请点击“回车”来确认参数的改变)。

① 将标准油样放入磁体箱内。

② 单击 1-PRESCAN 开始参数调节，完成后自动停止。

③ 放入实验样品，单击 2-SCOUT 开始预扫描，完成后自动停止，在定位像显示区显示图像。

④ 在 Sequence 中选择 SE 序列，并设置图像参数及序列参数。

⑤ 单击 3-SCAN 开始采样，完成后自动停止。

⑥ 单击 SAVE 保存采样数据。

⑦ 单击 SAVE TO DICOM 图像以经典医学图片制式保存。

**2. FSE 成像实验**

与 MSE 序列相比，快速自旋回波(FSE)序列的显著特点是成像速度更快。下面首先介绍 FSE 序列的脉冲序列参数，然后介绍如何使用 FSE 序列成像。

(1) 脉冲序列参数

快速自旋回波序列具体的脉冲序列时序如图1.6-15所示。

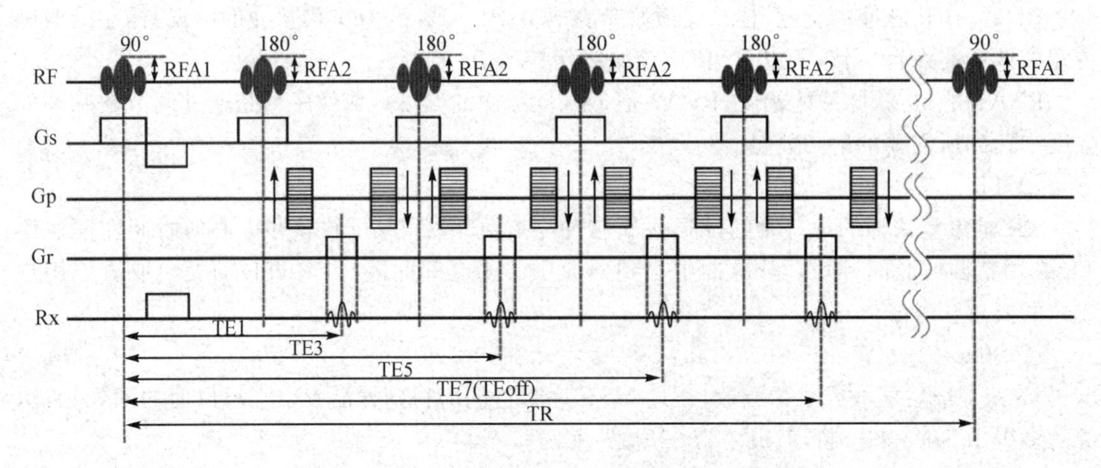


图1.6-14 快速自旋回波序列的脉冲序列时序

主要参数如下:

① P1、RFA1、P2、RFA2:

P1是90°软脉冲的脉宽,样品受激励带宽为6/P1。P2是180°软脉冲的脉宽,样品受激励带宽应该始终保持一致,所以P2值应该始终保持与P1相等。

RFA1是90°软脉冲的幅度,RFA2是180°软脉冲的幅度。成像序列是通过调节软脉冲的幅度来达到所需要的射频能量。

② TR、TE、ETL、TEeff、ESP:

TR是重复采样的等待时间,即90°软脉冲中心到下一个90°软脉冲中心的时间间隔。

ETL是回波链长度,即快速自旋回波180°软脉冲的施加个数。

TEeff是有效回波时间,从90°软脉冲到0幅度相位编码步即K空间中间行的时间。

ESP是回波间距,两个回波之间的时间间隔。

TR、TE的大小取决于成像的要求。快速自旋回波所成图像为T2加权,因此使用较长的TR值和较长的TE值。

③ Slice、Slice Width、Slice Gap:

Slice是选层层数或成像幅数,通过FSE序列可同时得到样品多个平行层面的图像,其图像的多少由Slice来控制,但最多为32幅图像。

Slice Width是选层层厚,厚度与软脉冲宽度及梯度强度有关。

Slice Gap是选层间距,最小可设置为0.5 mm。

④ Average、Read Size、Phase Size:

Average是重复采样次数,且必须为偶数,其默认值为4。当增大时,可以提高图像信噪比。如果要提高成像速度也可设置为2。

Phase Size是相位编码步数,增大Phase Size后相位方向的FOV增大。

Read Size是频率编码步数,增大Read Size后频率方向的FOV增大。

(2) 实验步骤

在开始成像实验之前,首先需要将标准样品放入磁体箱内并完成系统参数的设置工作,再

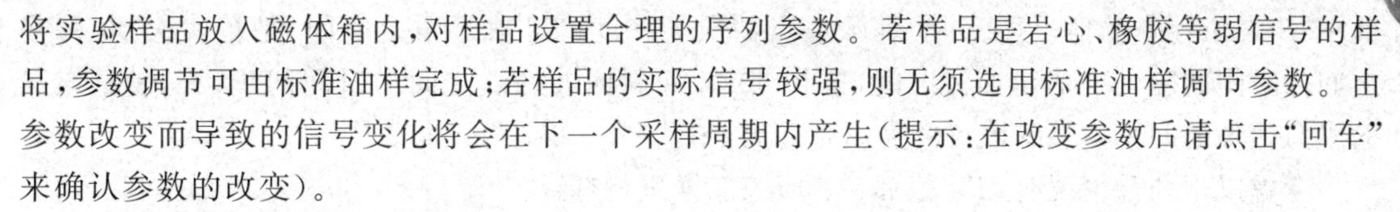

将实验样品放入磁体箱内，对样品设置合理的序列参数。若样品是岩心、橡胶等弱信号的样品，参数调节可由标准油样完成；若样品的实际信号较强，则无须选用标准油样调节参数。由参数改变而导致的信号变化将会在下一个采样周期内产生(提示：在改变参数后请点击“回车”来确认参数的改变)。

① 将标准油样放入磁体箱内。

② 单击 1-PRESCAN 开始参数调节，完成后自动停止。

③ 放入实验样品，单击 2-SCOUT 开始预扫描，完成后自动停止，在定位像显示区显示图像。

④ 在 Sequence 中选择 FSE 序列，并设置图像参数及序列参数。

⑤ 单击 3-SCAN 开始采样，完成后自动停止。

⑥ 单击 SAVE 保存采样数据。

⑦ 单击 SAVE TO DICOM 图像以经典医学图片制式保存。

**3. 注意事项**

① 软件具备自动保存参数的能力。在每次软件自动调节系统参数后，单击参数界面中“save to configuration”，将保存自动寻找后的参数。当然软件并不会自动对所设置的参数进行保存。每设置一个参数最好对其进行记录，当再一次打开脉冲序列文件时，对应参数需要根据记录进行更新。

② 在软件采样期间不要进行与文件打开、保存等文件处理相关的操作指令。从保护仪器方面考虑，如果在采样期间进行文件相关操作，如打开新的脉冲序列文件等，那么软件会自动释放所有资源并关闭。

③ 软脉冲脉宽和梯度的大小会有一个极限值。在成像系统中，最大的软脉冲宽度为 3 200 μs，$x$、$y$ 方向的最大的梯度强度为 0.05 $\mathrm{T\cdot m^{-1}}$，$z$ 方向的最大梯度强度为 0.07 $\mathrm{T\cdot m^{-1}}$，所以在参数界面调节中：P1＝3 200 μs，Slice Width 最小可调节至 1.8 mm；P1＝1 200 μs，Slice Width 最小可调节至 4.4 mm。

④ 根据公式计算的层厚是理论值，而实际上要根据样品的信号强度来确定层厚，例如，当样品为油时，采样层厚可以为 0.5 mm；当样品为橡胶时，若采样层厚为 0.5 mm，则信号较弱就无法成像。

⑤ 相位编码子序列即一组相位编码梯度脉冲，频率编码子序列由频率编码梯度脉冲和补偿梯度脉冲两部分组成。成像序列使用相位编码梯度脉冲和频率编码梯度脉冲来区分在样品某个层面内部的空间位置。成像的形状和分辨率由相位编码子序列和频率编码子序列共同决定。选择合适的相位编码梯度脉冲的脉宽和幅度是很重要的，错误的参数可能导致图像的失真，如一个圆面成像的结果却是一个椭圆面。如果想不失真地呈现一幅图像，首先就要保证在相位编码方向和频率编码方向上的视野(Field of View，FOV)大小相等，即 FOVRead＝FovPhase。

## 五、思考题

1. 在一幅自旋回波图像中，图像上每点的信号强度可表示为

$$S=A\left[1-\exp\left(\frac{-T_R}{T_1}\right)\right]\exp\left(\frac{-T_E}{T_2}\right)$$

其中,$S$ 表示该点的信号强度;$A$ 表示该点的质子密度;$T_R$ 表示重复时间,是指两次 90°脉冲之间的时间间隔;$T_E$ 表示回波时间,是指 90°脉冲到回波峰点之间的时间间隔;$T_1$ 表示该点的纵向弛豫时间;$T_2$ 表示该点的横向弛豫时间。

考虑以下几种情况时,$T_R$ 值和 $T_E$ 值该怎样进行选择?

① 当需要一幅 $T_1$ 加权像时;

② 当需要一幅 $T_2$ 加权像时;

③ 当需要一幅质子密度像时。

2. 为什么 FSE 序列所需要的成像时间更短?

## 六、研究性实验

1. 花生、大豆含油率的测量研究。
2. 牙膏含氟量的研究分析。

## 参考文献

[1] 葛惟昆,王合英. 近代物理实验[M]. 北京:清华大学出版社,2020.

[2] 杨福家. 原子物理学[M]. 上海:复旦大学出版社,2008.

[3] 汪红志,张学龙,武杰. 核磁共振成像技术实验教程[M]. 北京:科学出版社,2008.

[4] 赵喜平. 核磁共振成像[M]. 北京:科学出版社,2004.

# 第 2 章　光谱学实验专题

## 2.0　引　言

电磁波与物质的相互作用是仪器分析所采用的最重要的原理之一，占据了中心地位。电磁波是指由同相振荡且互相垂直的电场与磁场在空间中以波的形式传播，其传播方向垂直于电场与磁场构成的平面，能有效地传递能量和动量。电磁辐射可以按照频率分类，从低频率到高频率，包括无线电波、微波、红外线、可见光、紫外线、X 射线和伽马射线等，如图 2.0-1 所示。人眼可接收到的电磁辐射，波长大约在 380～760 nm 范围，称为可见光。光谱分析是指利用紫外光、可见光和红外光与物质的相互作用或外场作用下物质光谱发射特性进行物质的化学组分、微观结构和性能分析的手段。

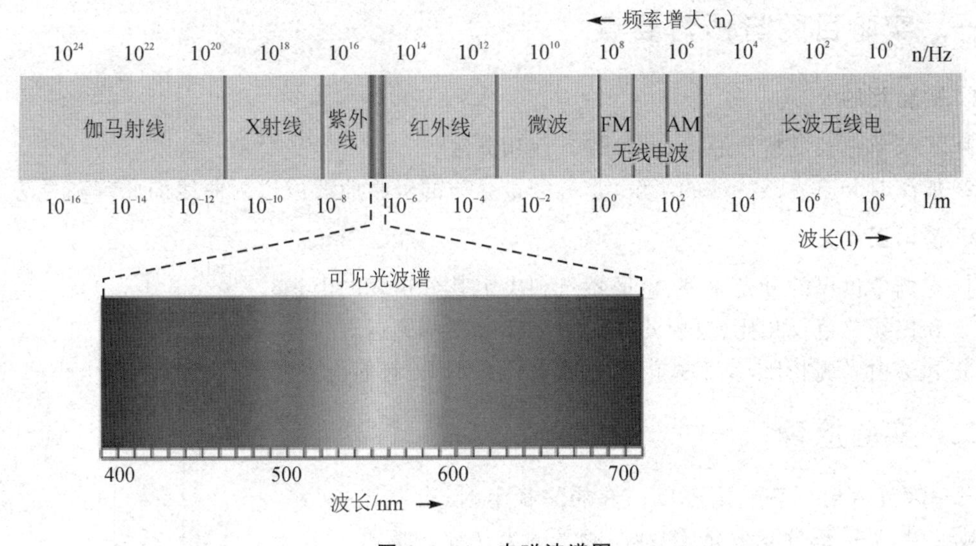


**图 2.0-1　电磁波谱图**

电磁波与物质相互作用一般包括透过、反射、吸收、散射和吸收后的二次发射。通过研究不同频率的光谱与物质相互作用后透过、反射、散射及发射的能量、频率及光子计数等物理参数的变化，可以研究物质的化学组分、微观结构和性能。另外，光谱技术还具有突出的优点：灵敏度高；研究内容广泛；在大多数情况下是非破坏性的测试手段，样品在测试结束后可以回收利用。

本专题共安排 4 个实验。实验一“单色仪”，学习掌握单色仪的构造原理并掌握其使用方法，加深对介质光谱特性的了解，掌握测量介质的吸收曲线或透射曲线的原理和方法。实验二“紫外-可见光谱仪”，学习掌握朗伯-比尔定律和紫外-可见光谱仪的使用；学习使用紫外-可见光谱仪测量透射率、吸光度和物质浓度的方法。实验三“激光拉曼光谱”，学习掌握拉曼光谱的原理及其应用，掌握微区激光拉曼光谱仪的调节及使用方法，并能够对所得的谱线进行解释。

实验四"稳态荧光光谱仪",学习掌握荧光测试及其基本原理,学习稳态荧光光谱仪的操作,掌握使用稳态荧光光谱仪测量荧光产率等相关知识。

# 2.1 单色仪

单色仪是指能把宽波段的电磁辐射分离为一系列狭窄波段的电磁辐射的仪器。常见的单色仪有棱镜单色仪和光栅单色仪两种。光栅单色仪是利用光栅衍射的方法获得单色光的仪器,它可以把紫外光、可见光及红外光三个光谱区的复合光分解为单色光。单色仪是多种光谱仪器的核心部件,如原子吸收光谱、荧光光谱、拉曼光谱、激光光谱等光谱仪器。单色仪可以进行定性及定量分析,同时还可以进行一些物理量的测量,如测定接收元件的灵敏特性、滤光片吸收特性及光源的能谱分析、光栅的集光效率等。

介质对光的吸收、透射和反射通常与入射光的波长有关,介质的这种特性称为介质的光谱特性。介质的光谱特性是其最基本的物理性能之一,测量介质的光谱特性是光学测量及材料研究等方面的重要内容。

## 一、实验目的与预习要点

### 1. 实验目的

① 了解单色仪的构造原理,并掌握其使用方法。

② 加深对介质光谱特性的了解,掌握测量介质的吸收曲线或透射曲线的原理和方法。

### 2. 预习要点

① 光栅单色仪的分光原理、色散特点和决定其分辨率的因素。

② 和棱镜单色仪相比,反射式光栅单色仪有哪些优点?

③ 和透射光栅相比,反射式闪耀光栅有什么不同,有何优点?

## 二、实验原理

当一束光入射到有一定厚度的介质平板上时,有一部分光被反射,另一部分光被介质吸收,剩下的光从介质板透射出来。设有一束波长为$\lambda$、入射光强为$I_0$的单色平行光垂直入射到一块厚度为$d$的介质平板上,如图2.1-1所示,如果从界面1射回的反射光的光强为$I_R$,从界面1向介质内透射的光的光强为$I_1$,入射到界面2的光的光强为$I_2$,从界面2出射的透射光的光强为$I_T$,则定义介质板的光谱外透射率$T$和介质的光谱透射率$T_i$分别为

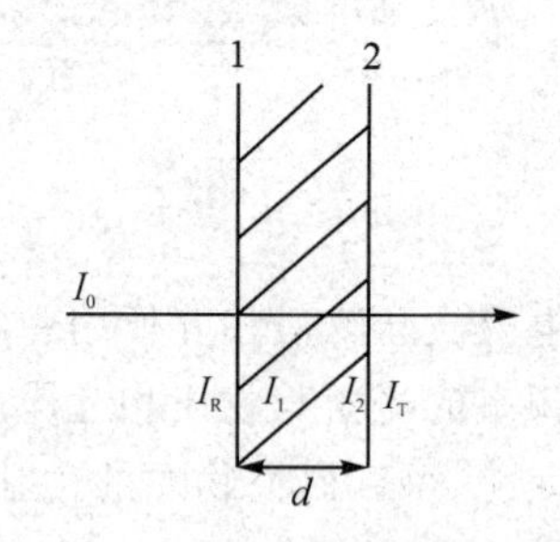


图2.1-1　一束光入射到平板上

$$T=\frac{I_T}{I_0} \tag{2.1-1}$$

$$T_i=\frac{I_2}{I_1} \tag{2.1-2}$$

上述的$I_R$、$I_1$、$I_2$和$I_T$都应该是光在界面1和界面2上以及介质中多次反射和透射的总效

果。通常,介质对光的反射、折射和吸收不但与介质有关,而且与入射光的波长有关。为简单起见,对以上及以后的各个与波长有关的量都忽略波长标记,但都应将它们理解为光谱量。光谱透射率 $T_i$ 与波长 $\lambda$ 的关系曲线称为透射曲线。在介质内部(假定介质内部无散射),光谱透射率 $T_i$ 与介质厚度 $d$ 的关系为

$$T_i = e^{-\alpha d} \tag{2.1-3}$$

其中,$\alpha$ 称为介质的线性吸收系数,一般也称为吸收系数。吸收系数不仅与介质有关,而且与入射光的波长有关。吸收系数 $\alpha$ 与波长 $\lambda$ 的关系曲线称为吸收曲线。

设光在单一界面上的反射率为 $R$,则透射光的光强为

$$\begin{aligned} I_T &= I_{T1} + I_{T2} + I_{T3} + I_{T4} + \cdots \\ &= \frac{I_0(1-R)^2 e^{-\alpha d}}{1-R^2 e^{-2\alpha d}} \\ &= I_0(1-R)^2 e^{-\alpha d} + I_0(1-R)^2 R^2 e^{-3\alpha d} + I_0(1-R)^2 R^4 e^{-5\alpha d} + I_0(1-R)^2 R^6 e^{-7\alpha d} + \cdots \\ &= I_0(1-R)^2 e^{-\alpha d}(1 + R^2 e^{-2\alpha d} + R^4 e^{-4\alpha d} + R^6 e^{-6\alpha d} + \cdots) \end{aligned} \tag{2.1-4}$$

式(2.1-4)中,$I_{T1}$,$I_{T2}$,…分别表示光从界面2第一次透射,第二次透射,…的光的光强。所以

$$T = \frac{I_T}{I_0} = \frac{(1-R)^2 e^{-\alpha d}}{1-R^2 e^{-2\alpha d}} \tag{2.1-5}$$

通常,介质的光谱透射率 $T_i$ 和吸收系数 $\alpha$ 是通过测量同一材料得到的(对于同一波长 $\alpha$ 相同),表面性质相同($R$ 相同)但厚度不同的两块试样的光谱外透射率是计算得到的。设两块试样的厚度分别为 $d_1$ 和 $d_2$,$d_2>d_1$,光谱透射率之比可由式(2.1-5)表示,由此可得

$$\frac{T_2}{T_1} = \frac{e^{-\alpha d_2}(1-R^2 e^{-2\alpha d_1})}{e^{-\alpha d_1}(1-R^2 e^{-2\alpha d_2})} \tag{2.1-6}$$

一般 $R$ 和 $\alpha$ 都很小,故式(2.1-6)可近似为

$$\frac{T_2}{T_1} = e^{-\alpha(d_2-d_1)} \tag{2.1-7}$$

所以

$$\alpha = \frac{\ln T_1 - \ln T_2}{d_2 - d_1} \tag{2.1-8}$$

比较式(2.1-7)和式(2.1-3)可知,厚度为 $d=d_2-d_1$ 时的光谱透射率为

$$T_i = \frac{T_2}{T_1} \tag{2-1-9}$$

本实验中采用光电倍增管和测光仪测量光强。在合适的条件下,测光仪输出的数值与入射光强成正比,所以读出测光仪的读数后就可由下式计算光谱透射率和吸收系数

$$T_i = \frac{m_2}{m_1} \tag{2.1-10}$$

$$\alpha = \frac{\ln \dfrac{m_1}{m_2}}{d_2 - d_1} \tag{2.1-11}$$

其中,$m_1$ 和 $m_2$ 分别表示试样厚度分别为 $d_1$ 和 $d_2$ 时测光仪的读数。

## 三、实验仪器

平面光栅单色仪WDP500－C的结构如图2.1－2所示。本仪器结构简单、尺寸小、像差小、分辨率高。用户可以根据使用波段的不同,很方便地更换光栅。仪器结构框图、仪器结构、使用方法和调整要点以及主要技术指标详见使用说明书。

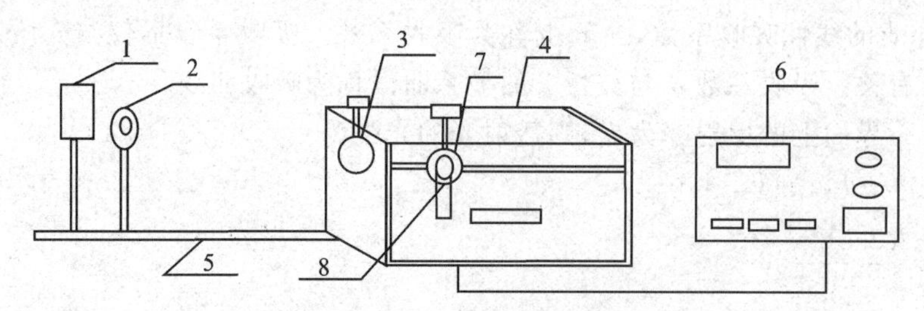


注:1—光源;2—透镜;3—入射狭缝;4—单色仪机箱;
5—导轨;6—测光仪;7—出射狭缝;8—光电倍增管。

**图2.1－2　平面光栅单色仪结构框图**

### 1. 平面光栅

光栅是单色仪的核心。WDP500－C型光栅单色仪采用平面反射式闪耀光栅作为分光元件。其光路图如图2.1－3所示,单色仪光源或照明系统发出的光束均匀地照在入射狭缝S1上,S1位于离轴抛物镜的焦面上。光经过M1反射后平行地照射到光栅G上,经过光栅衍射分解为不同方向的单色平行光束,经M1和M2镜反射,会聚在S2出射狭缝上,最后经过滤光片到达光电接收元件上。由于光栅的分光作用,从出射狭缝出来的光线为单色光。当光栅转动时,从出射狭缝出来的光由短波到长波依次出现。本单色仪应用了平面反射光栅,它是在玻璃基板上镀上铝层,用特殊的刀具刻画出许多平行且间距相等的槽面而做成的。图2.1－4所示是垂直于光栅刻槽的断面放大图。目前我国大量生产的平面反射光栅每毫米的刻槽数目为600条、1 200条、1 800条。本实验所用的WDP500－C型单色仪配备的两块光栅都是每毫米1 200条。由于铝在近红外区域和可见区域的反射系数都比较大,几乎是常数,在紫外区域铝

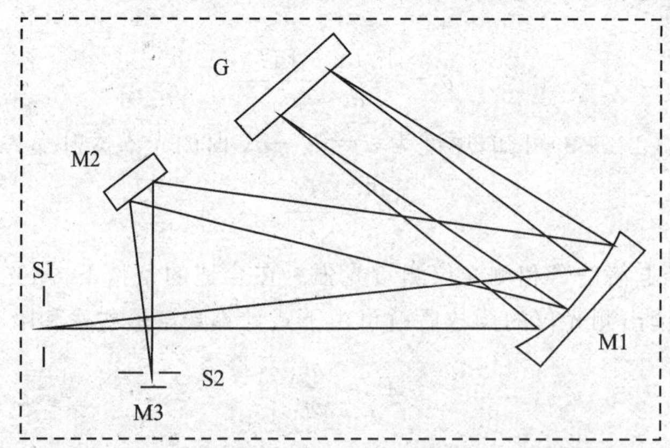


注:S1—入射狭缝;S2—出射狭缝;M1—离轴抛物镜;
G—光栅;M2—反光镜;M3—滤光片。

**图2.1－3　WDP500－C型光栅单色仪光学系统图**

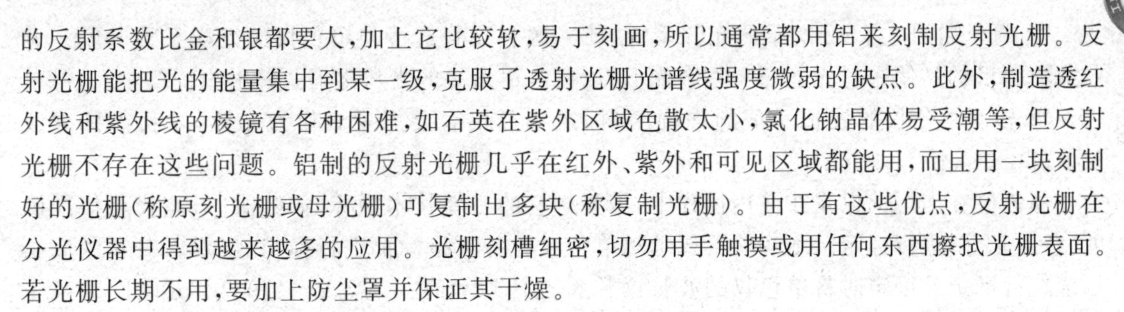

的反射系数比金和银都要大，加上它比较软，易于刻画，所以通常都用铝来刻制反射光栅。反射光栅能把光的能量集中到某一级，克服了透射光栅光谱线强度微弱的缺点。此外，制造透红外线和紫外线的棱镜有各种困难，如石英在紫外区域色散太小，氯化钠晶体易受潮等，但反射光栅不存在这些问题。铝制的反射光栅几乎在红外、紫外和可见区域都能用，而且用一块刻制好的光栅（称原刻光栅或母光栅）可复制出多块（称复制光栅）。由于有这些优点，反射光栅在分光仪器中得到越来越多的应用。光栅刻槽细密，切勿用手触摸或用任何东西擦拭光栅表面。若光栅长期不用，要加上防尘罩并保证其干燥。

如图 2.1－4 所示，衍射槽面（宽度为 $a$）与光栅平面的夹角 $\theta$ 称为光栅的闪耀角。当平行光束入射到光栅上时，槽面的衍射以及各个槽面衍射光的相干叠加，使得不同方向的衍射光束强度不同。若考虑槽面之间的干涉，当满足光栅方程

$$d(\sin i \pm \sin \beta) = k\lambda \tag{2.1-12}$$

时，光强将有一极大值，或者说将出现一个亮条纹。式(2.1－12)中，$i$ 及 $\beta$ 分别是入射光及衍射光与光栅平面法向的夹角，即入射角与衍射角。$d$ 为光栅常数（通常所给的是每毫米刻线数，可根据它求出光栅常数），$k=\pm1,\pm2,\pm3,\cdots,\pm n$，表示干涉级；$\lambda$ 是出现亮条纹的光的波长。公式中当入射线与衍射线在光栅法线同侧时取正号，异侧时取负号。由式(2.1－12)可知，当入射角 $i$ 一定时，不同的波长对应不同的衍射角，从而本来混合在一起的各种波长的光，经光栅衍射后按不同的方向彼此分开排列成光谱，这就是衍射光栅的分光原理。把成像于谱面中心即出射狭缝处的谱线波长称为中心波长。在本仪器采用的光路中，对中心波长 $\lambda_0$ 而言，入射角与衍射角相等，$i=\beta$，这种特殊而又通用的布置方式称为 Littrow 型。因此对中心波长有

$$2d\sin i = k\lambda_0 \tag{2.1-13}$$

随着光栅的转动，$i$ 和 $\beta$ 随之发生变化，这样在出射狭缝处出现的中心波长 $\lambda_0$ 也变化了。

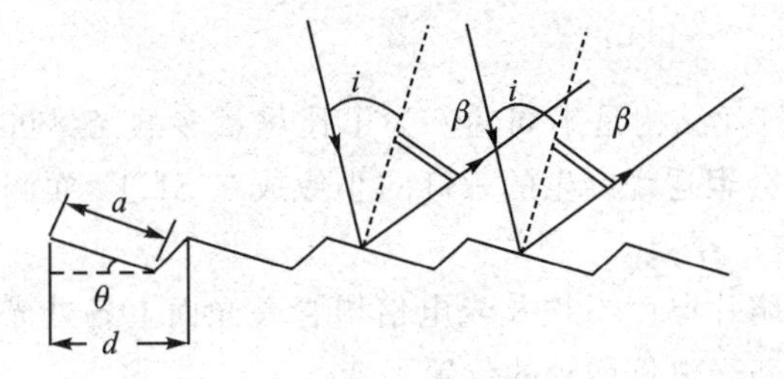


**图 2.1－4　光栅刻槽断面示意图**

**2. 测光仪**

测光仪由光电流放大器、光电倍增管负高压模块、钨灯电源、低压电源及数字显示模型面板表等组成。光电流放大器用来放大光电倍增管输出的直流信号电流，其放大倍数可调。光电倍增管工作时必需的负高压由专用的高压模块提供，可调范围为 0～1 000 V，由前板高压调节旋钮控制，一般在 300 V 左右即可。光电倍增管在工作时切记不能打开并暴露在自然光下，否则因曝光引起的阳极电流会使管子烧坏。钨灯由可调稳压电源供电。

## 四、实验内容及步骤

**1. 单色仪的调节和波长示值准确度的标定**

① 利用水平仪调平单色仪。

② 调节如图2.1-2所示的光源系统,使光源和会聚透镜与单色仪的光学系统共轴。调节共轴的目的是使入射光能照亮整个光栅,以便有尽量多的光从出射狭缝射出。

③ 检测单色仪的波长示值的准确度(标定单色仪时要用汞灯作为光源,以获得标准波长值)。

单色仪在出厂前以及在使用过程中,需要对它的主要技术指标(如分辨率、波长示值准确度、杂散光等)进行标定。本实验不要求对单色仪的各项指标都进行标定,仅要求对它的波长示值进行标定。标定时将单色仪的波长读数装置转到示值在577.0~579.1 nm之间的某一位置。将出射缝S2宽度暂时调到2 mm左右。用眼睛迎着出射光方向观察S2上汞的两条黄谱(577.0 nm和579.1 nm)的衍射像。调节入射狭缝的宽度,直到两条黄谱线的衍射像刚好分开为止(汞灯发出的光太强时,不可能完全分开)。再调节S2的宽度,使S2的宽度与任何一条黄谱线的衍射像的宽度大致相等。在出射缝上装上光电倍增管。单向转动调节手轮,检查测光仪读数出现峰值时波长读数装置的示值是否与汞的几条谱线的标准波长(365.0 nm、435.8 nm、546.1nm、577.0 nm、579.1 nm)一致。反复做几次并记录。示值的平均值与标准波长之差即为波长示值的准确度。对于一台合格的单色仪,波长示值的准确度应为小于或等于0.5 nm。

**2. 测量钕玻璃在550.0~620.0 nm范围的吸收谱曲线**

用溴钨灯作光源并进行共轴调节,方法同前。已调好的狭缝保持不变。测光仪加300 V左右的高压,并选用适当的放大倍数,先用挡光物(用黑纸片等)挡去入射狭缝上的任何光以确定测光仪的起始位置,再打开溴钨灯,在入射缝上装上钕玻璃,然后定性观察钕玻璃对各色光的吸收情况,确定吸收峰的大致位置,最后正式测量。开始可每隔5~10 nm测一次,在吸收峰附近测量点应多一些。

**3. 注意事项**

① 汞灯和溴钨灯的灯丝结构是不同的。为了让尽量多的光尽可能均匀地照亮入射狭缝S1,校对波长示值时应将会聚透镜产生的汞灯的小像成在S1上,而测量时应将溴钨灯的大像成在S1上(其小像几乎是一个点)。

② 为了减少因钕玻璃片厚度不均及光电倍增管受光面上各处光谱响应可能有差异而产生的误差,应保持钕玻璃和光电倍增管的位置不变。

③ 狭缝S1和S2的宽度不得超过3 mm,实验完毕应将入射缝、出射缝盖严,以免污损。

④ 光电流放大器应选择最佳的测试条件:放大调节至最小,调负高压(一般在900 V以下为宜),使光读数适中。在整个测试过程中,应严格保持测试条件不变。

⑤ 在实验时不能让光电倍增管曝强光,不能在加负高压时取下光电倍增管,否则会烧坏光电倍增管。实验结束时应先关负高压再关溴钨灯,最后关总电源开关。

**4. 数据处理**

① 列表记录单色仪各波长示值的准确度。

② 列表记录两种不同厚度的钕玻璃在550.0~620.0 nm范围各波长对应的光强测量仪的读数。

③ 利用上一步中的数据,上机编程绘制钕玻璃的吸收谱线图,并给出曲线峰值对应的吸收系数和波长值。

## 五、思考题

1. 为什么要进行光源系统与单色仪光学系统的共轴调节？

2. 校对单色仪的波长示值为什么要用汞灯，而测量吸收曲线用溴钨灯？

3. 试讨论单色仪的入射狭缝和出射狭缝的宽度对出射光单色性的影响。

4. 实际上，测光仪的光强示数是钕玻璃片的光谱透射率、光源的光谱能量分布和光电倍增管的光谱响应诸因素综合作用的结果，但在推导式(2.1-10)时并没有提及后者，为什么？试分析说明。

## 六、拓展性实验

1. 钠原子光谱的观测与分析。

2. 氢原子光谱的观测与分析。

3. 基于单色仪的 LED 光谱测量。

## 参考文献

[1] 梁家惠，李朝荣，徐平，等. 基础物理实验[M]. 北京：北京航空航天大学出版社，2005.

[2] 崔执凤. 近代物理实验[M]. 安徽：安徽人民出版社，2006.

# 2.2　紫外-可见光谱仪

紫外-可见光谱仪是根据被测量物质对波段范围在 170～900 nm 的单色紫外-可见光的吸收或反射强度进行物质的定性、定量和结构分析的一种光谱仪器。紫外-可见光谱分析已经广泛应用于食品工业、药品工业及物质结构的研究分析。

## 一、实验目的与预习要点

### 1. 实验目的

① 了解朗伯-比尔定律。

② 熟悉紫外-可见光谱仪的使用。

③ 掌握使用紫外-可见光谱仪测量透过率、吸光度和物质浓度的方法。

④ 了解半导体能带理论，掌握利用光谱仪测量半导体光学带隙的实验方法。

### 2. 预习要点

① 电磁辐射通过介质时，物质对其有什么作用？

② 物质对光的吸收强度与什么有关？物质对光的吸收与物质的厚度有什么关系？

③ 紫外-可见吸收光谱是如何产生？

④ 何为半导体中的禁带宽度？如何利用紫外-可见光谱仪测定半导体中的禁带宽度？

## 二、实验原理

### 1. 物质对电磁波的透射和吸收

物质是由分子和原子构成的。当电磁波通过物质时,电磁波会与物质发生相互作用。当某些频率的电磁波能量满足物质粒子的量子化能级(即满足 $h\nu=\Delta E=E_2-E_1$),就会被物质的粒子吸收,从而其能量状态发生变化,这就是吸收。

为了定量地描述有色溶液对光的选择性吸收,可用溶液的光吸收曲线来定量测量。光吸收曲线是指测量物质对不同波长单色光的吸收程度,以波长为横坐标,吸光度为纵坐标作图所得的一条曲线。光吸收强度最大的波长称为最大吸收波长。对于同种溶液不同浓度时,光吸收曲线的形状一样,其最大吸收波长不变,只是随浓度不同,相应的吸光度不同。不同浓度的罗丹明 B 溶液吸光曲线如图 2.2-1 所示。

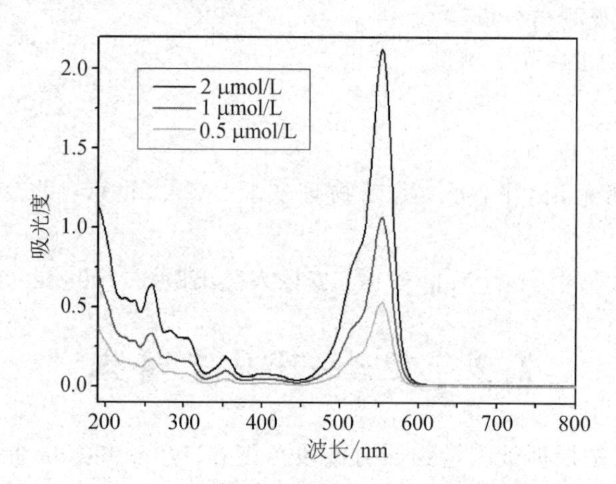


**图 2.2-1 不同浓度的罗丹明 B 溶液吸光曲线**

### 2. 光吸收定律——朗伯-比尔定律

18 世纪初期,朗伯在前人的基础上,进一步研究了物质对光的吸收与物质厚度的关系,并于 1760 年指出,如果溶液的浓度一定,则光对物质的吸收程度与它通过的溶液厚度成正比。这就是朗伯定律,其数学表达式为

$$A=\lg\frac{I_0}{I}=K_0L \tag{2.2-1}$$

其中,$A$ 为吸光度,$I_0$ 为入射光强度,$I$ 为透射光强度,$L$ 为液层厚度(即光程),$K_0$ 为比例常数。

1852 年,比尔在研究了各种无机盐的水溶液对红光的吸收后指出,光的吸收和光所遇到的吸光物质的数量有关。如果吸光物质溶于不吸光的溶剂中,则吸光度和吸光物质的浓度成正比,即当单色光通过液层厚度一定的有色溶液时,溶液的吸光度与溶液的浓度成正比。这就是比尔定律,其数学表达式为

$$A=\lg\frac{I_0}{I}=K_1C \tag{2.2-2}$$

其中,$A$ 为吸光度,$I_0$ 为入射光强度,$I$ 为透射光强度,$C$ 为溶液的浓度,$K_1$ 为比例常数。

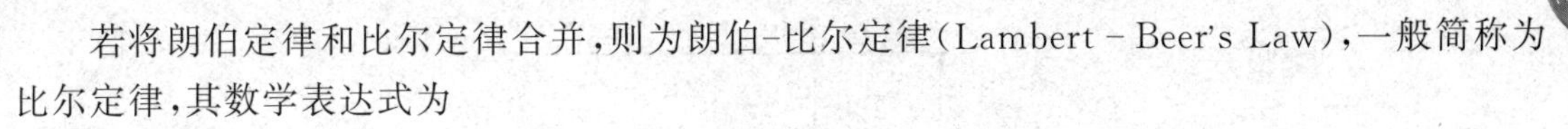

若将朗伯定律和比尔定律合并，则为朗伯-比尔定律(Lambert - Beer's Law)，一般简称为比尔定律，其数学表达式为

$$A=\lg\frac{I_0}{I}=K_2LC \tag{2.2-3}$$

其中，$L$ 为光程；$C$ 为溶液的浓度；$K_2$ 为比例常数，一般将 $K_2$ 称为吸光系数，单位为 $\text{L}\cdot(\text{g}\cdot\text{cm})^{-1}$。式(2.2-3)中，若将浓度 $C$ 以摩尔(mol/L)浓度表示，光程 $L$ 以厘米(cm)表示，则吸光系数 $K_2$ 称为摩尔吸光系数，一般用 $\varepsilon$ 表示，其单位为 $\text{L}\cdot(\text{mol}\cdot\text{cm})^{-1}$，则上式可改写为

$$A=\lg\frac{I_0}{I}=\varepsilon LC \tag{2.2-4}$$

其中，$\varepsilon$ 是有色溶液在浓度 $C$ 为 1 mol/L、光程 $L$ 为 1 cm 时的吸光度，表征各种有色物质在一定波长下的特征常数。它可以衡量显色反应的灵敏度，$\varepsilon$ 值越大，表示该有色物质对此波长光的吸收能力越强，显色反应越灵敏。一般 $\varepsilon$ 的变化范围是 $10\sim10^5$，其中当 $\varepsilon>10^4$ 时为强度大的吸收，当 $\varepsilon<10^3$ 时为强度小的吸收。

综上所述，比尔定律可以描述为：当一束平行的单色光通过某一均匀的有色溶液时，溶液的吸光度与溶液的浓度和光程的乘积成正比。这就是比尔定律的真正物理意义。它是光度分析中定量分析的最基础、最根本的依据，也是紫外-可见光谱仪的基本原理。

基于物质对紫外-可见光谱区辐射的吸收特性建立起来的分析测定方法称为紫外-可见吸收光谱法或紫外-可见分光光度法。紫外-可见吸收光谱是由物质外层电子能级跃迁产生，其定量分析采用朗伯-比尔定律，被测物质的紫外吸收的峰强与其浓度成正比，即

$$A=\lg\frac{I_0}{I}=-\lg T=\varepsilon LC \tag{2.2-5}$$

其中，$A$ 为吸光度，$I$ 和 $I_0$ 分别为透过样品后光的强度和测试光的强度，$\varepsilon$ 为摩尔吸光系数，$L$ 为样品厚度，$C$ 为浓度。

**3. 典型的紫外-可见光吸收的机理**

(1) 分子轨道之间的跃迁

紫外吸收光谱是由于分子中的电子跃迁产生的。按分子轨道理论，在有机化合物分子中，这种吸收光谱取决于分子中成键电子的种类和电子分布情况，根据其性质不同可分为 3 种电子：

① 形成单键的 $\sigma$ 电子。

② 形成不饱和键的 $\pi$ 电子 。

③ 氧、氮、硫、卤素等杂原子上的未成键的 n 电子。

当它们吸收一定能量 $\Delta E$ 后，将跃迁到较高的能级，占据反键轨道。成键轨道能量较参与组合的能量轨道低，反成键轨道较高，如图 2.2-2 所示，分子内部结构与这种特定的跃迁是有着密切关系的，使得分子轨道分为成键 $\sigma$ 轨道、反键 $\sigma^*$ 轨道、成键 $\pi$ 轨道、反键 $\pi^*$ 轨道和 n 轨道，其能量由低到高的顺序为：$\sigma<\pi<n<\pi^*<\sigma^*$。

(2) d、f 电子的晶体场(配位场)劈裂

晶体场(配位场)跃迁：元素周期表中第 4 和第 5 周期过渡元素分别含有 3d 和 4d 轨道，镧系和锕系元素分别含有 4f 和 5f 轨道。这些轨道能量通常是简并的，但是在晶体或络合物中，由于配体的影响分裂成了几组能量不等的轨道。若轨道是未充满的，当吸收光后，电子会发生

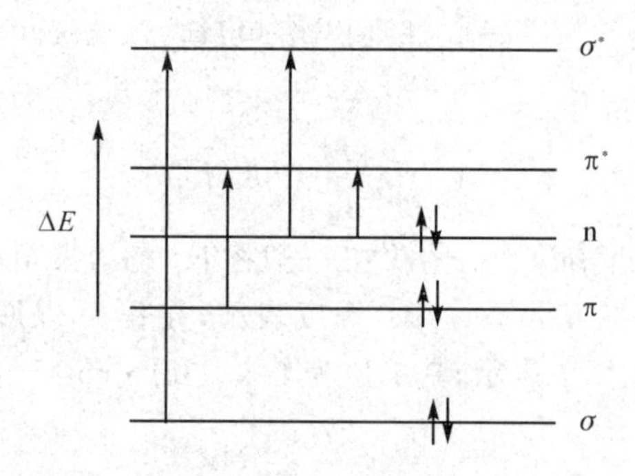


图 2.2-2　分子轨道中的能量跃迁示意图

跃迁,分别称为 d-d 跃迁和 f-f 跃迁。d 轨道能级图和正八面体配位中 d 轨道的能级劈裂如图 2.2-3 所示。

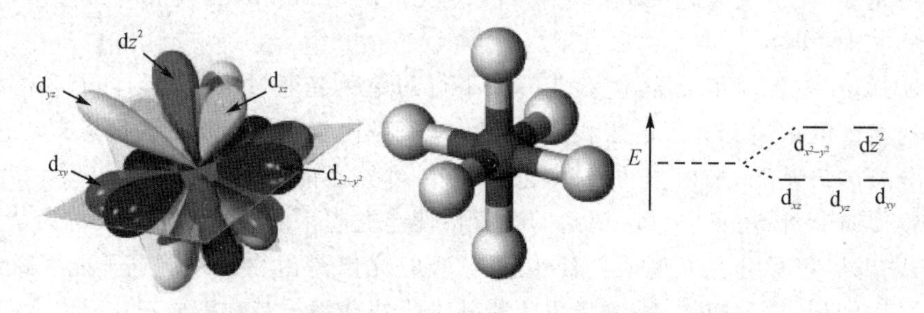


图 2.2-3　d 轨道能级图和正八面体配位中 d 轨道的能级劈裂

(3) 半导体材料的本征吸收

当光入射到半导体表面时,电子吸收足够的光子能量,越过禁带,进入导带,成为可以自由移动的自由电子。同时,在价带中留下一个自由空穴,产生电子-空穴对的现象称为本征吸收。产生条件:入射光的能量必须大于半导体的禁带宽度,才能使价带上的电子吸收足够的能量跃迁到导带底发生本征吸收,光子能量必须等于或大于禁带宽度 $E_g$。导体、半导体和绝缘体的能带结构如图 2.2-4 所示。

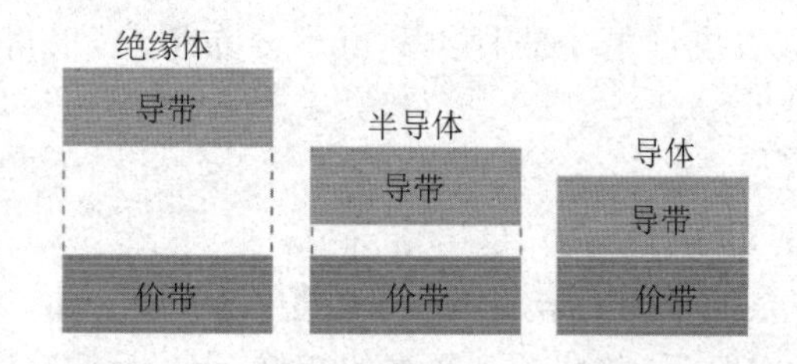


图 2.2-4　导体、半导体和绝缘体的能带结构

## 三、实验仪器及试剂

TU-1901 型双光束紫外-可见光谱仪(见图 2.2-5)1 套,1 cm 石英比色皿 1 套,电脑软件,配制好的 10 mg·$L^{-1}$ 罗丹明 B 溶液,薄膜材料($TiO_2$、$BiOV_4$、FTO)。

仪器主要由光源、单色器、吸收池(样品池)、检测器和控制及数据采集组成。紫外-可见分光光度计的基本结构如图 2.2-6 所示。

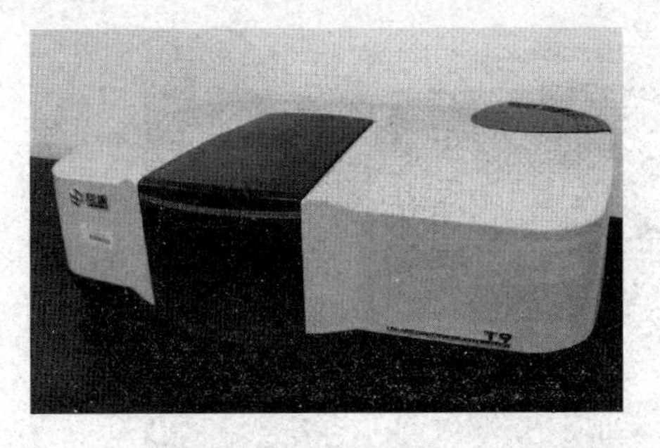

图 2.2－5　TU－1901 双光束紫外-可见光谱仪

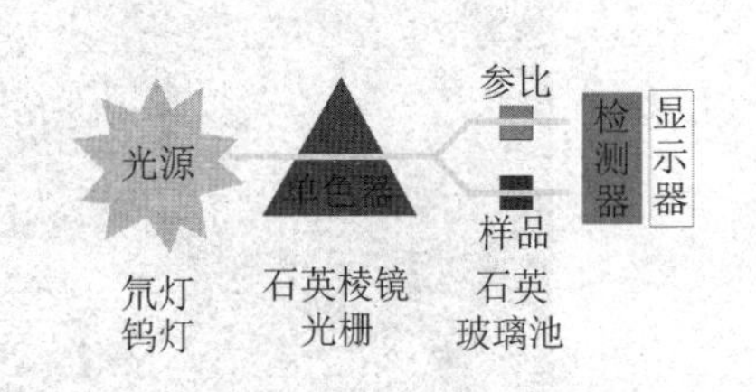


图 2.2－6　紫外-可见分光光度计的基本结构

**1. 光　源**

在紫外-可见光谱仪中，光源能够提供连续光谱，且辐射能量随波长无明显变化、稳定性好、寿命长。一般紫外区光谱由氢灯或氘灯(气体放电光源)提供，可见区光谱由钨灯或卤钨灯(热辐射光源)提供。

**2. 单色器**

单色器可以将复合光按照不同波长分开，分为光栅和棱镜两种单色器。单色器由入射狭缝、准直镜、色散元件、物镜和出射狭缝构成。其中，色散元件是关键部件，其作用是将复合光分解成单色光。

**3. 吸收池**

吸收池是实验室中用于盛载将进行光学特性分析的样品的特殊容器，大多都以对紫外光谱吸收率低的石英材质制成，但有些用于可见光光谱分析的分光液槽也可以用光学亚克力材料制作。

**4. 检测器**

检测器的作用是通过光电转换元件检测透过光的强度，并将光信号转变成电信号。常用的光电转换元件有光电管、光电倍增管及光二极管阵列检测器。

## 四、实验内容及步骤

**1. 吸收光谱及浓度测量**

① 打开电源，开启紫外-可见光谱仪上的开关，打开计算机上的 UVprobe 软件，让其自检，软件自检界面如图 2.2－7 所示。

② 对仪器相关参数进行设置：在工作室选择光谱扫描，在测量中选择参数设置，波长范围为 200～800 nm，在检测速度中，间隔为 0.5 nm 等，如图 2.2－8 所示。先放入参比样品，进行基线扫描，在扫描完成后，外侧比色皿换被测样品，点“开始”按钮进行测量。

③ 首先取一定浓度的罗丹明 B 溶液放入石英比色皿中，并将其放到紫外-可见光谱仪中，获得波长-吸收曲线，将数据记录于表 2.2－1 中。将上述溶液稀释 4 次分别进行测试，获得 5 次测量的波长-吸收曲线。

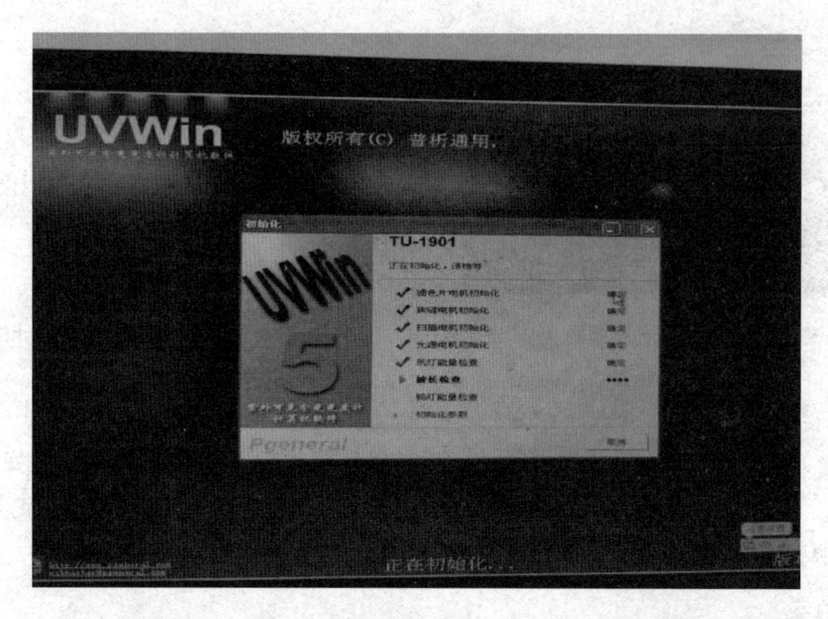


图 2.2-7　紫外-可见光谱仪的 UVprobe 软件自检界面

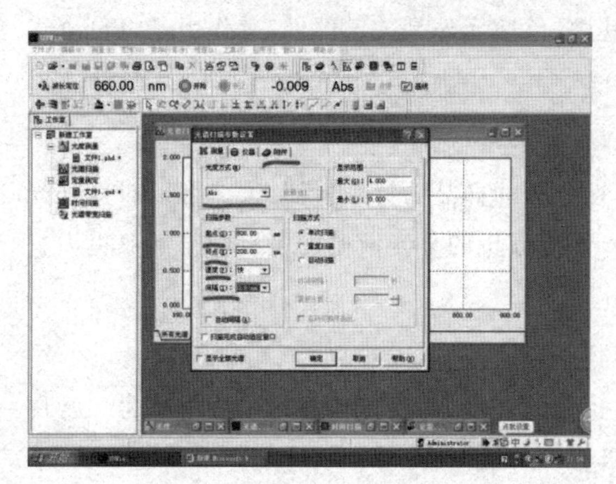


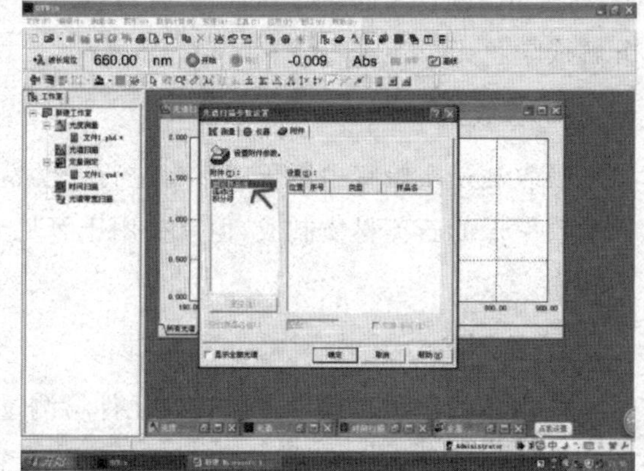


图 2.2-8　紫外-可见光谱仪的参数设置

④ 数据处理和分析。数据记录于表 2.2-2 中。

⑤ 结果与讨论。

表 2.2-1　样品的峰位统计

| 溶　液 | 项　目 | | | |
|---|---|---|---|---|
| | 峰位 1/nm | 峰位 2/nm | 峰位 3/nm | 峰位 4/nm |
| 罗丹明 B 溶液 | | | | |

**表 2.2－2　样品吸光系数以及稀释溶液浓度的计算**

| 溶　液 | 项　目 | | | | |
|---|---|---|---|---|---|
| | | 波长 $\lambda$/nm | 吸光度 $A$/Ab | 透射比 $T$/% | 浓度 $C$/($\mathrm{mg \cdot L^{-1}}$) |
| 罗丹明 B 溶液 | | | | | |
| | | | | | |
| | | | | | |
| | | | | | |
| | | | | | |

**2. 光学禁带宽度测量**

(1) 基于透射光谱的带隙测量

当一定波长的光照射半导体材料时，电子吸收能量后会从低能级跃迁到能量较高的能级。对于本征吸收，电子吸收足够能量后将从价带直接跃迁入导带。发生本征吸收的条件是：光子的能量必须等于或大于材料的禁带宽度 $E_g$，即

$$h\nu \geqslant h\nu_0 = E_g \tag{2.2-6}$$

而当光子的频率低于 $\nu_0$，或波长大于本征吸收的长波限时，则不可能发生本征吸收，因此半导体的光吸收系数迅速下降，这在透射光谱上表现为透射率的迅速增大，即透射光谱上出现吸收边。光波透过厚度为 $d$ 的样品时，吸收系数与透射率的关系为

$$\alpha d = \ln \frac{1}{T} \tag{2.2-7}$$

因此，在已知薄膜厚度的情况下，可以通过不同波长的透射率求得样品的吸收系数。

又因为半导体的禁带宽度满足

$$\alpha h\nu = A(h\nu - E_g)^{\frac{m}{2}} \tag{2.2-8}$$

其中，$\alpha$ 为吸收系数，$h\nu$ 是光子能量，$E_g$ 为材料的禁带宽度，$A$ 是材料折射率，$m$ 是常数。对于直接带隙半导体允许的偶极跃迁，$m=1$；对于直接带隙半导体禁戒的偶极跃迁，$m=3$；对于间接带隙半导体允许的偶极跃迁，$m=4$；对于间接带隙半导体禁戒的偶极跃迁，$m=6$。

假设 $m=1$，对于禁带宽度的计算，可根据 $\alpha h\nu \propto h\nu$ 的函数关系作图，将吸收边陡峭的线性部分外推到 $(\alpha h\nu)^2=0$ 处，与 $x$ 轴的交点即为相应的禁带宽度值。

(2) 基于漫反射光谱的带隙测量

当光照射在一个不规则的固体粉末样品表面时，会发生反射和散射。对于前者来说，反射光的方向固定，样品不吸收光。而对于后者来说，由于光进入了样品内部会发生多次反射、折射、散射和吸收，最后再从样品的表面出来，反射光方向不固定，也因此被称为漫反射。同时由于光与样品内部分子充分作用，漫反射出来的光也能携带大量样品结构和组织信息。

积分球又称为光通球，是一个中空的完整球壳，其典型功能就是收集光。积分球内壁涂白色漫反射层（一般为 MgO 或者 $BaSO_4$），且球内壁各点漫反射均匀。光源在球壁上任意一点上产生的光照度是由多次反射光产生的光照度叠加而成的。积分球的主要作用是通过漫反射对样品信号进行匀光，光通过样品后产生的各向异性光束在积分球腔体内进行全方位的漫

反射,被平均后的样品光信号被光电倍增管进一步放大而被检测。因此,积分球的使用克服了传统用光电倍增管直接作为检测器的缺点,即结果不受样品光束形状的影响,最终使得测试结果更为可靠精确。利用本实验装置,研究半导体样品的光学带隙。积分球漫反射光谱测试机理如图2.2-9所示。

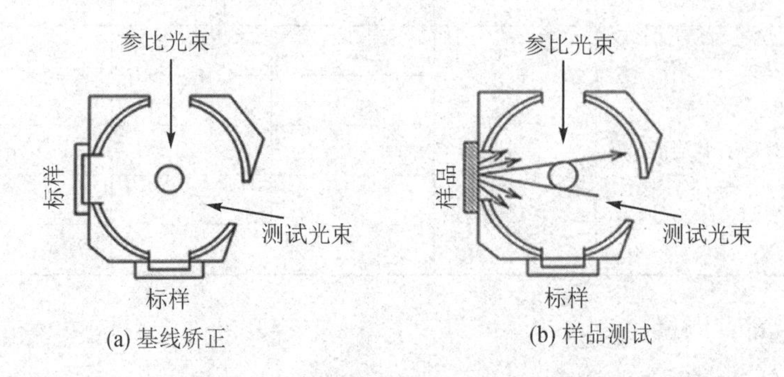


**图2.2-9　积分球漫反射光谱测试机理**

我们也可以通过固体粉末样品的反射率进行禁带宽度的计算,即利用如下Kubelka-Munk函数(K-M函数)进行计算。

$$F(R_\infty)=\frac{(1-R_\infty)^2}{2R_\infty} \tag{2.2-9}$$

其中,$R_\infty$为相对漫反射率,简称漫反射率,$R_\infty=R'_\infty$(样品)$/R'_\infty$(参比)。$R'_\infty$即为绝对漫反射率,常用的参比样品为$BaSO_4$,其绝对漫反射率$R'_\infty$约等于1。

利用$[F(R_\infty)\cdot h\nu]^2$对$h\nu$进行作图,将直线部分外推至横坐标交点,即为禁带宽度值。也可以利用$[F(R_\infty)\cdot h\nu]^{0.5}$对$h\nu$进行作图,然后外推。前者为间接半导体禁带宽度值,后者为直接半导体禁带宽度值。

## 五、思考题

1. 使用比色皿时要注意什么?
2. 对于无色溶液如何用该仪器测量浓度?
3. 仪器为什么要预热?
4. 同组测量,为什么要使用同型号的比色皿?
5. 金属为何表现出不同的颜色?

## 六、研究性实验

**利用分光光度计测量二氧化钛薄膜的光催化效率**

近年来,半导体光催化领域的研究十分活跃,围绕着太阳能的利用以及半导体光催化机理的阐述,化学家、物理学家、环境学家和化工工程师等广大科研工作者进行了大量的研究,掀起了半导体多相光催化的研究热潮。对于半导体粒子表面光诱导电子转移和光催化机制的研究,光催化效率的提高一直是热门课题,其应用遍及太阳能电池、光化学合成、环境治理等方面。目前,半导体光催化的应用进一步扩展到抗菌杀菌、消毒除臭、防雾自清洁等方面,展现了它在环境治理中的广阔应用前景。

与金属所拥有的连续电子态不同，半导体有一个间隙能量区域，在这个区域内没有能级可以促使光生电子-空穴对复合。这个能量间隙从填满的价带顶一直延伸到空的导带底，称为带隙。一旦有跨越带隙的光激发发生，一般就有纳秒量级的充分长的寿命来产生电子-空穴对，然后产生的光生电子-空穴对就有一定的几率通过电荷输运到达与半导体表面接触的气相或液相吸附物上，等作用聚集在半导体表面时，从而使光催化反应发生在催化剂表面或距表面几个原子层厚度的溶液里。一般来说，物质能否在半导体界面进行光催化反应，是由该物质的氧化还原电位和半导体的能带位置决定的。半导体价带能级代表该半导体空穴氧化电位的极限，任何氧化电位在半导体价带位置以上的物质，原则上都可被光生空穴氧化；同理，任何还原电位在半导体导带位置以下的物质，原则上都可以被光生电子还原。

通常光生电子和空穴通过扩散或空间电荷迁移诱导到表面能级捕获位置，参加几个途径的若干反应。

① 发生电子与空穴的复合或者通过无辐射跃迁途径消耗掉激发态的能量。

② 同其他吸附物质发生化学反应或从半导体表面扩散参加溶液中的化学反应。

如图 2.2-10 所示，这几种反应途径相互竞争且与界面周围的环境密切相关。显然只有抑制电子和空穴的复合，才有可能使光化学反应顺利进行。同时，载流子从吸附物传导到半导体表面的后施予过程也可能发生，这点在图 2.2-10 中未加以说明。由于在二氧化钛颗粒内光生电子-空穴对的复合只有几分之一纳秒，吸收的光子引发的界面载流子必须以极快的速度被捕获才能达到高效的转化。这就要求载流子的捕获速率要快于扩散速率，因此在光子到达催化剂之前，充当载流子陷阱的物质要提前吸附在催化剂的表面。位于半导体的带隙内部表面和体缺陷态能级是固定的。这些态所捕获的载流子位于体内或表面的特殊位置，体内及表面缺陷态数量依赖于缺陷能级与导带底之间的能量差及电子捕获时熵的减少。

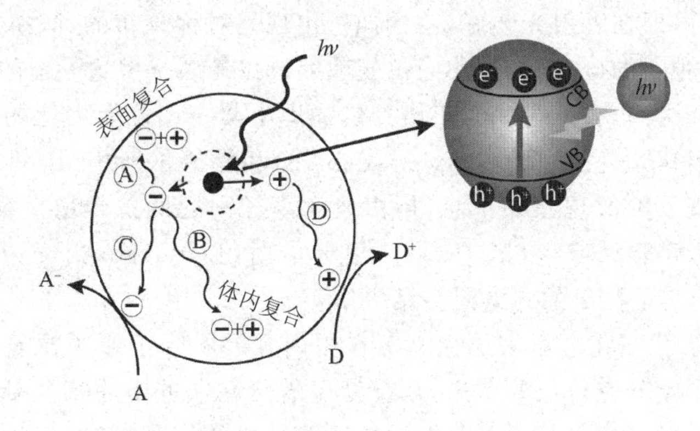


**图 2.2-10　受激电子-空穴对退激发过程**

二氧化钛是一种常见的半导体材料。研究表明，二氧化钛在紫外光的照射下会受激发具有很强的氧化性，可以氧化分解有机物。二氧化钛光催化这一性能正被应用于环境净化（如废水处理、空气净化以及杀菌消毒）工程。

评价一种材料的光催化能力的方法多种多样，目前人们最常用的一种方法是使用测量标准浓度有机物的浓度随光催化时间变化的方法来评估这种材料的光催化能力。本实验是降解标准浓度的生物染色剂罗丹明 B，通过测量生物染色剂罗丹明 B 浓度随光催化时间的变化数据作出光催化降解曲线的方法来评估二氧化钛薄膜样品的光催化能力。本实验中标准生物染色剂

罗丹明B溶液的浓度是10 $mg \cdot L^{-1}$,罗丹明B的特征吸收波长是554 nm。请设计实验步骤。

实验注意事项如下:

① 仪器要保持清洁干燥,注意不要将溶液洒入仪器内,以免污染光学器件,影响仪器性能。

② 比色皿透光侧壁不能用手触摸,任何脏物和划伤都会显著地降低比色皿的透光特性。

③ 同组测量,要使用同型号的比色皿。比色皿一般容量为5 ml,装液不要太满,达2/3即可。在测量时,比色皿透光壁必须用丝绒揩干擦净,而且透光壁要垂直光束方向,以减小侧壁反射误差。

④ 仪器在使用前要预热,并稍候几分钟待仪器稳定后才能进行测试。每次测试条件改动后,仪器均需重新调整。

⑤ 在仪器测量时,要保持环境光源稳定,人员不要走动,防止环境光强变化对实验误差的影响。

## 参考文献

[1] 陈培榕,李景虹,邓勃. 现代仪器分析实验与技术[M]. 北京:清华大学出版社,2006.

[2] LINSEBIGLER A L,LU G,JR J T Y. Photocatalysis on $TiO_2$ Surface: Principles, Mechanisms, and Selected Results[J]. Chemical Reviews,1995,95(3):p. 735-738.

# 2.3 激光拉曼光谱

1928年,印度物理学家拉曼(C. V. Raman)用汞灯照射苯液体,在散射光中发现了不同于入射光频率的成分,即在入射光频率 $\omega_0$ 的两边出现呈对称分布的、频率为 $\omega_0-\omega$ 和 $\omega_0+\omega$ 的明锐边带,这是一种新的分子辐射,称为拉曼散射。拉曼因发现这一新的分子辐射和所取得的许多光散射研究成果而获得了1930年诺贝尔物理学奖。在拉曼和他的合作者宣布发现这一效应后不久,苏联科学家兰茨堡格(G. Landsberg)和曼德尔斯塔(L. Mandelstam)也报道了在石英晶体中发现了类似现象的消息,即由光学声子引起的拉曼散射现象,被称为并合散射。同一年,法国科学家罗卡特(Y. Rocard)、卡本斯(J. Cabannes)以及美国科学家伍德(R. W. Wood)也证实了拉曼的观察研究结果。

20世纪30年代,我国物理学家吴大猷等在国内开展了分子原子拉曼光谱研究。拉曼散射光的偏振性包含了十分有价值的信息,是拉曼光谱研究中重要的特征量之一。通过对拉曼光谱偏振特性的研究可以获得分子及其振动的对称性质的信息,有助于区分不同类型的分子和不同的振动方式。由于使用的激发光源大部分为水银弧光灯和碳弧灯,其功率密度低,激发的拉曼散射信号非常弱,所以在激光出现以前,拉曼光谱的研究工作主要限于线性拉曼光谱,在应用方面以化学结构分析居多。

20世纪60年代初出现了激光技术,激光所具有的高强度,优良的单色性、方向性以及确定的偏振状态等特点对拉曼散射的研究十分有利,因此激光器的出现使得拉曼散射的研究进入了一个全新时期,激光拉曼散射成为众多领域在分子原子尺度上进行振动谱研究的重要工具。在此基础上,迅速发展了一些新的拉曼散射效应,如共振拉曼散射、受激拉曼散射、相干反斯托克斯拉曼散射、表面增强拉曼散射、时间分辨与空间分辨拉曼散射等各种新的光谱技术,被广泛地应用于物理、化学、分子生物学等各个领域。激光拉曼和红外光谱相辅相成,成为进行分子振动和分子结构鉴定的有力工具,被应用于纳米材料、水中代谢物、药物及药物成形剂、植物有效成分的结构分析。

## 一、实验要求与预习要点

### 1. 实验要求

① 掌握拉曼光谱法的原理及其应用。

② 掌握 Finder One 微区激光拉曼光谱仪的调节及使用方法。

③ 学会用仪器获取试样的拉曼谱,并能够对所得的谱线图作简单的解释。

### 2. 预习要点

① 为什么斯托克斯线比反斯托克斯线光强度大?

② 拉曼光谱仪由哪些部分组成?

③ 为什么采用四氯化碳作为试样观察(可以与乙醇相比较)?

## 二、实验原理

### 1. 激光拉曼光谱原理

激光与样品相互作用时,会产生吸收、透射、散射等作用。散射光普遍存在于自然界中,人们常常利用散射光来研究物质内部结构。散射即指当光子与粒子发生相互碰撞时,入射光的运动方向和频率会发生变化。当发生弹性碰撞时,散射光的频率和入射光的频率相等,被称为瑞利散射。当发生非弹性碰撞时,将会产生有一系列其他频率的光分居于瑞利散射光的两侧,被称为拉曼光,其强度通常只为瑞利光强度的 $10^{-9}\sim10^{-6}$。其中频率小于入射光的被称为斯托克斯散射,频率大于入射光的被称为反斯托克斯散射。拉曼光的频率和瑞利散射光的频率之差只与样品分子的振动、转动能级有关,而不随入射光频率而变化。拉曼光的强度与入射光的强度和样品分子的浓度成正比,因此可以利用拉曼谱线来进行定量分析。在与激光入射方向的垂直方向上,能收集到的拉曼散射的光通量

$$\Phi_R = 4\pi \cdot \Phi_L \cdot A \cdot N \cdot L \cdot K \cdot \sin\alpha^2 \cdot (\theta/2) \tag{2.3-1}$$

其中,$\Phi_L$ 为入射光照射到样品上的光通量,$A$ 为拉曼散射系数(约为 $10^{-29}\sim10^{-28}$ mol/球面度),$N$ 为单位体积内的分子数,$L$ 为样品的有效体积,$K$ 为考虑到折射率和样品内场效应等因素影响的系数,$\alpha$ 为拉曼光束在聚焦透镜方向上的角度。因此可以利用拉曼效应及拉曼散射光与样品分子的关系,对物质分子的结构和浓度进行分析研究。

绝大多数的拉曼光谱图都是采用相对瑞利谱线的能量位移来表示的,由于斯托克斯峰都比较强,故可以以较小波数的位移为基础来估计 $\Delta\sigma$(以 $cm^{-1}$ 为单位的位移),即

$$\Delta\sigma = \sigma_y - \sigma$$

其中,$\sigma_y$ 是光源谱线的波数,$\sigma$ 是拉曼峰的波数。以四氯化碳的拉曼光谱为例:$\sigma_y$ 是瑞利光谱的波数 18 797.0 $cm^{-1}$(532 nm),四氯化碳的拉曼峰的波数间隔 $\Delta\sigma$ 为 218 $cm^{-1}$、324 $cm^{-1}$、459 $cm^{-1}$、762 $cm^{-1}$、790 $cm^{-1}$(拉曼峰与瑞利峰间隔)。

### 2. 经典解释

在入射光波的电磁场作用下,晶体中的原子将被极化并产生感应电偶极矩。当入射光较

弱时,单位体积的感应电偶极矩(即极化强度)$\boldsymbol{P}$ 与入射光波的电场强度 $\boldsymbol{E}$ 成正比,即

$$\boldsymbol{P}=\alpha\boldsymbol{E}=\alpha E_0\cos(2\pi\nu_0 t) \tag{2.3-2}$$

其中,$\alpha$ 为极化率,一般为二阶张量。为简单起见,这里 $\alpha$ 按标量来处理。由电动力学可知,上述感应偶极矩会向空间辐射电磁波并形成散射光。一般情况下只考虑可见光的散射,对有很大惰性的原子核来说,可见光的频率太高,它跟不上可见光的振动,只有电子才能跟上。因而晶体对可见光的散射仅电子有贡献,所以式(2.3-2)中的 $\alpha$ 是电子极化率。

晶体中的原子在其平衡位置附近不停地振动着。由于原子在晶体中的排列具有周期性,故晶体中原子的振动是一种集体运动,这种集体运动会形成格波。晶格振动格波可以分解成许多彼此独立的简谐振动模,每个简谐振动模都有自己确定的频率 $\omega(\mathrm{rad\cdot s^{-1}})$,也有确定的能量 $\hbar\omega$。这种能量是量子化的,晶格振动模的能量量子被称为声子,所以一般又将晶格振动模称为声子。

电子极化率会被晶格振动模所调制,从而导致频率改变的非弹性光散射。设晶体中原子处于平衡位置时电子极化率为 $\alpha_0$,晶格振动模引起电子极化率的改变为 $\Delta\alpha$,则 $\alpha=\alpha_0+\Delta\alpha$。若晶格振动模是频率 $\omega$、波矢 $\boldsymbol{q}$ 的平面波,则由它引起的电子极化率的改变可表达为

$$\Delta\alpha=\Delta\alpha_0\cos(\omega t-\boldsymbol{q}\cdot\boldsymbol{r}) \tag{2.3-3}$$

设入射光是频率 $\omega_i$、波矢 $\boldsymbol{k}_i$ 的平面电磁波

$$E=E_0\cos(\omega_i-\boldsymbol{k}_i\cdot\boldsymbol{r}) \tag{2.3-4}$$

则极化强度可表达为

$$\begin{aligned}\boldsymbol{P}=&(\alpha_0+\Delta\alpha_0(\omega t-\boldsymbol{q}\cdot\boldsymbol{r}))E_0\cos(\omega_i t-\boldsymbol{k}_i\cdot\boldsymbol{r})=\\&\alpha_0E_0\cos(\omega_i t-\boldsymbol{k}_i\cdot\boldsymbol{r})+\frac{1}{2}\Delta\alpha_0E_0\{\cos[(\omega_i+\omega)t-\\&(\boldsymbol{q}+\boldsymbol{k}_i)\cdot\boldsymbol{r}]+\cos[(\omega_i-\omega)t-(\boldsymbol{q}-\boldsymbol{k}_i)\cdot\boldsymbol{r}]\}\end{aligned} \tag{2.3-5}$$

散射光波的振幅正比于极化强度,所以由式(2.3-5)可知存在两种散射光:与第一项 $\alpha_0E_0\cos(\omega_i t-\boldsymbol{k}_i\cdot\boldsymbol{r})$ 相应的是频率不变的散射光,称为瑞利散射;与第二项 $\frac{1}{2}\Delta\alpha_0E_0\cos[(\omega_i+\omega)t-(\boldsymbol{q}+\boldsymbol{k}_i)\cdot\boldsymbol{r}]$ 和第三项 $\frac{1}{2}\Delta\alpha_0E_0\cos[(\omega_i-\omega)t-(\boldsymbol{q}-\boldsymbol{k}_i)\cdot\boldsymbol{r}]$ 相应的则是晶格振动引起的频率发生改变的散射光,称为拉曼散射。其中,频率减小 $(\omega_i-\omega)$ 的散射光称为斯托克斯散射,频率增大 $(\omega_i+\omega)$ 的散射光称为反斯托克斯散射。形象地说,斯托克斯散射的分子从入射光中吸收一个振动量子,形成频率为 $(\omega_i-\omega)$ 的散射光,而在后者,散射分子放出一个振动量子和入射的光量子相结合成频率为 $(\omega_i+\omega)$ 的散射光。二者强度之比为(暂不考虑其他因素)

$$\frac{I_{\text{斯托克斯}}}{I_{\text{反斯托克斯}}}=\frac{(\omega_i-\omega)^4N_{V_{k=0}}}{(\omega_i+\omega)^4N_{V_{k=1}}} \tag{2.3-6}$$

其中,$N_{V_k}$ 为处在振动量子数为 $V_k$ 的分子数目。虽然 $(\omega_i-\omega)^4<(\omega_i+\omega)^4$,但一般处在高能级振动态的分子数比处在低能级振动态的分子数少很多,即 $N_{V_{k=0}}\gg N_{V_{k=1}}$,所以斯托克斯线比反斯托克斯线强。

**3. 量子理论解释**

量子理论的基本观点是把拉曼散射看作光量子与分子相碰撞时产生的非弹性碰撞过程。当入射的光量子与分子相碰撞时,可以是弹性碰撞的散射,也可以是非弹性碰撞的散射。在弹

性碰撞过程中，光量子和分子之间没有能量交换，其频率都保持不变，我们称这种散射为瑞利散射。而在非弹性碰撞过程中光量子与分子之间有能量交换，光量子将一部分能量转移给分子，或者从分子中吸收一部分能量，从而使其频率发生变化。

光量子与分子之间交换的能量只能是分子两定态之间的差值，即 $\Delta E = E_1 - E_2$。当光量子把一部分能量传递给分子时，光量子则以较小的频率散射出去。分子接受的能量转变成为分子的振动或转动能量，从而跃迁为激发态 $E_1$，这时光量子的频率为 $\nu' = \nu_0 - \Delta\nu$。

当分子预先已经处于振动或转动的激发态 $E_1$ 时，光量子则从散射分子中取得能量 $\Delta E$（振动或转动能量），以更大的频率散射出去，其频率为 $\nu' = \nu_0 + \Delta\nu$。这样则可以解释斯托克斯线和反斯托克斯线产生。量子理论对拉曼散射的描述如图 2.3－1。利用该图也可以解释斯托克斯线和反斯托克斯线强度的差异。

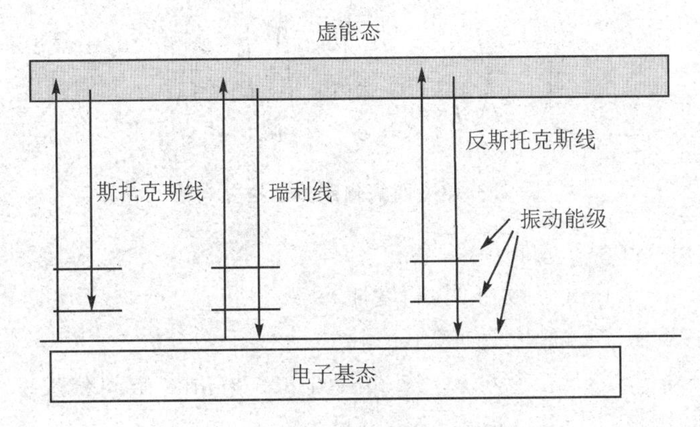


**图 2.3－1　光散射的量子理论解释**

**4. 四氯化碳的拉曼光谱**

四氯化碳的拉曼光谱是典型的拉曼光谱。$CCl_4$ 分子为正四面体结构，C 原子处于立方体中央，4 个 Cl 原子处于不相邻的 4 个顶角，如图 2.3－2 所示。$CCl_4$ 分子的所有振动方式可分为 4 类，因此有 4 条相应的基本的拉曼振动线。如图 2.3－3 所示，中间未作标注的、波数为零的是瑞利线，左边 3 条是反斯托克斯线，右边 4 条是斯托克斯线。

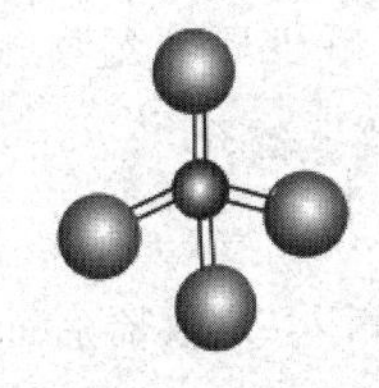

**图 2.3－2　四氯化碳结构**

斯托克斯线频移由小到大分别为：4 个 Cl 原子沿垂直于各自与 C 的连线的方向运动并保持中心不变，两重简并，波数为 218.5 $cm^{-1}$；2 个 Cl 原子沿立方体一面的对角线做伸缩运动，另 2 个在对面做位相相反的运动，也是三重简并，其波数为 321.5 $cm^{-1}$；4 个 Cl 原子沿各自与 C 的连线同时向外或向内运动，波数为 460.6 $cm^{-1}$；C 原子与 4 个 Cl 原子的运动反向。

其中分子重心保持不变，三重简并，但由于振动之间的耦合引起的微扰，使该振动拉曼线分裂成双重线，平均波数为 768.0 $cm^{-1}$。

## 三、实验仪器

实验使用的是北京卓立汉光生产的 Finder One 微区激光拉曼光谱仪。

激光器输出波长 532 nm，输出功率 40 mW。

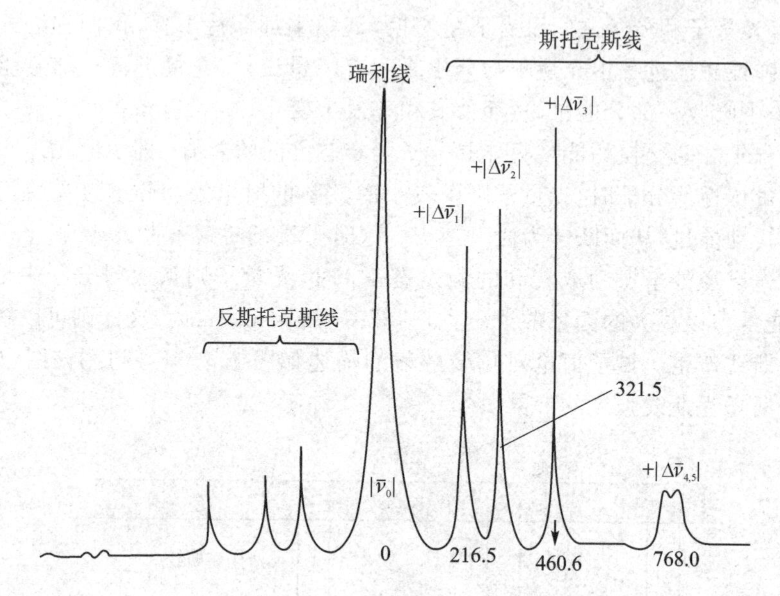


图2.3-3　四氯化碳典型拉曼光谱

光栅:1 200 g/mm,1 800 g/mm。

狭缝宽度:10 μm～3 mm连续可调,高度4 mm。

测试范围:最小60 $cm^{-1}$,最大5 000 $cm^{-1}$。

分辨率:光谱分辨率≤3 $cm^{-1}$@585.25 nm@1 800 g/mm,空间分辨率≤2 μm@100×。

显微物镜:标配10×、50×,选配100×。

载物台:X-Y手动载物台,行程75×55 mm。

为了减少环境光对测试的影响,整个实验在暗室中进行。

**1. 仪器简介**

从外观上看,如图2.3-4所示,仪器主要包括垂直/水平光路切换拉杆、遮光板、显微结构、狭缝侧入口、仪器后面板、激光器切换拉杆、激光功率调节拉杆、载物台、激光耦合模组、CCD侧出口、外置激光器入口、LED灯开关、狭缝直出口等。

(1) 激光器切换拉杆

此仪器可内置一台激光器,当该拉杆推到最里端时,使用内置激光器;当该拉杆拉到最外端时,使用外置激光器。

(2) 激光功率调节拉杆

与该拉杆相连的是一片线性衰减片(OD=0～4):当其推到最里端时,激光无衰减,打到样品上的激光能量最强;当其拉到最外端时,激光衰减最大,打到样品上的激光能量最弱。

(3) 垂直/水平光路切换拉杆

该拉杆为垂直/水平激光光路切换装置:当其拨到最右端时,使用垂直光路,激光入射到样品上。

**2. 光路系统**

光路系统主要由激发光源、反射镜、高通滤光片二向色镜和透镜等组成,如图2.3-5所示。调节好光路是获得拉曼光谱的关键。一般情况下,将样品放置在样品台上,调整样品位置

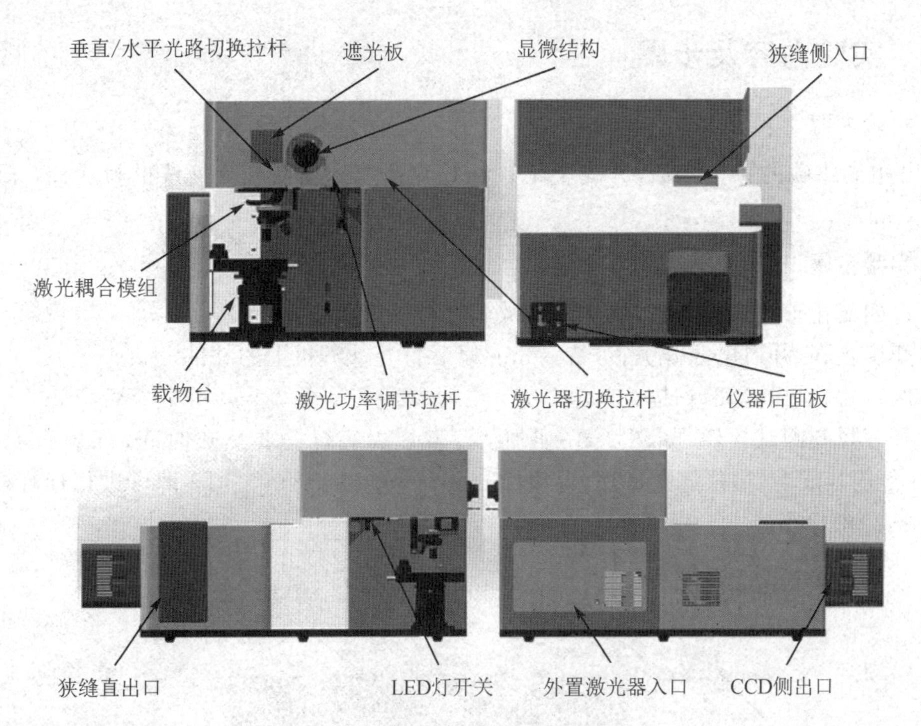


**图 2.3－4　激光拉曼光谱仪的外观图**

使激光光谱照射在样品的待测区域。打开显微照明灯及监控摄像头，调焦至激光聚焦到样品表面，直到在监控图像上看到样品清晰的像，同时对激光进行相应的衰减，而激光是否处于最佳成像位置可通过扫描出的某条拉曼谱线的强弱来判断。

**3. 探测系统**

拉曼散射是一种极微弱的光，只有瑞利散射强度的 $10^{-6}\sim10^{-3}$，比光电倍增管本身的热噪声水平还要低。常用的直流检测方法已不能把这种淹没在噪声中的信号提取出来。

电荷耦合器件(CCD)是一种高灵敏度的光子探测器，是可以用电荷量表示光学信号大小、用耦合方式传输信号的探测元件，具有自扫描、感受波谱范围宽、畸变小、体积小、重量轻、系统噪声低、功耗小、寿命长、可靠性高等一系列优点，并可做成集成度非常高的组合件。电荷耦合器件(CCD)是 20 世纪 70 年代初发展起来的一种新型半导体器件，其由硅材料制成，对近红外比较敏感，光谱响应可延伸至 1.0 μm 左右，响应峰值为绿光(550 nm)。

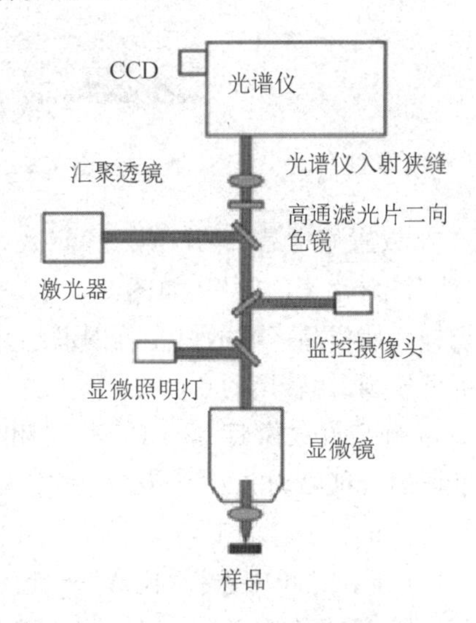


**图 2.3－5　光路系统**

## 四、实验内容及步骤

**1. 实验内容**

测出四氯化碳的拉曼光谱,并完整记录斯托克斯线和反斯托克斯线的拉曼谱(未加偏振装置)。

**2. 实验步骤**

1) 将四氯化碳装入样品池,将样品池放置在样品架上。

2) 开机步骤:开启电源开关,等待 5 min 以后打开计算机上的软件。

3) 四氯化碳拉曼谱的扫描:

① 打开拉曼测试软件,如图 2.3-6 所示,第一次运行需要预热时间,待页面下方显示"CCD 设备连接成功,谱仪连接成功,温度(Temperature:-10.00)"时,即可进行标准样品(设备自带硅片)的校正。

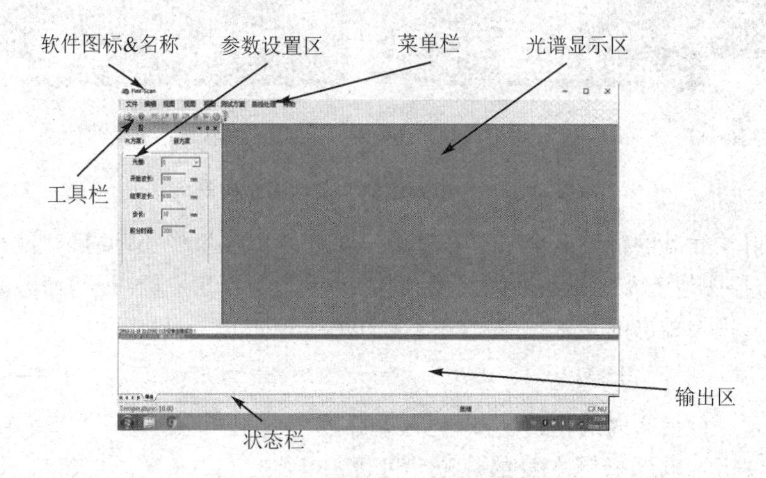


**图 2.3-6　拉曼测试软件操作界面**

② 放置好样品(硅片)位置,使激光照射在样品的待测区域,然后打开仪器下面的 LED 灯,然后运行 CCD 软件,如图 2.3-7 所示,点击"Play"按钮,先进行功率的调节(仪器最右边的拉杆),使样品区域的白光范围最小,然后调焦得到清晰图像,将粗调旋钮锁死,再微调,最终得到比较圆、比较黑的点。

③ 确定好成像后,将 LED 灯关闭,打开拉曼测试软件,进行原始样品的校正测试。硅的标准样的特征峰为 520.7 $cm^{-1}$,强度大约为 10 000 a.u.,点击"仪器→谱仪设置",将波数进行修改校正。步骤如下:

(a) 下拉菜单中选择"仪器"→"谱仪设置",弹出"输入"对话框。在输入框中输入修正值,关闭按钮,系统会自动记忆修正值并自动调整硬件系统。

(b) 下拉菜单选择"测试"→"稳定性测试"或者点击工具栏中的图标,根据配置在参数设置区设置参数,然后进行标准硅片样品的校正。

(c) 样品校正完成以后,即可进行四氯化碳样品的测试,步骤同上两步。根据测试样品所需的范围,在"PL"图标中进行参数设置、中心波长的选择。

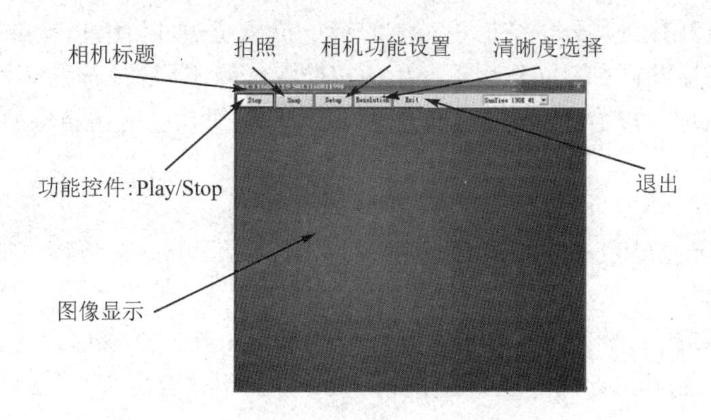


**图 2.3-7　拉曼测试成像界面**

(d) 测试完毕,点击“停止”按钮,进行数据的保存。下拉菜单选择“文件”→“保存”→“exit”。

4) 关机步骤:先关闭计算机上的软件,等待 CCD 降温以后,大约 5 min,关闭主机总电源。

## 五、思考题

1. 如果得到的光谱强度太小,问题可能出在哪里?怎样解决?

2. 可不可以用拉曼光谱仪来测浓度?简述方法。

## 六、拓展性实验

1. 研究偏振光对四氯化碳的拉曼谱各峰强度的影响。

2. 利用拉曼测试软件的定波长扫描功能,将扫描波长设置为斯托克斯线中第三条线的波长数,并作此时的拉曼谱线图,与先前的图像比较,看有什么不同,并解释原因。

3. 采用拉曼光谱法测四氯化碳在乙醇中的浓度,以及确定浓度与四氯化碳光谱的关系。

## 七、研究性实验

对石墨烯的研究来说,确定其层数以及量化无序性是至关重要的。激光显微拉曼光谱恰好就是表征上述两种性能的理想分析工具。通过测量石墨烯的拉曼光谱,可以判断石墨烯的层数、堆垛方式、缺陷数量、边缘结构、张力和掺杂状态等结构和性质特征。此外,在理解石墨烯的电子声子行为中,拉曼光谱也发挥了巨大作用。

石墨烯的拉曼光谱由若干峰组成,主要为 G 峰、D 峰以及 G′峰。G 峰是石墨烯的主要特征峰,是由 $sp^2$ 碳原子的面内振动引起的,它出现在 1 580 $cm^{-1}$ 附近,该峰能有效反映石墨烯的层数,但极易受应力影响;D 峰通常被认为是石墨烯的无序振动峰,该峰出现的具体位置与激光波长有关,它是由于晶格振动离开布里渊区中心引起的,用于表征石墨烯样品中的结构缺陷或边缘;G′峰也被称为 2D 峰,是双声子共振二阶拉曼峰,用于表征石墨烯样品中碳原子的层间堆垛方式,它的出峰频率也受激光波长影响。具体为:单层石墨烯有两个典型的拉曼特征峰位,分别为位于 1 582 $cm^{-1}$ 左右的 G 峰和位于 2 700 $cm^{-1}$ 左右的 G′峰;而对于含有缺陷的或存在一定程度无序性石墨烯样品,还会出现位于 1 350 $cm^{-1}$ 左右的缺陷峰位 D 峰。结合石墨烯材料不同拉曼特征峰的峰位、峰强、峰形,以及它们之间的关系,即可进行石墨烯材料拉曼光谱特性的测定。

由于不同物质具有与其分子结构相对应的特征拉曼光谱,因此,以拉曼散射为基础,根据不同状态下的石墨烯材料在激光作用下产生的拉曼特征峰不同,对石墨烯材料进行拉曼光谱特性的测定研究,观察D峰与G峰的比值变化,探索缺陷对拉曼光谱结果的影响。

## 参考文献

[1] 刘玲. 激光拉曼光谱及其应用进展[J]. 山西大学学报(自然科学版),2001,24(3):P.279-282.

[2] 陆培民. $CCl_4$的激光拉曼光谱研究[J]. 物理与工程,2009(6):P.31-35.

[3] 吴思诚、王祖铨. 近代物理实验[M]. 北京:高等教育出版社,2005.

# 2.4 稳态荧光光谱仪

荧光是指一种光致发光的冷发光现象。当某种常温物质经一定波长的入射光照射时,会吸收光能后进入激发态,然后立即退激发并发出比入射光的波长长的出射光,而一旦停止入射光,发光现象也随之立即消失,具有这种性质的出射光被称为荧光。荧光的能量-波长关系图就是荧光光谱。荧光光谱分析就是对物质光致发光得到的荧光的特性以及强度随波长的关系进行定性和定量分析。荧光分析法的突出优点是灵敏度高。荧光光谱仪上使用的光源可分类为稳态和瞬态光源。稳态光源一般是光谱及能量连续输出的氙灯。

**课程思政:诺奖精神引领**

2008年,钱永健因"绿色荧光蛋白:发现、表达和发展"与石村大阪和查尔菲分享了诺贝尔化学奖。编码感兴趣蛋白的基因与荧光蛋白的基因融合,荧光蛋白使感兴趣蛋白在细胞受到紫外线照射时在细胞内发光,并允许显微镜实时跟踪其位置。为分子生物学、细胞生物学和生物化学领域增添了一个新的维度。

用彩色荧光蛋白在培养基上"画"出来的彩色夏威夷

钱永健说:"我只是把一本晦涩难懂的小说变成一部通俗易懂的电影而已。"

2014年诺贝尔化学奖揭晓,美国科学家埃里克·贝齐格、威廉·莫纳和德国科学家斯特凡·黑尔因为超分辨率荧光显微技术领域取得的成就而获奖。他们发明的技术能够利用荧光分子,给微小物体做上标记,让它们在显微镜下变得五彩缤纷,轮廓清晰,可以看到生物细胞内纳米级别的粒子运动情况。长期以来,光学显微镜的分辨率被认为不会超过光波波长的一半,这被称为"阿贝分辨率"。借助荧光分子,获奖者们的研究成果巧妙地绕过了经典光学的这一"束缚",开创性的成就使光学显微镜能够窥探纳米世界。

了解荧光对人类的贡献,分析荧光的研究意义和科学家观察、发现、探索的研究历程,将生物基因变化与物理原理分析相结合。探索荧光的奥妙,阐述物理分析仪器发明的意义和价值。激发学生追求科学真理、探索物质世界的好奇心和兴趣。

# 一、实验要求与预习要点

## 1. 实验要求

① 掌握荧光测试操作及基本原理。

② 熟悉稳态荧光光谱仪的操作。

③ 了解使用稳态荧光光谱仪测量荧光产率等相关知识。

## 2. 预习要点

① 了解分子内的光物理过程。

② 理解荧光产生和测量的基本物理思想。

# 二、实验原理

## 1. 荧光分类

(1) 按照激发的模式分类

如果分子因吸收外来辐射的光子能量而被激发，产生的发光现象称为光致发光；如果分子的激发能量是由反应的化学能或由生物体释放的能量所提供，其发光现象分别称为化学发光与生物发光；由热活化的离子复合激发模式所引起的发光现象，称为热致发光；由电荷注入和摩擦等激发模式所产生的发光，分别称为场致发光和摩擦发光。

(2) 按照分子激发态的类型分类

由第一电子激发单重态所产生的辐射跃迁而伴随的发光现象称为荧光；而由最低的电子激发三重态所产生的辐射跃迁而伴随的发光现象称为磷光。荧光可分为瞬时荧光和迟滞荧光。瞬时荧光即一般所说的荧光，它通常在吸收激发光后大约 $10^{-8}$ s 期间内发射，是由激发过程中最初生成的 $S_1$ 电子态所产生的辐射。迟滞荧光指的是波长属于荧光谱带，寿命却与磷光相似的荧光。分子内的光物理过程如图 2.4－1 所示。

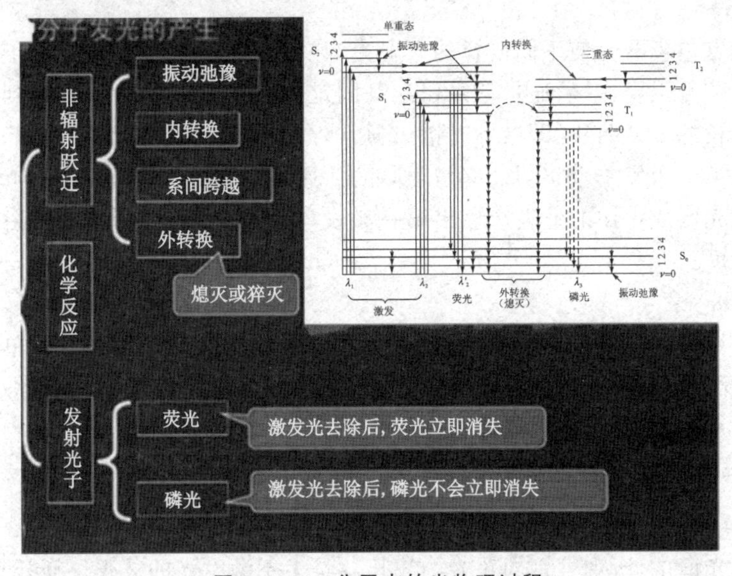


图 2.4－1　分子内的光物理过程

(3) 按照荧光和激发光的波长差划分

从比较荧光和激发光的波长,或者说从比较两者的光子能量的角度出发,荧光又可分为斯托克斯荧光、反斯托克斯荧光和共振荧光等。自溶液中观察到的荧光通常为斯托克斯荧光,并且荧光发射的光子能量低于激发光的光子能量,即荧光比激发光具有更长的波长。假如在吸收光子的过程中又附加热能给激发态分子,那么所发射的荧光波长有可能比激发光的波长来得短,这种荧光称为反斯托克斯荧光,在高温的稀薄气体中可能观察到这种现象。与激发光具有相同波长的荧光,称为共振荧光。由于溶剂的相互作用,因而在溶液中不大可能观察到这种类型的荧光,但在气体和结晶中却有可能发生这种现象。

此外,根据荧光在电磁辐射中所处的波段范围,可以分为X光荧光、紫外光荧光、可见光荧光和红外光荧光。

**2. 荧光光谱分析**

19世纪以前,荧光的观察是靠肉眼进行的。直到1928年,才由Jette和West研制了第一台光点荧光计。近十几年来,随着新科学技术的引入,荧光分析法得到很大发展,如今它已成为一种重要且有效的光谱化学分析手段。荧光分析法有常规荧光分析法、同步荧光分析法、三维荧光光谱、导数荧光分析法、时间分辨荧光分析法、相分辨荧光分析法、低温荧光分析法、荧光偏振测定、免疫荧光分析法和固体表面荧光分析法。这些荧光分析法在很多不同的领域有重要的应用价值。

固体表面荧光分析具有简单、快速、取样量少、灵敏度高、费用少等优点,多应用于环境研究、法庭检测、食物分析、农药分析、生物化学、医学、临床化学等方面的工作。近年来电子计算机、激光光源、电视式多道检测器的采用使固体表面荧光分析有更为广阔的用途。但是,固体表面荧光测定远不及溶液荧光测定精密准确。为了取得满意的定量分析的结果,测定时要求滴点的大小必须尽可能保持一致。

**3. 荧光光谱形式**

(1) 激发光谱

通过扫描激发单色器以使不同波长的入射光激发荧光体,然后让所产生的荧光通过,由检测器检测相应的荧光强度,最后通过记录仪记录固定波长的发射单色器照射到检测器的荧光强度对激发光波长的关系曲线,即激发光谱。通常,激发光谱看起来很像吸收光谱,因为较高激发态弛豫回到第一激发单重态的效率是很高的。这样,不管吸收的波长如何,最终总是以与激发波长处的吸光度成正比的速度产生出第一激发单重态。因此,荧光的发射强度正比于激发波长处的吸光度。

(2) 发射光谱

使激发光的波长和强度保持不变,而让荧光物质所产生的荧光通过发射单色器后照射于检测器上,扫描发射单色器并检测各种波长下相应的荧光强度,然后通过记录仪记录荧光强度与发射波长的关系曲线,所得的曲线即为发射光谱。

**4. 荧光光谱的基本特征**

(1) 斯托克斯位移

在溶液荧光光谱中,所观察到的荧光的波长总是大于激发光的波长。斯托克斯在1852年首次观察到这种波长移动的现象,因而称为斯托克斯位移,可表示为

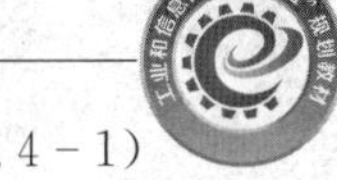
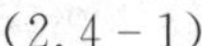
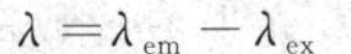

$$\lambda = \lambda_{em} - \lambda_{ex} \tag{2.4-1}$$

(2) 荧光发射光谱的形状与激发波长无关

虽然分子的电子吸收光谱可能含有几个吸收带，但荧光发射光谱只含一个发射带，即使分子被激发到高于 $S_1$ 的电子态的更高振动能级，也会由于极快的内转换和振动松弛很快地丧失多余能量衰变到 $S_1$ 电子态的最低振动能级，所以荧光光谱只含有一个发射带。由于荧光发射发生于第一电子激发态的最低振动能级，而与荧光体被激发到哪一个电子态无关，所以荧光发射光谱的形状通常与激发波长无关。

(3) 荧光发射光谱与其吸收光谱呈镜像关系

发射光谱形状与基态中振动能级分布情况有关，吸收光谱与第一电子激发单重态中振动能级分布有关，而基态和第一电子激发单重态中振动能级的分布情况是相似的。因为电子跃迁速度非常快，所以跃迁过程中核的相对位置近似不变，电子的跃迁可以用垂直线表示。

**5. 荧光淬灭**

广义地说，荧光淬灭指的是任何可使某种给定荧光物质的荧光强度下降的作用过程、任何可使荧光强度不与荧光物质的浓度呈线性关系的作用过程或任何可使荧光量子产率降低的作用过程。狭义地说，荧光淬灭指的是荧光物质分子与溶剂分子或溶质分子之间所发生的导致荧光强度下降的物理或化学作用的过程。与荧光物质分子发生相互作用而引起荧光强度下降的物质称为荧光淬灭剂。

**6. 荧光测量方法**

在荧光分析中，可以采用不同的实验方法来进行分析物质浓度的测量。其中，最简单的便是直接测定的方法。只要分析物质本身发荧光，便可以通过测量它的荧光强度间接测定其浓度。当然，如果有其他干扰物质存在时，则要预先加以分离。许多有机芳香化合物和生物物质具有内在的荧光性质，它们往往可以直接进行荧光测定。还有众多有机化合物以及绝大多数的无机化合物溶液，它们或者不发荧光，或者因荧光量子产率很低而只显现很微弱的荧光，所以无法进行直接测定，只能采用间接测定的办法。

间接测定方法主要是：

① 通过化学反应将非荧光物质转变为适合于测定的荧光物质。

② 荧光淬灭法：假如分析物质本身不发荧光但可以使某种荧光化合物淬灭，则可以利用荧光淬灭的能力，通过荧光化合物荧光强度下降的方法间接地测量该分析物质。

③ 敏化发光法：对于很低浓度的分析物质，如果采用一般的荧光测定方法，其荧光信号可能太弱而无法检测。但是，如果能够选择到某种合适的敏化剂并加大其浓度，在敏化剂与分析物质紧密接触的情况下，激发能的转移效率很高，这样便能大大提高分析物质测定的灵敏度。

上述的几种测定方法都是相对的测量方法，因而需要采用某种标准进行比较。最简单的校正方法就是取已知量的分析物质并按实验步骤配制成为一定浓度的标准溶液，再测定其荧光强度；然后测定在同等条件下配制的试样溶液的荧光强度，并由标准溶液的浓度以及标准溶液与试样溶液两者荧光强度的比值求得试样溶液中分析物质的浓度。更好的校正方法是采用工作曲线法，即取已知量的分析物质，经过与试样溶液一样的处理后，配成一系列的标准溶液，并测定它们的荧光强度，再以荧光强度对标准溶液浓度绘制工作曲线。然后由所测得的试样溶液的荧光强度对照工作曲线以求出试样溶液中分析物质的浓度。

严格来说,标准溶液和试样溶液的荧光强度读数都应去除空白溶液的荧光强度读数。对于理想的或者真实的空白溶液,原则上应当具有与未知试样溶液中除分析物质外同样的组成。可是,对于实际遇到的复杂分析体系,不太可能获得这种真实的空白溶液。在实验中,通常只能采用近似于真实空白的溶液。

**7. 荧光测试中可能出现的干扰光谱**

如果激发光的频率太低,其能量不足以使分子中的电子跃迁到电子激发态,但仍然可能将电子激发到基态中的其他较高的振动能级。倘若电子在受激后能量没有损失并且在瞬间内又返回到原来的能级,于是便在各个不同的方向发射和激发光相同波长的辐射,称这种辐射为瑞利散射光。容器表面的散射光、胶粒的散射光也和瑞利散射光相同,被称为丁达尔效应。

当光照射到物质上时会发生散射,散射光中除了与激发光频率相同的瑞利散射光外,还有比激发光的频率低的和高的成分,后一种现象统称为拉曼效应。由分子振动、固体中的光学声子等元激发与激发光相互作用产生的非弹性散射称为拉曼散射。一般把瑞利散射和拉曼散射合起来所形成的光谱称为拉曼光谱。

在溶液中,被激发至电子激发态的分子数目不多,但被激发至基态的较高振动能级而发生瑞利散射的分子很多,而且溶剂和其他溶质分子都会发生散射作用,因而在进行荧光分析时应当考虑到散射光的影响。拉曼光的强度远比瑞利光和荧光的强度弱,但溶液所产生的拉曼光波长常与溶液中的荧光体所产生的荧光波长靠近,因而拉曼光对荧光分析有干扰。

散射光和拉曼光是荧光分析方法灵敏度的主要限制因素,在荧光分析工作中必须要考虑其干扰。

## 三、实验仪器

**1. 实验仪器**

FuoroSENS-9000稳态荧光光谱仪,如图2.4-2所示,是一台采用计算机自动控制的高灵敏度稳态荧光分光光度计(荧光光谱仪),采用了优化设计的单光子计数技术,具备了对单光子级极微弱荧光信号的探测能力,通过纯水拉曼测试信噪比可达到1 500:1以上(970CRT荧光分光光度计的激发和发射的频率带宽为10 nm时,蒸馏水的拉曼峰信噪比大于100)。它也可以实现宽光谱探测范围,能够满足包括物理学、化学、生物学、医学、半导体材料学、环境学等各种科研及工业应用的荧光测量要求。如在生物化学领域可进行细胞毒性、离子浓度定量分析、细胞增殖、DNA定量和化学定量分析等;在环境监测领域可进行各种微量药物残留检测、水质评测、食品安全监管和污染物分析等;在药物开发及药理学领域可进行常规药物分析、蛋白质新药开发与生物体系中的药物作用机理分析、喹诺酮类药物以及毒品检测和高通量筛选等;在食品科学与农业领域可进行食品保质期评估、细菌生长测量、杀虫剂分析和食品质量控制等。

它的特点有:

① 采用模块化设计,计算机自动控制的高灵敏度稳态荧光光谱仪。

② 通过采用专门设计优化的单光子计数技术,可实现对单光子级极微弱荧光信号的捕捉和分析。

③ 高灵敏度,高信噪比,水拉曼测试信噪比达到1 500:1。

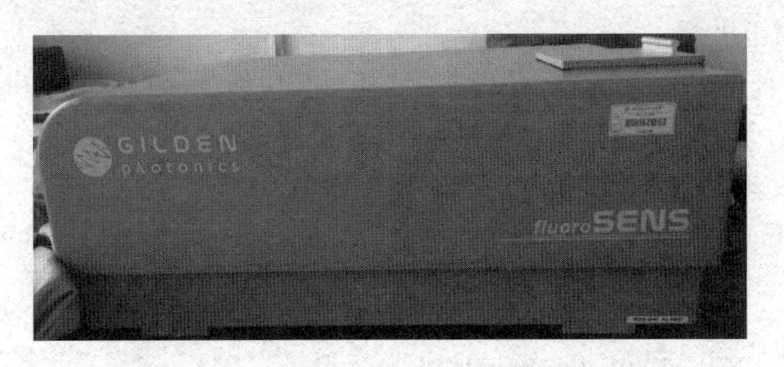


图 2.4-2　FuoroSENS-9000 稳态荧光光谱仪

④ 可以实现从紫外光至近红外波段的光谱覆盖范围。

从一个适当光源来的辐射经过单色器或滤光片，滤光片用来使一部分激发荧光用的光束通过而除去随后由被照射样品所产生的各个波长。虽然样品向四面八方发射荧光辐射，但最方便的还是在与激发光束成直角的方向进行观测。在其他角度，由于溶液和池壁所产生的散射增加，因此荧光强度测量的误差较大，发射辐射通过第二个用来分离荧光峰的滤光片或单色器后到达光电检测器。检测器的输出经放大并显示在表头、记录器或示波器上。

光源：150 W 连续氙灯。

光谱范围：200～2 000 nm。

光栅：激发单色仪：1 200 g/mm，300 nm 闪耀波长；发射单色仪，1 200 g/mm，500 nm 闪耀波长。

狭缝(光谱通带)：10 μm～3 mm(自动连续可调)。

光谱分辨率：0.1 nm(光谱带宽连续可调)。

波长精准度：+0.2 nm。

波长重复性：+0.1 nm。

最小步距：0.005 nm。

信号噪声比(S/N)：1 500∶1。

**2. 实验材料**

JA21002 电子天平，100 ml 容量瓶 2 个，100 ml 烧杯 2 个，玻璃棒，蒸馏水，待测 ZnO 胶体，CsPbBr3 量子点(发光波长峰位 513 nm，发光波长半高宽 20 nm，量子效率 88%，浓度 10 mg/ml)，溶剂正己烷，乙醇，滤纸 1 盒，移液管，洗耳球 1 个。

**3. 待测样品**

ZnO 胶体，CsPbBr3 量子点材料。

## 四、实验内容及步骤

**1. 实验内容**

(1) 溶液荧光测定

标准溶液和试样溶液的荧光强度读数，都应去除空白溶液的荧光强度读数。

① 查找 ZnO 胶体的荧光峰，定性测试待测物的荧光。

② 将 ZnO 胶体放入石英比色皿中。

1）激发光谱扫描：

选择主界面菜单中的“File\New”或者点击工具栏中的“new“按钮，调出扫描参数设置界面，并点击左边的 按钮，将出现激发光谱扫描参数设置界面。

① 校正方式设置，其参数如下：

None：没有校正。

Value：用输入的固定值校正。

File：用校正文件校正。

Ref. Detector：用内置的参考探测器校正。

选择使用文件校正或参考探测器校正方式。

② 发射光谱仪设置，其参数如下：

Gratings：光栅选择。

Wavelength：发射波长设置。

Bandpass：发射光谱仪带宽设置。

③ 激发光谱仪设置，设置界面如图 2.4-3 所示，参数如下：

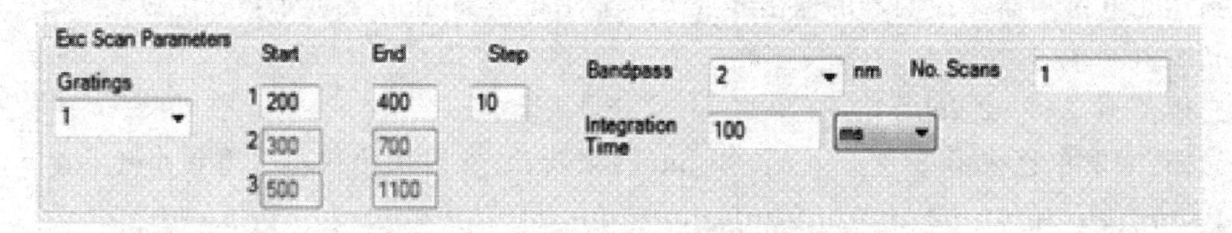


**图 2.4-3　激发光谱仪设置界面**

Gratings：激发光谱仪光栅选择。

Start：扫描起始波长。

End：扫描结束波长。

Step：扫描步长。

Bandpass：激发光谱仪带宽设置。

Integration Time：积分时间设置。

No. Scans：扫描次数设置。

④ 光阑设置，如果激发光信号太强，可以改变光阑的口径来改变激发光强度。设置完成之后，点击“Save as”按钮进行保存。

2）发射光谱扫描：

选择主界面菜单中的“File\New”或者点击工具栏中的“new“按钮，调出扫描参数设置界面，并点击左边的 按钮，将出现发射光谱扫描参数设置界面。

① 校正方式设置，其参数如下：

None：没有校正。

Value：用输入的固定值校正。

File：用校正文件校正。

Ref. Detector：用内置的参考探测器校正。

选择使用文件校正或参考探测器校正方式。

② 激发光谱仪设置,其参数如下:

Gratings:光栅选择。

Wavelength:激发波长设置。

Bandpass:激发光谱仪带宽设置。

③ 发射光谱仪设置,设置界面如图 2.4-4 所示,参数如下:

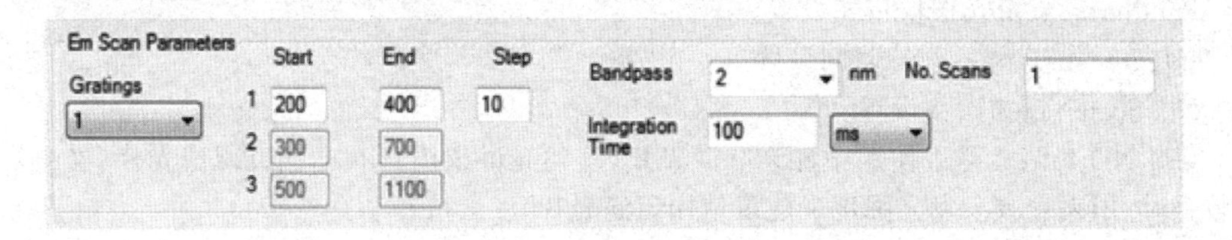


**图 2.4-4　发射光谱仪设置界面**

Gratings:激发光谱仪光栅选择。

Start:扫描起始波长。

End:扫描结束波长。

Step:扫描步长。

Bandpass:激发光谱仪带宽设置。

Integration Time:积分时间设置。

No. Scans:扫描次数设置。

④ 光阑设置:如果激发光信号太强,可以改变光阑的口径来改变激发光强度,设置完成之后,点击“Save as”按钮进行保存。

以上设置完成后,点击“Start”按钮进行扫描(注意:在扫描过程中请勿进行任何操作,无特殊情况不要终止扫描,直至扫出完整图谱)。

(2) 量子产率测量

1) 安装积分球:

① 将样品室中的比色皿样品架和滤光片架拆下来。

② 将积分球安装在底角。

2) 参数设置:

选择主界面菜单中的“File\New”或者点击工具栏中的“new“按钮,调出扫描参数设置界面,点击“Qy Scan”按钮,扫描参数设置界面将出现量子产率测量参数设置界面。

① 校正方式设置,其参数如下:

None:没有校正。

Value:用输入的固定值校正。

File:用校正文件校正。

Ref. Detector:用内置的参考探测器校正。

② 激发光谱仪设置,其参数如下:

Gratings:光栅选择。

Wavelength:激发波长设置。

Bandpass:激发光谱仪带宽设置。

③ 发射光谱仪设置,其参数如下:

Gratings:激发光谱仪光栅选择。

Start:扫描起始波长。

End:扫描结束波长。

Step:扫描步长。

Bandpass:激发光谱仪带宽设置。

Integration Time:积分时间设置。

No. Scans:扫描次数设置。

Use ND Filter:是否使用中性衰减滤光片(发射光谱仪内部有中性衰减滤光片,当激发光比较强时,用来衰减激发光强度。建议使用该滤光片)。

Start、End:衰减滤光片的使用波段范围设置(开始波长设置为比激发光小的位置,截止波长设置为激发光和发射光之间的位置)。

Scan the third step:是否使用三步法来测量量子产率(使用三步法测量可以有效减少二次荧光的影响,特别是在测量固体、粉末等高散射的样品时)。

④ 光阑设置:如果激发光信号太强,可以改变光阑的口径来改变激发光强度,设置完成之后,点击"Save as"按钮进行保存,用户可以对其进行命名。

3)量子产率测量:

以上设置完成后,点击"Start"按钮进行扫描。

① 激发光扫描:当仪器的参数运行到位之后,请不要在积分球内部搁置样品,点击"确定"按钮进行激发光扫描。

② 发射光谱扫描:当激发光谱扫描完成之后,请将样品搁置在积分球内部,并移动到激发光位置上,点击"确定"按钮进行发射光谱扫描。

③ 二次发射光谱扫描:当发射光谱扫描完成之后,请将样品搁置在积分球中,并将样品架拉杆拉出,使样品不处在激发光光束中,点击"确定"按钮进行二次发射光谱扫描。

④ 扫描完成。

4)量子产率计算:

选择主界面菜单中的"Analyse\Quantum Efficiency"进入量子产率计算界面,并对以下参数进行设置:

Exc Wavelength:激发光的起止波长设置。

Emi Wavelength:发射光的起止波长设置。

Use ND Filter:衰减滤光片的起止波长设置(注意:该设置要与参数设置界面设置一致)。

设置完成之后,点击"calculate"按钮进行计算。

5)Q. Y.(%):显示测量结果。

**2. 实验步骤**

① 连接好所有电缆和电源线。

② 开机步骤:开主机电源→用USB线将设备连接到计算机→开计算机电源。

③ 关机步骤:关计算机电源→断开连接到计算机的USB线→关主机电源。

④ USB驱动安装:开计算机后,如果计算机是第一次连接仪器,将提示安装USB驱动。以后再连接时将不需要安装驱动。驱动程序在光盘的USB driver文件夹中。

⑤ 连接仪器：在计算机上打开 fluoroSENS 软件，进入软件主界面，点击菜单“hardware\connect”，弹出仪器连接界面，在下拉菜单中选择对应的序列号。选择完之后，点击“connect”按钮进行仪器连接，回到仪器连接状态界面。连接成功之后，软件将自动切换到主界面。

⑥ 激发光谱扫描：主界面菜单中的选择“File\New”或者点击工具栏中的“new“按钮，调出扫描参数设置界面，进行激发光谱扫描参数设置。

⑦ 发射光谱扫描：选择主界面菜单中的“File\New”或者点击工具栏中的“new“按钮，调出扫描参数设置界面，进行发射光谱扫描参数设置。

## 五、思考题

1. 量子点材料的荧光发射谱线有什么特点？
2. 在荧光测量过程中，主要出现哪些干扰？怎样准确识别荧光峰？
3. 间接测量一般是如何设计实验的？
4. 简述量子点材料荧光分析的思路。

## 六、拓展性实验

**讨论分析：荧光定量聚合酶链式反应(PCR)方法检测新冠病毒机理分析**

现在的病毒核酸检测试剂盒，多数采用荧光定量 PCR 方法。检测原理就是以病毒独特的基因序列为检测靶标，通过 PCR 扩增，使我们选择的这段靶标 DNA 序列指数级增加，每一个扩增出来的 DNA 序列，都可与我们预先加入的一段荧光标记探针结合，产生荧光信号，扩增出来的靶基因越多，累积的荧光信号就越强。而没有病毒的样本中，由于没有靶基因扩增，因此就检测不到荧光信号增强。因此，核酸检测其实就是通过检测荧光信号的累积来确定样本中是否有病毒核酸。

通过测试，分析荧光定量 PCR 方法的优势。

## 七、研究性实验

**荧光量子点材料制备与分析**

荧光碳量子点材料制备与分析，建立绿色环保观念，提升素质教育，将科研和教学相融合。荧光量子点材料制备和分析，碳量子点荧光技术检测溶液中汞离子含量。

2013 年，Huang 等人用草莓汁在聚四氟乙烯内衬的高压反应釜中加热至 180 ℃反应 12 h，过滤后高速离心，得到含碳量子点的清液，蒸干溶剂得到含氮的荧光碳量子点，这种碳量子点对于汞离子敏感，可以作为检测重金属汞的试剂。制备过程如图 2.4－5 所示。

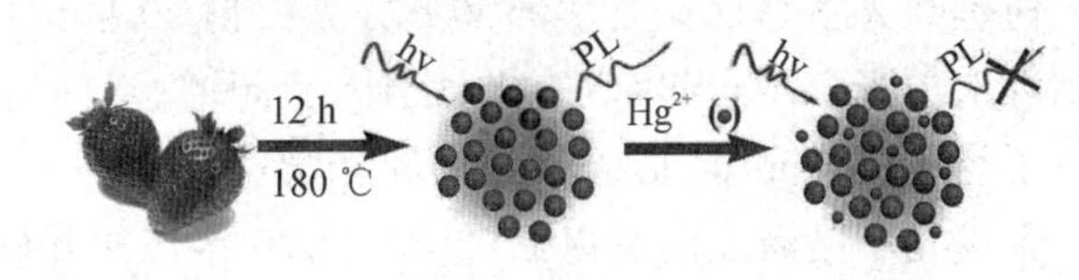


图 2.4－5　制备过程

## 参考文献

[1] 吴思诚，王祖铨. 近代物理实验[M]. 2 版. 北京：北京大学出版社，1995.
[2] HUANG H，LV J，ZHOU D，et al. One-Pot Green Synthesis of Nitrogen-Doped Carbon Nanoparticles as Fluorescent Probes For Mercury Ions[J]. RSC Adv.，2013 (3)：P. 21691-21696.

# 第3章 激光与信息光学实验专题

## 3.0 引 言

光学是研究光的产生和传播、光的本性、光与物质相互作用的科学。光学作为一门诞生三百多年的古老科学,经历了漫长的发展过程,它的发展也表征着人类社会的文明进程。20世纪以前的光学以经典光学为标志,为光学的发展奠定了良好的基础;20世纪的光学,以近代光学为标志取得了重要进展,推动了激光、全息、光纤、光记录、光存储、光显示等技术的出现,走过了辉煌的百年历程;展望21世纪,现代光学将迈进光子时代,光子学已不只是物理学史上的学术突破,它的理论及其光子技术正在或已经成为现代应用技术的主角,光子学的发展和光子技术的广泛应用将对人类生活产生巨大影响。

20世纪60年代激光器的发明带来了一场新的光学革命,促进了光学与光电子学的结合,也标志着现代光学的诞生。此后光学开始进入一个新的历史时期,成为现代物理学和现代科学技术前沿的重要组成部分。激光问世以来,光学与其他学科之间互相渗透结合,派生了许多崭新的分支。

非线性光学(也称强光光学)是现代光学的重要组成部分,是系统地研究光与物质的非线性相互作用的一门分支学科。激光问世之前,基本上是研究弱光束在介质中的传播。介质光学性质的折射率或极化率是与光强无关的常量,介质的极化强度与光波的电场强度成正比,光波叠加时遵守线性叠加原理。在上述条件下研究光学问题属于线性光学范畴,而对很强的激光并不适用。例如,当光波的电场强度可与原子内部的库仑场相比拟时,光与介质的相互作用将产生非线性效应,反映介质性质的物理量(如极化强度等)不仅与场强 $E$ 的一次方有关,而且还取决于 $E$ 的更高幂次项,从而出现在线性光学中许多不明显的新现象。非线性光学主要涉及二阶、三阶非线性光学效应,在激光技术、信息和图像的处理与存储、光计算、光通信等方面有着重要的应用。

傅里叶光学是现代光学的又一分支。自20世纪中期以来,人们开始把数学、电子技术和通信理论与光学结合起来,给光学引入了频谱、空间滤波、载波、线性变换及相关运算等概念,更新了经典成像光学,形成了傅里叶光学。

集成光学是激光问世以后,20世纪70年代初开始形成并迅速发展的一门学科,研究以光波导现象为基础的光子和光电子系统。集成光学系统包括光的产生、耦合、传播、开关、分路、偏转、扩束、准直、会聚、调制、放大、探测和参量相互作用。集成光学系统除了具有光学器件的一般特点外,还具有体积小、重量轻、坚固、耐震动、不须机械对准、适于大批量生产、低成本的优点,因而具有广泛的应用前景。

20世纪70年代以后,由于半导体激光器和光导纤维技术的重大突破,导致以光纤通信为代表的光信息技术的蓬勃发展,促进了相关学科的相互渗透,开始形成了光子学(Photonics)这一新的光学分支。光子学是研究以光子为信息载体,光与物质相互作用及其能量相互转换的科学,研究内容有:光子的产生、运动、传播、探测,光与物质(包括光子与光子、光子与电子)

的相互作用，光子存储，载荷信息的传输、变换与处理等。

随着光学仪器小型化、微型化的发展要求，诞生了微光学。微光学是研究微米量级尺寸光学元件系统的现代光学分支。微型光学元器件的加工是在一些特殊基底材料上利用光刻技术、波导技术和薄膜技术等，制成光学微型器件。随着微加工技术的成熟，未来的微光学研究还会有进一步的突破。此外，衍射光学的发展，是基于光的衍射原理发展起来的，衍射光元件是利用电子束、离子束或激光束的刻蚀技术制作而成。可以预言，微光学和衍射光学这两个新兴学科将随着日益壮大的光学工业对光学器件微型化的要求有更大的发展，使宏观光学元件转化为微观光学元件以及具有处理功能的集成光学组件，从而推动光学仪器的根本变革。

现代光学还包括全息光学、自适应光学、X 射线光学、空间光学、气动光学、应用光学等。由于现代光学具有更加广泛的应用性，所以还有一系列应用背景较强的分支学科也属于光学范围。例如，有关电磁辐射的物理量的测量的光度学、辐射度学；以正常平均人眼为接收器，来研究电磁辐射所引起的彩色视觉及其心理物理量的测量的色度学；还有众多的技术光学，如光学系统设计及现代光学仪器理论、现代光学制造和光学测试、干涉量度学、薄膜光学、纤维光学等；还有与其他学科交叉的分支，如空间光学、海洋光学、遥感光学、大气光学、生理光学及兵器光学等。可以预见，随着科学技术的发展，现代光学这棵大树会越来越枝繁叶茂、硕果累累。

本实验专题共设计了 9 个实验。实验一“氦氖激光器模式分析及稳频”，学习激光器模式的形成及特点，加深对其物理概念的理解；掌握激光模式分析的基本方法；学习并掌握扫描干涉仪的原理、性能及使用方法。实验二“半导体激光泵浦固体激光器”，学习掌握半导体激光泵浦固体激光器的光学特性及工作原理；掌握半导体激光泵浦激光器耦合、准直等光路调节方法；学习半导体激光泵浦激光器倍频的基本原理，观察光学倍频现象。实验三“光拍法测量光速”，理解光拍频的概念和掌握光拍法测量光速的基本原理；学习驻波在声光器件中传播时实现声光衍射的相关原理；掌握产生声光效应的条件和空气等介质中光速的测量技术。实验四“偏振全息光栅”，学习并掌握二倍频产生的机制，掌握实现相位匹配的方法；学习并掌握光波在晶体界面的行为。实验五“光学运算”，加深对空间滤波概念的理解，学习用正弦光栅作滤波器对图像进行相加和相减实验；掌握用复合光栅对光学图像进行微分处理的原理和方法；加深对光学信息处理实质的理解。实验六“单光子计数”，学习掌握单光子计数的原理和基于单光子计数的弱光检测技术，掌握单光子计数的积分模式和微分模式实验。实验七“激光多普勒测速”，学习掌握激光多普勒测速的基本原理和双光束激光多普勒测速的实验方法；学习掌握一维流场流速测量技术。实验八“液晶电光效应”，学习掌握液晶的电光效应，加深对液晶性质的了解；掌握测量液晶扭曲角的实验方法，掌握测量对比度、上升沿时间与下降沿时间的方法，并了解相关物理量的实际意义。实验九“光镊微粒操控”，学习和掌握光镊的基本原理和实验光路的组成及各组件的调节方法；熟悉实验样品的制备方法，在实验中使用光镊对介电微球进行捕获、移动等操作，加深对光的力学效应的理解。

## 3.1　氦氖激光器模式分析及稳频

激光是 20 世纪 60 年代的伟大发明，其诞生使得现代光学得以迅速发展，并影响到自然科学的各个领域。激光不同于一般光源，它具有极好的方向性、单色性、相干性和极高的亮度。

激光具有单色性好的特点，它具有非常窄的谱线宽度。这样窄的谱线并不是从能级受激辐射就自然形成的,而是受激辐射后又经过谐振腔等多种机制的相互作用和干涉,最后形成的一个或多个离散、稳定又很精细的谱线,这些谱线就是激光器的模。每个模对应一种稳定的电磁场分布,即具有一定的光频率。相邻两个模的光频率相差很小,用分辨率高的分光仪器可以观测到每个模。对于不同的模式,有不同的振荡频率和光场分布。通常把光波场的空间分布分解为沿传播方向(腔轴方向)的分布 $\boldsymbol{E}(z)$ 和垂直于传播方向的横截面内的分布 $\boldsymbol{E}(x,y)$。相应的,把光腔模式分解为纵模和横模,分别表示光腔模式的纵向和横向光场分布。

在激光应用中,常常需要先知道激光器的模式状况,如定向测量、精密测量、全息技术等,通常需要激光器以基横模输出,而激光稳频和激光测距等不仅要求基横模,还要求单纵模运行的激光器。因此,进行模式测试分析是激光器的一项基本又重要的性能测试。

在激光的众多应用领域中,激光频率稳定度是一个极其重要的指标参数。随着激光应用的发展,激光稳频技术成为基础科学研究的重要方向,在现代科学技术中发挥着越来越重要的作用。

本实验以氦氖激光器(He-Ne 激光器)为例,从频谱结构入手,分析和研究激光器的纵模所具有的场分布特征,从而得出纵模个数、纵模频率间隔等结果。通过观察稳频系统的效果,深入理解激光稳频技术的重要作用。

## 一、实验要求与预习要点

### 1. 实验要求

① 了解激光器模的形成及特点,加深对其物理概念的理解。

② 通过测试分析掌握模式分析的基本方法。

③ 了解本实验使用的重要分光仪器——扫描干涉仪的原理、性能,并学会正确地使用该仪器。

### 2. 预习要点

① 激光器的基本组成,谐振腔的工作原理是什么?

② 横模和纵模的特征有哪些?

③ F-P 扫描干涉仪的工作原理是什么?

## 二、实验原理

### 1. 激光器模式分析

激光器的三个基本组成部分是增益介质、谐振腔、激励能源。如果用某种激励方式使介质的某一对能级间形成粒子数反转分布,由于自发辐射和受激辐射的作用,将有一定频率的光波产生,并在腔内传播,且被增益介质逐渐增强、放大,如图 3.1-1 所示。被传播的光波绝不是单一频率的(通常所谓某一波长的光,是指光中心波长)。因能级有一定宽度,又有粒子在谐振腔内运动,受多种因素的影响,实际激光器输出的光谱宽度是自然增宽、碰撞增宽等均匀增宽和多普勒增宽、晶格缺陷增宽等非均匀增宽叠加而成的。不同类型的激光器,工作条件不同,以上诸多影响有主次之分。低气压、小功率的 He-Ne 激光器 632.8 nm 谱线则以多普勒增宽为主,增宽线型基本呈高斯函数分布,宽度约为 1 500 MHz,如图 3.1-2 所示。只有频率落在

展宽范围内的光在介质中传播时，光强才能获得不同程度的放大。

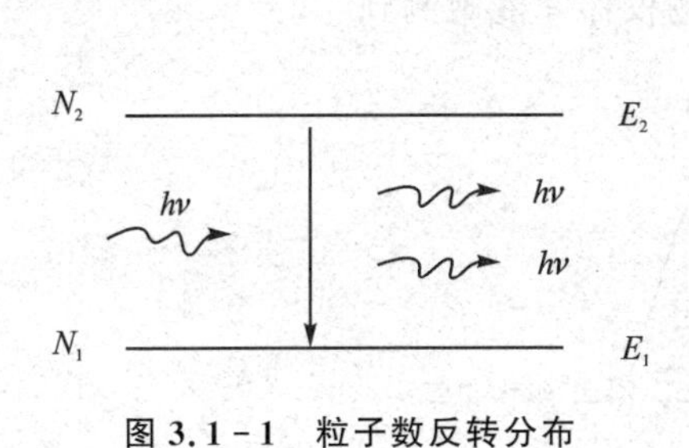


**图 3.1-1　粒子数反转分布**

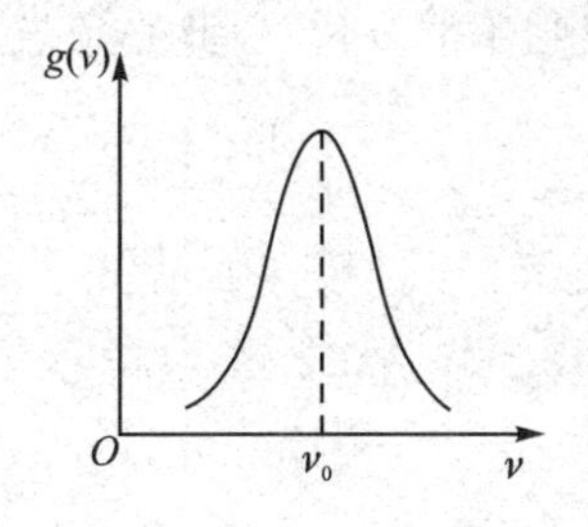


**图 3.1-2　光的增益曲线**

只有单程放大不足以产生激光，还需要有谐振腔对它进行光学反馈，使光在多次往返传播中形成稳定持续的振荡，才有激光输出的可能。而形成持续稳定地增长振荡的条件是光在谐振腔中往返一周的光程差应是波长的整倍数，即

$$2\mu L = q\lambda \tag{3.1-1}$$

这正是光波相干极大条件，满足此条件的光将获得极大增强，其他则相互抵消。其中，$\mu$ 是折射率(对气体 $\mu \approx 1$)，$L$ 是腔长，$q$ 是正整数。每一个 $q$ 对应纵向一种稳定的电磁场分布 $\lambda_q$ 叫一个纵模，下标 $q$ 称作纵模序数。$q$ 是一个很大的数，通常不需要知道它的数值，关心的而是有几个不同的 $q$ 值，即激光器有几个不同的纵模。从式(3.1-1)中还可以看出，这也是驻波形成的条件，腔内的纵模是以驻波形成存在的，$q$ 值反映的恰是驻波波腹的数目。纵模的频率为

$$\nu_q = q\,\frac{c}{2\mu L} \tag{3.1-2}$$

同样，一般不去求它，关心的而是相邻两个纵模的频率间隔

$$\Delta\nu_{\Delta q=1} = \frac{c}{2\mu L} \approx \frac{c}{2L} \tag{3.1-3}$$

从式(3.1-3)中可以看出，相邻纵模频率间隔和激光器的腔长成反比，即腔越长 $\Delta\nu_{纵}$ 越小，满足振荡条件的纵模个数越多；腔越短 $\Delta\nu_{纵}$ 越大，在同样的增宽曲线范围内，纵模个数就越少，因而缩短腔长是获得单纵模运行激光器的方法之一。

纵模具有的特征是相邻纵模频率间隔相等。对应同一组纵模，它们强度的顶点构成了类似高斯分布的轮廓线。

对于腔长 $L$=10 cm 的 He-Ne 气体激光器，设 $\mu$=1，可以计算得 $\Delta\nu_q = 1.5\times10^9$ Hz。对腔长 $L$=30 cm 的 He-Ne 气体激光器 $\Delta\nu_q = 0.5\times10^9$ Hz。在普通的 Ne 原子辉光放电中，荧光光谱的中心频率 $\nu = 4.7\times10^{14}$ Hz(波长为 632.8 nm)，其线宽 $\Delta\nu_F = 1.5\times10^9$ Hz。在光学谐振腔中，允许的谐振频率是一系列分立的频率，其中只有满足谐振条件，同时又满足阈值条件，且落在 Ne 原子 632.8 nm 荧光线宽范围内的频率成分才能形成激光振荡。因此，10 cm 腔长的 He-Ne 激光器只能出现一种频率的激光，腔长 30 cm 的 He-Ne 激光器可能出现 3 种频率的激光。

任何事物都具有两重性。光波在腔内往返振荡时，一方面有增益，使光不断增强；另一方面也存在着不可避免的多种损耗，使光强减弱，如介质的吸收损耗、散射损耗、镜面透射损耗、放电毛细管的衍射损耗等。所以不仅要满足谐振条件，还需要增益大于各种损耗的总和，才能形成持续振荡，输出激光。如图 3.1-3 所示，增益线宽内虽有 5 个纵模满足谐振条件，但只有

3 个纵模的增益大于损耗,能有激光输出。对于纵模的观测,由于 $q$ 值很大,相邻纵模频率差异很小,眼睛不能分辨,因此必须借用一定的检测仪器才能观测到。

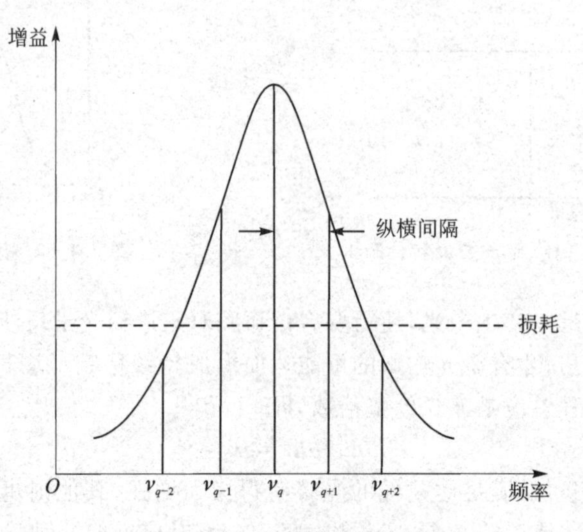


**图 3.1-3　纵模和纵模间隔**

谐振腔对光多次反馈,在纵向形成不同的场分布,对横向也会产生影响。这是因为光每经过放电毛细管反馈一次就相当于一次衍射,多次反复衍射就在横向的同一波腹处形成一个或多个稳定的衍射光斑。每一个衍射光斑对应一种稳定的横向电磁场分布,称为一个横模。复杂的光斑则是这些基本光斑的叠加。图 3.1-4 所示是常见的基本横模光斑图样。

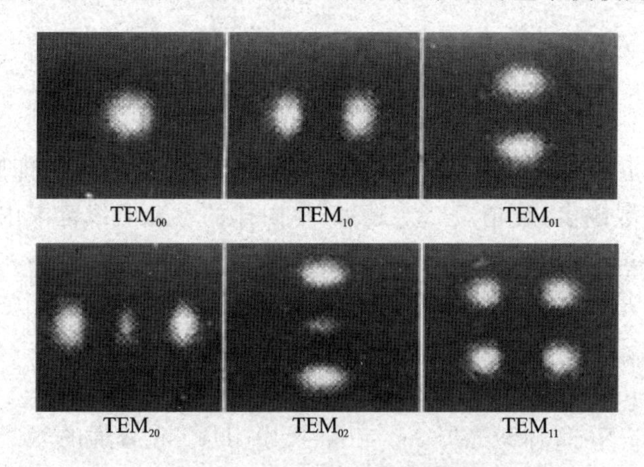


**图 3.1-4　常见的横模光斑图**

总之,任何一个模既是横模又是纵模。它同时有两个名称,不过是对两个不同方向的观测结果分开称呼而已。激光的模式常用微波模式的符号来标记,通常写作 $TEM_{mnq}$,$q$ 是纵模标记,$m$ 和 $n$ 是横模标记,$m$ 是沿 $x$ 轴场强为零的节点数,$n$ 是沿 $y$ 轴场强为零的节点数。

**2. He-Ne 激光器中的增益饱和、跳模及稳频**

对于均匀加宽型介质的激光器,光强改变后,介质的光谱线型和线宽不会改变,增益系数随频率的分布也不会改变,光强仅仅使增益系数在整个线宽范围内下降同样的倍数,如图 3.1-5 所示。因此均匀加宽型介质制作的激光器所发出的激光只会输出一个单一的频率,其谱线宽度远小

于介质线型函数的宽度。

然而对于 He-Ne 激光器这种以非均匀加宽型介质为主的激光器，频率为 $\nu_1$，强度为 $I$ 的光波只在 $\nu_1$ 附近，宽度约为 $(1+I/I_s)^{1/2}\Delta\nu$ 的范围内有增益饱和作用（$\Delta\nu$ 为均匀加宽谱线宽度），而且这个范围内不同频率处增益系数下降的值不同，如图 3.1－6 所示。增益系数在 $\nu_1$ 处下降的现象称为增益系数的烧孔效应。由于在 $\nu_1$ 光波的作用下，其他频率介质的增益系数与小信号增益系数相比变化不大，因此非均匀加宽型介质制作的激光器可以多纵模输出。例如实验中的 He-Ne 激光器就是多模（或多纵模）激光器。

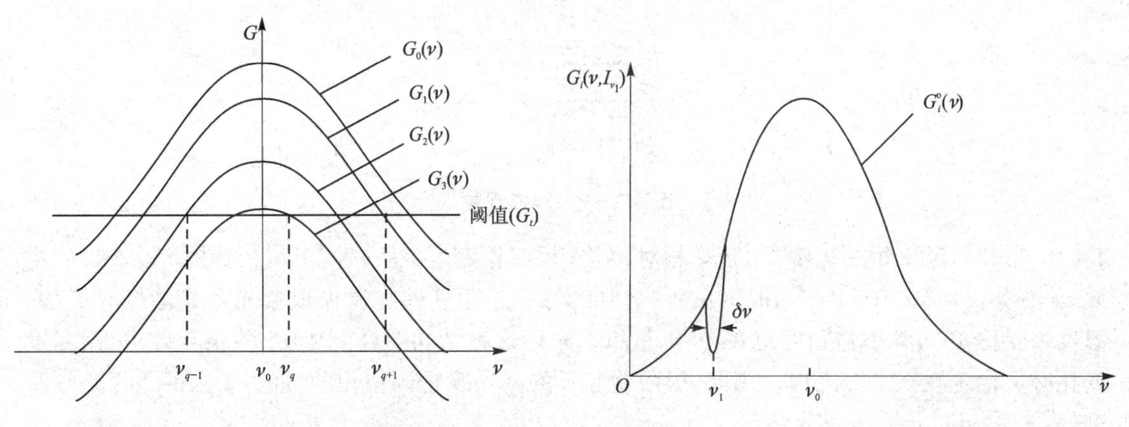


图 3.1－5　均匀加宽的增益饱和曲线　　图 3.1－6　非均匀加宽的增益饱和曲线

激光器中存在跳模现象，特别是在内腔式气体激光器刚点燃时很明显。精细测量输出激光的频率会发现它随时间不断地起伏。图 3.1－7 所示是激光器刚点燃时的情况，设此时频率为 $\nu_q$ 的纵模比 $\nu_{q+1}$ 模更靠近中心频率 $\nu_0$，因此，$\nu_q$ 模具有比较大的小信号增益系数。两个模式竞争的结果是 $\nu_q$ 模取胜，$\nu_{q+1}$ 模被抑制。由于腔内温度的升高，放电管热膨胀，使得粘贴在放电管两端的两个反射镜片之间的距离加大，也就是谐振腔的腔长变大。这将使得各本征纵模的谐振频率向低频方向漂移，输出激光的频率也随之减小。当 $\nu_{q+1}$ 模的频率变成比 $\nu_q$ 模频率更接近中心频率 $\nu_0$ 时，$\nu_{q+1}$ 模就可能战胜 $\nu_q$ 模并取而代之，输出光频率便由 $\nu_q$ 突然增至 $\nu_{q+1}$，产生一次跳模。腔长每伸长一个半波长就会产生一次跳模，激光频率就在 $\nu_0 \pm \frac{c}{4L'}$ 范围内来回变化，$L'$ 为谐振腔的光学长度。

以是否有一个稳定的频率为参考标准，稳频技术可以分为被动稳频和主动稳频两种方式。激光稳频的研究初期，注意力集中在外部影响因素的控制，主要通过恒温、防振、密封隔声、稳定电源、构建外腔稳频等直接的稳频方法，减小温度、机械振动、大气变化和电磁场的影响。这种在不增加激光器元件的情况下实现激光频率稳定的技术称为被动稳频技术。主动稳频技术就是选取一个稳定的参考标准频率，当外界影响使激光频率偏离此特定的标准频率时，设法将其鉴别出来，再人为地通过控制系统自动调节腔长将激光频率恢复到特定的标准频率上，从而实现稳频的目的。

气体激光器会因热膨胀而改变腔长，因此可以采用温度控制的方式来实现稳频，实验中使用的 He-Ne 激光器采用的就是温控稳频这种被动稳频技术。温度变化 $\Delta T$ 引起腔长 $L$ 的变化可以表示为 $\Delta L=\alpha L\Delta T$，因而有 $\Delta\nu/\nu=-\Delta L/L=-\alpha\Delta T$。硬质玻璃的热膨胀系数 $\alpha=$

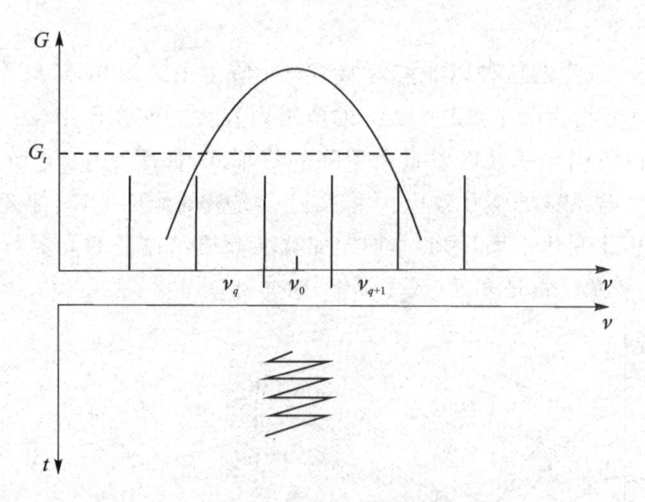


图 3.1-7 跳模现象

$4\times10^{-6}$℃$^{-1}$,温度每变化1℃,频率相对漂移(频率稳定度)为$4\times10^{-6}$。低热膨胀系数的物质,如石英:$\alpha=5\times10^{-7}$℃$^{-1}$,殷钢:$\alpha=9\times10^{-7}$℃$^{-1}$。用这些物质做成激光管或谐振腔支架,温度每变化1℃,频率稳定度也在$10^{-7}$量级。采用这种结构要达到$10^{-8}$的稳频要求,则温度变化必须稳定在0.1℃之内。因此,用限制腔长的办法来达到稳频的目的,要求的条件是很苛刻的。

**3. F-P扫描干涉仪及其对纵模的分析**

F-P扫描干涉仪是一种分辨率很高的光谱分析仪器,它由一对反射率很高的反射镜组成。光线正入射时干涉相长条件为

$$4\eta L = m\lambda \tag{3.1-4}$$

其中,$\eta$为折射率,$L$为腔长。

使一块反射镜固定不动,另一块固定在压电陶瓷上,加一周期性的电压信号,压电陶瓷周期变形并沿轴向在中心位置附近做微小振动,因而干涉仪的腔长$L$也做微小的周期变化。因此,干涉仪也允许透射的光波波长做周期的变化,即干涉仪可对入射光的波长进行扫描,当$L$改变$\lambda/4$,干涉仪改变一个干涉级,此时相邻两个干涉级之间所允许透射光的频率差即为干涉仪的自由光谱范围,有

$$\Delta\nu_{\mathrm{F}} = \frac{c}{4\eta F} \tag{3.1-5}$$

其中,$F$代表精细常数,是自由光谱范围与最小分辨限宽度之比,即在自由光谱范围内能分辨的最多谱线数目。只要注入光束的频谱宽度不大于$\Delta\nu_{\mathrm{F}}$,那么在干涉仪扫描过程中便能逐次透过,若在干涉仪的后方使用光电转换元件接收透射光的光强,再将这种光信号转换为电信号输入示波器中,于是在示波器的荧光屏上便显示出光的频谱分布情况,如图3.1-8所示。

示波器上的$\delta_\nu$正比于干涉仪的自由光谱范围,$\delta_{\nu_{\mathrm{M}}}$正比于激光器相邻纵模的频率间隔$\delta_{\nu_q}$,在示波器测出:$\delta_\nu$,$\delta_{\nu_{\mathrm{M}}}$,自由光谱范围$\delta_{\nu_{\mathrm{F}}}$为已知量,本实验系统所用扫描干涉仪的自由光谱范围是4 GHz。代入公式$\delta_{\nu_{\mathrm{F}}}/\delta_{\nu_q}=\delta_\nu/\delta_{\nu_{\mathrm{M}}}$,即可估算出激光器的相邻的纵模间隔$\delta_{\nu_q}$。

激光增益曲线宽度的估测:激光器在冷状态下开始工作时,由于热膨胀的作用,纵模会不断地出现漂移和跳模现象。仔细观察并记录一个纵模在示波器上出现和消失的位置和距离,

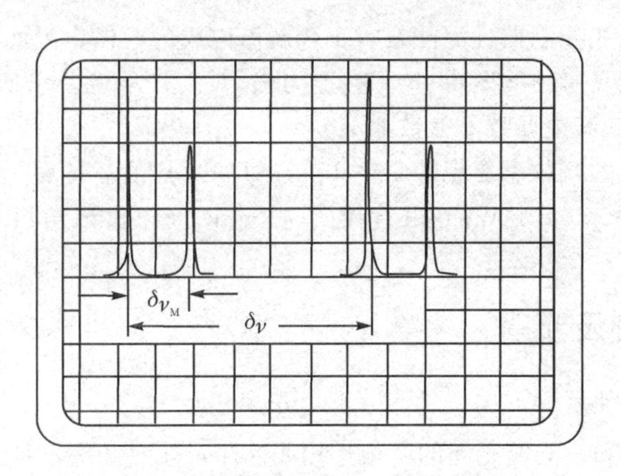


图 3.1-8　示波器观察到的纵模

将其与自由光谱区的间隔相比较,便可估算出激光增益曲线宽度。每一个氦氖激光器的增益曲线宽度会由于制作水平的不同而不同,但一般不会超过 1 500 MHz。

## 三、实验装置

实验装置由 He-Ne 激光器、激光电源、小孔光阑、F-P 扫描干涉仪、锯齿波发生器及放大器、示波器等组成。实验装置如图 3.1-9 和图 3.1-10 所示。

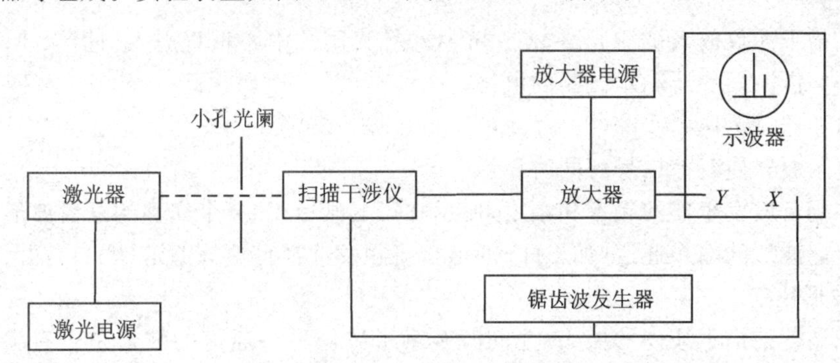


图 3.1-9　系统装置框图

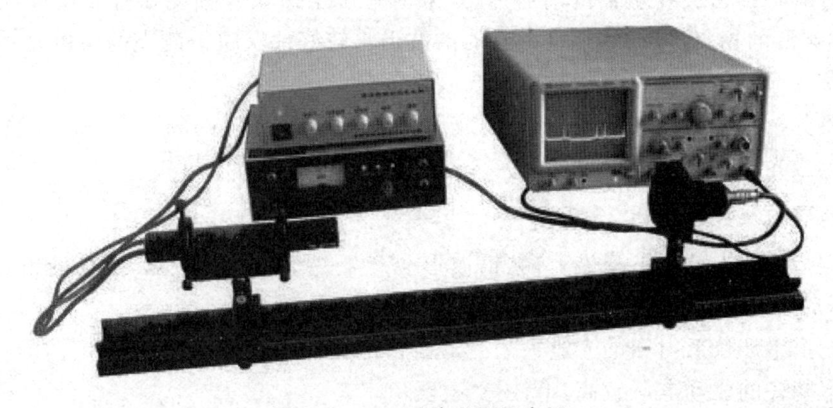

图 3.1-10　系统实物示意图

FS100 型氦氖稳频激光器采用温控稳频技术,激光管为全内腔硬封型管。激光头是将激光管、传感器、光学元件、控制器件灌注在一个金属筒内成为一体。因此,与其他类型的稳频激光器相比,该种激光器具有结构紧凑、抗干扰能力强、对工作环境要求低、无调制宽度的特点,并具有失控报警功能。其主要技术参数如下:

频率稳定度:$5\times10^{-8}$;频率复现性:$4\times10^{-7}$;功率稳定度优于1%;偏振状态稳定;预热时间<15 min;输出功率>0.8 mW;光束直径:0.47 mm;光束发散角:1.7 mrad;激光头尺寸:$\phi$32 mm×200 mm。

## 四、实验内容及步骤

**1. 激光器的调整使用**

① 连接好激光头和仪器箱之间的两根连接线。注意航空插头不可插错位。

② 连接220V AC电源。

③ 按下电源开关。两个电源指示灯亮(第一个指示灯为激光电源指示灯,第二个指示灯为稳频电源指示灯),面板表针开始来回摆动,激光头开始预热。注意摆幅上下限。

④ 按住"设置点显示"按钮,表针停住,旋转"设置点调节"旋钮,表针随之移动。

**2. 实验内容与步骤**

① 连接好扫描干涉仪与锯齿波发生器的电源,以及锯齿波发生器与示波器之间的两根信号线。

② 将扫描干涉仪放入被测光路,使激光从小孔光阑孔中心垂直进入扫描干涉仪探头。

③ 打开锯齿波发生器和示波器的电源。

④ 将示波器显示调到双踪(dual)、AC、10 ms/div、5 V/div。

⑤ 调整示波器使双踪信号可同时显示。

⑥ 调整锯齿波发生器的频率和幅度,使示波器上显示1~2个完整的锯齿波形。

⑦ 确定此波形的输入通道(如CH1通道),将触发选择打至该通道(CH1),并调整触发电平,使锯齿波形稳定。

⑧ 仔细调整扫描干涉仪的探头,并同时观察示波器另一通道的波形是否有尖峰出现,通过反复调整扫描干涉仪探头的位置和角度使尖峰信号尽量强烈。

⑨ 通过调整锯齿波发生器的前后沿(可顺时针旋至最大)、幅度和直流偏置,使这些尖峰尽量避开锯齿波的拐点,进入线性区。这时的波形将较好地反映被测光的频谱分布。

⑩ 观察并记录各种参数变化对频谱波形的影响。

⑪ 观察分析多模激光器的模谱,记下波形,测量计算出纵模间隔。

⑫ 估测激光增益曲线宽度。

**3. 注意事项及调整技巧**

① 在锯齿波的上升和下降沿上,频谱波形会产生一个镜像的投影,为防止混乱可通过锯齿波发生器后面的开关滤掉下降沿上的波形。

② 从扫描干涉仪反射回的光进入激光器后,可能会造成激光输出不稳定。

③ 压电陶瓷的驱动电压较高,请注意安全。

④ 在测量、估算数据的时候,锯齿波的频率和幅度不应再做调整和改动。

⑤ 光路调整技巧:扫描干涉仪含有一个4个自由度的调整架,可分别调整上下、左右、俯

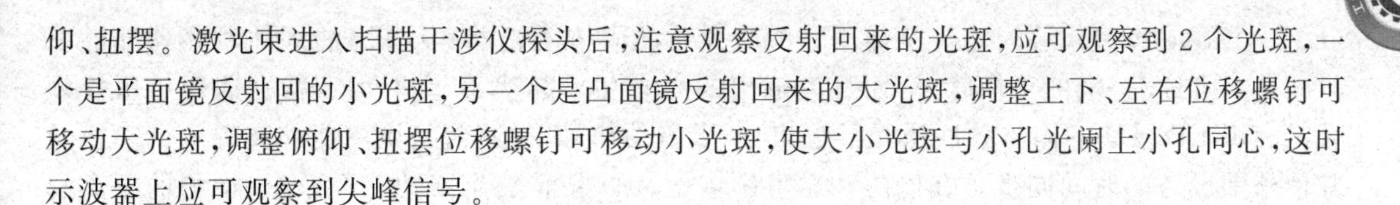

仰、扭摆。激光束进入扫描干涉仪探头后，注意观察反射回来的光斑，应可观察到 2 个光斑，一个是平面镜反射回的小光斑，另一个是凸面镜反射回来的大光斑，调整上下、左右位移螺钉可移动大光斑，调整俯仰、扭摆位移螺钉可移动小光斑，使大小光斑与小孔光阑上小孔同心，这时示波器上应可观察到尖峰信号。

## 五、思考题

1. 本实验所用激光器的模式特点是什么？

2. 如果提高加在压电陶瓷上的锯齿波电压的幅度，示波器荧光屏上会出现两组或三组形状相同的脉冲信号，这是为什么？是否是激光输出的模式增加了？

3. 为什么用扫描干涉仪就可以在示波器的荧光屏上显示待测激光器输出频谱结构？

4. 在刚刚点燃激光器时，示波器上显示的激光器的输出频谱一直在漂移，经过一段时间又趋于稳定，这是为什么？

## 六、拓展性实验

1. 测量每个纵模的谱线宽度。将示波器上的波形放大，测出每个尖峰的半宽度，利用类似计算纵模间隔的方法计算谱线宽度。

2. 稳频实验。切断 He-Ne 激光器稳频系统的电源，观察示波器上的波形变化，并解释这种现象。

## 七、研究性实验

探究激光频率稳定度对不同激光测量方法的影响，估算去掉 He-Ne 激光器稳频系统对激光测量带来的误差。

## 参考文献


[1] 陈天杰. 激光基础[M]. 北京：高等教育出版社，1987.

[2] 康平，赵绥堂，陈天杰. 共焦型球面扫描干涉仪在激光模式分析中的应用[J]. 中国激光，1979，8：011.

[3] 黄植文，赵绥堂. 近代物理实验[M]. 北京：北京大学出版社，1995.

[4] 周肇飞，袁家勤，黄仲平. He－Ne 激光器的双纵模热稳频系统[J]. 仪器仪表学报，1988，9(4)：374-380.

[5] BENNET J W R，JACOBS S F，LATOURRETTE J T，et al. Dispersion Characteristics and Frequency Stabilization of an He-Ne Gas Laser [J]. Applied Physics Letters，1964，5(3)：56-58.

[6] 王利强，张锦秋，彭月祥，等. 双纵模稳频 He-Ne 激光器工作机理及误差分析[J]. 光电工程，2008，35(4)：103-108.


# 3.2　半导体激光泵浦固体激光器

半导体激光泵浦固体激光器(Diode－Pumped Solid－State Laser，DPL)，是以激光二极管

(Laser Diode,LD)代替闪光灯泵浦固体激光介质的固体激光器。LD泵浦固体激光器能够长时间处于$TEM_{00}$模的工作状态,而且其输出的激光功率起伏不超过1%,特别适用于医疗领域。利用LD泵浦的固体脉冲激光器输出ns量级的信号,在通信领域中能够实现与计算机及其他外围设备的时间同步。在国防和军事领域中,LD泵浦激光器的工作效率、检测的距离和目标位置精确度均比闪光灯泵浦激光器高几十倍。在输出光束的方向性上,LD泵浦固体激光器输出光束的发散角相比较于其他的激光器减小了3个数量级,储能功能则提高了7个数量级,因此LD泵浦固体激光器能够实现远距离的通信,目前这种类型激光器中的绿光激光器已经被用来进行相关的海空通信实验。LD泵浦(掺杂铒Er、铥Tm、钬Ho)红外固体激光器在医学领域中有较为广泛的应用,如血管性疾病的治疗。此外采用混频、倍频技术的LD泵浦固体激光器,其输出频谱可以分布于蓝光和绿光波段,因此非常适合用来进行眼科类的激光手术。

在航空航天领域的发展历程中,固体激光器也有广泛的应用:1962年,闪光灯泵浦固体激光器被用于测量地球到月球之间的距离;2003年,美国宇航局发射了冰、云和陆地高程卫星ICE-Sat-1(Ice,Cloud and Land Elevation Satellite),这是全球首个星载激光测高系统,主要有效载荷为地球科学激光测高系统GLAS(Geoscience Laser Altimetry System),它包括3台1 064 nm波长的Nd: YAG激光器。

基于半导体激光泵浦的固体激光器已经成为多个领域中普遍使用的工具,其应用范围从医疗到通信,从传统制造工艺(如切割和焊接)到新的先进制造技术(如用于3D打印金属部件的增材制造)均有分布。微纳制造应用更加多样化,智能手机等产品的制造离不开基于工业级纳秒固体激光器和皮秒激光器的激光打标、激光切割、激光打孔等环节。

本实验以808 nm半导体激光泵浦掺钕钒酸钇($Nd:YVO_4$)激光器为对象,让学生搭建调整激光器,了解掌握固体激光器的工作原理,并通过在腔中插入磷酸钛氧钾(KTP)晶体产生532 nm倍频激光,观察光学倍频现象。在实验过程中,通过测量阈值、转换效率等基本参数,还可对激光技术有一定了解。实验中对光路调节要求较高,需要学生认真分析合理的调节步骤与方法,而不是盲目操作,培养学生踏实耐心、不急不躁的实验作风。

## 一、实验要求与预习要点

### 1. 实验要求

① 掌握半导体激光泵浦固体激光器的光学特性及工作原理。

② 掌握半导体激光泵浦激光器耦合、准直等光路调节方法。

③ 了解半导体激光泵浦激光器倍频的基本原理,观察光学倍频现象。

### 2. 预习要点

① 固体激光器有哪些优势和缺点?

② 实验中使用的$Nd:YVO_4$晶体和KTP晶体的作用分别是什么?还有哪些常用于LD泵浦固体激光器的晶体?

③ 调整光路耦合、准直时有哪些常用的方法和注意事项?

## 二、实验原理

### 1. 固体激光器工作原理

固体激光器主要由工作物质、泵浦源、光学谐振腔组成,其基本结构如图3.2-1所示。

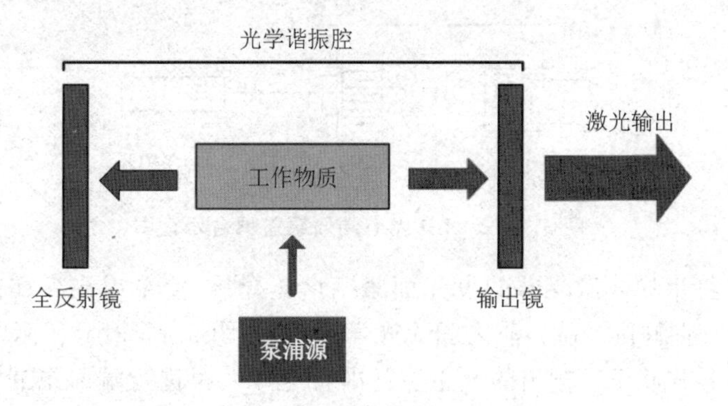


**图 3.2-1　固体激光器的基本结构**

在固体激光器中，由抽运系统提供的光能，经过聚焦腔，使在固体物质中工作的激活粒子能够有效地吸收光能，让工作物质中形成粒子数反转并通过谐振腔，从而输出激光。

工作物质是激光器的核心，是由激活粒子(通常为稀土金属离子)和基质两部分组成，激活粒子的能级结构决定了激光的光谱特性和荧光寿命等激光特性，基质主要决定了工作物质的物化性质。

泵浦源为工作物质中上下能级间的粒子数反转提供能量。泵浦源需要满足两个条件：有很高的发光效率；辐射光的光谱特性应与工作物质的吸收光谱相匹配。

聚光系统的作用有两个：一个是将抽运源与工作物质有效地耦合；另一个是决定物质上抽运光密度的分布，影响到输出光束的均匀性、发散度和光学畸变。

光学谐振腔由全反射镜和部分反射镜组成，是固体激光器的重要组成部分。光学谐振腔除了提供光学正反馈维持激光持续振荡以形成受激辐射，还对振荡光束的方向和频率进行限制，以保证输出激光的单色性和定向性。

固体激光器还可能需要冷却和滤光系统等辅助装置。由于激光器在工作时发热明显，冷却系统主要是对工作物质、泵浦源和谐振腔进行冷却，起到保护激光器的作用。而滤光系统作用是过滤部分抽运光和其他干扰光，保证输出激光的单色性。

**2. 半导体激光器泵浦源**

LD 半导体激光器的增益介质是 p-n 结半导体二极管。当电流正向通过二极管时，电子和空穴分别被从 n 区和 p 区传至对方，在 p-n 结中电子与空穴可能复合并产生相应能量的电磁辐射。当电流大于阈值时，p-n 结中的辐射场变得很强，经过半导体介质的端面多次反射放大，在其他弛豫过程消除粒子数反转之前就在 p-n 结中发生受激辐射，发射出强烈的激光。由于半导体材料中电子密度高，相应的放大系数大，因此很短的增益介质就可达到激光阈值。LD 的发射阈值低，发射光谱可通过选择半导体材料和温度进行控制，因而其光谱可在非常宽的范围内进行选择和精确调节，是固体激光器的理想泵浦源。

由于泵浦源 LD 的光束发散角较大，为使其聚焦在增益介质上，必须对泵浦光束进行光束变换(耦合)，如图 3.2-2 所示。泵浦耦合方式主要有端面泵浦和侧面泵浦两种，其中，端面泵浦方式适用于中小功率固体激光器，具有体积小、结构简单、空间模式匹配好等优点；侧面泵浦方式主要应用于大功率激光器。本实验采用端面泵浦方式。端面泵浦耦合通常有直接耦合和间接耦合两种方式。

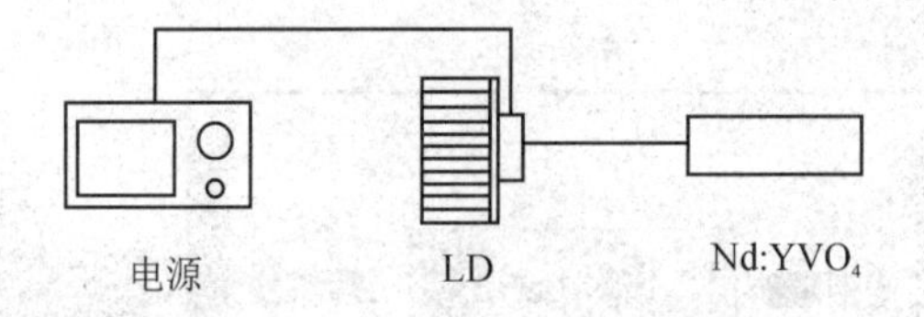


**图 3.2-2 LD 光束端面泵浦耦合示意图**

① 直接耦合:将半导体激光器的发光面紧贴增益介质,使泵浦光束在尚未发散开之前便被增益介质吸收,泵浦源和增益介质之间无光学系统,如图 3.2-3(a)所示。

② 间接耦合:指先将 LD 输出的光束进行准直、整形,再进行端面泵浦。常见的间接耦合方法有 3 种:

(a) 组合透镜耦合:用球面透镜组合或者柱面透镜组合进行耦合,如图 3.2-3(b)所示。

(b) 自聚焦透镜耦合:由自聚焦透镜取代组合透镜进行耦合,优点是结构简单,如图 3.2-3(c)所示。

(c) 光纤耦合:指用带尾纤输出的 LD 进行泵浦耦合,优点是结构灵活,如图 3.2-3(d)所示。

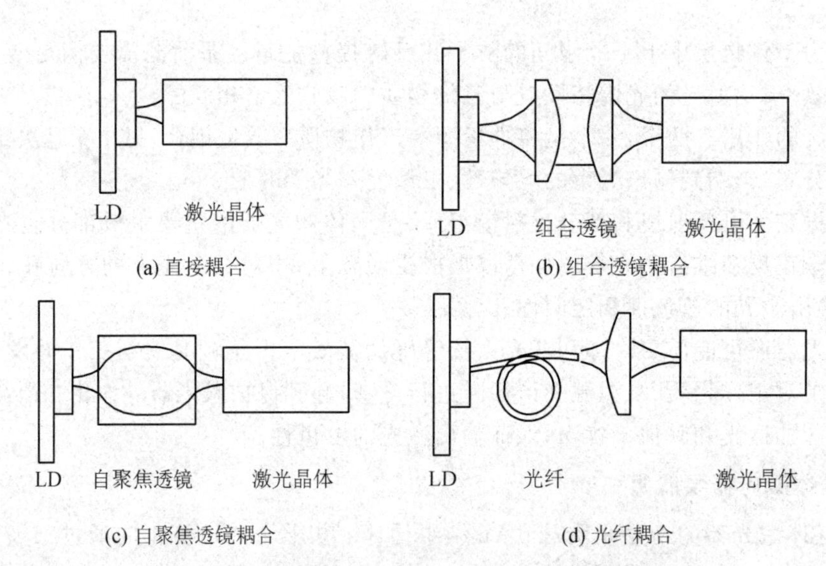


**图 3.2-3 半导体激光泵浦固体激光器的常用耦合方式**

## 3. 激光晶体

激光晶体是影响 DPL 激光器性能的重要器件。为了获得高效率的激光输出,在一定运转方式下选择合适的激光晶体是非常重要的。目前已经有上百种晶体作为增益介质实现了连续波和脉冲激光运转,以钕离子($Nd^{3+}$)作为激活粒子的钕激光器是使用最广泛的激光器。

$Nd:YVO_4$ 晶体实际上属于四方晶系(4/mmm),具有较强的双折射特性。在 $Nd:YVO_4$ 晶体中存在的激活粒子其位置具有对称性的特点,因此粒子的振荡强度非常大。当激光输出沿着特殊的 $\pi$ 方向呈线性偏振时,偏振输出可避免多余的热致双折射。在单轴晶体中,当泵浦光的偏振方向与激光辐射方向相同时,晶体对泵浦光的吸收最强。

图 3.2-4 所示为 $Nd:YVO_4$ 晶体在常温下 400～850 nm 的吸收谱线,可以看出

Nd:$YVO_4$ 晶体在 808.5 nm 时有一个很强的吸收峰，吸收线宽为 4 nm。因此，用 808 nm 波长的光作为 Nd:$YVO_4$ 晶体的泵浦光源是可行的。

图 3.2-5 所示为 Nd:$YVO_4$ 晶体 850～1 400 nm 的发射谱线，主要有 3 个发射峰，分别位于 912.6 nm、1 063.1 nm 及 1 341.9 nm，在 1 063.1 nm 处有最强的峰。

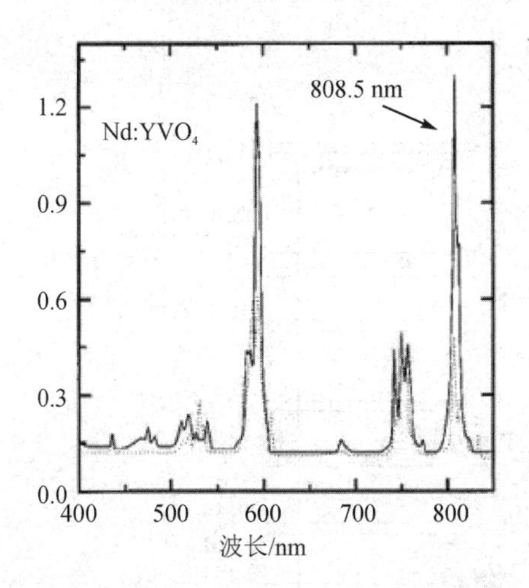


**图 3.2-4　Nd:$YVO_4$ 晶体的吸收谱线**

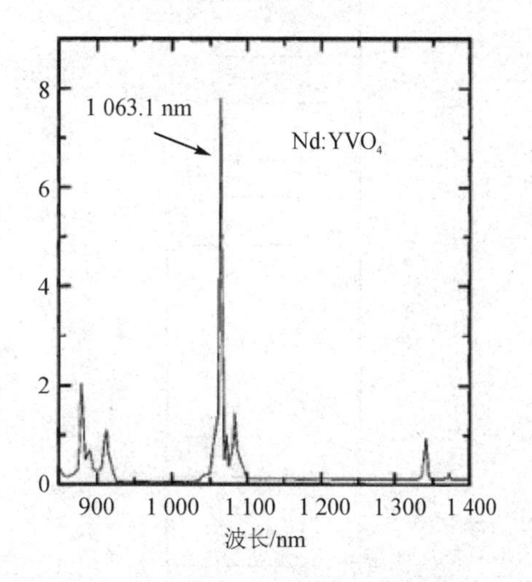


**图 3.2-5　Nd:$YVO_4$ 晶体的发射谱线**

图 3.2-6 所示为 Nd:$YVO_4$ 的能级示意图，波长为 1 064 nm 的激光跃迁始自 $^4F_{3/2}$ 能级的 $R_2$，终止于 $^4I_{11/2}$ 能级的 $Y_3$。在室温下，只有 $^4F_{3/2}$ 中 40% 的粒子数在 $R_2$ 线上，根据玻尔兹曼定律，余下的 60% 在较低的 $R_1$ 子能级。激光仅由 $R_2$ 粒子产生，而 $R_2$ 能级的粒子数通过热跃迁由 $R_1$ 补给。Nd:$YVO_4$ 的基能级为 $^4I_{9/2}$ 能级，还有很多相对较宽的能级，可以认为它们共同构成泵浦能级。1 064 nm 的 $^4F_{3/2}\rightarrow{}^4I_{11/2}$ 跃迁提供了 Nd:$YVO_4$ 中阈值最低的激光谱线。

**4. 端面泵浦固体激光器的腔长**

在固体激光器中，光学谐振腔是实现正反馈选模，起到输出耦合作用的器件，设计合适的谐振腔长度可以最大限度地提高激光器的效率。光学谐振腔通常由两个或两个以上光学反射镜组成，反射镜可以是平面镜或者球面镜，放置于工作物质的两端，反射镜之间的距离为腔长。平凹腔容易形成稳定的输出模，同时具有高的光-光转换效率，其中输入镜上镀的是泵浦光增透膜和输出光全反膜。谐振腔内存在本征模，分为纵模和横模，平行于腔轴的电磁场分布是纵模，纵模一般按频率区分；垂直于腔轴的平面上的电磁场分布属于横模，一般按方向区分。两反射镜的曲率半径和间距（腔长）决定了谐振腔对本征模的限制情况。

如图 3.2-7 所示，谐振腔中的 $g$ 参数表示为

$$g_1=1-\frac{L}{R_1}=1,\quad g_2=1-\frac{L}{R_2}\tag{3.2-1}$$

根据谐振腔的稳定性条件，当满足 $0<g_1g_2<1$ 时，谐振腔为稳定腔，故当 $L<R_2$ 时谐振腔稳定。本实验中 $R_1$、$R_2$ 分别为输入镜和输出镜的曲率半径。

**5. 半导体激光泵浦固体激光器的倍频技术**

当光波电磁场与非磁性透明电介质相互作用时，光波电场会出现极化现象。当强光激光产生后，由此产生的介质极化已不再与场强呈线性关系，而是明显的表现出二次及更高次的非

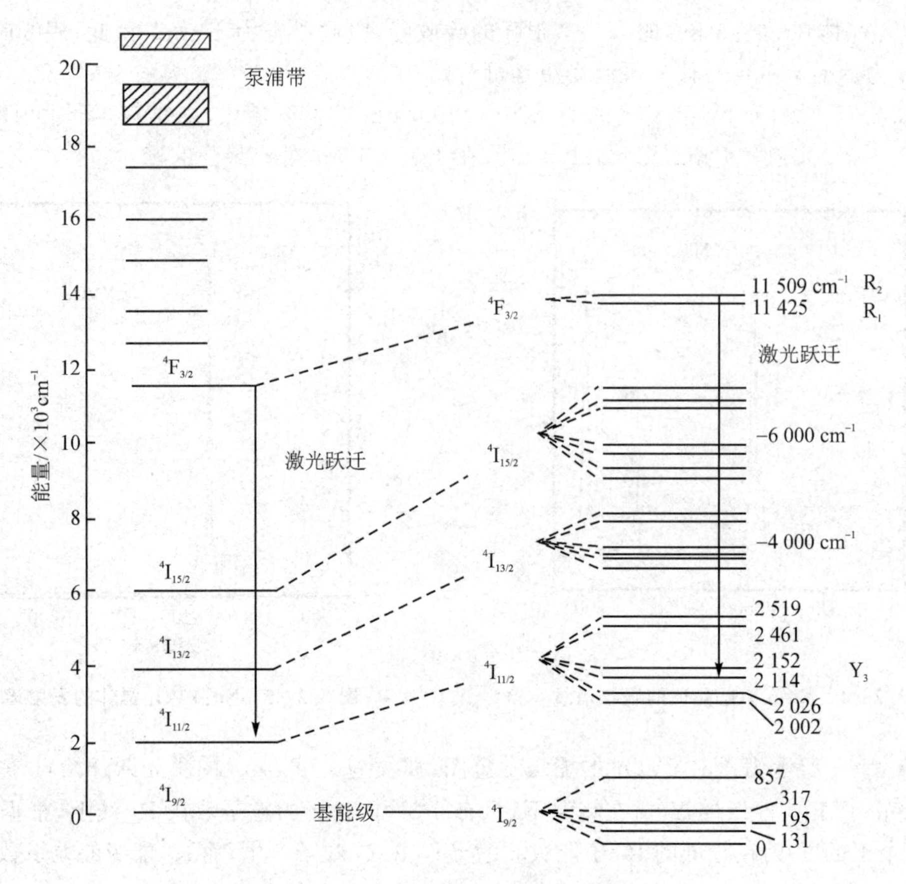


图 3.2-6　$Nd:YVO_4$ 能级示意图

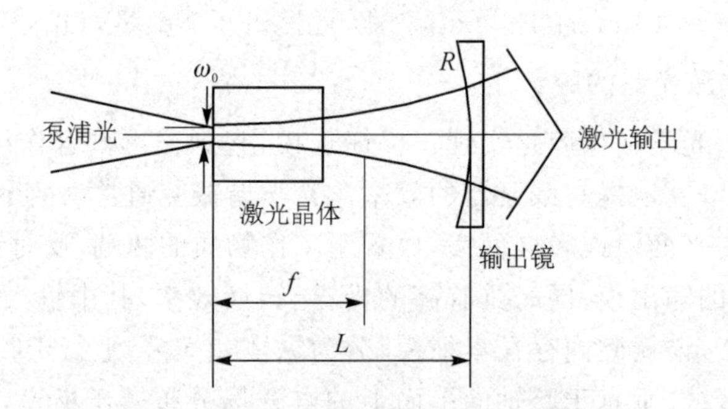


图 3.2-7　端面泵浦的激光谐振腔形式

线性效应。倍频现象就是二次非线性效应的一种特例。本实验中的倍频是通过倍频晶体实现对 $Nd:YVO_4$ 输出的 1 064 nm 红外激光倍频成 532 nm 绿光。

常用的倍频晶体有磷酸氧钛钾(KTP)、磷酸二氢钾(KDP)、三硼酸锂(LBO)和铌酸锂(LN)等。其中,KTP 晶体在 1 064 nm 光附近具有透光波段宽、非线性系数和电光系数大、允许参量大、走离角小以及损伤阈值高等特点,在光学参量振荡、和频、差频及倍频中应用广泛。走离效应(walk-off effect):当光在双折射晶体中传播的方向与光轴的夹角不等于 0°或者 90°时,其中 o 光的能流方向与波矢不是一致的,即 o 光和 e 光在传播时将逐渐分开。最常见的是光在各向异性介质(晶体)中传播时,其波法线方向与波射线方向之间有一个小角度,双折射时

o 光线与 e 光线之间也有一个角度，即走离角。1971 年，法国科学家 R. Masse 等人首先合成了粉末状的磷酸氧钛钾($KTiOPO_4$)，简称为 KTP。1982 年，国家建材局人工晶体研究所生长出25 mm×15 mm×10 mm 高光束质量的 KTP 晶体，是国际上第一次用溶剂法生长出的可用于实际倍频的 KTP 晶体。KTP 晶体属于双轴晶体，其化学及光学特性参数如表 3.2－1 所列，对它的相位匹配及有效非线性系数的计算，已有大量的理论研究。通过 KTP 的色散方程，人们计算出其最佳相位匹配角为：$\theta=90°$，$\phi=23.3°$，对应的有效非线性系数 $d_{eff}=7.36\times10^{-12}$ V/m。

**表 3.2－1　KTP 晶体的化学及光学特性参数**

| 化学及光学特性 | 参　数 |
|---|---|
| 晶体结构 | 斜方晶系，空间群 Pna21，点群 mm2 |
| 晶格常数 | a=6.404，b=10.616，c=12.814，Z=8 |
| 熔点 | 1 172 ℃ |
| 莫斯硬度 | HM5 |
| 密度 | 3.01 g/cm$^3$ |
| 导热系数 | 13 W/(m·K$^{-1}$) |
| 可透过波段范围 | 350～4 500 nm |
| 相位匹配范围 | 497～1 800 nm(Type Ⅱ) |
| 吸收系数 | <0.1%/cm(1 064 nm)<br><1%/cm(532 nm) |

相位匹配条件的物理实质就是使基频光在晶体中沿途各点激发的倍频光传播到出射面时，都具有相同的相位，这样可相互干涉增强，从而达到好的倍频效果，即要求基频光和倍频光在晶体中的传播速度相等。相位匹配角是指基频光波矢方向与晶体光轴方向的夹角，而不是与入射面法线的夹角。实际实验中为了减少反射损失和便于调节，总希望让基频光正入射晶体表面。因此，在加工倍频晶体时，按一定方向切割晶体，以使晶体法线方向和光轴方向成一定角度，从而基频光正入射倍频晶体就能达到最佳的相位匹配。

倍频技术通常有腔内倍频和腔外倍频两种。腔内倍频是指将倍频晶体放置在激光谐振腔之内，由于腔内具有较高的功率密度，因此较适合于连续运转的固体激光器。腔外倍频方式是指将倍频晶体放置在激光谐振腔之外的倍频技术，因此较适合于脉冲运转的固体激光器。

## 三、实验装置

搭建固体激光器的主要实验装置(见图 3.2－8)包括泵浦源、Nd:$YVO_4$ 晶体、KTP 晶体和输出镜。使用 808 nm LD 泵浦 Nd:$YVO_4$ 晶体得到 1 064 nm 近红外激光，再用 KTP 晶体进行腔内倍频得到 532 nm 的绿色激光。采用 3 mm×3 mm×1 mm、掺杂浓度为 3%At、$\alpha$ 轴向切割的 Nd:$YVO_4$ 晶体作为工作介质，入射到内部的光约 95%被吸收；采用Ⅱ类相位匹配 2 mm×2 mm×5 mm KTP 晶体作为倍频晶体，通光面镀 1 064 nm、532 nm 的高透膜。采用端面泵浦以提高空间耦合效率，谐振腔为平凹型，后腔片受热后弯曲；输出镜(前腔片)采用 K9 玻璃，$R$ 为 50 mm，镀 808 nm、1 064 nm 高反膜和 532 nm 增透膜。

辅助调节装置包括白屏和 He－Ne 激光器。白屏用于辅助调整光路准直和观察输出激光

的光斑。用632.8 nm的He-Ne激光器作准直光源。

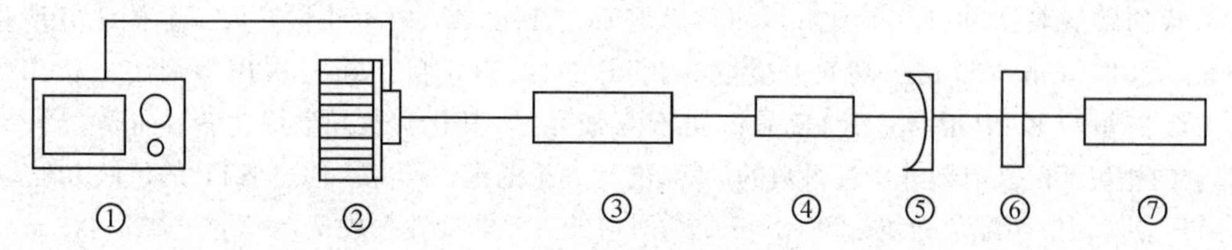


注：①—0～500 mA电源；②—808 nm LD≤500 mW；③—3 mm×3 mm×1 mm Nd:$YVO_4$；

④—2 mm×2 mm×5 mm KTP；⑤—$R_2$=50 mm输出镜；⑥—白屏；⑦—He-Ne激光器。

**图3.2-8　实验装置示意图**

## 四、实验内容及步骤

**1. 激光器光路调整(光路准直是本实验重点)**

① 准直：如图3.2-9所示，需反复移动白屏多次并调节He-Ne激光器，直到白屏小孔周围出现衍射圆环。

② 将808 nm LD固定在二维调节架上，使He-Ne 632.8 nm红光通过白屏小孔聚到LD上。让He-Ne 632.8 nm光、小孔及808 nm LD在同一轴线上，并使返回光点通过小孔，调节LD直到白屏小孔周围出现衍射圆环。

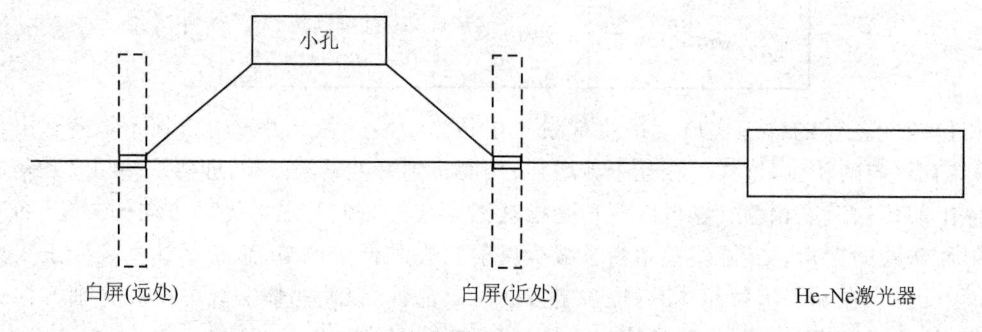


**图3.2-9　准直调节示意图**

③ 将Nd:$YVO_4$晶体安装在二维调节架上，使红光通过晶体并让返回的光点通过小孔，调节Nd:$YVO_4$晶体直到白屏小孔周围出现衍射圆环。

④ 将KTP倍频晶体安装在二维调节架上，使红光通过晶体并让返回的光点通过小孔，调节KTP倍频晶体直到白屏小孔周围出现衍射圆环。

⑤ 将输出镜(前腔片)固定在四维调节架上，调节输出镜使返回的光点通过小孔。对于有一定曲率的输出镜，会有几个光斑，应区分出从球心返回的光斑，调节输出镜使多个光斑集中于小孔，直到白屏小孔周围出现衍射圆环。

⑥ 关闭He-Ne激光器电源，搭建完成的固体激光器如图3.2-10所示。接通半导体激光电源，调节电源多圈电位器，产生532 nm绿光，并调节输出镜，使532 nm绿光功率最大。

**2. 测量激光器特性参数**

① 阈值：调节电源多圈电位器，不断升高泵浦能量，直到激光器恰好能够输出激光，此时的临界能量就为该器件的阈值能量。测量能够观察到532 nm绿光时的泵浦光功率阈值。

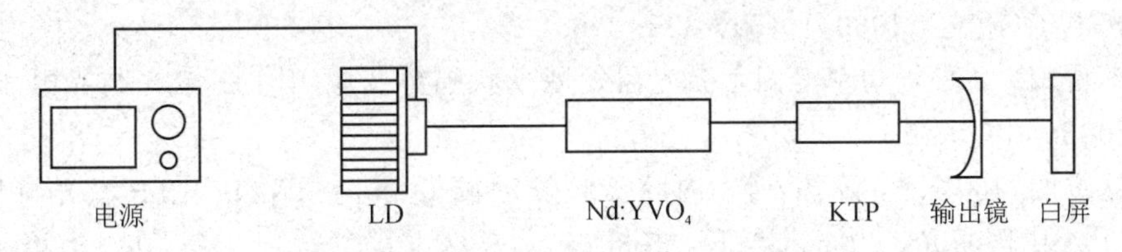


**图3.2-10 搭建完成的固体激光器示意图**

② 能量转换效率:调节电源多圈电位器,不断升高泵浦能量,同时记录倍频光的能量,计算能量转换效率并画出 $P-P'$ 特性曲线$\left(注:\eta=\frac{P}{P'}\times100\%\right)$。

**3. 注意事项**

① 实验中激光器输出的光能量高、功率密度大,应避免直射眼睛。特别是532 nm绿光,切勿用眼睛直视激光器的轴向输出光束,以免视网膜受到永久性的伤害。

② 避免用手接触激光器的输出镜以及晶体的镀膜面,膜片应防潮。不用的晶体、镜片用镜头纸包好,放在干燥器里。

③ 如果在调整时,发现晶体及输出镜镜面较脏有灰尘时,可用混合液(酒精与乙醚按4:1混合)擦拭。

④ 激光器应注意开关步骤,先检查电源多圈电位器是否处于最小处,再打开电源开关,逐步调整电源多圈电位器,使电流逐渐增大,从而激光器出光。实验完成后,调整电源多圈电位器,直到电流为零后,再关闭电源。

## 五、思考题

1. 半导体泵浦固体激光器同闪光灯泵浦激光器比较有何异同?
2. 为什么半导体泵浦激光器要采用腔内倍频?腔内倍频的特点是什么?
3. 对于固体激光器,端面泵浦与侧面泵浦分别有什么优点和缺点?
4. 实验中可以观察到,调节固体激光器各器件的准直对能否得到激光输出,以及固体激光器的能量转换效率影响非常大,造成这一现象的原因有哪些?

## 六、拓展性实验

微调输出镜,使532 nm绿光功率发生变化,测量此时固体激光器的阈值和能量转换效率,并与调节输出镜前固体激光器的阈值和能量转换效率对比,分析产生变化的原因。

## 七、研究性实验

测量腔长与固体激光器能量转换效率的关系,并验证谐振腔的稳定条件。

## 参考文献


[1] 范品忠.先进固体激光会议报道[J].激光与光电子学进展,2001(3):21-22.

[2] 周进军,元秀华,李博.用ADN8830实现半导体激光器的自动温度控制[J].光学与光电技术,2005,3(2):54-57.

[3] 李健,何义良,候玮,等.大功率激光二极管泵浦全固态Nd:YVO$_4$微片激光器[J].

光电子(激光),1999,10(5):395- 396.

[4] 李晋闽. 高平均功率全固态激光器发展现状趋势及应用[J]. 激光与光电子学进展,2008,45(7):16-29.

[5] 赵宏明,赵圣之,陈磊,等. 内腔倍频被动调 Q Nd:$YVO_4$/KTP 激光特性的研究[J]. 中国激光,2005,32(1):35-38.

[6] 王军民,李瑞宁. 激光二极管直接耦合泵浦的高效率 Nd:$YVO_4$/KTP 腔内倍频激光器[J]. 光学学报,1996(10):1389-1392.

[7] MASSE R,GRENIER J. C. Process for crystal growth of KT:$OPO_4$ from high temperature solution[J]. Bull Soc Frand Mineral Crystallogr Crystallography,1971,94:437-439.

[8] 刘跃刚,徐斌,韩建儒等,高效激光倍频晶体 KTP 的生长及其主要性能,中国激光,1986,13(7):438-441.

## 3.3 光拍法测量光速

从17世纪伽利略第一次尝试测量光速以来,各个时期人们都采用最先进的技术来测量光速。现在,光在一定时间中走过的距离已经成为一切长度测量的单位标准,即“米的长度等于真空中光在1/299 792 458 s的时间间隔中所传播的距离”,光速也已直接用于距离测量,在国民经济建设和国防事业上大显身手。光速不但与天文学密切相关,还是物理学中一个重要的基本常数,许多其他常数都与它相关,例如光谱学中的里德堡常数,电子学中真空磁导率与真空电导率之间的关系,普朗克黑体辐射公式中的第一辐射常数与第二辐射常数,质子、中子、电子、$\mu$ 子等基本粒子的质量等常数都与光速 $c$ 相关。正因为如此,光速测量的魅力把科学工作者牢牢地吸引到这个课题上来,几十年如一日,兢兢业业地埋头于提高光速测量精度的事业。

LM2000C 采用光拍法测量光速,是老式光拍法光速测量仪的升级换代产品。它采用了主频达 75 MHz 的声光器件,使光拍频达到了 150 MHz,波长降到 2 m,并由此大大减小了仪器的体积(0.7 m×0.2 m),实现了 $0\sim2\pi$ 连续移相,这些都是老式光拍法光速测量仪所无法比拟的。本实验包含两个内容:声光法测量透明介质中的声速和光拍法测量光速。

### 一、实验要求与预习要点

**1. 实验要求**

① 理解光拍频的概念,掌握光拍法测量光速的基本原理。

② 了解驻波在声光器件中传播时实现声光衍射的相关原理。

③ 根据声光效应基本原理测量超声波在介质中的传播速度,从而掌握产生声光效应的条件。

④ 掌握空气和其他介质中光速的测量技术。

**2. 预习要点**

① 参考声光效应的相应知识,了解 Brag 衍射和 Raman-Nath 衍射的区别,了解驻波和行波声光器件的区别。本实验的声光器件利用的是哪种声光效应?

② 什么是光拍？形成光拍的条件有哪些？什么是拍频？如何测量光拍波长？获得光拍频波的方法有哪些？本实验用的是哪种方法？

③ 驻波在声光器件中传播必须满足什么条件？如何测量超声在声光介质中的传播速度？

④ 斩光器在实验中起什么作用？斩光器速度过快或过慢会出现什么现象？

⑤ LM2000C 光速测量仪是如何形成光拍的？如何调整光路？自拟空气中光速测量实验步骤。

## 二、实验原理

### 1. 光拍的产生和传播

根据振动迭加原理，频差较小、速度相同的两同向传播的简谐波相叠加即形成拍。考虑频率分别为 $\omega_1$ 和 $\omega_2$ 的光束（为简化讨论，假定它们具有相同的振幅）：$E_1 = E\cos(\omega_1 t - k_1 x + \phi_1)$，$E_2 = E\cos(\omega_2 t - k_2 x + \phi_2)$，它们的叠加为

$$E_s = E_1 + E_2 = 2E\cos\left[\frac{\omega_1 - \omega_2}{2}\left(t - \frac{x}{c}\right) + \frac{\phi_1 - \phi_2}{2}\right] \times \cos\left[\frac{\omega_1 + \omega_2}{2}\left(t - \frac{x}{c}\right) + \frac{\phi_1 + \phi_2}{2}\right] \tag{3.3-1}$$

$E_s$ 是角频率为 $\frac{\omega_1 + \omega_2}{2}$，振幅为 $2E\cos\left[\frac{\omega_1 - \omega_2}{2}\left(t - \frac{x}{c}\right) + \frac{\phi_1 - \phi_2}{2}\right]$ 的前进波。注意到 $E_s$ 的振幅以频率 $\frac{\Delta\omega}{4\pi} = \frac{\omega_1 - \omega_2}{2\pi}$ 周期地变化，所以称它为拍频波，如图 3.2－1 所示。

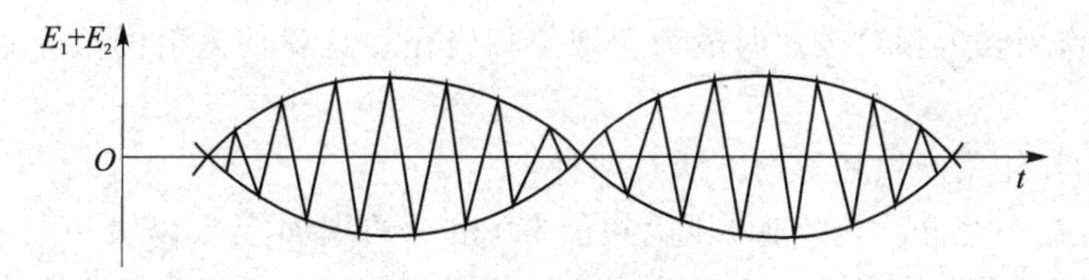


**图 3.3－1　光拍频波的形成**

用光电检测器接收拍频波 $E_s$。因为光检测器的光敏面上光照反应所产生的光电流是光强（即电场强度的平方）所引起，故光电流为

$$i_0 = gE_s^2 \tag{3.3-2}$$

其中，$g$ 为接收器的光电转换常数。把式（3.3－1）代入式（3.3－2），同时注意，由于光频甚高（$f_0 > 10^{14}$ Hz），光敏面来不及反应频率如此之高的光强变化，通常仅能反映频率 $10^8$ Hz 左右的光强变化，并产生光电流；将 $i_0$ 对时间积分，并取对光检测器的响应时间 $t\left(\frac{1}{f_0} < t < \frac{1}{\Delta f}\right)$ 的平均值，结果，$i_0$ 积分中高频项为零，只留下常数项和缓变项，即

$$\bar{i_0} = \frac{1}{t}\int_t i\,\mathrm{d}t = gE^2\left\{1 + \cos\left[\Delta\omega\left(t - \frac{x}{c}\right) + \Delta\phi\right]\right\} \tag{3.3-3}$$

其中，$\Delta\omega$ 是与 $\Delta f$ 相应的角频率，$\Delta\phi = \phi_1 - \phi_2$ 为初相。可见光检测器输出的光电流包含直流和光拍信号两种成分。滤去直流成分，即得频率为拍频 $\Delta f$、位相与初相以及空间位置有关的光拍信号。

图3.3-2所示是光拍信号 $i_0$ 在某一时刻的空间分布,如果接收电路将直流成分滤掉,即得纯粹的拍频信号在空间的分布。这就是说处在不同空间位置的光检测器,在同一时刻有不同位相的光电流输出。这就提示我们可以用比较相位的方法间接地测定光速。事实上,由式(3.3-3)可知,光拍频波的同位相诸点有如下关系:

$$\Delta\omega \frac{\delta x}{c} = 2n\pi \quad \text{或} \quad \delta x = \frac{nc}{\Delta f} \tag{3.3-4}$$

其中,$n$ 为整数,两相邻同相点的距离 $\Lambda = \frac{c}{\Delta f}$,即相当于拍频波的波长。测定了 $\Lambda$ 和光拍频 $\Delta f$ 即可确定光速 $c$。

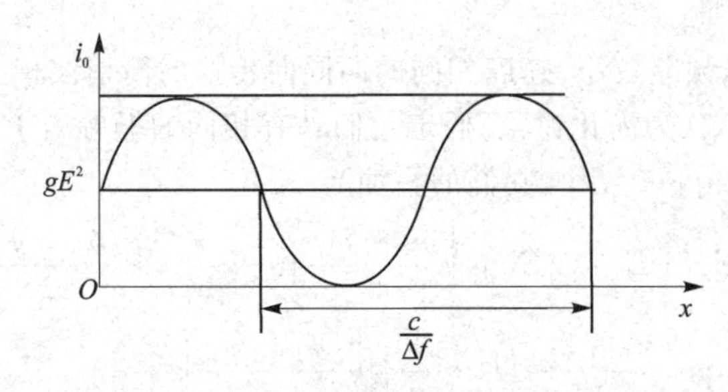


**图3.3-2　光电接收器件接收到的光拍信号在空中的分布**

**2. 相拍二光束的获得**

光拍频波要求相拍二光束具有一定的频差,使激光束产生固定频移的办法很多,一种最常用的办法是让超声与光波互相作用。超声(弹性波)在介质中传播,引起介质光折射率发生周期性变化,声光作用长度相对较短时成为一维位相光栅。这就使入射的激光束发生了与超声有关的频移。

利用声光相互作用产生频移的方法有两种:

① 行波法:在声光介质与声源(压电换能器)相对的端面上敷以吸声材料防止声反射,以保证只有声行波通过,如图3.3-3所示。声光相互作用的结果是激光束产生对称多级衍射。第1级衍射光的角频率为 $\omega_l = \omega_0 + l\omega_s$,其中,$\omega_0$ 为入射光的角频率,$\omega_s$ 为声角频率,衍射级 $l = \pm1, \pm2, \cdots, \pm n$,如其中 $+1$ 级衍射光频率为 $\omega_0 + \omega_s$,衍射角为 $\alpha = \frac{\lambda}{\lambda_s}$,$\lambda$ 和 $\lambda_s$ 分别为介质中的光和声波长。通过光路调节,可使 $+1$ 与零级二光束平行叠加产生频差为 $\omega_s$ 的光拍频波。

② 驻波法:如图3.3-4所示。利用声波的反射,使介质中存在驻波声场(相应于介质传声的厚度为半声波长的整数倍的情况)。它也产生 $l$ 级对称衍射,而且衍射光比行波法时强得多(衍射效率高),第 $l$ 级的衍射光频为

$$\omega_{lm} = \omega_0 + (l + 2m)\omega_s \tag{3.3-5}$$

其中,$l, m = 0, \pm1, \pm2, \cdots$ 可见在同一级衍射光束内就含有许多不同频率的光波的叠加(当然强度不相同),因此不用光路的调节就能获得拍频波。例如选取第一级,由 $m = 0$ 和 $m = -1$ 的两种频率成分叠加就可以得到拍频为 $2\omega_s$ 的拍频波。两种方法比较,显然驻波法更方便。

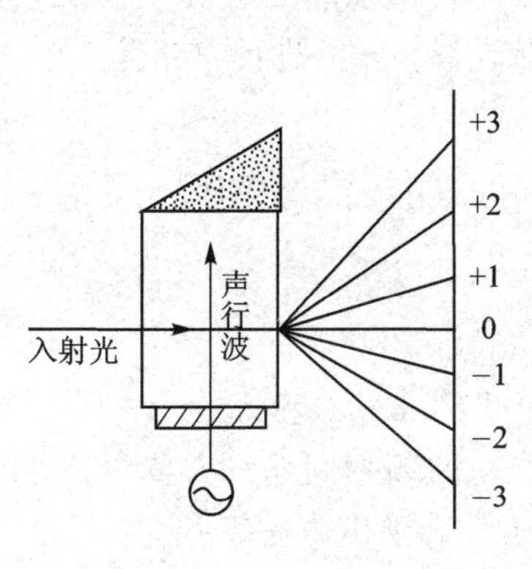


图 3.3-3　行波法

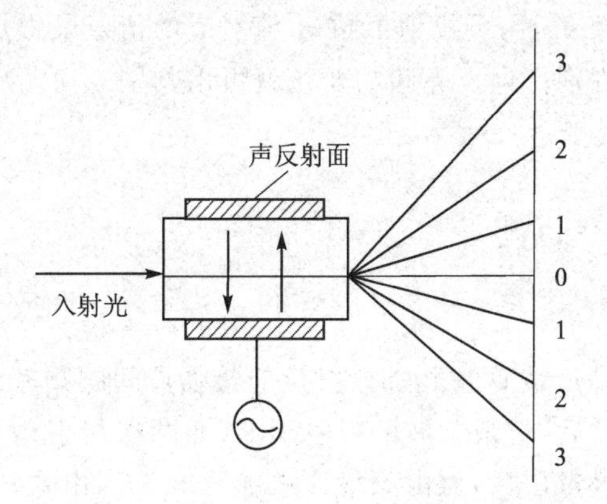


图 3.3-4　驻波法

**3. 声光法测量介质声速**

目前测量介质声速的方法有多种，所利用的基本关系式皆为

$$v_s = s/t \qquad 或 \qquad v_s = f_s \Lambda$$

其中，$v_s$ 为声速，$s$ 是声传播距离，$t$ 为声传播时间，$f_s$ 为声频率，$\Lambda$ 为声波长。这些已为大家所共知。本实验以驻波 Raman-Nath 型声光调制器为例。由声光效应可知，当调制器注入声功率时，声光介质(通光介质)内要形成驻波衍射光栅，其示意图如图 3.3-5 所示，图中 $d$ 为声光介质厚度。

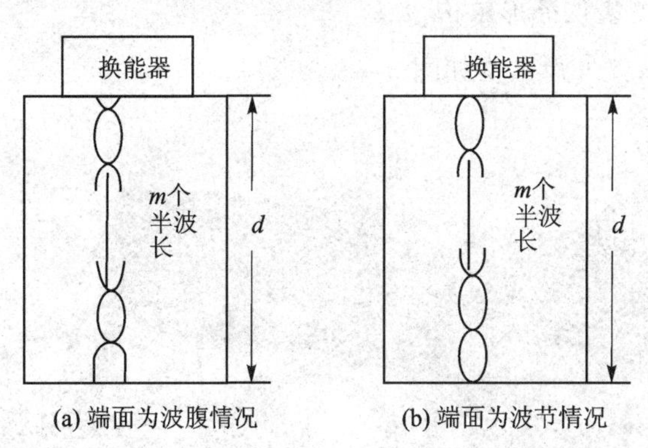


图 3.3-5　声光介质内形成驻波衍射光栅

由驻波条件得

$$d = m\frac{\Lambda}{2} \tag{3.3-6}$$

其中，$m$ 为正整数；$\Lambda$ 为超声波长，$\Lambda = V/f$，$V$ 为声速，$f$ 为功率源频率，代入式(3.3-6)有

$$d = m\frac{v_s}{2f_s} \tag{3.3-7}$$

或

$$f_s = m\frac{v_s}{2d} \tag{3.3-8}$$

由式(3.3-8)可知，当 $d$ 一定时，可以在声光介质中形成不同频率的驻波声波场，$m$ 由声频 $f_s$ 确定。当光束垂直驻波场入射时将产生 Raman-Nath 衍射。在换能器频率响应带宽范围内

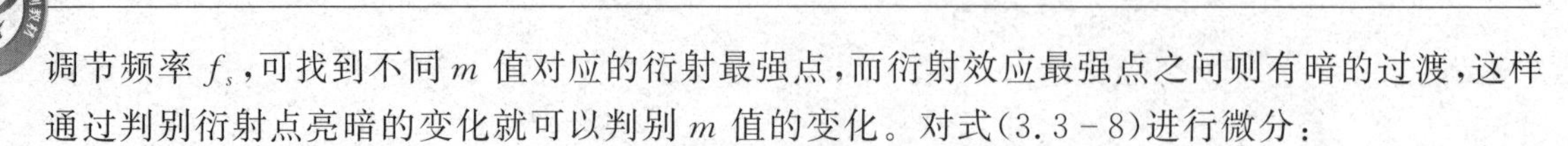



调节频率 $f_s$,可找到不同 $m$ 值对应的衍射最强点,而衍射效应最强点之间则有暗的过渡,这样通过判别衍射点亮暗的变化就可以判别 $m$ 值的变化。对式(3.3-8)进行微分:

$$\delta f_s = \delta m \cdot \frac{v_s}{2d}$$

令 $\delta m=1$,则

$$\delta f_s = \frac{v_s}{2d} \quad 或 \quad v_s = 2d\ \delta f_s \tag{3.3-9}$$

其中,$\delta f_s$ 为两次相邻衍射效应最强点间的频率间隔。由式(3.3-8)和式(3.3-9)可知,当 $d$ 确定之后,形成驻波的频率间隔(即两次衍射效应最强点间的频率间隔)$\delta f_s$ 为一常数。当 $d$ 被精确量出后,再由频率计精确测出 $\delta f_s$,由式(3.3-9)可精确求出声速值。

## 三、实验装置

### 1. 主要技术指标

实验装置主要技术指标如表3.3-1所列。

表3.3-1 实验装置主要技术指标

| 仪器全长 | 拍频波频率 | 拍频波波长 | 可变光程 | 连续移相范围 | 移动尺 | 最小读数 | 测量精度 |
|---|---|---|---|---|---|---|---|
| 0.785 m×0.235 m | 150 MHz | 2 m | 0～2.4 m | 0～2π | 2根 | 0.1 mm | ≤0.5 %(2π) |

### 2. LM2000C光速测量仪外形结构

LM2000C光速测量仪外形结构如图3.3-6所示。

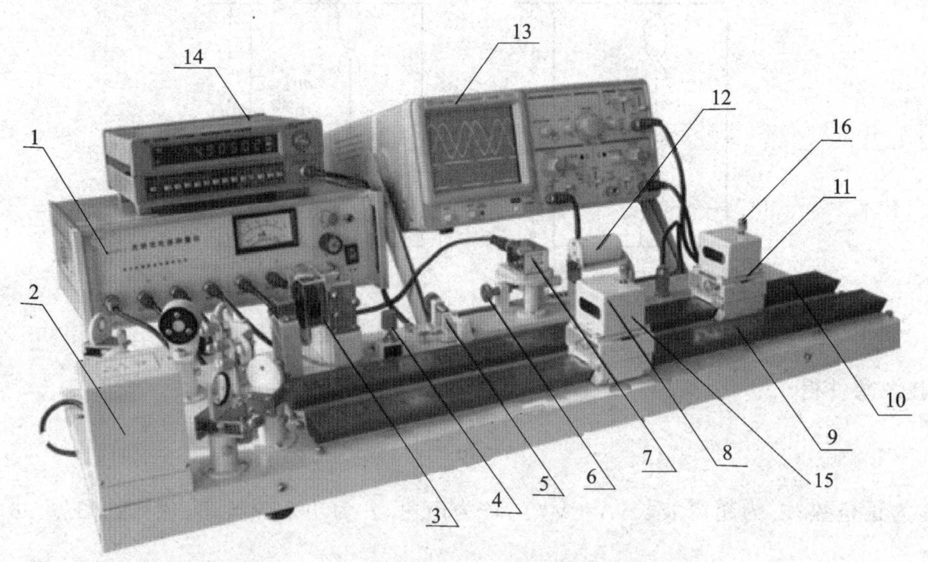


注:1—电路控制箱;2—光电接收盒;3—斩光器;4—斩光器转速控制旋钮;5、6—手调旋钮;7—液晶光阀;8、11—棱镜小车;9、10—导轨;12—半导体激光器;13—示波器;14—频率计;15、16—棱镜小车调节旋钮。

图3.3-6 LM2000C光速测量仪外形结构

**3. LM2000C 光速测量仪光学系统示意图**

LM2000C 光速测量仪光学系统示意图如图 3.3 - 7 所示。

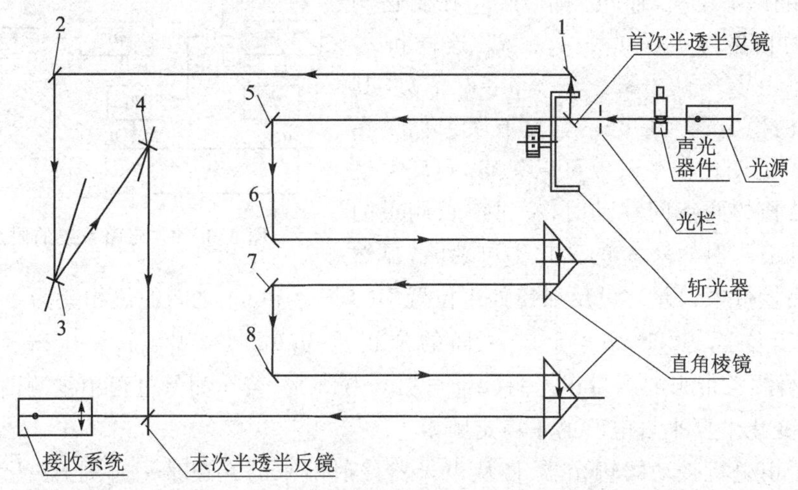


注：1～4—内(近)光路全反光镜；5～8—外(远)光路全反光镜。

**图 3.3 - 7　光速测量仪光学系统示意图**

**4. LM2000C 光速测量仪光电系统框图**

LM2000C 光速测量仪光电系统如图 3.3 - 8 所示。

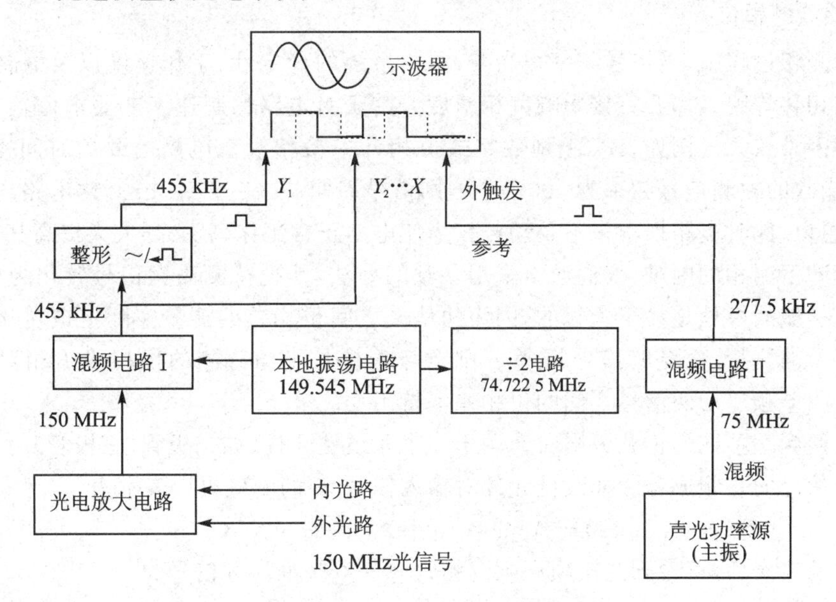


**图 3.3 - 8　光电接收系统框图**

**5. 双光束位相比较法测拍频波长**

用位相法测拍频波的波长，须经过很多电路，必然会产生附加相移。

以主控振荡器的输出端作为位相参考原点来说明电路稳定性对波长测量的影响。如图 3.3 - 9 所示，$\phi_1$、$\phi_2$ 分别表示发射系统和接收系统产生的相移，$\phi_3$、$\phi_4$ 分别表示混频电路

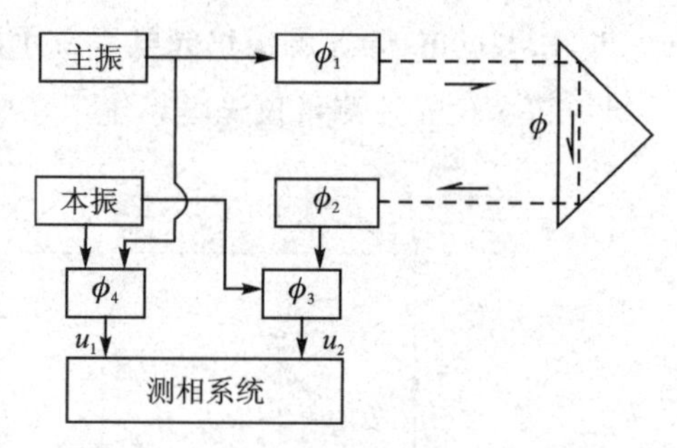

图 3.3-9　电路系统的附加相移

Ⅱ和Ⅰ产生的相移,$\phi$ 为光在测线上往返传输产生的相移。由图 3.3-9 看出,基准信号 $u_1$ 到达测相系统之前位相移动了 $\phi_4$,而被测信号 $u_2$ 在到达测相系统之前的相移为 $\phi_1+\phi_2+\phi_3+\phi$。这样和 $u_1$ 之间的位相差为 $\phi_1+\phi_2+\phi_3-\phi_4+\phi=\phi'+\phi$。其中,$\phi'$ 与电路的稳定性及信号的强度有关。如果在测量过程中 $\phi'$ 的变化很小以致可以忽略,则反射镜在相距为半波长的两点间移动时,$\phi'$ 对波长测量的影响可以被抵消。但如果 $\phi'$ 的变化不可忽略,显然会给波长的测量带来误差。设反射镜处于位置 $B_1$ 时 $u_1$ 和 $u_2$ 之间的位相差为 $\Delta\phi_{B_1}=\phi'_{B_1}+\phi$;反射镜处于位置 $B_2$ 时,$u_2$ 与 $u_1$ 之间的位相差为 $\Delta\phi_{B_1}=\phi'_{B_2}+\phi+2\pi$。那么,由于 $\phi'_{B_1}\neq\phi'_{B_2}$ 而给波长带来的测量误差为 $(\phi'_{B_1}-\phi'_{B_2})/(2\pi)$。若在测量过程中被测信号强度始终保持不变,则变化主要来自电路的不稳定因素。

设置一个由电机带动的斩光器,使从声光器件射出来的光在某一时刻 $t_0$ 只射向内光路,而在另一时刻 $t_0+1$ 只射向外光路,周而复始。同一时刻在示波器上显示的要么是内光路的拍频波,要么是外光路的拍频波。由于示波管的荧光粉余晖和人眼的记忆作用,看起来两个拍频重叠显示在一起。两路光在很短的时间间隔内交替经过同一套电路系统,相互间的相位差仅与两路光的光程差有关,消除了电路附加相移的影响。

**6. 差频法测相位**

在实际测相过程中,当信号频率很高时,测相系统的稳定性、工作速度以及电路分布参量造成的附加相移等因素都会直接影响测相精度。由于对电路的制造工艺要求比较苛刻,因此高频下测相困难较大。例如,BX21 型数字式位相计中检相双稳电路的开关时间是 40 ns 左右,如果所输入的被测信号频率为 100 MHz,则信号周期 $T=1/f=10$ ns,比电路的开关时间要短,可以想象,此时电路根本来不及动作。为使电路正常工作,就必须大大提高其工作速度。为了避免高频下测相的困难,人们通常采用差频的办法,即把待测高频信号转化为中、低频信号处理。这样做的好处是易于理解的,因为两信号之间位相差的测量实际上被转化为两信号过零的时间差的测量,而降低信号频率 $f$ 则意味着拉长了与待测的位相差 $\phi$ 相对应的时间差。下面证明差频前后两信号之间的位相差保持不变。

已知将两频率不同的正弦波同时作用于一个非线性元件(如二极管、三极管)时,其输出端包含有两个信号的差频成分。非线性元件对输入信号 $X$ 的响应可以表示为

$$y(x)=A_0+A_1x+A_2x^2+\cdots A_nX^n \tag{3.3-10}$$

忽略上式中的高次项,可看到二次项产生混频效应。设基准高频信号为

$$u_1=U_{10}\cos(\omega t+\phi_0) \tag{3.3-11}$$

被测高频信号为

$$u_2=U_{20}\cos(\omega t+\phi_0+\phi) \tag{3.3-12}$$

现在引入一个本振高频信号

$$u'=U'_0\cos(\omega' t+\phi'_0) \tag{3.3-13}$$

式(3.3-11)至式(3.3-13)中,$\phi_0$ 为基准高频信号的初位相,$\phi'_0$ 为本振高频信号的初位相,$\phi$

为调制波在测线上往返一次产生的相移量。将式(3.3-12)和式(3.3-13)代入式(3.3-10)有

$$y(u_2+u')\approx A_0+A_1u_2+A_1u'+A_2u_2^2+A_2u'^2+2A_2u_2u'$$

略去高次项

$$2A_2u_2u'\approx 2A_2U_{20}U'_0\cos(\omega t+\phi_0+\phi)\cos(\omega' t+\phi'_0)$$

展开交叉项有

$$A_2U_{20}U'_0\{\cos[(\omega+\omega')t+(\phi_0+\phi'_0)+\phi]+\cos[(\omega-\omega')t+(\phi_0-\phi'_0)+\phi]\}$$

由上面的推导可以看出,当两个不同频率的正弦信号同时作用于一个非线性元件时,在其输出端除了可以得到原来两种频率的基波信号以及它们的二次和高次谐波之外,还可以得到差频以及和频信号,其中差频信号很容易和其他的高频成分或直流成分分开。同样的推导,基准高频信号 $u_1$ 与本振高频信号 $u'$ 混频,其差频项为

$$A_2U_{10}U_0'\cos[(\omega-\omega')t+(\phi_0-\phi'_0)]$$

为了便于比较,把这两个差频项写在一起,基准信号与本振信号混频后所得差频信号为

$$A_2U_{10}U'_0\cos[(\omega-\omega')t+(\phi_0-\phi'_0)] \tag{3.3-14}$$

被测信号与本振信号混频后所得差频信号为

$$A_2U_{20}U'_0\cos[(\omega-\omega')t+(\phi_0-\phi'_0)+\phi] \tag{3.3-15}$$

比较以上两式可见,当基准信号、被测信号分别与本振信号混频后,所得到的两个差频信号之间的位相差仍保持为 $\phi$。

本实验就是利用差频检相的方法,将150 MHz的高频基准信号和高频被测信号分别与本机振荡器产生的 $f=149.545$ MHz的高频振荡信号混频,得到频率为455 kHz、位相差依然为 $\phi$ 的低频信号,然后送到示波器或位相计中去比相,如图3.3-10所示。

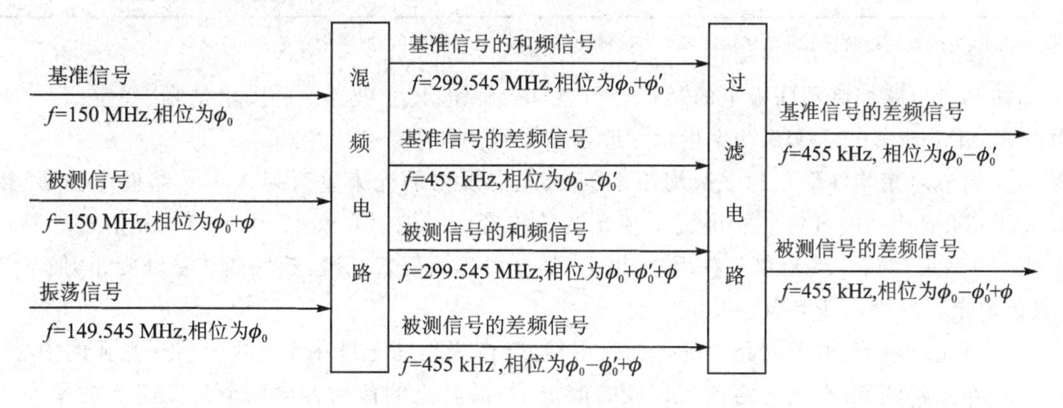


**图3.3-10 差频检相示意图**

## 四、实验内容及步骤

### 1. 用光拍法通过测量光拍的波长和频率测定光速

① 预热。电子仪器都有一个温漂问题,光速仪的声光功率源、晶振和频率计须预热半小时再进行测量。在这期间可以进行线路连接、光路调整(即下述步骤③~⑦)、示波器调整等工作。因为由斩光器分出了内外两路光,所以在示波器上的曲线有些微抖,这是正常的。

② 连接。图3.3-11所示是电路控制箱的面板,请按表3.3-2将其与LM2000C光学平台或其他仪器连接。

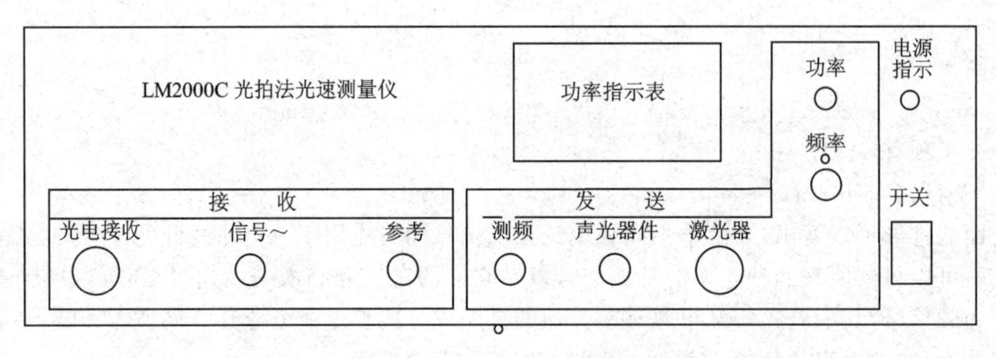


图3.3-11 电路控制面

表3.3-2 仪器线路连接

| 序 号 | 电路控制箱面板 | 光学平台/频率计/示波器 | 连线类型<br>(电路控制箱—光学平台/其他测量仪器) |
|---|---|---|---|
| 1 | 光电接收 | 光学平台上的光电接收盒 | 4芯航空插头——由光电接收盒引出 |
| 2 | 信号(～) | 示波器的通道1 | Q9—Q9 |
| 3 | 参考 | 示波器的同步触发端 | Q9—Q9 |
| 4 | 测频 | 频率计 | Q9—Q9 |
| 5 | 声光器件 | 光学平台上的声光器件 | 莲花插头—Q9 |
| 6 | 激光器 | 光学平台上的激光器 | 3芯航空插头—3芯航空插头 |

* 注意:电路控制箱面板上的功率指示表头中,读数值乘以10就是毫瓦数,即满量程是1 000 mW。

③ 调节电路控制箱面板上的“频率”和“功率”旋钮,使示波器上的图形清晰、稳定(频率大约在75 MHz±0.02 MHz,功率指示一般在满量程的60%～100%)。

④ 调节声光器件平台的手调旋钮2,使激光器发出的光束垂直射入声光器件晶体,产生Raman-Nath衍射(可将一块屏置于声光器件的光出射端以观察Raman-Nath衍射现象),这时应明确观察到0级光和左右两个(以上)强度对称的衍射光斑,然后调节手调旋钮,使某个1级衍射光正好进入斩光器。

⑤ 内光路调节:调节光路上的平面反射镜,使内光程的光打在光电接收器入光孔的中心。

⑥ 外光路调节:在内光路调节完成的前提下,沿着光的传播方向调节外光路上的平面反射镜和三棱镜方位,使棱镜小车A/B在导轨上来回移动时,外光路的光也始终保持在光电接收器中心同一位置。

⑦ 反复进行步骤⑤和⑥,直至示波器上的两条曲线清晰、稳定、幅值相等。注意调节斩光器的转速要适中,过快则示波器上两路波形会左右晃动;过慢则示波器上两路波形会闪烁,引起眼睛观看的不适。

⑧ 记下频率计上的读数 $f$,应随时注意 $f$,如发生变化,应立即调节声光功率源面板上的“频率”旋钮,保持 $f$ 在整个实验过程中的稳定。

⑨ 移动棱镜小车A和B观察示波器上波形的变化,设计方法测量光拍波长。

⑩ 计算出光速 $c$ 及其不确定度。光在真空中的传播速度为 $2.99\,792\times10^{8}$ m/s。

注意:对整个系统而言,应遵循以下调节原则:顺着光路的先后次序,先调节前一个平面反射镜,让光斑落在后一个光学接收面中心,完成后再调节下一个。

**2. 声光法测量透明介质的声速**

图3.3-12所示装置将各个仪器与光路安排调整好,依次启动激光器、高频功率信号源、频率计及其他各仪器,然后调节功率信号源输出功率到一定值(比如功率表表头满刻度的70%、80%左右),再调节功率信号源频率,在声光调制器通过的介质内形成驻波并使Raman-Nath衍射最强,这时应看到零级光最弱,而其他级衍射光最强,此时频率计指示的声频率为 $f_0$,然后调节频率,这时可观察到在一系列频率点上衍射效应可以最强。测出一组衍射效应最强时所对应的各频率值 $f_0, f_1, f_2, \cdots, f_p$,代入式(3.3-9)得晶体中超声的传播速度。本实验 $v_{理}=3\,682$ m/s。

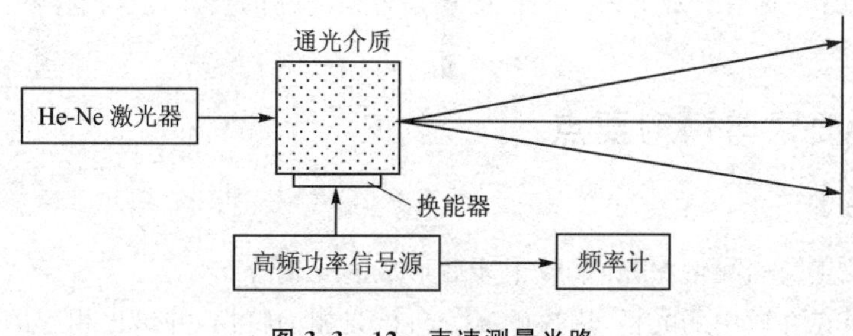


图3.3-12　声速测量光路

为了减小由 $f$ 读数误差而引起的 $\delta f$ 误差,在换能器频率响应带宽范围内应尽量多测一些点,即使 $p$ 值大一些,这样相对误差就变小了。

## 五、思考题

1. 实验中是如何判断外光路和内光路同位相的?能用李萨如图形法吗?
2. 在测量光速实验中,对内外光路有什么要求?具体如何调整?
3. 利用光拍法测量水的折射率,推导出计算公式。

## 六、拓展性实验

设计方案测量熔石英玻璃、重火石玻璃、水等物质的折射率,分析不确定度。

## 参考文献

[1] 母国光.光学[M].北京:人民教育出版社,1981.
[2] 林木欣.近代物理实验教程[M].北京:科学出版社,1999.
[3] 曹尔.近代物理实验[M].上海:华东师范大学出版社,1992.
[4] 吴思诚,王祖铨.近代物理实验[M].2版.北京:北京大学出版社,1995.
[5] 安毓英.光电子技术[M].北京:电子工业出版社,2004.

# 3.4 偏振全息光栅

本实验是用两束激光干涉产生光场周期分布,然后将该光场信息记录在各向异性的介质膜中并形成光栅。这种光栅有反射型和透射型,有的记录在介质内,有的在介质膜表面形成表面凸起的周期结构。根据这些性质,本实验可用于全息存储,光排列介质中的分子、光波导、电光调制等应用领域。

通常讲两束光的干涉是指两束偏振方向相同的线偏振光产生的干涉,此种情况产生光场强度的周期分布,偏振方向不变(同于两束干涉光的偏振方向)。但是,当两束光的偏振方向相互垂直时,此时产生干涉光场的强度不变,但其偏振态是周期分布的。此时若记录介质是各向异性的且对光的偏振状态很敏感,那么光场周期变化的信息就可记录在介质中,即形成偏振全息光栅。记录后的介质是宏观上各向同性的还是各向异性的要通过检测探测光透过率的信息来确定。

## 一、实验要求与预习要点

**1. 实验要求**

① 对于两束正交的线偏振光,掌握干涉后形成的光场分布。

② 对于记录在介质中的光栅,用探测光分析该光栅的特性,并给出相应的物理图像。

③ 了解矩阵方法在该类型实验中的应用。

**2. 预习要点**

① 了解单轴晶体的各向异性。

② 一级衍射光信号的表达式。

③ 零级光和一级衍射光的含义。

## 二、实验原理

图 3.4-1(a)所示为实验光路图,实验中激发光是 $Ar^+$ 激光器出射的波长为 514.5 nm 的绿光,其偏振方向是沿图 3.4-1(b)的 $y$ 轴方向,实验中同时用一束 He-Ne 激光(波长为 632.8 nm)监测光栅产生的过程。

在图 3.4-1(c)所示的简化图中,两束光 $\boldsymbol{k}_1$ 和 $\boldsymbol{k}_2$ 在样品 $O$ 处干涉,$\boldsymbol{k}_1$ 和 $\boldsymbol{k}_2$ 的夹角为 $2\alpha$,在波矢空间中,由 $\triangle OAB$ 可知,$\boldsymbol{k}_1-\boldsymbol{k}_2=\boldsymbol{q}$(令 $\overrightarrow{AB}=\boldsymbol{q}$)为光栅方向矢量。而 $|\boldsymbol{k}_1|=|\boldsymbol{k}_2|=\dfrac{2\pi}{\lambda}$,可知 $\boldsymbol{q}$ 也应有同样的表达式 $\boldsymbol{q}=\dfrac{2\pi}{\Lambda}$($\Lambda$ 有波长的量纲)。

从图 3.4-1(c)的$\triangle OAB$ 中可知:

$$q=2|k_1|\sin\alpha$$

所以

$$\frac{\pi}{\Lambda}=2\times\frac{2\pi}{\lambda}\sin\alpha\rightarrow\Lambda=\frac{\lambda}{2\sin\alpha}$$

即是光场沿 $y$ 轴分布的周期,即空气中的光栅周期。

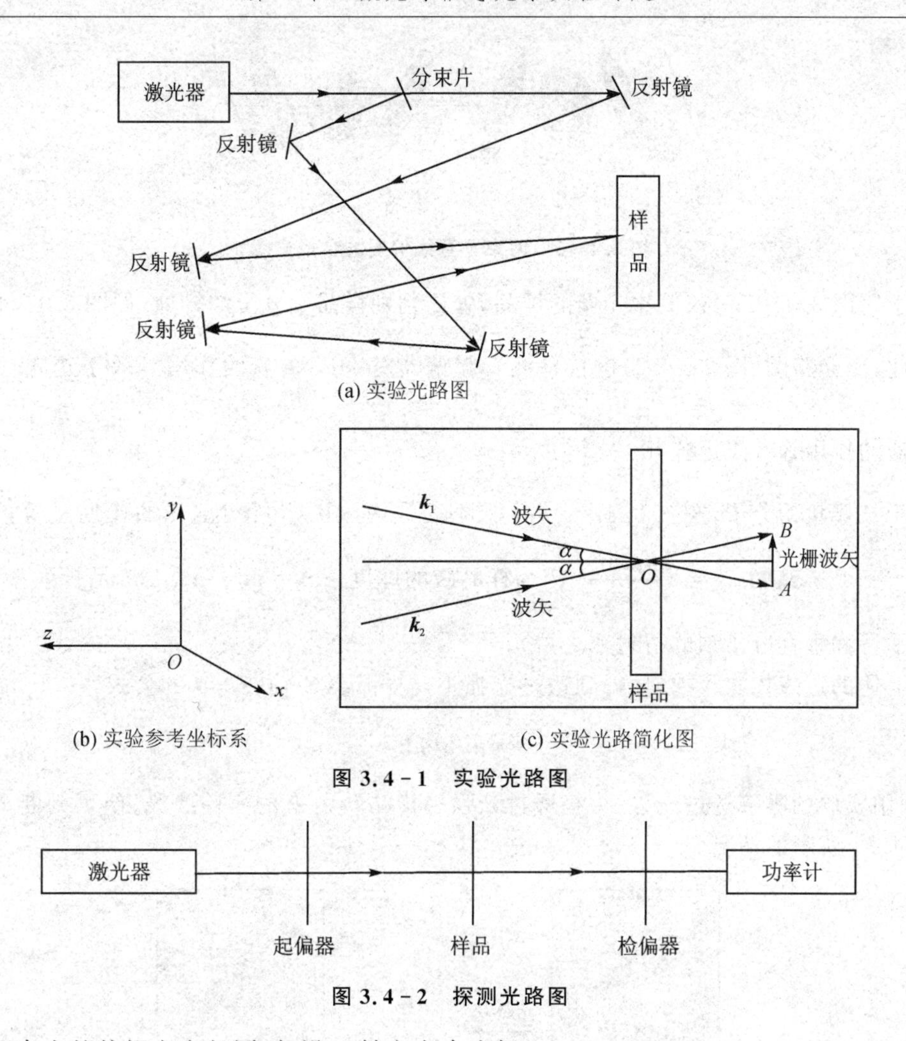


图 3.4-1　实验光路图

图 3.4-2　探测光路图

若两束光的偏振方向相同，如沿 $y$ 轴方向合光场

$$E=E_1+E_2=\hat{y}A_1\mathrm{e}^{\mathrm{i}(\omega t-\vec{k}_i\vec{r})}+\hat{y}A_2\mathrm{e}^{\mathrm{i}(\omega t-\vec{k}_2\vec{r})} \tag{3.4-1}$$

两束光强近似相同，有 $A_1\approx A_2=A$，$A$ 为振幅，由 $q$ 的定义自然应考虑 $r$ 的空间分量应选 $x$ 轴分量，则 $k_{1x}=xk\sin\alpha$，$k_2x=xk\sin\alpha$，$(\vec{k}_2-\vec{k}_1)x=x2k\sin\alpha$ 。则合光场的强度为

$$I=EE^*=2A^2(1+\cos(2k\sin\alpha)) \tag{3.4-2}$$

所以，干涉产生合光场的光强是沿 $x$ 轴周期分布的，偏振方向仍沿 $y$ 轴。但是当两束光是正交的线偏振光时，入射光 $E_1$ 和 $E_2$ 可写成

$$E_x=\hat{x}a_x\cos(\omega t+\phi_x) \tag{3.4-3}$$

$$E_y=\hat{y}a_y\cos(\omega t+\phi_y) \tag{3.4-4}$$

此时，$E_1$、$E_2$ 和 $XOY$ 共面，$E_x$、$E_y$ 在 $XOY$ 面上的轨迹就代表了干涉产生合光场的偏振特性。为此从式(3.4-3)和式(3.4-4)中消去 $t$，得

$$\left(\frac{E_x}{a_x}\right)^2+\left(\frac{E_y}{a_y}\right)^2-2\frac{E_x}{a_x}\frac{E_y}{a_y}\cos\phi=\sin^2\phi(\phi=\phi_y-\phi_x) \tag{3.4-5}$$

从上面的分析可知，$\phi_y-\phi_x=\vec{k}_2x-\vec{k}_1x=2xk\sin x=\phi$，可见在 $x$ 轴方向，干涉后，合光场的偏振态随 $x$ 取不同值而周期变化，如图 3.4-3 所示。

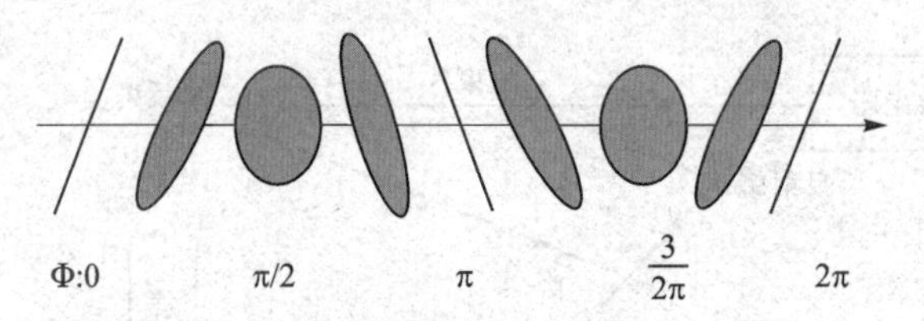


图 3.4-3　两束垂直线偏振的合成光场

对于用图 3.4-1 写入偏振光栅的样品,怎样判别样品中分子的排列,如图 3.4-4 所示。

为此,用光路图(图 3.4-2)进行检测。起偏器对 He-Ne 光的作用等效于矩阵 $\begin{bmatrix}1 & 0\\0 & 0\end{bmatrix}$,而检偏器的作用等效于矩阵 $\begin{bmatrix}0 & 0\\0 & 1\end{bmatrix}$。

对于长棒状的分子,按图 3.4-4 右侧图所示排列,其对 He-Ne 光的作用是等效于矩阵 $\begin{bmatrix}e^{i\delta/2} & 0\\0 & e^{-i\delta/2}\end{bmatrix}$。其中,$\delta=\dfrac{2\pi\Delta nd}{\lambda}$,$d$ 为样品膜的厚度,$\Delta n=n_{//}-n_{\perp}$,$\Delta n$ 是折射率之差(偏振方向平行和垂直分子轴的折射率之差)。

将上述的矩阵依次相乘,便得到透过光强 $I$ 与样品绕 $Z$ 轴转角 $\vartheta$ 的公式:

$$I=\sin^2 2\vartheta\sin^2\frac{\delta}{2} \tag{3.4-6}$$

于是,利用实验的零级透过光强、一级透过光强和样品转角 $\vartheta$ 的实验曲线,便可判断分子是否有图 3.4-4 所示的情况。

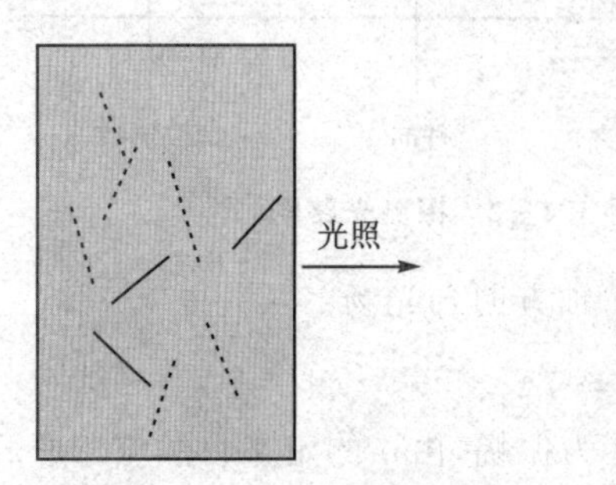


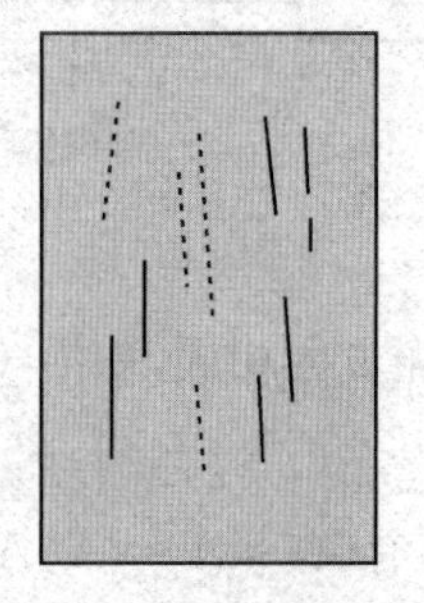

(a) $Ar^+$激光作用前分子在宏观上是无序的　(b) $Ar^+$激光作用后分子变成有序排列

图 3.4-4　$Ar^+$ 激光作用前后分子排列情况

## 三、实验装置

激发光 $Ar^+$ 激光器(电源、冷却水箱、激光腔)、探测光 He-Ne 激光器、功率计、示波器、计算机、$\dfrac{\lambda}{2}$波片、分束片、反射镜、起偏器和检偏器。

## 四、实验内容及步骤

① 光路图 3.4-1 在没有 $Ar^+$ 激光作用时:

(a) 转检偏器 A(每次转角 $\vartheta\sim5^\circ$),求透过强度 $I-\vartheta$ 曲线;

(b) 在起偏器与检偏器的透光轴垂直($P\perp A$)时,求转动样品的 $I-\vartheta$ 曲线。

② 按图 3.4-1 所示搭建光路，注意两光束的光程差。同时调出示波器的工作状态，并与计算机相连。

③ 测响应曲线及衍射效率。对于强度光栅和偏振光栅，写入时间为 3 min，用示波器测出两种情况的一级衍射光的响应曲线。当 $t=3$ min 时，关闭 $Ar^+$ 光源，用 He-Ne 光探测一级衍射效率，即测出一级衍射光的强度 $I_1$，衍射效率 $\eta=\frac{I_1}{I_0}$。其中，$I_0$ 是没有写光栅时，透射光的强度。

④ 判断光栅的宏观各向异性。按图 3.4-2 所示搭好光路，使起偏器与检偏器正交，使 He-Ne 光束聚焦后通过写入光栅的位置，然后绕 $z$ 轴旋转样品。记录转过角度与透过率的关系曲线，并用计算机作图。

## 五、思考题

1. 分析正交线偏振光干涉产生的合光场的强度是否呈周期变化。
2. 如要形成反射光栅，怎样设计两干涉光束的传播方向？
3. 应用于信息存储时，彩色三维图像是如何处理的？

## 六、拓展性实验

用上述的实验完成二维黑白图像的记录和读出。

## 七、研究性实验

用上述的实验完成三维彩色图像的记录和读出。

## 参考文献

[1] 于美文. 光全息学及其应用[M]. 北京：北京理工大学出版社，1996.

[2] 于美文，张存林. 光致各向异性记录介质偏振全息图的透射矩阵[J]. 物理学报，1992，(5)：759-765.

# 3.5　光学运算

由光路构成的成像系统是用来接收、传递、改变和输出图像的，而图像一般是在二维空间内随空间改变的光信号。这种情形与由电路构成的通信系统是极其相似的，只不过通信系统所传输的是随时间而改变的电信号，成像系统所传输的是随空间而改变的光信号。由于这种相似性，可以将通信系统的一系列概念和方法应用于成像系统，从而形成近代光学的一个重要分支，即信息光学（傅里叶光学），而空间滤波与随之发展而来的光学信息处理则是其中的组成部分。

空间滤波是指在光学系统的傅里叶变换频谱面上放置适当的滤波器，以改变光波的频谱结构，从而使物图像获得预期的改善。在此基础上发展的光学信息处理技术是一个更为宽广的领域。它主要是指用光学方法实现对输入信息实施某种运算或变换，以达到对感兴趣的信息进行提取、编码、存储、增强、识别和恢复等目的。其中最基本的操作是用光学方法对图像信息进行傅里叶变换,并采用频谱的语言来描述信息,用改善频谱的手段来改造信息。空间滤波与光学信息处理有许多类型,应用十分广泛。这里仅介绍其中两个典型的光学运算实验:光学图像加减实验和光学图像微分处理实验。

## 一、实验要求与预习要点

### 1. 实验要求

① 采用正弦光栅作滤波器对图像进行相加和相减实验,加深对空间滤波概念的理解。

② 掌握用复合光栅对光学图像进行微分处理的原理和方法。

③ 领会空间滤波的意义,加深对光学信息处理实质的理解。

### 2. 预习要点

① 两种光栅的结构。

② 图像加减的原理是怎样的?

③ 怎样实现图像的微分效果?

④ 图像光学运算可以应用在什么领域?

## 二、实验原理

### 1. 光学图像加减实验

图像加减是相干光学处理中的一种基本的光学-数学运算,是图像识别的一种主要手段。相减可以求出两张相近照片的差异并从中提取差异信息,例如,通过在不同时期拍摄的两张照片相减,在医学上可用来发现病灶的变化,在军事上可以发现地面军事设施的增减,在农业上可以预测农作物的长势,在工业上可以检查集成电路掩膜的疵病,还可用于地球资源探测、气象变化以及城市发展研究等领域。实现图像相减的方法很多,本实验介绍了利用正弦光栅作为空间滤波器实现图像相减的方法。

设正弦光栅的空间频率为 $f_0$,将其置于 $4f$ 系统的滤波平面 $P_2$ 上,如图 3.5-1 所示。光栅的复振幅透过率为

$$H(f_x,f_y)=\frac{1}{2}[1+\cos(2\pi f_0 x_2+\phi_0)]=\frac{1}{2}+\frac{1}{4}e^{i(2\pi f_0 x_2+\phi_0)}+\frac{1}{4}e^{-i(2\pi f_0 x_2+\phi_0)} \tag{3.5-1}$$

其中,$f_x=x_2/(\lambda f)$,$f_y=y_2/(\lambda f)$,$f$ 为傅里叶变换透镜的焦距;$\phi_0$ 表示光栅条纹的初位相,它决定了光栅相对于坐标原点的位置。

将图像 A 和图像 B 置于输入平面 $P_1$ 上,且沿 $x_1$ 方向相对于坐标原点对称放置,图像中心与光轴的距离均为 $b$。选择光栅的频率为 $f_0$,使得 $b=\lambda f f_0$,以保证在滤波后两图像中 A 的 +1 级像和 B 的 −1 级像能恰好在光轴处重合。于是,输入场分布可写成

$$f(x_1,y_1)=f_A(x_1-b,y_1)+f_B(x_1+b,y_1) \tag{3.5-2}$$

在其频谱面 $P_2$ 上的频谱为

$$F(f_x,f_y)=F_A(f_x,f_y)e^{-i2\pi f_x b}+F_B(f_x,f_y)e^{i2\pi f_x b} \tag{3.5-3}$$

由于 $b=\lambda f f_0$ 及 $x_2=\lambda f f_x$,因此 $f_x b=f_0 x_2$。式(3.5-3)可以写成

$$F(f_x,f_y)=F_A(f_x,f_y)e^{-i2\pi f_0 x_2}+F_B(f_x,f_y)e^{i2\pi f_0 x_2} \tag{3.5-4}$$

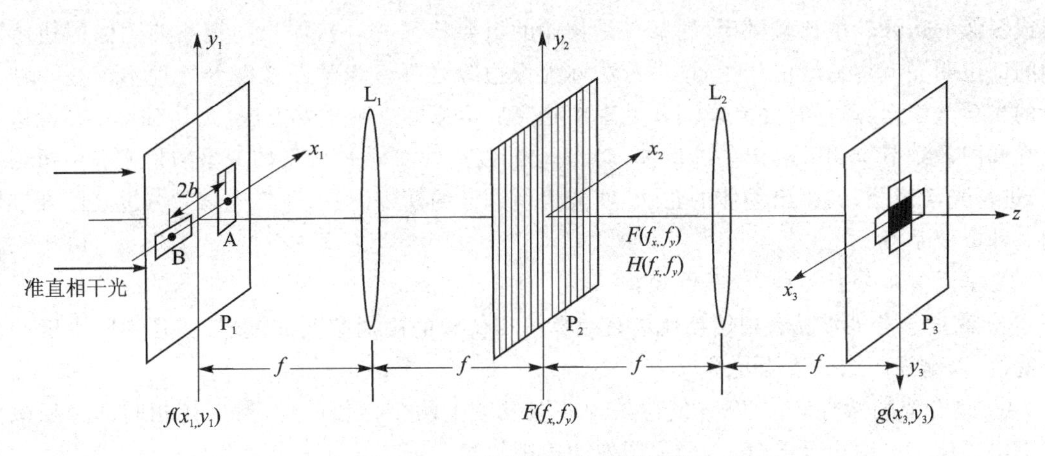


**图 3.5-1　光学图像加减原理图**

经过光栅滤波后的频谱为

$$F(f_x,f_y)H(f_x,f_y)=\frac{1}{4}[F_A(f_x,f_y)e^{i\phi_0}+F_B(f_x,f_y)e^{-i\phi_0}]+$$
$$\frac{1}{2}[F_A(f_x,f_y)e^{-i2\pi f_0x_2}+F_B(f_x,f_y)e^{i2\pi f_0x_2}]+$$
$$\frac{1}{4}[F_A(f_x,f_y)e^{-i(4\pi f_0x_2+\phi_0)}+F_B(f_x,f_y)e^{i(4\pi f_0x_2+\phi_0)}] \tag{3.5-5}$$

通过透镜 $L_2$ 进行傅里叶逆变换，在输出平面 $P_3$ 上的光场为

$$g(x_3,y_3)=\frac{1}{4}e^{i\phi_0}[f_A(x_3,y_3)+f_B(x_3,y_3)e^{-i2\phi_0}]+\frac{1}{2}[f_A(x_3-b,y_3)+f_B(x_3+b,y_3)]+$$
$$\frac{1}{4}[f_A(x_3-2b,y_3)e^{-i\phi_0}+f_B(x_3-2b,y_3)e^{i\phi_0}] \tag{3.5-6}$$

讨论：

① 当光栅条纹的初相位 $\phi_0=0$ 时，式(3.5-6)变为

$$g(x_3,y_3)=\frac{1}{4}[f_A(x_3,y_3)+f_B(x_3,y_3)]+\text{其余项} \tag{3.5-7}$$

结果表明在输出平面 $P_3$ 的光轴附近实现了图像相加。

② 当光栅条纹的初相位 $\phi_0=\pi/2$ 时，式(3.5-6)变为

$$g(x_3,y_3)=\frac{i}{4}[f_A(x_3,y_3)-f_B(x_3,y_3)]+\text{其余项} \tag{3.5-8}$$

结果表明在输出平面 $P_3$ 的光轴附近，实现了图像相减。

从相加状态转换到相减状态，光栅的横向位移量 Δ 应等于 1/4 周期，即满足：

$$\Delta=\frac{1}{4f_0}=\frac{\lambda f}{4b} \tag{3.5-9}$$

因此，可用此公式估算一下光栅横向位移的量级。小心缓慢地横向水平移动光栅时，将在输出平面的光轴附近观察到图像 A、B 交替的相加相减的效果。

**2. 光学图像微分处理实验**

对于对比度较低的物像，各个部分因为强度变化不大，有时很难分清楚。由于人眼对于物

体或图像的边缘轮廓比较敏感(轮廓也是物体的重要特征之一),如果能设法使图像的边缘较中间部位明亮就容易看清楚了,这种方法称为像边缘增强。光学图像微分处理不仅是一种主要的光学数学运算,而且在光学图像处理中是突出信息的一种重要方法,尤其对突出图像边缘轮廓和图像细节有明显的效果。例如,对一些模糊图片(如透过云层的卫星图片或雾中摄影图片)进行光学微分,勾画出物体的轮廓,便能识别这样的模糊图片,所以光学微分也是图像识别的一种重要手段。

光学图像微分有多种方法,例如:

① 高通微分滤波法:利用挡住或衰减零频和低频的高通空间滤波器,实现不同程度的微分滤波,以增强图像的边缘轮廓。

② 复合光栅微分滤波法:先使待处理的图像产生两个错位的像,然后让相同部分相减而留下由错位产生的边缘部分,以增强图像的边缘轮廓。

其他一些光学图像微分方法各有不同特色,本实验只讨论利用复合光栅滤波实现光学图像微分的方法。

本实验的光路系统是一个典型的相干光学处理系统(即 $4f$ 系统),其原理如图 3.5-1 所示。将待微分的图像置于 $4f$ 系统输入面 $P_1$ 的原点位置,微分滤波器(也称复合光栅)置于频谱面 $P_2$ 上,经适当调整位置即可在输出面 $P_3$ 上得到微分图形。

设输入图像为 $t(x, y)$,其傅里叶变换频谱为 $T(f_x, f_y)$,则由傅里叶变换定理有

$$F\left[\frac{\partial t(x,y)}{\partial x}\right] = \mathrm{i}2\pi f_x T(f_x, f_y) \tag{3.5-10}$$

式中,$f_x = x_2/(\lambda f)$,$f_y = y_2/(\lambda f)$。

如果频谱面上的滤波函数为

$$H(f_x, f_y) = \mathrm{i}2\pi f_x = \mathrm{i}2\pi(x_2/\lambda f) \tag{3.5-11}$$

则可实现对光学图像的微分。实际上,微分滤波器的振幅透过率只需满足正比于 $x_2$,即可达到光学微分的目的。

复合光栅相当于两套空间取向完全相同、空间频率相差 $\Delta f_0$ 的一维光栅叠加而成。一般采用全息的方法来制作。复合光栅包含了两种空间频率,为书写简洁起见,令其初始位置时的透过率函数为

$$H\left(\frac{x_2}{\lambda f}, \frac{y_2}{\lambda f}\right) = t_0 + t_1\cos(2\pi f_0 x_2) + t_2\cos(2\pi f'_0 x_2)$$

$$T(f_x, f_y)H(f_x, f_y) = T\left(\frac{x_2}{\lambda f}, \frac{y_2}{\lambda f}\right)t_0 + \frac{t_1}{2}T\left(\frac{x_2}{\lambda f}, \frac{y_2}{\lambda f}\right)(\mathrm{e}^{\mathrm{i}2\pi f_0 x_2} + \mathrm{e}^{-\mathrm{i}2\pi f_0 x_2}) + \frac{t_2}{2}T\left(\frac{x_2}{\lambda f}, \frac{y_2}{\lambda f}\right)(\mathrm{e}^{\mathrm{i}2\pi f'_0 x_2} + \mathrm{e}^{-\mathrm{i}2\pi f'_0 x_2})$$

显然物频谱会受到两个一维余弦光栅的调制。当其受第一次记录的光栅调制后,在输出面 $P_3$ 上可得到 3 个衍射像,其中零级衍射像位于 $x_3Oy_3$ 平面的原点,正、负一级衍射像则沿 $x_3$ 轴对称分布于 $y_3$ 轴两侧,距原点的距离为 $x_3 = \pm\lambda f f_0$($f$ 为透镜焦距)。同样,受第二次记录的光栅调制后,在输出面上将得到另一组衍射像,其中零级衍射像仍位于坐标原点,与前一个零级像重合,正、负一级衍射像也沿 $y_3$ 轴对称分布于原点两侧,但与原点的距离为 $x'_3 = \pm\lambda f f'_0$。由于 $\Delta f_0 = f'_0 - f_0$ 很小,故 $x_3$ 与 $x'_3$ 的差 $\Delta x_3 = \pm\lambda f\Delta f_0$ 也很小,从而使两个对应的±1级

工业和信息化部"十四五"规划教材

衍射像几乎重叠,沿 $x_3$ 方向只错开很小的距离 $\Delta x_3$。由于 $\Delta x_3$ 比图形本身的尺寸要小很多,当复合光栅平移一个适当的距离 $\Delta l$ 时,由此引起两个同级衍射像的相移量为

$$\Delta\phi_1 = 2\pi f_0 \Delta l,\quad \Delta\phi_2 = 2\pi f'_0 \Delta l \tag{3.5-12}$$

从而导致两个同级衍射像有一个附加的相位差,即

$$\Delta\phi = \Delta\phi_2 - \Delta\phi_1 = 2\pi\Delta f_0 \Delta l \tag{3.5-13}$$

当这时两个同级衍射像正好相差 $\pi$ 相位且相干叠加时,两者重叠部分相消,只剩下错开的图像边缘部分,从而实现了边缘增强。这时

$$\Delta\phi = \pi$$

$$\Delta l = \frac{1}{2\Delta f_0} \tag{3.5-14}$$

## 三、实验仪器

实验仪器的名称、规格和数量如表 3.5-1 所列。

**表 3.5-1　实验仪器的名称、规格和数量**

| 仪器名称 | 规　格 | 数　量 |
| --- | --- | --- |
| 光学实验导轨 | 1 000 mm | 1 根 |
| 半导体激光器(含电源) | 635 nm, 3 mW | 1 台 |
| 加减图像+干板夹 | | 1 套 |
| 一维光栅+干板夹 | | 1 套 |
| 微分图像+干板夹 | | 1 套 |
| 复合光栅+干板夹 | | 1 套 |
| 傅里叶透镜 | | 2 套 |
| 毛玻璃 | | 1 块 |
| 扩束镜 | | 1 套 |
| 准直镜 | | 1 套 |
| 滑块 | | 7 个 |
| 一维位移架 | | 1 个 |

## 四、实验内容及步骤

### 1. 光学图像加减实验

① 将半导体激光器放在光学实验导轨的一端,打开电源开关,调节二维调整架的两个旋钮,使半导体激光器出射的激光光束平行于光学实验导轨。

② 在半导体激光器的前面放入扩束镜,调整扩束镜的高度和其上面的二维调节旋钮,使扩束镜与激光光束同轴等高。

③ 在扩束镜的前面放入准直镜,调整准直镜的高度,使准直镜与激光光束同轴等高。再调整准直镜的位置,使从准直镜出射的光束呈近似平行光。

④ 在准直镜的前面搭建 $4f$ 系统,保持两傅里叶透镜与激光光束同轴等高,如图 3.5-2 所示。

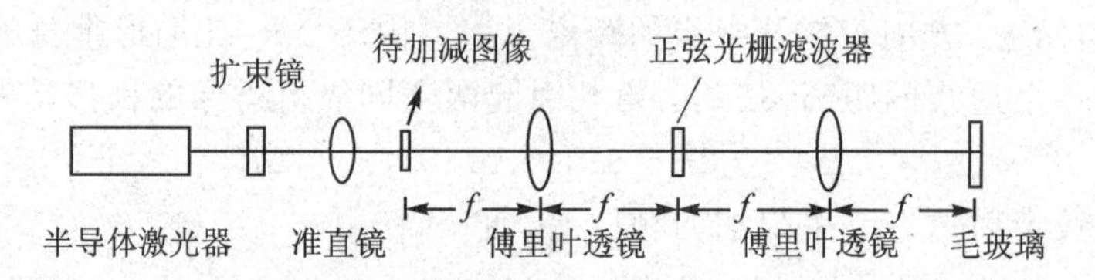


图 3.5-2　光学图像加减实验系统框图

⑤ 在 $4f$ 系统的输入面上放入待加减图像且待加减图像装在一维位移架上,两图像沿 $x$ 方向对称放置且图像中心与光轴的距离均为 $b$。频谱面上放入加减滤波器(一维光栅),且加减滤波器(一维光栅)装在一维位移架上(注意一维光栅方向),输出面上放入观察屏(毛玻璃)。

⑥ 通过旋转一维位移架上的旋钮,使加减滤波器(一维光栅)发生位移,观察毛玻璃上的图像的变化,直到在毛玻璃上出现加减图像为止。

**2. 光学图像微分处理实验**

① 将半导体激光器放在光学实验导轨的一端,打开电源开关,调节二维调整架的两个旋钮,使从半导体激光器出射的激光光束平行于光学实验导轨。

② 在半导体激光器的前面放入扩束镜,调整扩束镜的高度和其上面的二维调节旋钮,使扩束镜与激光光束同轴等高。

③ 在扩束镜的前面放入准直镜,调整准直镜的高度,使准直镜与激光光束同轴等高。再调整准直镜的位置,使从准直镜出射的光束呈近似平行光。

④ 在准直镜的前面搭建 $4f$ 系统,保持两傅里叶透镜与激光光束同轴等高,如图 3.5-3 所示。

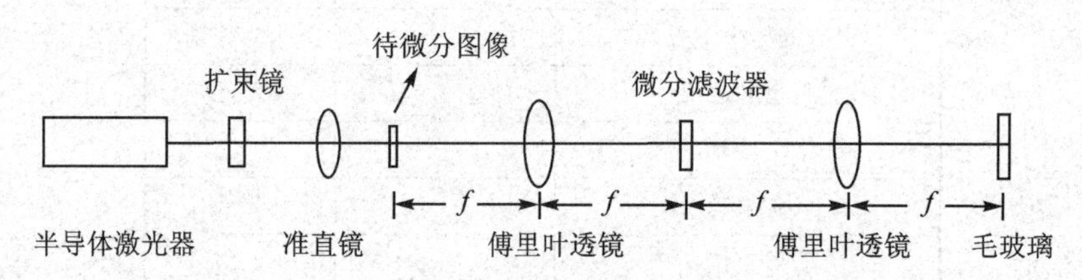


图 3.5-3　光学图像微分处理实验装置图

⑤ 在 $4f$ 系统的输入面上放入待微分图像,两图像沿 $x$ 方向对称放置且图像中心与光轴的距离均为 $b$。频谱面上放入微分滤波器(复合光栅)且微分滤波器(复合光栅)装在一维位移架上,输出面上放入观察屏(毛玻璃)。

⑥ 通过旋转一维位移架上的旋钮,使微分滤波器(复合光栅)发生位移,观察毛玻璃上的图像的变化,直到在毛玻璃上出现微分图像(像的边缘增强)为止。

## 五、思考题

1. 实验中如果出现无论怎样调整光栅位置,图像A的+1级和图像B的−1级的重合处始终无法得到全黑的现象,这可能是由哪些原因引起的?

2. 在观察周期交替出现图像相加和相减的效果时,由实验装置的参数估算一下光栅每次所需要的移动量是多少?实验时也可使放置光栅的微动平台的微动方向倾斜于光轴的方向,每次的移动量将如何变化?

3. 光学图像微分实验采用的原理与图像加减实验的实验原理在本质上有何异同?

## 六、拓展性实验

利用带有千分尺(或压电陶瓷)的光学平移台读出横向位移,并带入公式计算光栅周期。

## 七、研究性实验

利用计算机程序对图像微分实验进行模拟,然后设计不同的图案进行机械加工。将加工好的图案放回光路中,拍摄光学微分效果,并与程序模拟的结果进行对比。

## 参考文献


[1] (美)古德曼.傅里叶光学导论[M].秦克诚,刘培森,陈家壁,等.译.3版.北京:电子工业出版社,2011.

[2] 王仕璠. 信息光学理论与应用[M]. 北京:北京邮电大学出版社,2004.


# 3.6　单光子计数

光子计数技术是近年来发展起来的测量弱光功率或光子速率的一种新技术。单光子计数是目前测量弱光信号最灵敏和有效的实验手段,一般采用光电倍增管(近年来也有微通道板和雪崩光电二极管)作为光电转换器件,获得单个光子在光电倍增管中激发出来的光电子脉冲后,利用脉冲高度甄别技术和数字计数技术,把光信号从热噪声中以数字化方式提取出来。单光子计数技术有如下的优点:

① 消除了光电倍增管(Photo Multiplier Tube,PMT)高压直流漏电流和各倍增极的热发射噪声的影响,提高了测量的信噪比。

② 时间稳定性好。在单光子计数系统中,光电倍增管漂移、系统增益的变化和零点漂移等对计数影响不大。

③ 数字化输出能够用计算机进行处理。

④ 有比较宽的探测灵敏度,目前光子计数器探测灵敏度优于 $10^{-17}$ W。

弱光信号的检测在各个领域上的运用越来越普遍,而单光子计数器由于探测灵敏度高在检测弱光信号中备受青睐,广泛应用于生物医学、环保检测、化学分析、放射探测和激光测量等领域。

## 一、实验要求与预习要点

**1. 实验要求**

① 了解一种或几种弱光检测技术。

② 掌握单光子计数的原理,独立完成单光子计数的积分模式和微分模式实验。

③ 单光子计数器的误差分析及减小措施。

**2. 预习要点**

① 光电倍增管的工作原理是什么?什么是统计噪声?什么是背景噪声?

② 脉冲高度甄别技术的关键是什么?阈值的选取有什么原则?单光子计数系统的信噪比是怎么定义的?

③ 高压、温度等参数对光子计数有何影响?

## 二、实验原理

### 1. 光子计数的原理

光是由光子组成的光子流,光子是静止质量为零、具有一定能量的粒子,与一定的频率 $\gamma$ 相对应,光子的能量 $E$ 可以表示为

$$E=h\gamma=\frac{hc}{\lambda} \tag{3.6-1}$$

其中,$h=6.626\times10^{-34}$ J·s 为普朗克常数,$c=2.998\times10^{8}$ m/s 为光速,$\lambda$ 为波长。光流强度常用光功率 $P$ 表示(单位为 W),单色光的光功率与光子流量 $R$(单位时间内通过某一截面的光子数量)的关系为 $P=RE$。因此,只要能测得光子流量 $R$,便可得到光流强度。如波长为 532 nm 的单个光子的功率为

$$P_{(532\ \mathrm{nm})}=\frac{hc}{\lambda}=\frac{6.626\times10^{-34}\times2.998\times10^{8}}{532\times10^{-9}}\ \mathrm{W}=3.76\times10^{-19}\ \mathrm{W} \tag{3.6-2}$$

单个光子被光电倍增管阴极吸收后激发出光电子,经过多级倍增,在阳极可收集到 $10^5\sim10^8$ 个电子。由于光电倍增管渡越时间的离散特性和输出时间的常数特性,通过负载电阻和放大器将输出一个脉冲半宽为几毫微秒到几十毫微秒的电流或电压信号,这个信号再经过甄别器后可送入脉冲计数器计数。

单光子计数光路如图 3.6-1 所示,光源经分光镜后依次通过减光片(共 3 片、可选)和一片 532 nm 干涉滤光片(干涉滤光片已内置在光源盒中),其具体参数标示于各个元件的外壳上。假定入射光的入射功率 $P_{\mathrm{I}}$,则入射到光电倍增管上的光功率 $P_{\mathrm{O}}$ 可以表示为

$$P_{\mathrm{O}}=\alpha\cdot(T_1\cdot T_2\cdots T_n)\cdot P_{\mathrm{I}}\left(\frac{\Omega_1}{\Omega_2}\right) \tag{3.6-3}$$

其中,$\alpha$ 为光路中镜片的反射系数且 $\alpha=[(1-(2\%\sim5\%)]^N$;$T_i$($i=1,2,\cdots,n$)为减光片的透过率;$\Omega_1$ 为功率指示计接收面积相对于光源中心所张的立体角;$\Omega_2$ 为光电倍增管的光阑面积相对于光源中心所张的立体角。CR110 光电倍增管在 532 nm 波长的量子效率为 $\eta_{(532\ \mathrm{nm})}=12\%\sim15\%$。

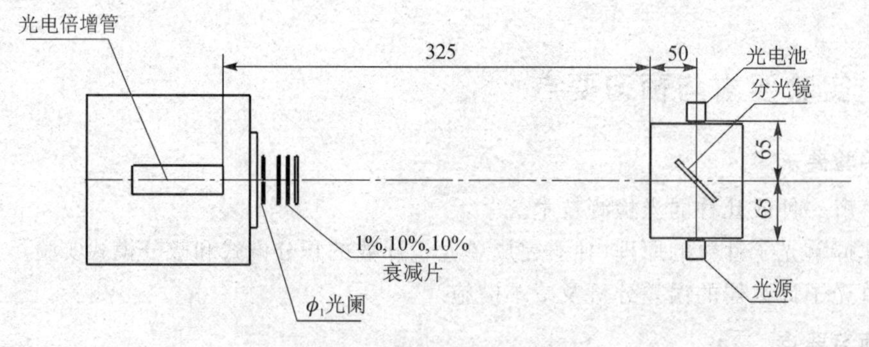


**图 3.6-1 单光子计数光路**

光信号首先经过光电倍增管转换成电信号，然后放大器把光电倍增管输出的信号线性放大后输入脉冲幅度甄别器鉴别，最终在计数器完成光子检测。脉冲高度甄别器的主要作用是剔除噪声脉冲，把淹没在噪声信号中的光子信号筛选出来，以实现单光子计数的目的。在积分模式下甄别器的工作过程：在脉冲高度甄别器里设置一个连续可调的比较电压 $V_L$，逐步增加 $V_L$ 的值进行扫描，计数器则对甄别后的信号进行积分时间内的计数，如图 3.6-2 所示。其中，图 3.6-2(a)所示为脉冲高度甄别器的输入信号，图 3.6-2(b)所示为积分模式下甄别后输出脉冲，表示高于某甄别电平的脉冲个数。

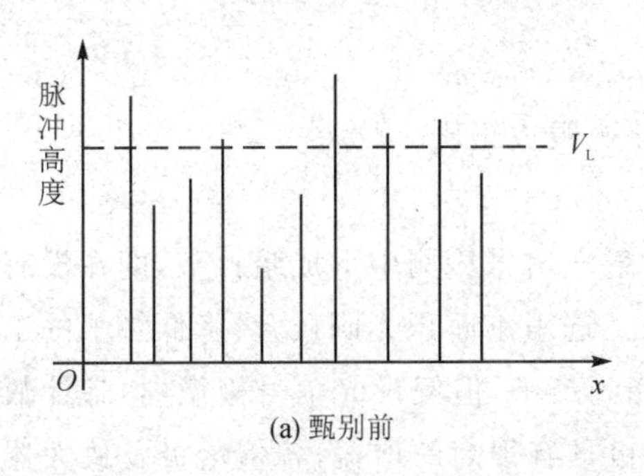

(a) 甄别前

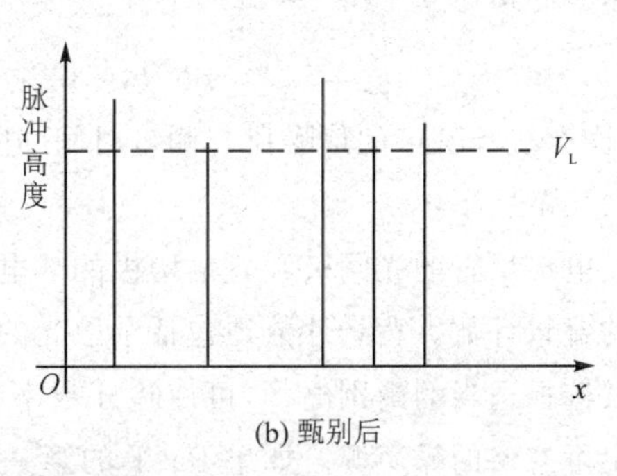

(b) 甄别后

**图 3.6-2　积分模式下甄别电压设置**

另外一种常用模式为微分模式，需要两个甄别电平，即 $V_H$ 及 $V_L$。在该模式下，控制量仅为 $V_L$ 及 $V_H-V_L$(固定道宽)，逐步增加 $V_L$ 的值进行扫描，它反映了在某个信号高度信号拥有的脉冲数。图 3.6-3(a)为甄别前输入信号，图 3.6-3(b)为甄别后输出脉冲，其中平行于 $x$ 轴的两条线分别表示上甄电平和下甄电平，平行线间的电平差值称为道宽。在实验中，由于甄别电平最大为 2.45 V，采用归一化处理，共分成了 1 000 份，每份表示 24.5 mV，简化起见直接用数字 1～1 000 表示。

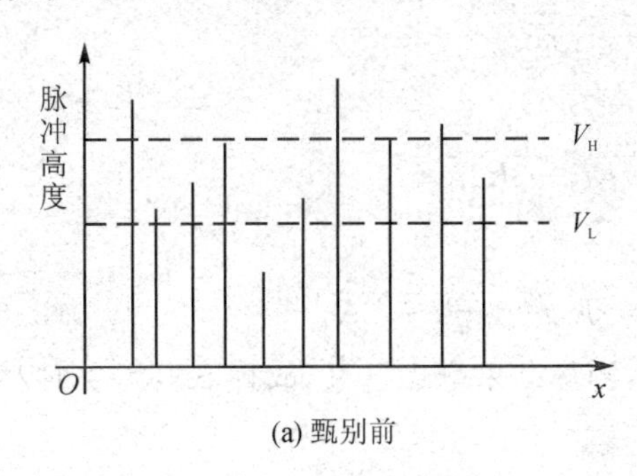

(a) 甄别前

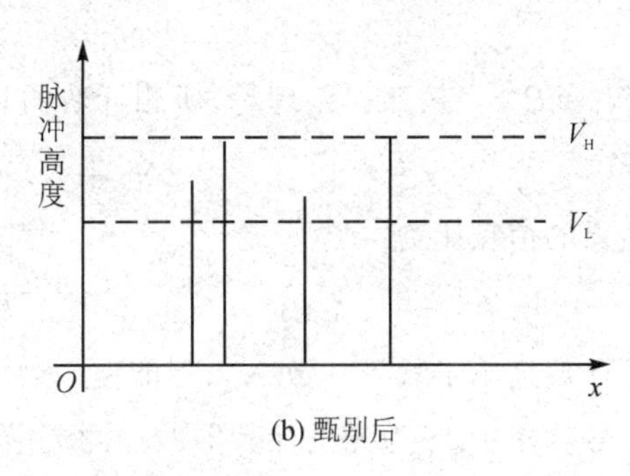

(b) 甄别后

**图 3.6-3　微分模式下甄别电压的设置**

**2. 光子计数器的误差分析**

计数误差主要来自噪声，系统的信噪比是人们最关心的问题。以下将从 4 个方面分析系统主要误差源以及其对光于计数信噪比(Signal-Noise Ratio，SNR)的影响。

*(1) 光子流的统计性*

用光电倍增管探测热光源发射的光子，相邻的光子打到光阴极上的时间间隔是随机的。对于大量粒子的统计结果服从泊松分布，即在探测到一个光子后的时间间隔 $t$ 内，再探测到 $n$ 个光子的几率 $p(n,t)$ 为

$$p(n,t)=\frac{(\eta Rt)^n e^{-\eta Rt}}{n!}=\frac{\bar{N}^n e^{-\bar{N}}}{n!} \tag{3.6-4}$$

其中,$\eta$ 是光电倍增管的量子效率,$R$ 是单位时间内的光子流量,$\bar{N}=\eta Rt$ 是在时间间隔 $t$ 内光电倍增管的光阴极发射的光电子平均数。由于这种统计特性,测量到的信号计数将有一定的不确定度,通常以均方根偏差 $\sigma$ 来表示,$\sigma=\sqrt{\bar{N}}=\sqrt{\eta Rt}$,这种不确定性称为统计噪声。统计噪声使得测量信号中固有的信噪比 SNR 为

$$\mathrm{SNR}=\bar{N}/\sqrt{\bar{N}}=\sqrt{\bar{N}}=\sqrt{\eta Rt} \tag{3.6-5}$$

因此,固有统计噪声的信噪比与测量时间间隔的平方根成正比。

(2) 背景计数

光电倍增管的光阴极和各倍增极的热电子发射在信号检测中形成暗计数,即在没有入射光时的背景计数。背景计数还包括杂散光的计数。选用小面积光阴极管、降低管子的工作温度以及选择适当的甄别电平,可使暗计数率 $R_d$ 降到最小,但假设光信号极微弱,暗计数仍是一个不可忽略的噪声源。如果 PMT 的第一倍增极具有很高的增益,各倍增极及放大器的噪声已被甄别器去除,则上述暗计数使信号中的噪声成分增加至$\sqrt{\eta Rt+R_d t}$。因此信噪比降为

$$\mathrm{SNR}=\eta Rt/\sqrt{\eta Rt+R_d t}=\eta R\sqrt{t}/\sqrt{\eta r+R_d} \tag{3.6-6}$$

如果背景计数在光信号累计计数中保持不变,则可很容易地从实际计数中扣除。

(3) 累积信噪比

在两个相同的时间间隔 $t$ 内,分别测量背景计数 $N_d$ 和信号与背景的总计数 $N_t$,则信号计数 $N_p$ 为

$$N_p=N_t-N_d=\eta Rt \tag{3.6-7}$$

其中,$N_d=R_d t$。按照误差理论,所测计数的总噪声为

$$\sqrt{N_t+N_d}=\sqrt{\eta Rt+2R_d t} \tag{3.6-8}$$

测量结果的信噪比为

$$\mathrm{SNR}=N_p/\sqrt{N_t+N_d}=\eta R\sqrt{t}/\sqrt{\eta R+2R_d} \tag{3.6-9}$$

若信号计数远小于背景计数 $N_d$,可能使 SNR<1,测量结果毫无意义,故称 SNR=1 时对应的接收信号功率 $P_{max}$ 为光子计数器的探测灵敏度。

(4) 脉冲堆积效应

能够区分两相继发生的事件的最短时间间隔称为分辨时间。它是光子计数最关键的性能之一。分辨时间由光电倍增管的分辨时间和电子学系统(主要是甄别器)的死时间 $t_d$ 决定。光电倍增管的分辨时间 $t_R$ 通常为 10~40 ns。当在 $t_R$ 内相继有两个或两个以上的光子入射到光阴极上时,由于它们的时间间隔小于 $t_R$,光电倍增管只能输出一个脉冲(假定量子效率为 1),那么光电子脉冲的输出计数率比单位时间入射到光阴极上的光子数少。类似地,若在死时间 $t_d$ 内输入脉冲到放大器-脉冲甄别器系统,其输出计数率也要损失。以上现象统称为脉冲堆积效应。

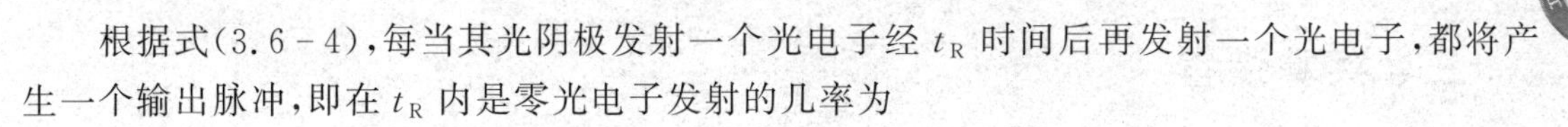

根据式(3.6-4),每当其光阴极发射一个光电子经 $t_R$ 时间后再发射一个光电子,都将产生一个输出脉冲,即在 $t_R$ 内是零光电子发射的几率为

$$p(0,t_R)=e^{-R_i t_R} \tag{3.6-10}$$

其中,$R_i=\eta R$,表示入射光子单位时间内光阴极发射的光电子数。因此,在 $t_R$ 时间内入射光子的几率为 $1-e^{-R_i t_R}$,则单位时间内由脉冲堆积效应引起的光电子脉冲数 $R_0$ 为

$$R_0=R_i\cdot p(0,t_R)=\eta R\cdot e^{-\eta R t_R} \tag{3.6-11}$$

其中,$R_0$ 随入射光子流量 $R$ 增大而增大,当 $R_i t_R=1$ 时 $R_0$ 达最大值,以后 $R_0$ 随 $R$ 的增加而下降,直至为零,如图 3.6-4 所示。当入射光强增至一定数值时,光电倍增管的输出已不再呈离散状态,只能用直流的方法来检测光信号。

光电倍增管因分辨时间 $t_R$ 造成的计数误差可表示为

$$\varepsilon_{PMT}=\frac{R_i-R_0}{R_i}=1-e^{-R_i t_R}=1-e^{-\eta R t_R} \tag{3.6-12}$$

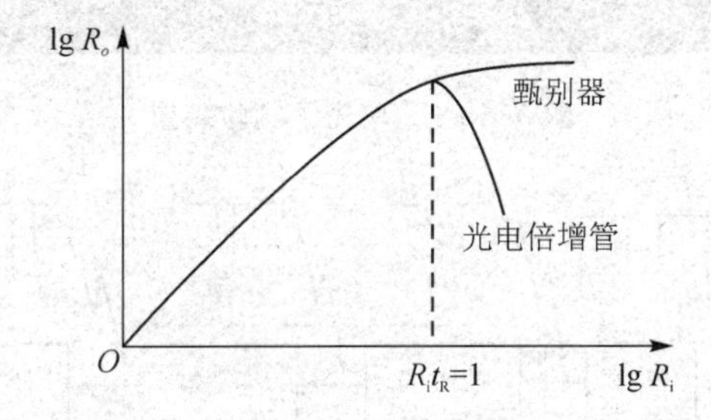


**图 3.6-4　光电倍增管和甄别器的输出计数率 $R_0$ 与输入计数率 $R_i$ 的关系**

对于甄别器,其死时间 $t_d$ 是常数(不随入射光子流 $R$ 的增加而增加)。在测量时间 $t$ 内。输入甄别器的总脉冲数为 $R_i t_R$,甄别器输出的脉冲数为 $R_0 t$,则时间 $t$ 内甄别器无法接受脉冲的总"死"时间为 $R_0\cdot t\cdot t_d$,总"活"时间为 $t-R_0\cdot t\cdot t_d$,满足

$$R_0 t=R_i(t-R_0\cdot t\cdot t_d) \tag{3.6-13}$$

由于甄别器的死时间 $t_d$ 造成的脉冲堆积使输出脉冲计数率下降为

$$R_0=\frac{R}{1+R_i t_d} \tag{3.6-14}$$

当 $R_i t_d\geqslant 1$ 时,$R_0$ 趋向饱和,即 $R_0$ 不再随 $R$ 的增加而明显地变化,如图 3.6-4 所示。由甄别器的死时间 $t_d$ 造成的相对误差为

$$\varepsilon_{DLS}=\frac{R_i-R_0}{R_i}=1-\frac{1}{1-R_i t_d}=\frac{R_i t}{1+R_i t_d} \tag{3.6-15}$$

当计数率较低时,$R_i t_R=1$ 且 $R_i t_d=1$,则 $\varepsilon_{PMT}\approx R_i t_R$,$\varepsilon_{DLS}\approx R_i t_d$。当甄别器的死时间 $t_d$ 与光电倍增管的分辨时间 $t$ 近似相等时,光电倍增管引起的计数误差占主导地位,因为它限制了对甄别器的最大输入脉冲数。在实际应用中.并非甄别器的死时间越短越好,因为如果选择死时间 $t_d$ 很短以致在光电倍增管输出仍处在脉冲堆积状态时,甄别器已处于可触发状态,则易被噪声触发而产生假计数,从而又引入了新的误差源。当计数率低又使用快速光电倍增管时,脉冲堆积效应引起的误差主要取决于甄别器。

通常,计数误差 $\varepsilon$ 小于 1%的工作状态称为单光子计数状态。

## 三、实验装置

单光子计数实验装置(见图3.6-5)包括单光子计数器、半导体制冷单元、外光路和计算机等部分。系统原理框图如图3.6-6所示,光信号首先经光电倍增管转换成电信号,然后放大器把光电倍增管输出的信号线性放大后输入脉冲高度甄别器鉴别,最终在计数器完成光子检测。

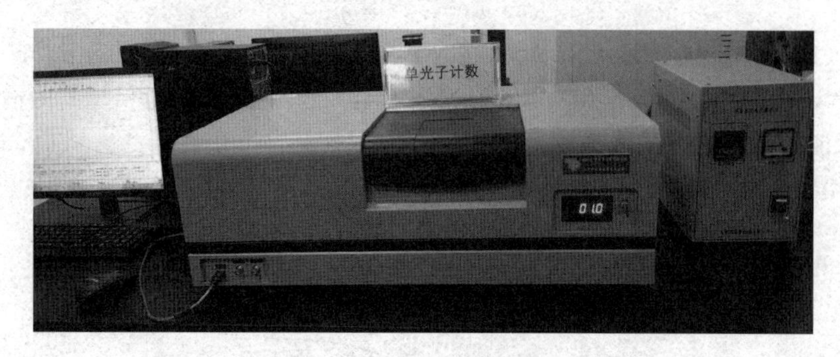


图3.6-5　单光子实验装置

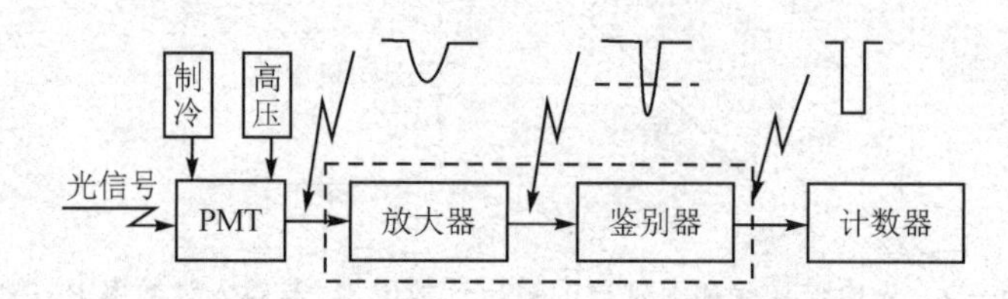


图3.6-6　单光子实验仪器原理框图

### 1. 单光子计数器

单光子计数器包括光源、接收器和放大器。光源采用高亮度绿LED(Light Emitting Diode)作为光源,配以电压控制电路,用以改变入射光功率。为提高入射光的单色性,在光源的出口处加有532 nm的干涉滤光片。接收器采用CR110光电倍增管作为接收器,其光谱响应曲线如图3.6-7所示。因为信号脉冲的上升时间小于等于3 ns,这就要求放大器的通频带宽达到100 MHz,并且有较宽的线性动态范围和较低的热噪声。

### 2. 半导体制冷单元

制冷器采用半导体温差制冷器件作为冷源,配有专供制冷器件的专业整流电源,不需要冰、氟利昂、氨等制冷剂。制冷器在接通直流电后通过能量转换来达到制冷的目的。整流源采用单项滤波整流和专用温控电路,并配有智能化温度控制显示仪表,既能显示又能控制温度,并自动将温度控制在所设定的温度值上。

## 四、实验内容与步骤

### 1. 系统调节和使用

按要求连接好设备,执行完开机步骤后,打开仪器开关,计算机自动检测到单光子计数设备,双击计算机系统桌面上的WSA-5A图标,启动操作程序。

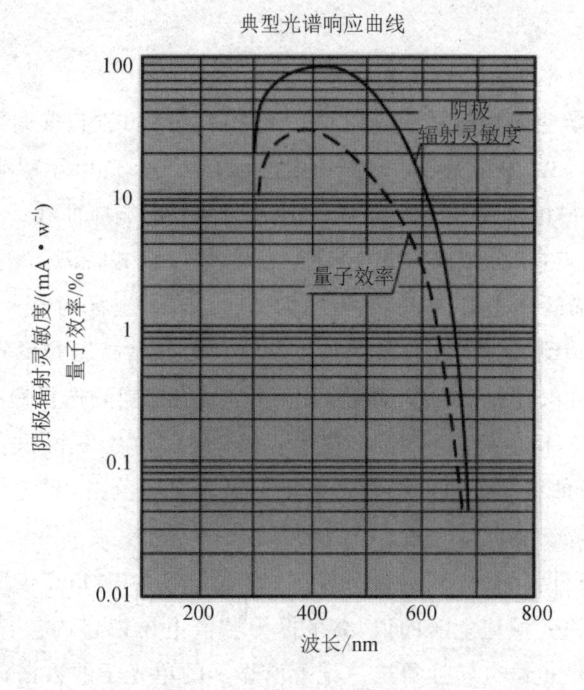


图 3.6-7　CR110 的光谱响应曲线

**2. 工作界面**

进入操作程序后，工作界面如图 3.6-8 所示，主要由菜单栏、主工具栏、工作区、参数设置区和状态栏等组成，实现扫描参数设置、阈值选取和计数显示。

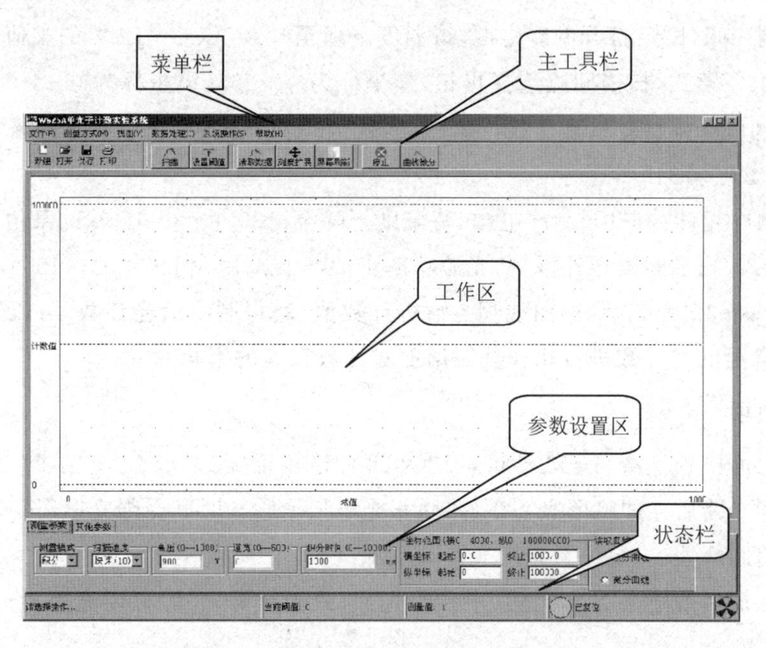


图 3.6-8　单光子实验操作程序工作界面

**3. 实验内容**

(1) 测定光电倍增管输出脉冲高度分布的积分曲线

① 确定 PMT 的响应电压:进行高压扫描(条件:积分模式,扫描间隔选择慢扫,积分时间 1 000 ms,光源功率 1 nW,衰减片 1%、10%,横坐标为 700~1 000,纵坐标为 0~5 000 ,域值初步设为 80),高压扫描范围(700~1 000 V),绘制 PMT 的响应曲线。

② 确定最佳域值点:积分扫描方式(条件:无光,积分模式,高压为上面所确定的高压,积分时间 1 000 ms,扫描间隔选择慢扫,横坐标为 0~255,纵坐标为 0~1 000),找出曲线的拐点,选定域值,以备下边测量微弱光信号时用。从这一步开始高压和积分时间保持不变。

③ 获得积分曲线:积分扫描方式(条件:积分模式,扫描间隔选择慢扫,光源功率 1 nW,衰减片为 1%、10%、10%,横坐标为 0~255,纵坐标为 0~10 000)获得积分曲线。记下单光子的数据,并画出它的积分曲线。如果曲线超过纵坐标最大显示范围,改变纵坐标终止值。

(2) 测定光电倍增管输出脉冲幅度分布的微分曲线

微分扫描方式(条件:扫描模式为微分模式,道宽设置为 50),点击"曲线微分"按钮,获得微分曲线。横坐标为第一域值电压的值,纵坐标为域值电压窗口内包含的计数值。微分扫描曲线由积分扫描曲线经过微分转换得出。记下所显示的单光子的数据,并画出它的微分曲线。

(3) 测量常温暗计数

积分扫描方式(条件:无光,扫描模式为积分模式,扫描间隔选择慢扫,横坐标为 0~255,纵坐标为 0~1 000),观察曲线拐点后的计数值,也称之为常温暗计数,可以通过数据列表来读取。

(4) 测量低温暗计数 $R_d$ 和光计数率 $R_p$,观察工作温度对暗计数率和光计数率的影响

① 测量制冷暗计数:打开制冷电源,待温度下降至−20 ℃~−15 ℃的某值时作积分扫描(条件:无光,积分模式,扫描间隔选择慢扫,横坐标为 0~255,纵坐标为 0~1 000),观察曲线拐点后的计数值,获得制冷后暗计数,可以通过数据列表来读取,并与常温的暗计数进行比较获得温度对计数实验的影响。

② 测量制冷光计数:打开制冷电源,待温度下降至−20 ℃~−15 ℃的某值时作积分扫描(条件:积分模式,扫描间隔选择慢扫,光源功率 1 nW,衰减片为 1%、10%、10%,横坐标为 0~255,纵坐标为 0~10 000),观察曲线拐点后的计数值,获得制冷后光计数,可以通过数据列表来读取,并与常温的光计数进行比较获得温度对计数实验的影响。

**4. 注意事项**

① 开机之前检查仪器与电缆连接,确保各部件连接正确。

② 调节好光路后立即将闭光盖盖好,防止光电倍增管长时间受强光照射。

③ 如果用制冷器,一定注意先接通冷却水源。

④ 实验完成后取下各光学元件(干涉滤光片、减光片等)并盖好闭光盖,将光功率调节旋钮拧到最小位置。

⑤ 妥善保管好减光片等光学配件,防止灰尘污染,并注意不要用手直接触摸。

⑥ 测量过程中确保制冷电源和主机的接线断开,以免漏电流影响计数结果。

## 五、思考题

1. 本实验中，光阑的作用是什么？
2. 如何提高单光子计数的灵敏度？

## 六、研究性实验

1. 有兴趣的实验者可以通过更换减光片，把入射功率变成 $10^{-17}\sim10^{-14}$ W 等，再进行以上 3 组实验，比对试验结果分析单光子计数系统测量信号的适用范围。

2. 入射光功率与光子计数值关系曲线的绘制：在积分方式下，积分时间选择设置为 1 000 ms 左右，调节合适的高压，改变入射光功率，描绘功率和计数值的关系曲线。

3. 有兴趣的实验者可以通过接入示波器，测量光电倍增管的输出脉冲和放大后的脉冲信号，深入把握光电倍增管的工作原理和性能。

## 参考文献

[1] 曾庆勇. 微弱信号检测[M]. 杭州：浙江大学出版社，1993.
[2] 曾谨言. 量子力学[M]. 北京：科学出版社，2004.
[3] 黄宇红. 单光子计数实验系统及其应用[J]. 实验科学与技术，2006，(1)：19-22.

# 3.7　激光多普勒测速

1842 年，奥地利科学家多普勒(J. C. Doppler)指出，当波源和观察者彼此接近时，收到的频率变高；而当波源和观察者彼此远离时，收到的频率变低。这种现象称为多普勒效应，可应用于声学、光学、雷达等与波动有关的学科。但应该指出的是，声学多普勒效应与光学多普勒效应实际上是有区别的。在声波中，决定频率变化的不仅是声源与观察者的相对运动，而且还要看两者哪一个在运动。声速与传播介质有关，而光速不需要传播介质，不论光源与观察者彼此相对运动如何，光相对于光源或观察者的速率都相同。因此，光学多普勒效应有更好的实用价值。20 世纪 60 年代初激光技术兴起，由于激光优良的单色性、定向性和高强度，因此激光多普勒效应被广泛地用来进行各种精密测量。

1964 年，英国科学家叶(Yeh)和柯明斯(Cummins)用激光流速计测量了层流管流分布，开创了激光多普勒测速技术。激光多普勒测速仪(Laser Doppler Velocimetry，LDV)，是利用激光多普勒效应来测量流体或固体速度的一种仪器。由于它大多用于流体测量方面，因此也被称为激光多普勒风速仪(Laser Doppler Anemometer，LDA)，或称为激光测速仪、激光流速仪(Laser Velocimeter，LV)，20 世纪 70 年代便有产品上市。20 世纪 80 年代中期随着计算机的出现和电子技术的发展，技术日趋成熟，在剪切流、内流、两相流、分离流、燃烧、棒束间流等各复杂流动领域取得了丰硕的成果。激光测速在涉及流体测量的方面，已成为产品研发中不可或缺的实验手段。

## 一、实验要求与预习要点

**1. 实验要求**

① 理解激光多普勒测速的基本原理。

② 理解双光束激光多普勒测速仪的工作原理。

③ 掌握一维流场流速测量技术。

**2. 预习要点**

① 理解激光多普勒信号的产生、接收和解调的过程。

② 如何解释多普勒信号的形状。

③ 如何通过测量光强得到多普勒信号频差 $f_D$。

## 二、实验原理

**1. 多普勒信号的产生**

如图3.7-1所示,由光源 $S$ 发出频率为 $f$ 的单色光,被速度为 $v$ 的粒子(如空气中的一粒细小的粉尘)$P$ 散射,其散射光被 $Q$ 点的探测器接收。由于多普勒效应,粒子 $P$ 接收到的光频率为

$$f'=\frac{f}{\sqrt{1-\frac{v^2}{c^2}}}\left(1+\frac{v}{c}\cos\theta_1\right) \tag{3.7-1}$$

其中,$c$ 为光速。同样由于多普勒效应,在 $Q$ 点所接收的粒子 $P$ 的散射光频率为

$$f''=\frac{f'\sqrt{1-\frac{v^2}{c^2}}}{1-\left(\frac{v}{c}\right)\cos\theta_2} \tag{3.7-2}$$

那么 $Q$ 点接收的散射光频率与光源 $S$ 频率的频差 $\Delta f$ 为

$$\Delta f=f''-f=\frac{fv}{c}(\cos\theta_1+\cos\theta_2) \tag{3.7-3}$$

如果采用两束光的对称照明方案,粒子 $P$ 以速度 $v$ 进入两束相干光 $S$ 和 $S'$ 的交点,并在 $Q$ 点接收散射光,如图3.7-2所示。由于 $S$ 和 $S'$ 是方向不同的两束光,在 $Q$ 点将产生两种接收频率。对光束 $S$ 的频率差同式(3.7-3),对光束 $S'$ 的频率差为

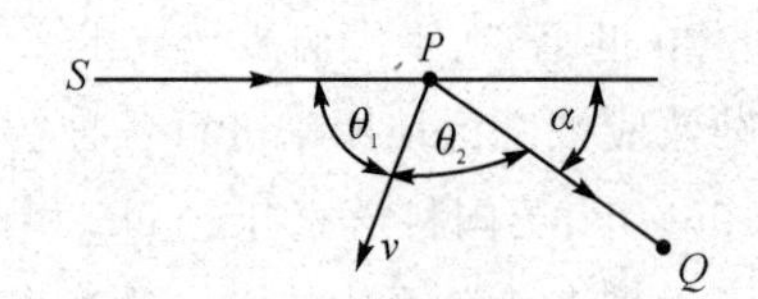


**图3.7-1 多普勒信号的产生**

$$\Delta f'=\frac{fv}{c}(\cos\theta'_1+\cos\theta_2) \tag{3.7-4}$$

于是,两种频率差之差为

$$f_D=\Delta f-\Delta f'=\frac{2v}{\lambda}\sin\frac{\alpha}{2}\cos\beta \tag{3.7-5}$$

其中,$\lambda$ 为相干光的波长,$f_D$ 被称为信号的多普勒频移。在一定光路条件下,$\frac{2}{\lambda}\sin\frac{\alpha}{2}$ 是一个

常数，于是式(3.7-5)可写成

$$f_D = a\cos\beta \cdot v \tag{3.7-6}$$

其中，$a$ 为光机常数。可见，当 $\beta$ 为定值(粒子运动方向不变)时，$f_D$ 与粒子的速度成正比关系。因此，只要测量出 $f_D$ 就可以得到速度 $v$。这种用两束光相交做测量点的 LDV 方式称为双光束 LDV 或差动 LDV，是一维流场测量最常用的方法。

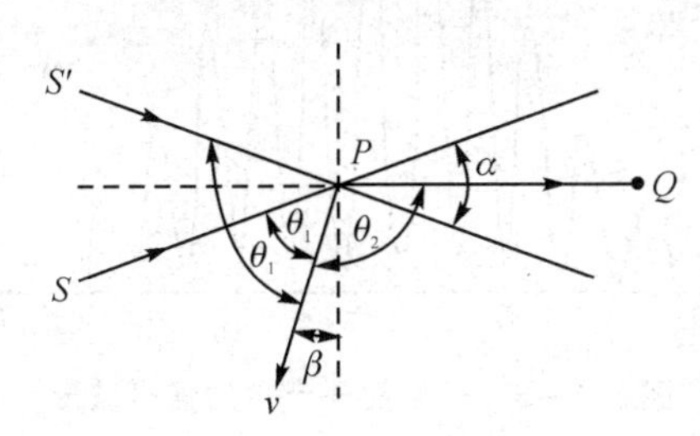


图 3.7-2　双光路多普勒信号的产生

**2. $f_D$ 信号的接收**

下面以双光束 LDV 光路为例，介绍 $f_D$ 信号的接收。为了使问题简化，设 $\beta$ 为 0，即粒子运动方向与两束光夹角平分线垂直。由于光路的对称，两束光在 $Q$ 点散射光的角频率差由式(3.7-3)和式(3.7-4)可知 $\Delta\omega' = -\Delta\omega$(角频率)。当两束光功率相等时，$Q$ 点接收的光强分别为

$$E_1 = E_0\cos[(\omega + \Delta\omega)t + \varphi_1] \tag{3.7-7}$$

$$E_2 = E_0\cos[(\omega - \Delta\omega)t + \varphi_2] \tag{3.7-8}$$

其中，$\omega$ 为相干光的角频率。光敏探测器(如 APD(雪崩光电二极管))的输出电流与入射光强的平方成正比。探测器的输出电流为

$$I(t) = kE^2 = k(E_1 + E_2)^2 \tag{3.7-9}$$

其中，$k$ 为表征探测器灵敏度的系数。将式(3.7-7)和式(3.7-8)代入式(3.7-9)，并整理得

$$\begin{aligned} I(t) = kE_0^2[1 &+ \cos(2\Delta\omega t + \varphi_1 - \varphi_2) + \cos(2\omega t + \varphi_1 + \varphi_2) + \\ &\frac{1}{2}\cos(2\omega t + 2\Delta\omega t + 2\varphi_1) + \frac{1}{2}\cos(2\omega t - 2\Delta\omega t + 2\varphi_2)] \end{aligned} \tag{3.7-10}$$

由式(3.7-10)可知，光电流 $I(t)$ 应由直流分量、差频项 $2\Delta\omega$、倍频项 $2\omega$ 频率成分组成。但由于探测器能够输出的光电流信号频率远远低于相干光的频率，因此在光电流 $I(t)$ 中只能出现直流分量和差频项 $2\Delta\omega$。探测器输出的光电流为

$$I(t) = kE_0^2[1 + \cos(2\Delta\omega \mathrm{t} + \varphi_1 - \varphi_2)] \tag{3.7-11}$$

根据上式即可由光强变化测量出多普勒信号频率 $f_D$，从而得到粒子的速度。

由于激光束横截面上光强为高斯分布，粒子只有进入两光束相交的区域才能产生散射，一个粒子产生的信号波形如图 3.7-3 所示。前述的直流分量实际上是一个低频分量，由图中的虚线表示。频率为 $f_D$ 的波叠加到这个低频分量上，波形的包络线近似高斯曲线。

**3. 用干涉条纹区解释双光束 LDV**

对于双光束 LDV 有一种不涉及多普勒效应的简单解释。如图 3.7-4 所示，两束相干光相交，由于干涉现象，会产生一个干涉条纹区，条纹间距为

$$S=\frac{\lambda}{2\sin\frac{\alpha}{2}} \tag{3.7-12}$$

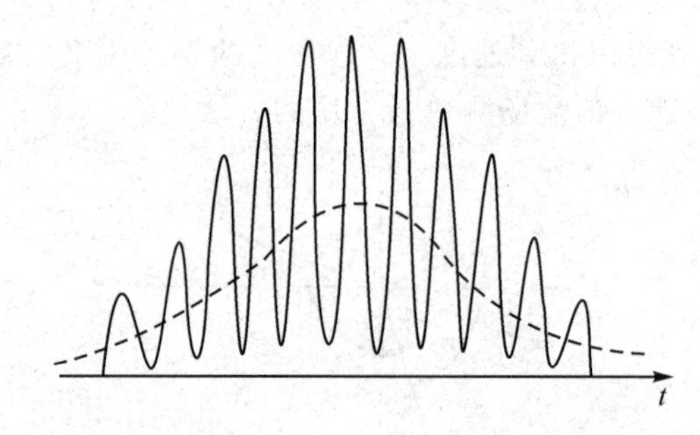


图 3.7-3 一个粒子产生的信号波形

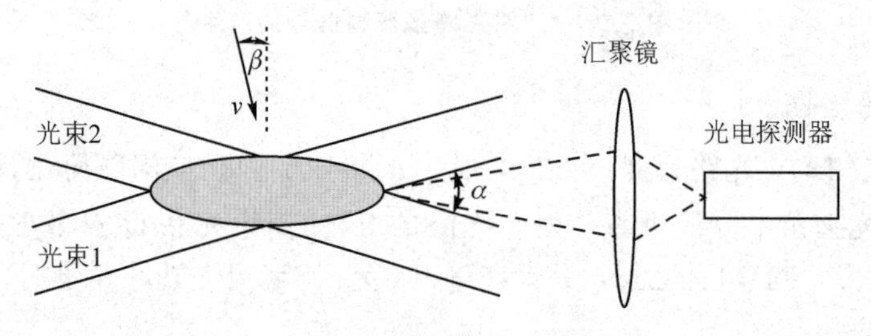


图 3.7-4 双光束 LDV 光路图

如果一个尺寸小于条纹间距的粒子,以速度 $v$ 进入条纹区,由于光强明暗相间的结果,每当粒子运动到明场时将散射出一个光脉冲;通过条纹区,将散射出一串光脉冲。通过简单的计算,可知脉冲串的频率为

$$f_D=\frac{2v}{\lambda}\sin\frac{\alpha}{2}\cos\beta \tag{3.7-13}$$

结果与式(3.7-5)完全一样。用干涉条纹区解释双光束 LDV 比较简单,但不能解释多普勒信号的波形特点。可以证明,无论从任何方向接收条纹区的散射光,其多普勒信号的频率 $f_D$ 都是相同的,其波形特点也是相同的。因此,可以用一组透镜将来自条纹区的散射光汇集于一点,以大大提高接收信号的强度。

**4. 散射粒子的速度代表流体的速度**

在流体中,有许多尺寸为微米级的小粒子,其质量很小,其运动速度可以跟得上流体的速度变化。足够多的粒子流经流场中的某一点时,虽然它们的速度会有差别,但速度的统计平均就可以代表场点的流速。

**5. 多普勒信号处理**

多普勒信号处理可用频谱分析法、频率跟踪解调法、计数法等几种处理方法。在本实验中,首先对多个单列波群分别做频谱分析,得到一系列多普勒信号频率 $f_{Di}$;再计算这些频率 $f_{Di}$ 的统计平均值,如求算术平均值,得到表示流速对应的频率 $f_D$;最后由式(3.7-13)得到流速 $v$。

为了消除波群中携带的噪声和干扰,需要对信号进行滤波等处理。当一个粒子进入条纹区时，探测器输出的信号经放大、滤波后，成为一个上下对称的、包络线近似高斯曲线的多普勒波群。其中，高通滤波器用来消除“基座”，即前述的多普勒信号直流分量；低通滤波器用来消除信号上由于干扰和噪声叠加上的“毛刺”。LDV 信号处理流程如图 3.7－5 所示。

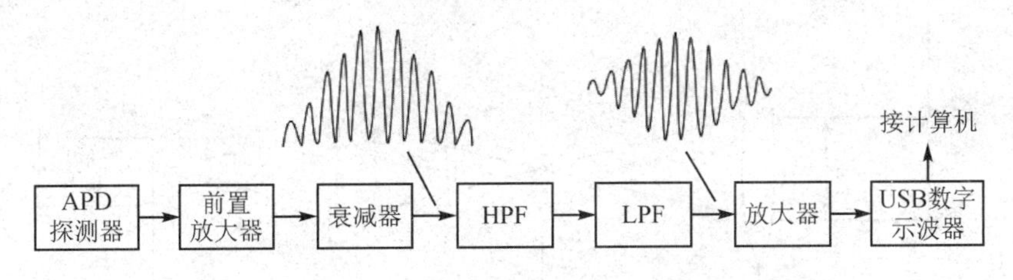


**图 3.7－5　LDV 信号处理方框图**

图 3.7－6(a)所示为经信号处理后的单个粒子的波群信号，一般在粒子较少的气体流速测量中往往会得到这样的信号。图 3.7－6(b)所示为其频谱曲线，其中的基频就是该波群的多普勒频率 $f_D$。

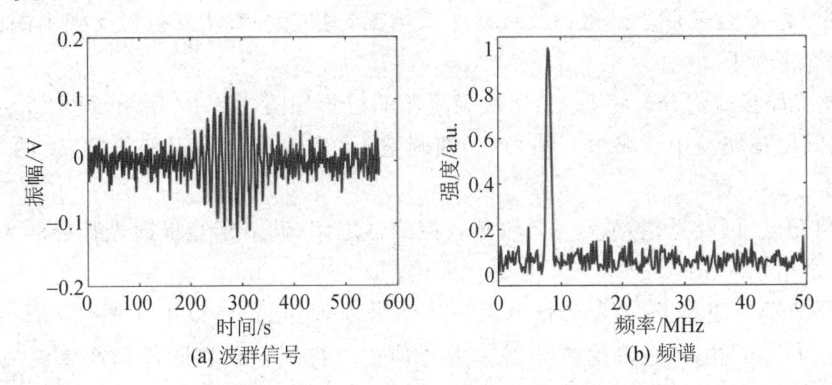


**图 3.7－6　单个粒子信号及频谱**

## 三、实验装置

本实验使用的实验装置包括激光流速仪光路部分、LDV 信号处理器、数字示波器、计算机和流场。实验光路采用典型的双光束 LDV 布局，如图 3.7－7 所示，其中，$M$ 是全反射镜，$S_1$ 是 1∶1分光镜，$L_1$ 是焦距 $f_1=150$ mm 的凸透镜，$L_2$ 是焦距 $f_2=50$ mm 的凸透镜，挡光板用来遮住两束直射光。测量气流时，只要将吹风机对准条纹区(焦点位置)即可。

## 四、实验内容及步骤

### 1. 实验内容

实验内容包括：双光束 LDV 光路的调节；流场和信号处理部分的调试；在示波器上观察多普勒波形，以及不同参数滤波器的效果；在计算机软件中对波形进行采集，并对速度结果做统计处理。

### 2. 实验步骤

① 调整光路发射部分。按照图 3.7－7 所示搭建、调整光路。相互平行两束光的间距 $S=20\sim25$ mm。将白屏放到 $L_1$ 焦距处，仔细调整 $S_1$、$M$ 和 $L_1$ 的角度、高度和距离等，使两

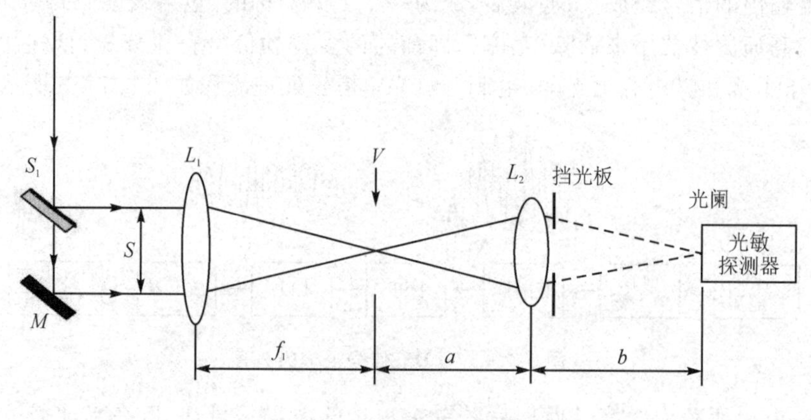


图 3.7-7 实验光路图

光点重合。再将扩束镜放到 $L_1$ 焦点处,白屏放到前方约 1 m 处(或者直接观察照射在白墙上的光斑),观察两光点是否严格重合及干涉条纹情况;通过微调 $M$ 反射镜支架上的两个调节螺丝得到清晰的条纹区。

② 调整光路接收部分。将 $L_2$ 和光敏探测器的位置如图 3.7-7 所示,可取 $a=2b=2f_2=$ 100 mm(此间距在实验中可略大一些)。仔细调整 $L_2$ 和光敏探测器的位置,使两光点交于探测器小孔内。

③ 将挡光板(可变光栏)放在 $L_2$ 和光敏探测器之间,调节挡光板通光孔径的大小,挡住两束直射光。

④ 打开信号处理器、示波器和计算机。将信号处理器的 APD 电压调到 85~95 V 之间,衰减器预置为-16 db,预置高通滤波器在中间档位。打开颗粒物附件和产生流场的吹风机,注意观察光路确保气流经过焦点位置。

⑤ 观察多普勒波形。首先使用示波器观察和捕捉波形,根据信号状态设定高通滤波器档位;然后再使用软件采集数据,注意软件部分的各项参数设置和测量结果显示,熟悉软件中保存数据和波形的方法。

⑥ 通过改变吹风机的电压档位,产生不同流速(最少测量 3 种),每种流速记录 20 个波群的频率和速度值,并保存相应的风扇电压(用万用表测量)和波形数据。

**3. 数据处理**

① 计算速度值,并与软件结果对比。

② 计算各流速的统计平均值,画出速度分布曲线。

③ 画出风扇电压和流速的关系曲线。

**4. 注意事项**

① 在调光路时不得打开信号处理器电源,必须装好挡光板,挡住两束光,才能打开信号处理器。

② 注意对光学器件的保护,不得触碰、严禁擦拭各光学面。

③ 调整光路时防止磕碰,不要拧松支杆和镜架等处的连接螺纹。

## 五、思考题

1. 为什么要在实验步骤③的最后强调“装好挡光板，挡住两直射光”？

2. 图 3.7－7 中两光束间距 $S$ 为什么不能太大？

3. 欲测量高速气体，对仪器有哪些要求？在使用相同信号处理器的情况下，如何改变光路以提高待测流速上限？

## 参考文献

[1] 陈云林，刘依真. 近代物理实验[M]. 北京：北京交通大学出版社，2010.

[2] DRAIN L. E. The Laser Doppler Technique[M]. New York：John Wiley & Sons，Inc.，1980.

[3] 沈熊. 激光多普勒技术及应用[M]. 北京：清华大学出版社，2004.

# 3.8　液晶电光效应

液晶是一种既具有液体的流动性又具有类似于晶体的各向异性的特殊物质（材料）。它是相对于晶体和液体而言的，简单地说，液晶是处于一种介于晶体和液体之间的物质，一方面它具有像液体一样的流动性和连续性，另一方面又具有晶体的各向异性。它是在 1888 年由奥地利植物学家首先发现的。在我们的日常生活中，适当浓度的肥皂水溶液就是一种液晶。目前人们发现、合成的液晶材料已近十万种之多，有使用价值的也有四五千种。随着液晶在平板显示器等领域的应用和不断发展，加之市场需求的日益庞大，针对液晶的研究不断深化，应用范围也越来越广，液晶的电控双折射效应使其可被利用于显示、信息处理、光通信等方面，如液晶显示器、液晶相位空间光调制器。另外，液晶还可做成电控位相型液晶菲涅尔波带片用于光通信、激光打印机和传真机等方面；或作为光学双稳态器件用于光通信、计算机；亦可制作成高消色差的延迟片、可调谐滤波器，以及各种偏振器件。

液晶被广泛应用于显示技术中，目前液晶显示技术主要有 TN、STN、TFT 三种。可以说，TN 型的液晶显示技术是液晶显示器中最基本的，其他种类的液晶显示器则是以 TN 型为原点来加以改良的结果。TN 型的显像原理是将液晶材料置于两片贴附光轴垂直偏光板的透明导电玻璃之间，液晶分子会依配向膜的细沟槽方向依序旋转排列，如果电场未形成，光线会顺利地从偏光板射入，按照液晶分子旋转的方向行进，然后从另一边射出。如果此时对两片导电玻璃通电，则会在两片玻璃间形成电场，进而影响其间液晶分子的排列，使其分子棒进行扭转，令光线无法穿透，进而遮住光源。这样得到光暗对比的现象，被称为扭转式向列场效应，简称 TNFE（Twisted Nematic Field Effect）。STN 型的显像原理也类似，不同的是 TN 扭转式向列场效应的液晶分子是将入射光旋转 90°，而 STN 超扭转式向列场效应是将入射光旋转 180°～270°。单纯的 TN 液晶显示器本身只有明暗两种情形（或称黑白），并没有办法做到色彩的变化。而 STN 液晶显示器由于液晶材料的限制，以及光线的干涉现象，显示的色调都以淡绿色与橘色为主，在传统单色 STN 液晶显示器加上一片彩色滤光片（color filter），并将单色显示矩阵的任意一个像素（pixel）分成三个子像素（sub－pixel），分别透过彩色滤光片显示红、绿、蓝三原色，再经由三原色比例调和，也可以显示出全彩模式的色彩。TFT 型显示器主要的构成包括荧光管、导光板、偏光板、滤光板、玻璃基板、配向膜、液晶材料、薄膜式晶体管等。首先液晶显示器必须先利用背光源,也就是荧光灯管投射出光源,这些光源会先经过一个偏光板然后再经过液晶,液晶的旋光效应改变穿透液晶的光线偏振方向;然后这些光线经过前方的彩色滤光膜与另一块偏光板,因此,只要改变刺激液晶的电压值就可以控制最后出现的光线强度与色彩。近年来又发展出使用发光二极管作为背景光源的液晶显示器,其耗电量更低,且颜色鲜艳、饱和度高。

本实验通过一些基本的观察和研究,构建对液晶材料的光学性质及物理结构的基本了解,并能利用现有的物理知识对其进行初步的分析和解释。同时,通过联系生活中常见的液晶显示器等设备,观察实验现象,并理解液晶显示技术的原理,提高应用所学知识解决实际问题的能力。解释液晶的电学与光学性质时需要用到电磁张量等物理学知识,通过对这些知识的思考与实践,培养学生利用所学知识解决实际问题的能力。

## 一、实验要求与预习要点

### 1. 实验要求

① 掌握液晶的电光效应这一物理特性,加深对液晶的了解。

② 掌握测量液晶扭曲角的方法,实验测量所用液晶盒的扭曲角。

③ 掌握测量对比度 $C=T_{\max}/T_{\min}$、上升沿时间 $T_1$ 与下降沿时间 $T_2$ 的方法,并了解这些物理量所反映的实际意义。

④ 观察和测量液晶"光栅"衍射角,并推算出特定条件下液晶的结构尺寸。

### 2. 预习要点

① 液晶有哪些特殊性质?这些性质可以应用在哪些方面?

② 如何应用物理学知识解释液晶的旋光效应与电光特性?

③ 液晶显示器的基本结构和实现显示的原理是什么?

## 二、实验原理

### 1. 液晶在自然条件下的状态特征

大多数液晶材料都是由有机化合物构成的。这些有机化合物分子多为细长的棒状结构,长度为几纳米,粗细约为 0.1 nm 量级,并按一定规律排列。

根据排列的方式不同,液晶一般被分为 3 大类:

① 近晶相液晶,结构大致如图 3.8-1(a)所示。其结构特点是分子分层排列,每一层内的分子长轴相互平衡,且垂直或倾斜于层面。

② 向列相液晶,结构大致如图 3.8-1(b)所示。其结构特点是分子的位置比较杂乱,不再分层排列,但各分子的长轴方向仍大致相同,光学性质上比较接近单轴晶体。

③ 胆甾相液晶,结构大致如图 3.8-1(c)所示。其结构特点是分子也是分层排列,每一层内的分子长轴方向基本相同,并平行于分层面,但相邻的两个层中分子长轴的方向逐渐转过一个角度,总体来看分子长轴方向呈现一种螺旋结构。

### 2. 液晶的旋光效应

1811 年,法国物理学家阿拉果发现,当线偏振光沿某些晶体如石英的光轴传播时,透射光

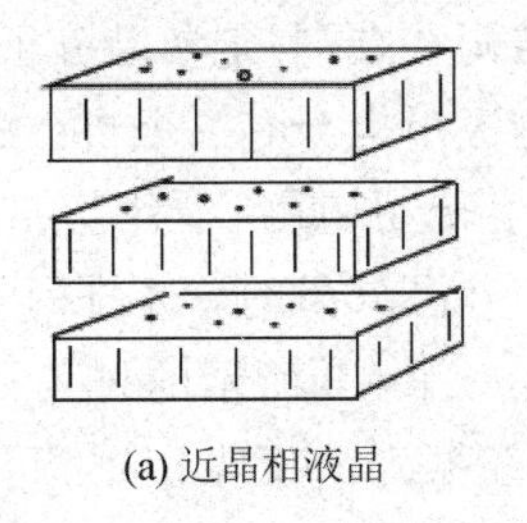

(a) 近晶相液晶

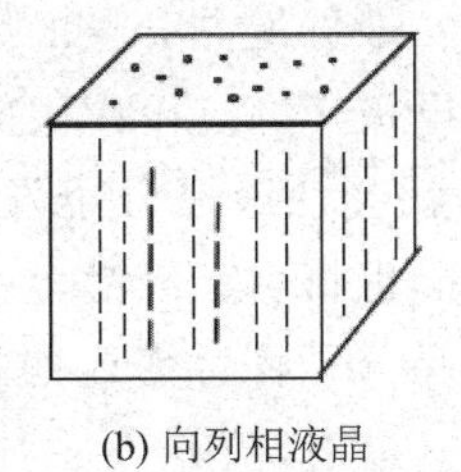

(b) 向列相液晶

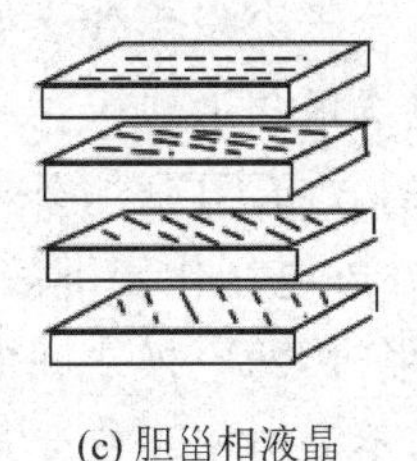

(c) 胆甾相液晶

**图 3.8-1　液晶大致结构图**

虽然是线偏振光,但其振动面相对于入射光的振动面却旋转了一个角度,这种现象被称为旋光现象。

液晶在一定条件下也具有旋光性,向列相液晶分子呈长棒形,但是如果采取特殊的工艺使得液晶分子的初始排列呈扭曲方式排列,则产生旋光性。扭曲向列排列的液晶对入射光会产生一个重要的作用,它会使入射的线偏振光的偏振方向顺着分子的扭曲方向旋转,类似于物质的旋光效应。

当偏振光经过液晶盒后,其偏振方向会发生旋转,扭曲向列相液晶的旋光性来源于它的螺旋结构。当线偏振光垂直入射到液晶盒表面时,若偏振方向与液晶盒上表面分子扭曲向相同时,则线偏振光的偏振方向将随液晶分子轴方向逐渐旋转,出射光偏振方向平行于液晶盒下的表面分子轴方向。线偏振光偏振方向转过的角度被称为液晶盒的扭曲角。

**3. 液晶的电光特性**

当对液晶施加外界影响时,它们的状态将会发生改变,从而表现出不同的物理光学特性。下面以最常用的向列相液晶为例,分析了解它在外界作用下的一些特性和特点。

在使用液晶的时候往往会将液晶材料夹在两个玻璃基片之间,并对四周进行密封。根据使用目的,会对基片的内表面进行适当的处理,以便影响液晶分子的排列。一般有 3 个处理步骤:第 1 步,涂覆取向膜,在基片表面形成一种膜;第 2 步,摩擦取向,用棉花或绒布按一个方向摩擦取向膜;第 3 步,涂覆接触剂。经过这 3 个步骤后,就可以控制紧靠基片的液晶分子,使其平行于基片并按摩擦方向排列。如果使上下两个基片的取向成一定角度,则两个基片间的液晶分子就会形成许多层,如图 3.8-2 所示的情况(上下两个基片取向的夹角成 90°),即每一层内的分子取向基本一致,且平行于层面,而相邻层分子的取向逐渐转动一个角度,形成一种被称为扭曲向列的排列方式。这种排列方式和天然胆甾相液晶的主要区别是:扭曲向列的扭曲角是人为可控的,且“螺距”与两个基片的间距和扭曲角有关;而天然胆甾相液晶的螺距一般不足 1 μm,不能人为控制。

**图 3.8-2　液晶盒的两个玻璃基片夹角为 90°**

由于液晶分子的结构特性,其极化率和电导率等都具有各向异性的特点,当大量液晶分子有规律地排列时,其总体的电学和光学特性,如介电常数、折射率也将呈现出各向异性的特点。如果对液晶物质施加电场,就可能改变分子排列的规律,从而使液晶材料的光学特性发生改变。1963 年有人发现了这种现象,这就是液晶的电光效应。

为了对液晶施加电场,可以在两个玻璃基片的内侧镀一层透明电极。这个由基片电极、取向膜、液晶和密封结构组成的结构被称为液晶盒。当在液晶盒的两个电极之间加上一个适当的电压时,液晶分子会发生什么变化?根据液晶分子的结构特点,假定液晶分子没有固定的电极,但可被外电场极化形成一种感生电极矩。这个感生电极矩也会有一个自己的方向,当这个方向与外电场的方向不同时,外电场就会使液晶分子发生转动,直到各种互相作用力达到平衡。液晶分子在外电场作用下的变化,也将引起液晶盒中液晶分子的总体排列规律发生变化。当外电场足够强时,两电极之间的液晶分子将会变成如图3.8-3所示的排列形式,即液晶表现为各向同性,不会再出现旋光现象。这时,液晶分子对偏振光的旋光作用将会减弱或消失。通过检偏器,可以清晰地观察到偏振态的变化。大多数液晶器件都是这样工作的。如果在加电压前使检偏器处于消光位置,则电压超过某一值时,整个装置由不通光变为通光。利用液晶的这种特质,可做光开关,也可用于显示技术。

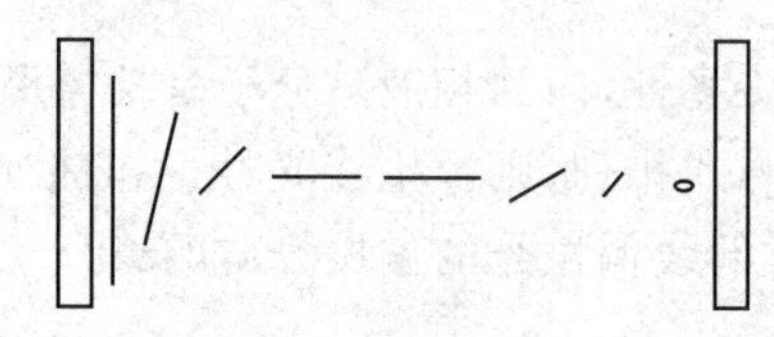

**图3.8-3　强电场作用下液晶分子排列变化为与电场方向同向**

以上的分析只是对液晶盒在"开""关"两种极端状态下的情况作了一些初步的介绍。而对于这两个状态之间的中间状态,我们还没有一个清晰的认识,其实在这个中间状态,有着极其丰富的光学现象,在实验中将会一一观察和分析。

**4. 液晶响应时间**

液晶对外界电场变化的响应速度是液晶产品的一个十分重要的参数。液晶的响应时间越短,它显示动态图像的效果就越好。当加上或去掉驱动电压时,能够使液晶分子的排列发生变化,这种排列是需要时间的,被称为上升沿时间和下降沿时间。一般来说,用上升沿时间和下降沿时间来衡量液晶对外界驱动信号的响应速度情况。如图3.8-4所示,定义如下:

上升沿时间:光电信号从稳定值的10%变化到90%的时间间隔。

下降沿时间:光电信号从稳定值的90%变化到10%的时间间隔。

响应时间=上升沿时间+下降沿时间$=(t_2-t_1)+(t_4-t_3)$。

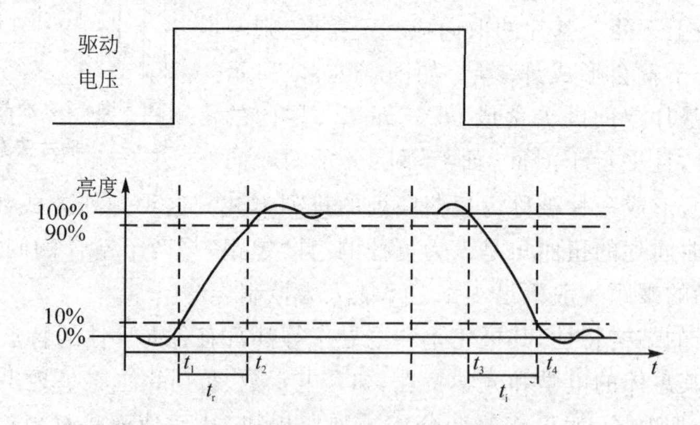


**图3.8-4　液晶响应时间**

## 三、实验装置

本实验装置包括半导体激光器(实验所用的红色激光波长为 650 nm)、液晶驱动电源、功率指示计、偏振片(起偏器)、液晶盒、偏振片(检偏器)、功率计探头、光探头、示波器和光学实验导轨。

实验采用半导体激光器作光源。液晶置于液晶盒内。液晶驱动电源可以为液晶盒提供驱动电压,输出电压为高频方波信号,在实验中可以看作直流信号,有连续和间歇两种模式:在连续模式下,输出电压保持不变,可以测量液晶的扭曲角等;在间歇模式下,输出电压为方波脉冲信号,可以测量输出光的响应信号。两个偏振片分别作为起偏器和检偏器。功率计探头和功率指示计用于测量输出光功率。光探头可以连接示波器,用于显示输出光随时间变化的波形。

## 四、实验内容及步骤

### 1. 液晶盒扭曲角的测量

激光通过起偏器后成为线偏振光,经过液晶盒后偏振方向会偏转一定的角度,可以通过检偏器确定光经过液晶盒后的偏振方向。实验中采用的液晶盒在较高的驱动电压下旋光效应会消失,在有驱动电压和没有驱动电压两种情况下,光经过液晶盒后偏振方向的角度差即为液晶的扭曲角。

如图 3.8-5 所示,按照半导体激光器、偏振片(起偏器)、液晶盒、偏振片(检偏器)、功率计探头的顺序,在光学实验导轨上摆好光路,并连接各种设备之间的导线。实验步骤如下:

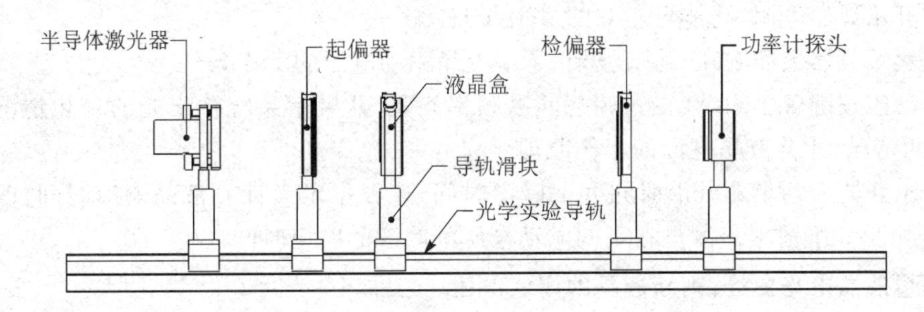


**图 3.8-5　液晶盒扭曲角的测量实验仪器摆放**

① 打开激光器,仔细调整各个光学元件的高度和激光器的方向,尽量使激光从光学元件的中心穿过,进入功率计探头。

② 旋转起偏器,使通过起偏器的激光最强。

③ 打开液晶驱动电源,功能按键置于连续状态,并将驱动电压调整为 12 V。

④ 旋转检偏器和液晶盒,找到系统输出功率最小的位置,并记下此时检偏器的位置(角度)。

⑤ 关闭液晶驱动电源,此时系统通光情况将发生变化,再次调整检偏器的位置,找到系统通光功率最小的位置,并记下此时检偏器的位置(角度)。步骤④与⑤记录的角度位置差就是该液晶盒在该波长下的扭曲角。重复测量 5 次。

⑥ 在上述实验的基础上了解了如何测量液晶盒的扭曲角,请继续探究如下问题:入射光的偏振方向对扭曲角测量结果的影响。要求:

(a) 实验需记录在不放任何光学元件时光功率的数值。

(b) 改变入射光的偏振状态3次,分别记录在不同偏振状态下的光功率值,并测量在该状态下的扭曲角度数,从而探究入射光的偏振方向对扭曲角测量结果的影响。

**2. 光开关对比度的测量(重复5次测量)**

自然光通过起偏器后变为线偏振光,经过液晶盒,当加驱动电压时,调节检偏器使输出光功率最小,达到不透光状态;当关闭驱动电源时,线偏振光经过液晶盒时偏振方向旋转的角度发生改变,经过检偏器后输出光功率变强,达到透光状态,这样就实现了光开关。光开关的对比度为透光状态与不透光状态输出光强度的比值。实验步骤如下:

① 重复实验1的步骤①、②、③、④,记下最小功率值$T_{min}$。

② 关闭液晶驱动电源,记下此时的系统输出功率$T_{max}$。

③ 计算对比度$C=T_{max}/T_{min}$。

**3. 液晶响应时间的测量**

将驱动电源调节为间歇模式,则输出的驱动信号变为矩形脉冲信号,可以利用光探头和示波器测量光经过起偏器、液晶、检偏器后输出光的响应信号,测量示波器上响应信号的上升沿时间和下降沿时间即可得到液晶的响应时间。实验步骤如下:

① 重复实验1的步骤①、②、③。

② 旋转检偏器和液晶盒,找到系统输出功率较小的位置。

③ 用光探头换下功率计探头,连接好12 V电源线(红为"+",黑为"-",红对红,黑对黑)。将示波器的CH1通道用信号线与液晶驱动信号相连,作为触发。CH2通道上的示波器表笔与光电二极管探头相连(地线与12 V的地相连,挂钩挂在探头线路板的挂环上)。

④ 打开示波器电源,功能置于双踪显示,CH1触发。

⑤ 观察示波器上的CH1通道波形,了解液晶驱动电源的工作条件。

⑥ 将功能按键置于间歇状态,调整间歇频率旋钮,并观察系统输出光的变化情况和示波器上波形的情况,体会液晶电源的工作原理。

⑦ 在示波器上测量上升沿时间和下降沿时间,并根据定义计算液晶响应时间;改变驱动电压的值(至少5组数据),测量在不同驱动电压下的液晶响应时间。

**4. 测量液晶电光曲线,判断液晶的阈值电压**

电光曲线是在偏振片和液晶盒的角度固定不变时,透光光功率随驱动电压变化的曲线。给液晶加电压,当电压大于某一值时,液晶分子的长轴开始向电场方向倾斜,该电压被称为阈值电压。实验步骤如下:

① 重复实验1的步骤①、②、③、④。

② 通过改变液晶盒两端的驱动电压(实验中驱动电压在0~12 V逐渐增加),记录在特定驱动电压下的透光光功率的大小,绘出透光光功率随驱动电压变化的液晶电光曲线,并指出该液晶盒的阈值电压。

**5. 观测特定条件下液晶的衍射效应,推测液晶内部结构尺寸**

液晶分子在外加电场的作用下重新排列。在一定的电场范围内,液晶分子的周期性排列相当于一个光学光栅,激光垂直入射到液晶盒上时,会产生光栅衍射现象。实验步骤如下:

① 取下实验1中的检偏器和功率计探头。

② 打开液晶驱动电源,功能按键置于连续,并将驱动电压置于6 V左右,等待几分钟,用

白屏观察液晶盒后光斑的变化情况，可观察到类似光栅衍射的现象。

③ 仔细调整驱动电压和液晶盒角度，使衍射效果最佳。

④ 用尺子测量并计算出衍射角，利用光栅公式 $d\sin\theta = k\lambda$，计算出这个液晶光栅的光栅常数 $d$。

**6. 注意事项**

① 在本次实验中，由于有响应时间的存在，所以在实验过程中调节旋转角或者电压时应缓慢进行。

② 为防止杂光对实验的影响，本实验应该在暗室中进行。

## 五、思考题

1. 在了解液晶旋光特性的基础上，能否设置一个小实验来验证液晶的旋光特性。

2. 为什么在液晶盒上加电压能够控制其透光性能？

3. 从示波器上可以观察到液晶的驱动电源输出为方波交流电，为什么不使用直流电作驱动电源？

## 六、拓展性实验

测量分析入射光偏振方向对液晶盒响应时间、对比度是否有影响。

## 七、研究性实验

1. 设计一个实验，探究液晶的响应时间与哪些因素有关。

2. 设计一个实验，探究液晶的扭曲角与入射光波长的关系。

## 参考文献

[1] 王世燕，袁顺东，刘彦民. 基于激光光源的液晶特性研究[J]. 激光技术，2017，41(3)：356-360.

[2] 杨胡江，肖井华，蒋达娅. 液晶物性实验介绍[J]. 大学物理，2005，24(3)：57-57.

[3] 袁顺东，王世燕，王殿生. 液晶电光效应的实验研究[J]. 物理实验，2014，34(4)：1-10.

# 3.9　光镊微粒操控

光镊技术是指通过高度汇聚的激光束所形成的梯度力光势阱，可对微米或亚微米级颗粒进行快速灵敏的捕获。自1986年美国物理学家阿瑟·阿什金(Arthur Ashkin)首次报道单光束光镊技术以来已过去30余年，在此期间光镊技术的研究和应用发展迅猛，为光学和其他学科的交叉融合架起了桥梁。例如，在生命科学领域，光镊技术已被应用于细胞层级的粒子，并在细胞、生物大分子等粒子的操控和生命过程的动力学研究方面发挥了巨大作用，极大地促进了定量生物学等物理与生物交叉领域的发展。2018年，光镊技术由于其突破性贡献获得了诺贝尔物理学奖，这也再次激发了众多学者的研究兴趣，给传统光学、激光物理和微纳操控等领域创造了全新的研究契机。本实验以光镊技术为基础直观展现光的力学效应，具有较强的可操作性。实验内容分为两部分：一是调整模块化光镊系统并对介电微球颗粒进行捕获，使学生通过实验掌握光镊技术的基本原理;二是能够利用实验系统设计实验方案,并对颗粒逃逸速度、光阱力和光阱范围等参数进行定量测量。

## 一、实验要求与预习要点

### 1. 实验要求

① 了解光镊的基本原理,熟悉实验装置组成及各组件的调节方法。

② 掌握本实验使用的光镊系统光路,并能够对应实物正确地画出光路图。

③ 熟悉样品的制备方法,通过使用光镊对介电微球进行捕获、移动等操作,加深对光的力学效应等物理概念的理解。

### 2. 预习要点

① 激光对微粒的作用力可以分为哪几个部分?分别是什么?各有什么效果?

② 在光与物质相互作用中,光子动量是如何进行传递的?

③ 在光捕获微粒的过程中,微粒会受到哪几类力的共同作用?

## 二、实验原理

### 1. 光对物体的作用力

1901 年,俄国物理学家列别捷夫首次通过实验证实了光不仅具有动量,还能对照射物施加压力。那么光力是如何产生的呢?下面首先介绍入射光对物体表面的光压。如图 3.9-1 所示,假设一束光入射到某一小面积元 $\mathrm{d}S$ 上,入射光束的光强为 $I_0$(即单位时间内在垂直于光的方向上单位面积上光的辐射通量),则单位时间通过面积元的光通量为

$$\mathrm{d}E = I_0 \cos i \cdot \mathrm{d}S \tag{3.9-1}$$

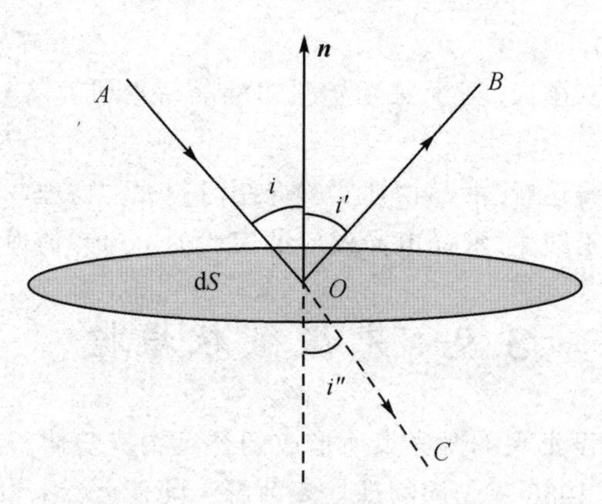


图 3.9-1 光在面积元上的受力分析

当光束 $A$ 以 $i$ 角入射到面积元 $\mathrm{d}S$ 上,面积元受到光束 $A$ 压力的方向与面积元的法线方向 $\boldsymbol{n}$ 平行(或相反)。设光强为 $I_0$ 中的光子数为 $N$,即

$$I_0 = Nh\nu = N\frac{h}{\lambda}c = Npc \tag{3.9-2}$$

其中,$c$ 为光速;$h$ 为普朗克常量;$\nu$ 为光的频率;$\lambda$ 为光的波长;$p$ 为光子动量,$p = E/c = h\nu/c = h/\lambda$。如果 $\mathrm{d}S$ 表面反射率为 $R$,透射率为 $T$,即 $RN$ 个光子被反射,这部分光子被反射

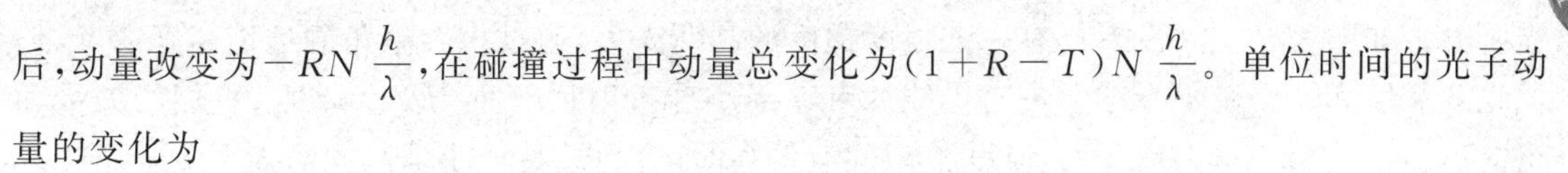

后，动量改变为$-RN\dfrac{h}{\lambda}$，在碰撞过程中动量总变化为$(1+R-T)N\dfrac{h}{\lambda}$。单位时间的光子动量的变化为

$$\frac{\Delta p}{\Delta t}=(1+R-T)N\frac{h}{\lambda}=(1+R-T)\frac{nI_0}{c_0} \tag{3.9-3}$$

其中，$n$ 为介质的折射率，$c_0$ 为真空中的光速。根据动量定理知，$\dfrac{\Delta p}{\Delta t}=\Delta F$，即物体动量的变化率等于外力，因此可得小面积元 $\mathrm{d}S$ 所受到的光力（光压）为

$$\Delta F=(1+R-T)N\frac{h}{\lambda}=(1+R-T)\frac{nI_0}{c_0} \tag{3.9-4}$$

如果有较大的表面处于光场中，整个表面所受的力可以根据上式积分得到光对物体的作用力为

$$F=\frac{nI_0}{c_0}\int_S(1+R-T)\cos i\,\mathrm{d}S \tag{3.9-5}$$

**2. 几何光学法分析颗粒受力情况**

研究微粒在光阱中受到光阱力的理论模型主要有几何光学近似模型和电磁模型。其中，电磁模型的计算包含激光束的电磁场描述、微粒对电磁场的散射求解、电磁场对微粒辐射压力的计算三部分，对不同尺度的微粒都可以进行精确求解，但处理过程较为复杂，在本书中不作具体阐述。通常采用数值计算方法来得到结果，例如 T 矩阵法和时域有限差分方法等。

几何光学法是对实际情况采取一系列近似处理，并结合高斯光束标量理论计算强聚焦光束对微粒的俘获力的方法，可以直观方便地分析光阱中粒子受力情况，进而理解实验现象并指导实验方案设计。几何光学法适用于几何尺寸大于波长的微粒，本实验中观察的标样为二氧化硅微球微粒，其直径约为 2 μm（远大于实验中激光波长 658 nm），因此可用几何光学法通过考察光穿过介质微球的行为来分析光作用于微粒的力。

设小球折射率为 $n$，且大于周围媒质的折射率 $n_0$。当一束激光穿过小球时，由几何光学可确定光线传播的路径。如图 3.9－2 所示，以小球的中心为原点，以光线传播方向为 $z$ 轴正向建立三维直角坐标系，在光束中取 2 条平行的光线，用黑粗线表示。光线在进入和离开球表面时产生折射，同时在表面也产生部分的反射（用虚线表示）。对于透明介质小球，入射到小球后反射光线产生的力远远小于透射光线产生的力，因此可以忽略不计，只分析与光的折射相联系的施加在小球上的力。

若折射前所有的光均沿 $z$ 方向传播，即光的动量是沿 $z$ 方向的，然而离开球后光传播方向发生改变，即光的动量有了变化。在图 3.9－2(a)所示的均匀光场中，各光束对小球的力在横向（$x-y$ 方向）完全抵消，但存在沿 $z$ 方向的推力，这个力被称为散射力。微粒在散射力的作用下沿着光的传播方向运动。在图 3.9－2(b)所示的非均匀光场（自左向右增强的光场）中，由于横向存在强度梯度，小球在梯度光场作用下所受到的合力在横向不再完全抵消，总的合力是把小球推向光场强的方向。小球在非均匀的（即强度分布存在梯度）光场中所得到的是指向光强较强处的力。这种由于光场强度分布不均匀产生的力被称为梯度力。

光镊是将激光束用高倍物镜会聚，形成梯度光场。在强会聚的光场（光阱）中，微粒会受到三维梯度力和散射力的共同作用。当梯度力大于散射力时，合力将微粒束缚在光阱中，被称为

光阱力。如图3.9-3所示,具有一定强度梯度的高斯光束,通过大会聚角的透镜高度会聚,形成强度梯度光场作用于小球。一对光线 $a$ 和 $b$ 经小球折射后产生力 $F_a$ 和 $F_b$,它们的矢量和指向焦点 $F$。当小球的球心 $O$ 和焦点 $F$ 间有偏离时,合力总是使小球趋向焦点。

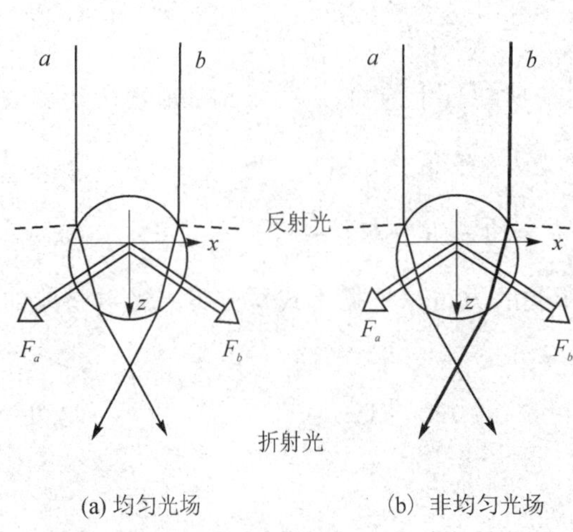


图3.9-2 透明小球在光场中的受力分析

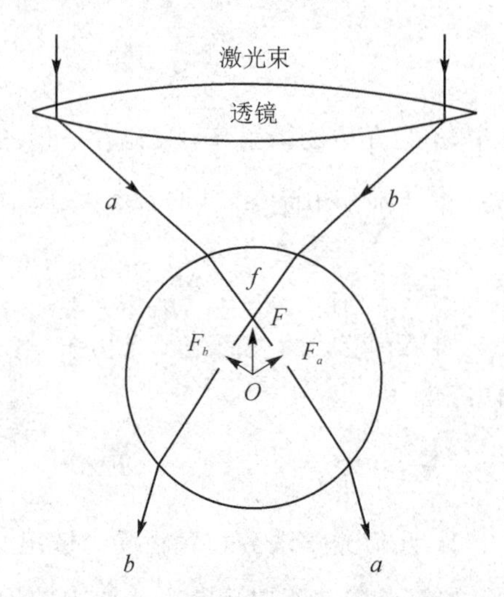


图3.9-3 透镜汇聚后小球的受力分析

**3. 介质与布朗运动**

布朗运动(Brownian Motion)是微观自由粒子的统计振动运动(平移和旋转)。在显微镜下,粒子的路径被视为短的直线。在光镊实验中,首先可以观察微粒受到溶液分子布朗运动影响所引起的振动。微粒位于由分子组成的介质中,这些分子不断向各个方向移动。因此,分子反复撞击微粒,导致微粒振动,同时温度越高,振动越剧烈。

光与物质的相互作用是通过介质进行的,不同的介质性质和参数直接影响光与物质相互作用并最终影响光镊的捕获效果。介质的选择需要保证光学透明且折射率要小于被捕获的微粒的折射率,折射率 $n$ 与被捕获物体的折射率 $n_0$ 之差越大,越有利于捕获。同时也要考虑介质的化学性质及其与微粒相互作用的影响。本实验中样品为二氧化硅微球溶液,其溶剂是无水乙醇。

在激光捕获微粒的过程中,微粒在溶液环境中同时受多种力学作用,其中液体的黏滞阻力和布朗运动产生的效应在光捕获中非常重要,测量光阱力及其光阱参数主要利用了这两种作用。介质的性质决定了布朗力的大小,在利用光镊技术操控和测力的过程中,介质和布朗力的影响时刻伴随其中。事实上,在光阱作用范围附近光镊捕获粒子的过程,可以看成是布朗力和黏滞阻力的合效果与光阱力的竞争。或者说由于光阱力的作用,粒子处于阱域范围时势能较低,而激光聚焦处即为势能最低点,此时粒子仍存在布朗运动。若处于阱域范围之外,粒子便不会受到激光作用,而是完全进行布朗运动,此时粒子可能会重新回到阱域范围,也可能向其他方向离开。若没有跨越到势阱以外,粒子便会受到光阱力的作用向势能更低处吸引,最终处于激光光点处被完全捕获。在实验室时也可通过运行光镊虚拟仿真程序观察到上述现象,如图3.9-4所示。

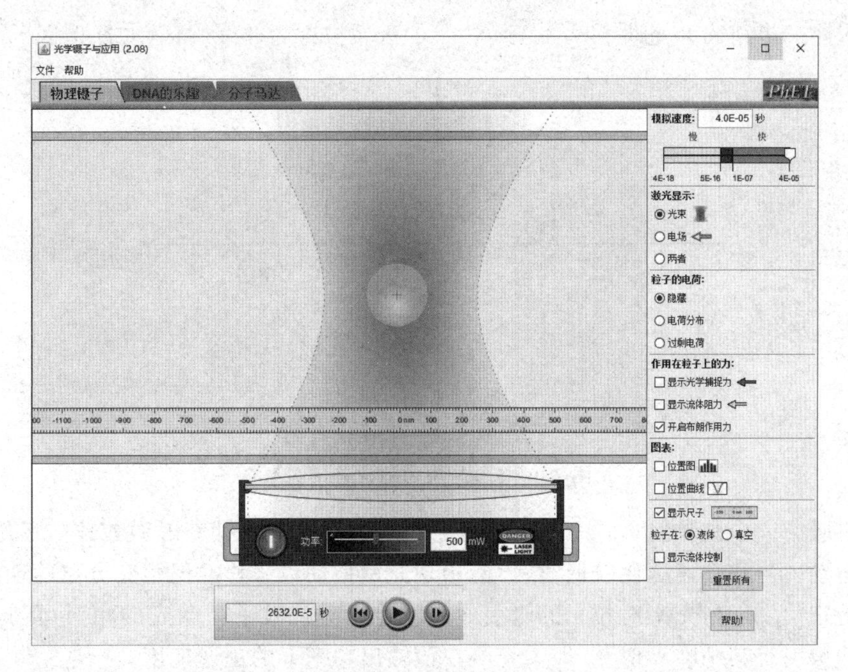


图 3.9-4　光镊虚拟仿真环境下微粒的捕获过程

**4. 光阱阱域**

在没有外力的情况下，微粒在距离光束中心的某范围内会自行陷入阱中，这个范围就被定义为光阱的阱域。在高斯光束的照明条件下，光阱阱域的范围一般定义为以光束中心为原点的圆形区域，进入这个范围的粒子在没有任何外力的作用且动能为零的情况下，会被光阱吸引并向光阱中心运动。在本实验中，微粒在周围液体分子的布朗运动作用下做随机振动，自身具有一定动能，但只要粒子进入光阱阱域，便会受到光阱力的作用，向势能更低处运动；只要布朗运动和液体黏滞力的合效果不足以使粒子逃离阱域范围，微粒就会趋向光阱中心运动，最后陷入光阱中。

**5. 逃逸速度与光阱力**

在光阱中，微粒在强会聚光场的作用下会受到三维梯度力和散射力，当梯度力大于散射力时，合力会把微粒束缚在光阱中，这种力被称为光阱力。如果先把微粒放在光阱中心，用外力沿 $x$ 方向牵引微粒，不断增大外力，微粒不断偏离光阱中心，此时如果停止牵引，微粒会被光阱力拉回光阱中心，这时微粒受到的光阱力与到光阱的中心距离成正比。但如果继续增大牵引力，在偏离光阱中心某位置 $x_0$ 时微粒离开光阱，此时的牵引力等于光阱力的最大值，对应的光阱力被称为最大光阱力，类似于弹簧在最大弹性伸长时物体所受到的力。当微粒所承受的外力超过最大光阱力时，即继续牵引微粒超过 $x_0$ 范围后，虽然光阱对微粒仍有作用力，但光阱力不断减小，而如果外力(牵引力)大于使微粒返回光阱中心的光阱力，微粒将脱离光阱的束缚，所以最大光阱力也被称为光阱的逃逸力。光阱力 $F$ 随微粒偏离光阱中心的位置 $x$ 的关系如图 3.9-5 所示。在 $O$ 到 $x_0$ 的区间内，$F$ 与 $x$ 成正比，用 $F=kx$ 表示，这个区域称为光阱力的线性区(简谐区)，最大值 $F_{max}$ 称为最大光阱力。如果施加在微粒上的外力超过最大光阱力 $F_{max}$，当粒子到达 $x_0$ 处，仍会被继续牵引，在这之后光阱对微粒虽有作用，但作用不断减弱，微粒将脱离光阱的束缚离开光阱。从 $x_0$ 到 $x_{max}$ 的区域被称为非线性区(非简谐区)。

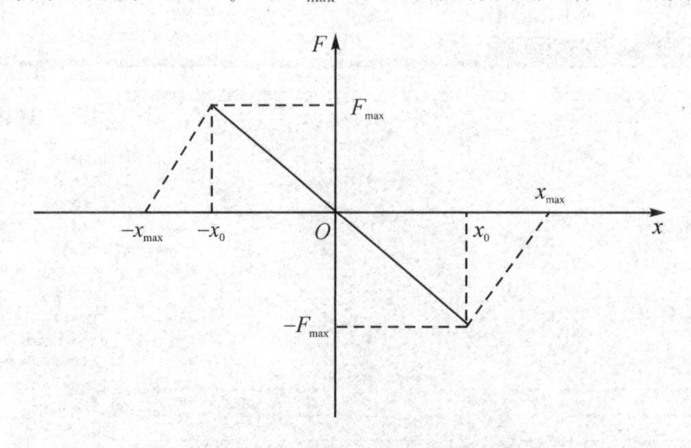


图 3.9-5 光阱力与位移的关系

在光阱吸附一个微粒后,以一定速度移动平台,可视为光镊捕获的微粒按一定速度相对于周围液体运动。当移动速度比较低时,可能出现光镊拖动粒子移动但不会分离的现象;而移动速度高于特定值 $v_0$ 时,光镊对粒子的吸引作用不足以对抗粒子与激光的相对运动,粒子便会脱离激光的吸引。其中临界值 $v_0$ 即为光阱在该输出功率下的逃逸速度。

粒子在逃逸速度下相应的流体黏滞阻力被称为临界黏滞阻力 $F_c$,在此速度下,光镊的最大捕获力 $F_{max}$ 与临界黏滞阻力 $F_c$ 大小相等,方向相反。根据流体力学中没有涡流情况下的 Stokes 公式

$$F_c = 6\pi\eta \cdot av \tag{3.9-6}$$

可计算临界黏滞阻力大小,从而得到临界捕获力。其中,$\eta$ 为溶液黏度,$a$ 为微粒半径,$v$ 为微粒相对周围液体的移动速度。溶液黏度可通过查表得到,实验条件为 25 ℃,此条件下无水乙醇的黏度为 1.096 mPa·s,实验中的二氧化硅微粒半径已知约为 1 μm。因此,通过测量光阱的逃逸速度便可计算出光镊在临界条件下的最大光阱力。

## 三、实验仪器

### 1. 仪器主体

实验中使用的光镊设备的核心器件包括一个红光激光器(波长 658 nm,功率 40 mW)和一个非油浸的高倍显微物镜(Zeiss A-Plan,63×,0.8 N.A.)。光学系统采用笼式结构搭建,主要包括:光学显微镜、激光准直和光斑大小调节光路、激光-显微镜耦合光路等。光学显微镜工作在透射模式下,样品的照明光源为一个高亮度的白光 LED;彩色 CMOS 相机可通过网络或 USB 接口与计算机相连,可在软件中实现对光镊操纵过程的观测。整套系统安装在一块 30 mm×60 mm 的铝质光学底板上。仪器主体含激光器、准直仪、光学显微镜等,如图 3.9-6 所示。测试样品(图中没有绘制)插入物镜和照明光源之间,其位置可由 $x$-$y$-$z$ 三维调节平台操纵。

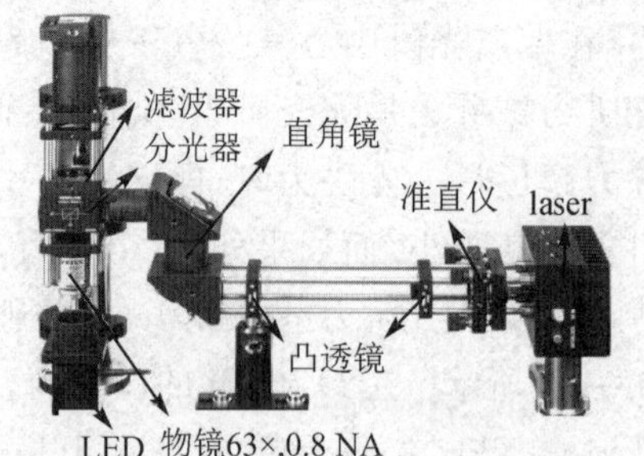


图 3.9-6 光镊实验的设备图

**2. 系统光路**

光路调节目标以及最终的调节状态如图 3.9-7 所示。实线代表激光光路，虚线代表显微镜光路。通过调节光路，激光器发出的光经扩束、准直后形成平行光束，经过一对透镜调节平行光束的光斑直径，并经过直角反射镜的光学系统耦合到光学显微镜中，最后经物镜聚焦到样品上。三维光学势阱在聚焦光斑处形成，实现对介电微粒的捕捉。在光学显微镜光路中，来自物镜焦点并经过无限远物镜的光为准直光束，由短波通滤光片滤去红色激光，以确保光学显微镜 CCD 中的观察效果。

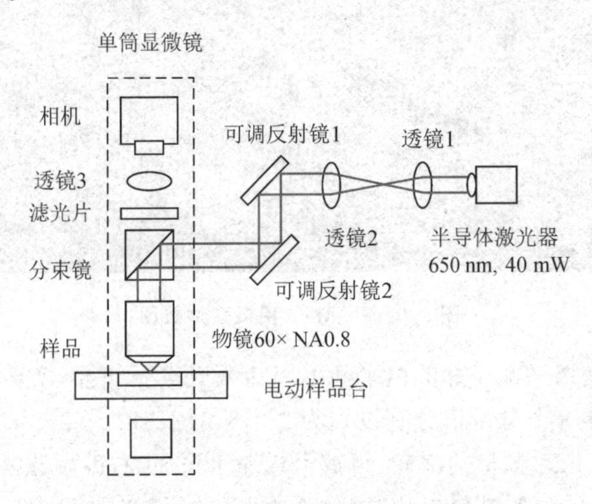


图 3.9-7　光镊实验系统的光路示意图

**3. 光学显微镜**

① 准备工作：检查 CCD 的电源与计算机连接线，并打开计算机电源。

② 打开 LED 灯：LED 控制器顶部的模式开关调节至“CW”模式，亮度旋钮调到最亮，取下显微镜物镜上方的遮光片。

③ 连接相机：LED 控制器的正面有一个电流限制调节器。利用调节器设定最大电流(Current Limit)为1 A。控制器顶部的模式开关应设置为“CW”，如图 3.9-8 所示。在计算机上打开相机软件“MVS”，单击左侧的相机设备(相机代号为“Hikvision MV-CA050”)。

④ 完成后软件界面如图 3.9-9 所示。界面左边是连接栏，中间是相机的拍摄栏，右边是相机参数设置栏。

⑤ 开始或停止工作：点击按钮，相机开始工作，再次点击后会暂停工作。

⑥ 截图或录像：点击按钮截图；点击按钮开始录像，再次点击停止录像(截图和录像都必须在相机工作时才可使用)。

⑦ 设置保存路径：点击右上方菜单“设置”→“截图/录像”，可以设置截图/录像的保存路径。

⑧ 改变白平衡：在软件界面右边的相机参数设置

图 3.9-8　LED 控制器

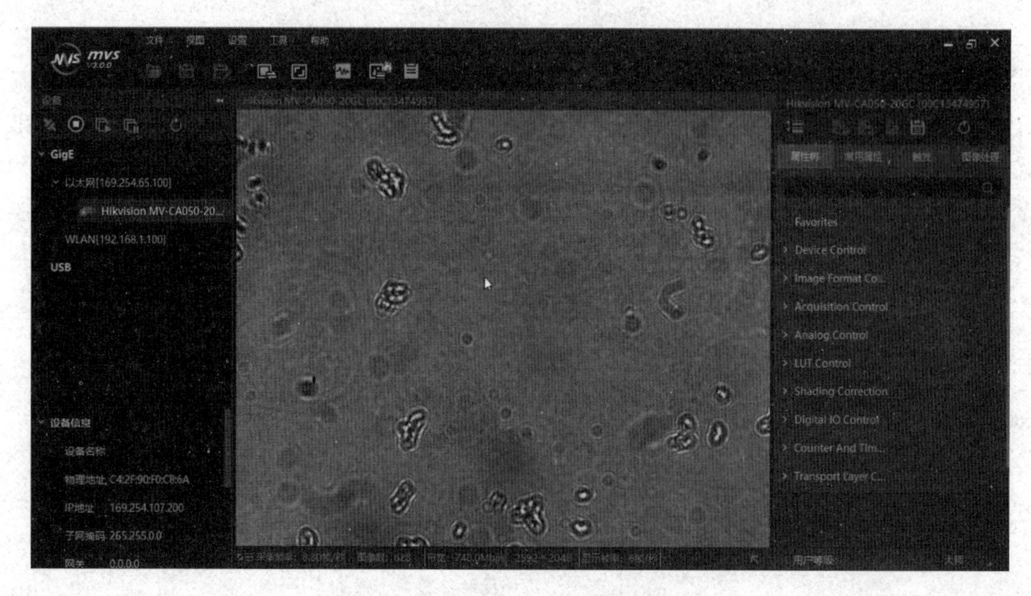


图3.9-9　MVS相机软件截图

“常用属性”中可以改变白平衡。好的白平衡可以让激光点更明显,实验时可根据实际显示效果调整。建议红、绿、蓝3个分量值分别设置为2 048、512、512。

⑨ 放大缩小页面:滚动鼠标的滑轮,可放大或缩小页面,右键可选择恢复原比例。

⑩ 部分页面截图或录像:选择右边“图像处理”里的“感兴趣区域”,点击“绘制ROI”后的第一个符号,会出现一个蓝色矩形框。调节框的大小,并将框拖动到目标区域(使激光落在中心位置)。当鼠标移到框中心后,会出现一个小蓝框,并且鼠标形状变成十字,右键并选择“完成”,这样以后的截图或录像就会在目标区域进行了。如果想恢复原样,点击“感兴趣区域”里的“恢复至最大画幅”。

**4. 样品台控制**

① 三维空间的移动:

(a) $z$ 方向(手动操作):顺时针转动旋钮(旋钮在样品台的右下角),样品台下降。

(b) $x$ 方向(电动操作):在 $x$ 控制器上(激光发射器旁边)将齿轮往上推样品台左移。$x-y$ 电动样品台控制器如图3.9-10所示。

(c) $y$ 方向(电动操作):在如图3.9-10所示控制器在 $y$ 控制器上将齿轮往上推,样品台后移。

② 手动控制:

调节 $x$,$y$ 方向移动速度:按下“MENU”按钮进入模式选择;滚动齿轮,选择模式,按下“MENU”按钮进入选中模式(比如3.速度);滚动齿轮,修改参数(比如速度),按下“MENU”按钮确定修改。此时控制器上显示的是 $x(y)$ 的坐标。

③ 软件控制(可选):

(a) 打开控制软件Kinesis,如图3.9-11所示,界面中有3个控制器,前两个可以调节样品控制台(第一个控制 $x$ 方向,第二个控制 $y$ 方向),第三个控制激光。当软件启动后,建议不再移动齿轮。

(b) $x$ 和 $y$ 方向的控制主要是 3 个按钮:"Move""Drive""log"。"Move"是让样品台移动到指定位置,可设定运动的速度和加速度。"Drive"是按照一定速度匀速运动(有 4 个速度可以设定并选择。设定速度时要保证 $v_1 \sim v_4$ 是依次增大的)。"log"是运动固定的位移,可设定运动的速度和加速度。

(c)"Disable"可锁定位置,此时无法再移动样品台。

(d) 激光控制可用来改变激光功率大小,推荐功率为 60 mA。

图 3.9 - 10　$x-y$ 电动样品台控制器

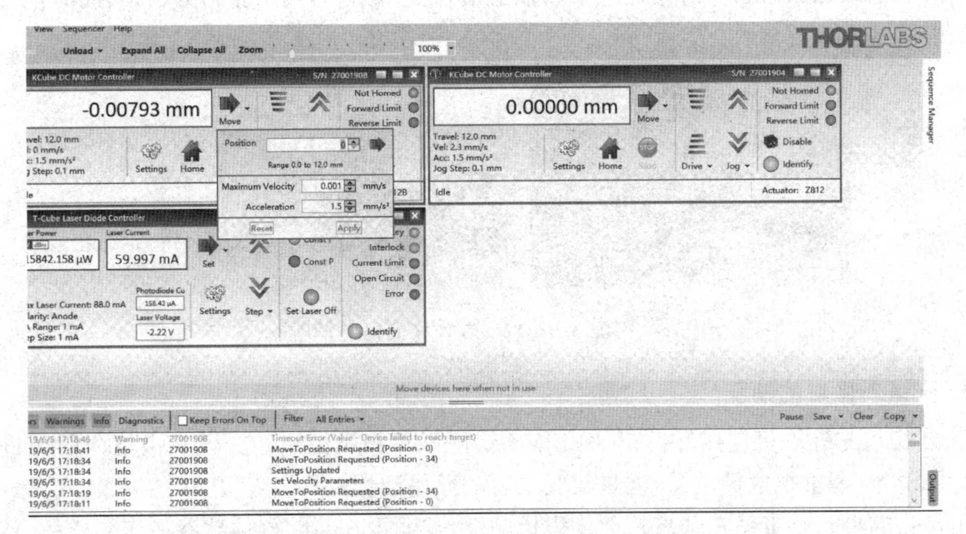


图 3.9 - 11　控制软件 Kinesis 界面

## 四、实验内容及步骤

### 1. 光路调节

① 调节光路时需戴手套。

② 检查并更改 Kinesisi 软件设置:打开软件中的"Settings"。"Display Mode Settings"一栏设置为"Laser Diode Current";"Control Settings"一栏设置为 100;

"Input Source Settings"一栏设置为"Anode"。

③ 打开激光光源:旋转钥匙至"ON",在软件的"Set"中设置激光为 25 mA,按下"LASER ON"按钮。

④ 将准直器的螺丝拧松,将 3 颗定位螺丝拧至中间位置;调节准直器在导轨上的左右位置使其紧挨着激光器放置,并使出射光线保持平行;旋紧螺丝,放上金属靶,调节 3 颗定位螺丝,使出射光斑位于靶的中心圆孔位置;左右移动金属靶,同时调节 3 颗螺丝,使出射光线在靶上的光斑大小不变且始终位于中心圆孔处(确保光线平行)。

⑤ 卸下分束器左侧的盖子,观察出射的光斑。调节凸透镜位置,确保激光聚焦状态良好。

⑥ 装上分束器左侧的盖子。为了便于调节可以增大激光强度,建议设置为40 mA。观察物镜处射出的激光,调节上反射镜的两颗定位螺丝,确保激光从中心位置射出。此时光路调整基本完成。

**2. 样品制备**

① 截取约4 cm胶带,用打孔器在正中心打孔作为溶液池。将胶带贴在载玻片上,使胶带上的圆孔位于距载玻片一侧1.5 cm处。

② 用移液枪吸取已稀释的18 mg/mL的$SiO_2$微球溶液,往溶液池中垂直滴入3～4滴,然后盖上盖玻片。注意:在盖上盖玻片时从一侧倾斜,其目的是减少盖玻片与样品之间的气泡,如图3.9-12所示。要使盖玻片尽量覆盖整个胶带的区域,不要有太大的错位,否则可能有液体由于毛细现象渗出。可用吸水纸吸取盖玻片上多余液体,防止污染物镜,同时注意不要影响到溶液池内的溶液。

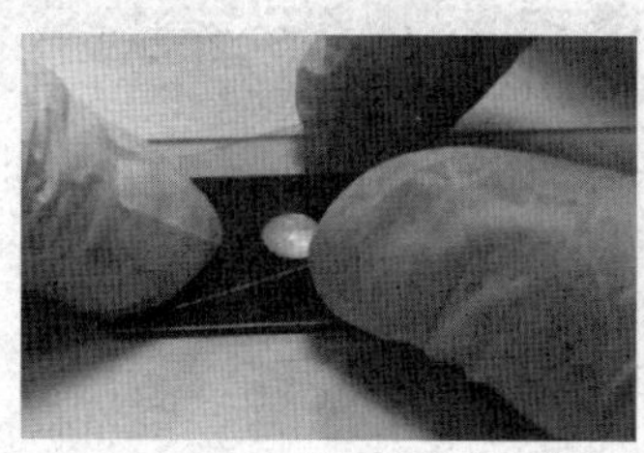 

**图3.9-12　制作样品池**

**3. 光镊对微粒的捕获**

CCD相机与计算机连接好后,利用MVS软件可对相机拍摄的光学显微镜内图像进行观察、拍摄、录像(请重视成像质量,这是实验主要的原始数据)。

用打孔的电工胶带贴在载玻片上作为样品池,并滴入二氧化硅微球溶液作为样品,放在样品台上。通过调节样品台与相机物镜之间的距离,可在软件中观察到不同层的图像。从距离较远慢慢拉近的过程中会在3个特定距离观察到清晰的激光光点:第一次光点的出现是由于盖玻片上表面的反射;第二次是由于盖玻片下表面的反射;而距离更近的第三次才是激光聚焦在样品中,也是要观察的情况。3次观察到光点的实验现象和对应原理如图3.9-13所示。

在合适的距离下,计算机显示器上相机的图像中能同时看到清晰的激光光点和二氧化硅微粒,其中,二氧化硅微粒不断做布朗运动。通过定位系统调节样品台位置,使激光靠近某微粒,可观察到微粒逐渐靠近光点并最终被捕获的过程,捕获微粒的过程如图3.9-14所示。捕获成功后移动样品台,如果移动速度较小,微粒始终受到激光光阱作用,便可观察到激光拖动微粒移动的效果。

**4. 光阱范围测量**

录制多个捕获粒子的视频(特别注意录制视频的质量),并通过软件方法分析视频。用软件跟踪某个粒子的轨迹,并提取粒子与激光焦点距离$r$随时间$t$的变化关系。然后绘制$t-r$图,结合视频的具体情况分析可能的过程,综合得到光阱范围的实验值。目前可用的软件包括Matlab、ImageJ、Tracker等。

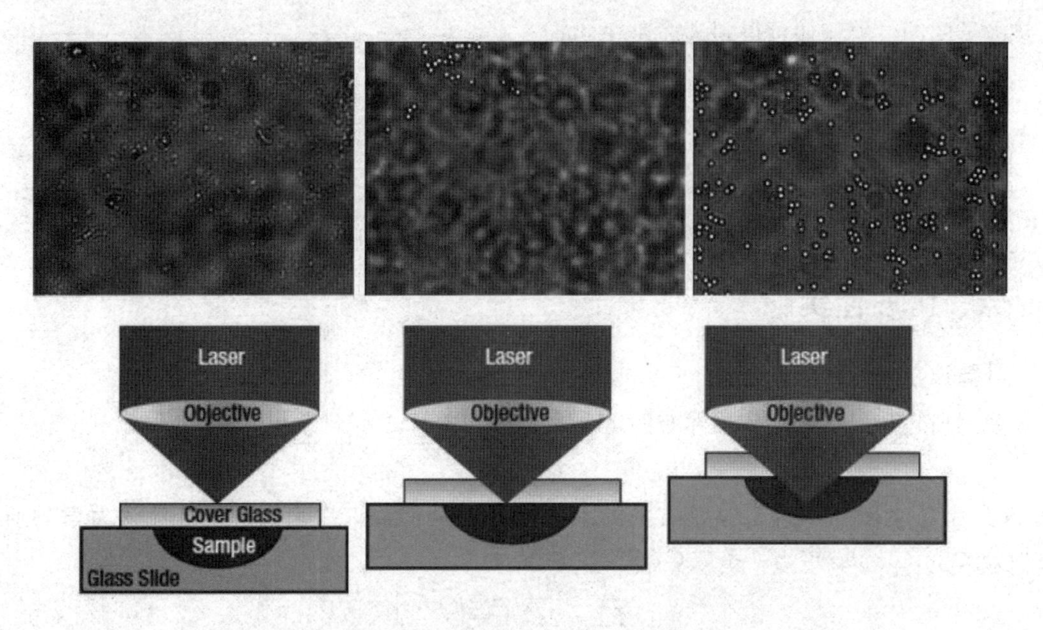


**图 3.9-13　调节时 3 次观察到激光点**

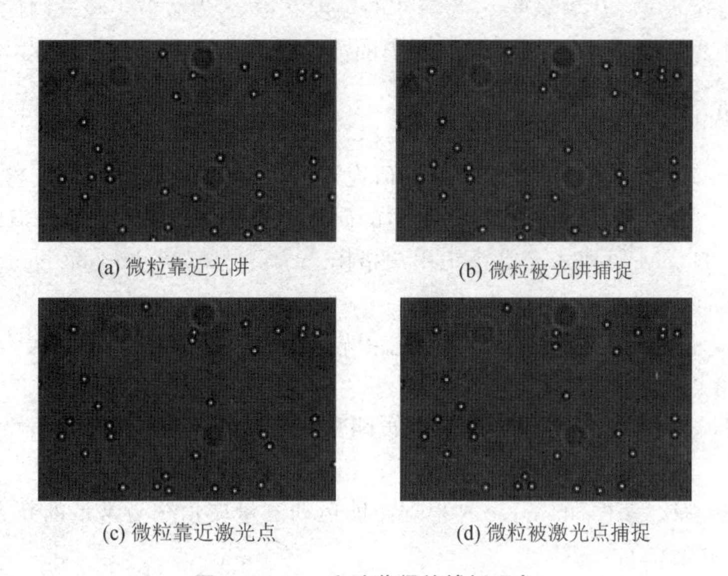

(a) 微粒靠近光阱　(b) 微粒被光阱捕捉

(c) 微粒靠近激光点　(d) 微粒被激光点捕捉

**图 3.9-14　实验获得的捕捉现象**

**5. 测量最大逃逸速度和最大光阱力**

① 直接控制移动台速度：在利用光镊系统捕获微粒后，手动或通过使用 Kinesis 软件可实现以确定速度控制样品台移动。对粒子以不同速度拖动，直到某个临界速度下粒子脱离，对应速度便是粒子逃逸速度 $v_0$，通过计算可以得到该实验条件下光阱的最大捕获力 $F_{max}$。

② 由视频提取移动速度：由于激光亮点固定在视野中心，被捕获的粒子的位置也固定于中心。不直接控制速度值，手动或软件缓慢增大速度值，录制一段视频。从视频中提取速度参数，例如：追踪图像中另一布朗运动较微弱的粒子，它的运动速度即可反映激光光点与溶液的相对运动速度，在粒子没有脱离的情况下，也可反映被捕获粒子与溶液的相对运动 $v$。通过分

析该粒子的图像轨迹便可得到逃逸速度 $v_0$。

## 五、思考题

1. 会聚的激光捕获微粒是基于什么原理？如何从实验上实现？
2. 说明本实验中影响光阱捕获效果的因素。
3. 试定性说明强会聚光束实现 $z$ 方向捕获的方式。

## 六、拓展性实验

**计算波尔兹曼常数 $k$**

爱因斯坦曾经给出一个描述布朗运动的数学公式

$$\overline{R^2}=Ct \tag{3.9-7}$$

其中，$R$ 是位移，$C$ 是一个和溶液有关的系数，$t$ 是时间间隔。后来人们结合流体力学的斯托克斯公式 $f=6\pi\eta vr$ 求出了系数 $C$，在二维情况下

$$\overline{R^2}=2\overline{x^2}=\frac{2kTt}{3\pi\eta r} \tag{3.9-8}$$

其中，$k$ 是玻尔兹曼常数，$T$ 为温度，$\eta$ 为液体的黏度系数，$r$ 为微粒半径。因此，只需在视频中跟踪粒子每个时刻的位置，再算出时间间隔内的方均位移，就能求出玻尔兹曼常数。

## 参考文献

[1] 李银妹，龚雷，李迪，等. 光镊技术的研究现况[J]. 中国激光，2015，(1)：9-28.

[2] 李银妹，姚焜，孙腊珍. 基于光镊技术的研究性实验[J]. 物理实验，2018，38(11)：1-7.

[3] EDU-OT2/M 便携式光镊系统用户指南. https://www.thorlabs.com/newgrouppage9.cfm?objectgroup_id=6966.

[4] 赵子进，徐春雨，王越飞，等. 单光束光镊实验与理论分析[J]. 大学物理，2018，37(4)：58-63.

[5] 喻有理，张孝林，王小力. 光阱中布朗粒子动力学分析[J]. 大学物理，2005，(9)：7-8.

[6] 庞蜜，刘刚钦，茅丽丽，等. 一种根据布朗运动测量玻尔兹曼常量的新方法[J]. 大学物理，2009，28(3)：49-51.

[7] Fiji is an image processing package — a "batteries-included" distribution of ImageJ, bundling many plugins which facilitate scientific image analysis. https://fiji.sc/

[8] Tracker Video Analysis and Modeling Tool for Physics Education. https://physlets.org/tracker/

# 第4章　原子核物理与原子物理实验专题

## 4.0　引　言

本专题包括原子核物理和原子物理方面的实验。

现今在核物理的实验研究中涉及核反应和核结构方面的研究。利用粒子加速器产生一定能量的粒子束和靶物质进行碰撞，用各种粒子探测器来进行反应产物的探测。探测的粒子主要有 α 射线、β 射线、γ 射线、X 射线、重离子以及中子和更小尺度的介子等。这些射线用眼睛和其他先进的技术观察不到，可用它们与物质相互作用的机制和规律来研究。

射线与物质相互作用是核辐射探测器的基础，可以为辐射研究提供理论依据。射线与物质的相互作用过程是一个随机的过程，因此产生的信号与其他的电子学信号不一样，具有随机性、非周期性或非等时性的特点，得到的实验数据也具有统计性。因此需要了解一些有关核探测的基础知识和实验技能，掌握一些核电子学的基本知识。当然，在这些实验中不可避免地会接触到放射源，因此也要了解一些辐射防护方面的知识以及放射源的安全使用和操作规程。

利用射线与物质相互作用的机制和规律，已发展了一些核技术。核技术已成为现代科学技术中重要的新技术之一，在材料科学、环境科学、生命科学、能源科学以及地质、考古等领域中应用广泛，服务于国家的工农业生产，因此对它们的原理和技术也要有一些基本的认识。

本实验专题共设计了 5 个实验。实验一"用 β 粒子验证相对论的动量-动能关系"，学习 β 磁谱仪测量原理，掌握闪烁探测器的使用方法和辐射探测方法；学习和掌握射线的性质以及能谱特点。实验二"核衰变统计规律"，学习和掌握原子核衰变及放射性计数的统计性，了解统计误差的意义，掌握计算统计误差的方法；学习检验测量数据的分布类型的方法。实验三"X 射线"，学习 X 射线管产生连续谱线和特征射线谱的基本原理；熟悉 X 射线机器的基本结构和 X 射线产生的基本原理；掌握用仪器进行 NaCl 晶体的布拉格衍射分析射线谱的基本原理，测量 Mo 射线管的特征谱线，研究不同材料对 X 射线的吸收，验证莫塞莱定律和测量里德伯常数。实验四"塞曼效应"，学习观察汞 546.1 nm 光谱线的塞曼效应；掌握用法布里-珀罗干涉仪波长差值的方法，测量汞 546.1 nm 塞曼分裂光谱线的波长差。实验五"原子核 β 衰变能谱测量"，学习和掌握 β 衰变和能谱特点，以及实验数据分析和处理的一些方法。

在核物理实验中，会碰到一些常用的探测器和技术手段，且须对实验的数据进行处理，因此需要对这方面的知识有所了解。

### 一、粒子探测中的统计误差

粒子计数的统计涨落是微观世界概率性规律的反映，例如，原子核的衰变。各个原子核的衰变是彼此独立的，任意一个原子核发生衰变的时间是随机的，无任何规定的先后次序，互相之间也不影响。但是大量原子核的衰变却有一定的规律，围绕平均值有一定的统计涨落。因此，探测器测量到的计数就有涨落从而造成测量误差。这种误差和一般的随机误差不一样，它是由于核衰变过程中的统计性决定的，与测量仪器或者实验者的主观因素没有关系。因此在核物理实验测量中,都必须考虑这种统计误差。

对任何一种分布,有两个最重要的数字特征。一个是数学期望值,即平均值,用 $m$ 表示,它是随机数 $N$ 取值的平均值;另一个是方差,用 $\sigma^2$ 表示,它表示随机数 $N$ 取值相对期望值的离散程度。方差的开方根值称为均方根差,用 $\sigma$ 表示。在 $m$ 值较大时,由于 $N$ 值出现在平均值 $m$ 附近的概率较大,$\sigma$ 可以表示为 $\sigma=\sqrt{N}$。由于核衰变的统计性,在相同条件下作重复测量时,每次测量结果并不相同且有大有小,围绕平均值 $m$ 有一个涨落,涨落大小可以用均方根差 $\sigma=\sqrt{N}$ 表示,这是绝对误差。统计误差的精确度可用相对误差 $\delta$ 来表示,$\delta=\dfrac{\sigma}{N}=\dfrac{1}{\sqrt{N}}$。实际上,$N$ 越大,相对统计误差就越小,精确度就越高。如果计数 $N$ 是在 $t$ 时间内测得的,则计数率 $n=N/t$ 的统计误差为 $n\left(1\pm\dfrac{1}{\sqrt{N}}\right)$。因此,只要计数 $N$ 相同,计数率和计数的相对误差是一样的,与时间 $t$ 无关。当计数率不变时,测量时间越久,误差越小。如果进行 $m$ 次重复测量,平均计数为 $\overline{N}$,则用统计误差表示的平均计数为 $\overline{N}\left(1\pm\dfrac{1}{\sqrt{m\overline{N}}}\right)$。因此,测量次数越多,误差越小,精确度越高,也就是说,平均值的误差比单次测量的误差小 $\sqrt{m}$ 倍。

## 二、能量分辨率

探测粒子主要是利用带电粒子在探测器内产生的次级粒子,如电离和激发。当一束能量为 $E$ 的粒子其全部能量损失在探测器内时,设 $W$ 是入射粒子每产生一个次级粒子所平均消耗的能量,则 $N=E/W$。如果探测器将 $N$ 正比地转变为电压脉冲幅度 $V$,通过测量 $V$ 可间接测量能量 $E$,$V=a_0N=\dfrac{a_0E}{W}$($a_0$ 是比例系数)。

一般是将 $V$ 经过多道脉冲幅度分析器转换成道数,进而测到能谱。每次粒子与物质碰撞时,损失的能量不相同,作用的次数也不一样,因此入射粒子把能量传递给许多次级粒子的过程是一个统计过程。由于 $N$ 一般很大,因此实际上测量到的是高斯分布,如图 4.0-1 所示。中心值为入射粒子能量 $E_0$,能量分辨率 $\eta$ 定义为 $\eta=\dfrac{\Delta E}{E}\times 100\%$。其中,$\Delta E$ 为高斯分布的半高宽

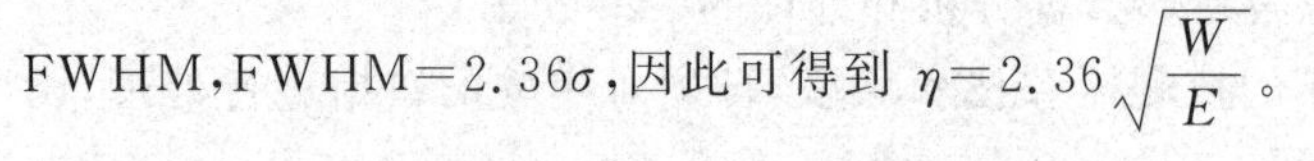
FWHM,FWHM=2.36$\sigma$,因此可得到 $\eta=2.36\sqrt{\dfrac{W}{E}}$。

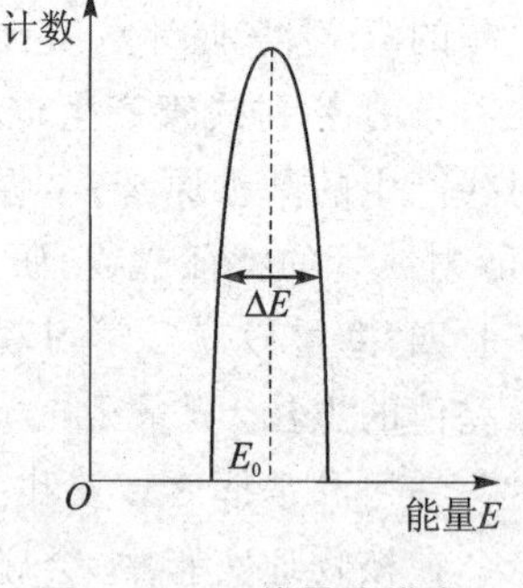

图 4.0-1 能量分辨率

## 三、原子核指数衰减规律

设有初始原子核数为 $N_0$ 的某种放射性核素,由于发生原子核的衰变,它遵从指数衰减规律,即

$$N=N_0e^{-\lambda t}=N_0e^{-\frac{\ln 2}{T_{1/2}}t}$$

其中,$\lambda$ 为衰变常数;$T_{1/2}$ 是放射性核素的半衰期,也就是放射性原子核数衰减到原来数目一半所需的时间。在单位时间内有多少核发生衰变称为放射性活度 $A$,即

$$A = A_0 e^{-\lambda t} = A_0 e^{-\frac{\ln 2}{T_{1/2}} t}$$

放射性活度的常用单位是居里(Ci),1 Ci=3.7×$10^{10}$ $s^{-1}$=3.7×$10^{10}$ Bq,Bq 为贝可勒尔。常用单位也有毫居里(mCi)和微居里(μCi),1 Ci=$10^3$ mCi=$10^6$ μCi。

## 四、闪烁探测器

闪烁探测器由闪烁体、光电倍增管和相应的电子仪器组成。射线在闪烁体中产生次级电子,它使闪烁体分子电离和激发。退激时发出大量光子,闪烁体周围包有反射物质。光电倍增管由光阴极、若干个打拿极和一个阳极组成,它使电子倍增,在阳极上可接收到 $10^4$～$10^9$ 个电子。常用的电子仪器有高压电源、谱仪放大器、单道或多道脉冲幅度分析器。闪烁计数器的工作可分为 5 个相互联系的过程:

① 射线进入闪烁体,使其电离或激发。

② 受激原子、分子退激时发射荧光光子。

③ 将光子收集到光阴极上产生光电子。

④ 光电子在倍增管中倍增。

⑤ 输出信号被电子仪器记录。

**1. 闪烁体分类**

闪烁体分为两大类:一类是无机晶体闪烁体,另一类是有机晶体闪烁体。根据光衰减特性,有些闪烁体可用于能量测量,有些用于时间测量,有些既能做能量测量也能做时间测量。

**2. 光的收集与光导**

光学收集系统包括反射层、耦合剂、光导等。

**3. 光电倍增管**

光电倍增管的光阴极是接收光子并放出光电子的电极,一般是在真空中把阴极材料蒸发到光学窗的内表面上,形成半透明的端窗阴极。电子光学输入系统用于光阴极产生光电子,经加速、聚焦后射向第一打拿极。打拿极一般是 9～14 个。阳极最后收集电子并给出输出信号。

**4. 分压器**

光电倍增管各电极的电位由外加电阻分压器抽头供给,有正高压电路和负高压电路。阴极-第一打拿极之间电场应适当高,以便获得最大的收集效率,提高信噪比和能量分辨率。中间打拿极一般采用均匀分压器。最后几级打拿极之间使用非均匀分压器,要有较高的电压以避免空间电荷效应。末级打拿极和阳极之间电压一般比较低,不再需要倍增,所选的电阻具有小的温度系数和较高的稳定性。

## 五、核电子学仪器及其使用方法

核电子学仪器有两个重要的国际标准,核仪器插件(Nuclear Instrument Module,NIM)和计算机自动测量与控制(Computer Automated Measurement and Control,CAMAC),所有插件式核电子学仪器都是按这两种标准之一制造的。NIM 系统通常适合于辐射探测器常规应用中遇到的少量线性脉冲的处理;CAMAC 系统用到许多探测器或逻辑操作的大量信号处理,适合与大的数字系统和计算机相连接。两个标准特征:

① 机箱和插件的基本尺寸都是国际标准规定的。一般采用的基本原则是仅机箱与实验室交流电源相连接,机箱内部所装全部插件需要的直流电源由机箱提供。

② 插件和机箱之间的连接器接口在电气和机械上都必须是标准化的,使得任一标准插件插到任一可用的机箱位置都能获得所需的电源。

对NIM系统,宽度分为12个插道。一个NIM插件占据34.4 mm的单位宽度,也允许这个单位宽度的整数倍宽度的插件,各插道都备有一个42插脚的连接器,与每个插件后面板上的相应连接器配套。机箱提供主要直流电源电压是±12 V和±24 V,也提供±6 V,主要是为使用集成电路的插件设置的。机箱的两种标准高度是$5\frac{1}{2}$英寸(133 mm)和$8\frac{3}{4}$英寸(222 mm),其中较大的一种更为普及。

## 六、谱仪放大器

前置放大器解决了和探测器的配合以及对信号进行初步放大的问题,但输出的脉冲幅度和波形并不适合后面设备系统(单道、多道)的要求,对信号还要进一步放大和成形,在此过程中必须尽可能减小探测器的有用信息(射线的能量信息和时间信息)的失真,这需要由放大器的放大和成形来完成。通常使用谱仪放大器或者主放大器。谱仪放大器插件上一般有放大倍数调节旋钮,分为粗调和细调,用于脉冲幅度的放大;有脉冲成形时间的调节旋钮,用于改变脉冲的形状;有极零相消旋钮,用于调节脉冲后沿的过补偿和欠补偿,使得脉冲后沿恢复到基线位置。输出端分为单极性脉冲输出和双极性脉冲输出,其中输入多道脉冲幅度分析器的是单极性脉冲。另外,在谱仪放大器插件的后端一般还有前置电源输出口,用于给前置放大器或者一些闪烁探测器供给低压电源。

## 七、多道脉冲幅度分析器

多道脉冲幅度分析器是通用的核谱数据获取和处理仪器,用于数据采集、存储、能谱显示和结果输出,其示意图如图4.0-2所示。输入获取部分设有模数变换器和获取接口电路。按幅度分类时,用模数变换器得到与幅度大小成比例的数码;按时间分类时,用时间数字变换器或时间幅度变换器加上模数变换器得到与时间大小成比例的数码。通过获取接口电路,按分类存储要求将数据传送到存储器。多道脉冲幅度分析器的存储器是由许多"道"组成的数据存储装置,每一道有唯一确定的存储地址(称为道址),为了在数据获取过程中和获取完毕后观察谱曲线,需要一个显示器。基于计算机的显示器,除了显示谱曲线形状外,还能以字符形式在显示屏上显示多道分析器的工作状态、数据获取条件、特征数据以及谱分析的部分结果。图形

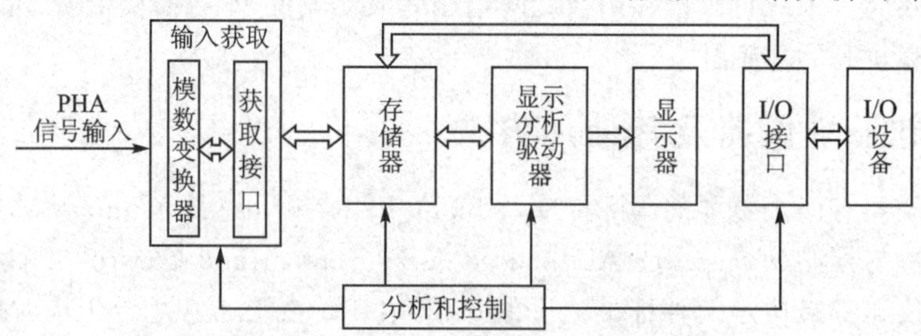


**图4.0-2　多道脉冲幅度分析器组成示意图**

显示时，水平轴代表道址，垂直轴代表各道的计数，给出能谱或时间谱谱形曲线。现代计算机多道脉冲幅度分析器都有较强的数据分析处理、I/O 和控制功能，通常用微处理器做控制部件，利用软件的支持，控制数据的自动获取，还配有相应的 I/O 接口和数据 I/O 设备相连接。

## 八、射极输出器

闪烁探测器(如 NaI(T1)闪烁探测器)可用于能量测量。通过增大光电倍增管的阳极电阻使输出脉冲幅度增大，但脉冲的后沿也随之拉长，会使计数率降低。因此，为使输出脉冲幅度尽量大，要求下级前置放大器的输入电阻要尽量大，输入电容要尽量小。最适合这种要求的就是射极输出器，它通常和闪烁探测器相连接。射极输出器根据电压串联负反馈放大器原理进行工作，放大倍数近似为 1，输入阻抗大，输出阻抗小，主要起到阻抗匹配和级间隔离的作用。

## 九、脉冲的甄别成形

对脉冲的甄别成形要用到定时电路。定时电路是核电子学中检测时间信息的基本单元，又称时间检出电路。定时电路接收来自探测器或放大器的随机脉冲，产生一个与输入脉冲时间上有确定关系的输出脉冲，这个输出脉冲为定时逻辑脉冲。定时方法有前沿定时(Leading Edge Discriminator，LED)、过零定时、恒比定时(Constant Fraction Discriminator，CFD)。

## 十、核物理的实验方法

在核物理实验中，已形成了一些重要的实验方法，简单介绍如下。

### 1. 能谱测量技术

测量辐射粒子能量的方法通常利用气体探测器、闪烁探测器和半导体探测器输出的脉冲幅度和粒子能量成正比，将探测器输出的脉冲输入前置放大器(如果脉冲信号幅度相比噪声足够大，可不用前置放大器)，然后输出的脉冲送入谱仪放大器，将输出的脉冲送入计算机多道脉冲幅度分析器，把不同的脉冲幅度记录在多道分析器不同的道址上得到能谱曲线。

### 2. 时间谱测量技术

例如核的激发态寿命、正电子湮灭寿命、粒子的空间位置等，都表现为输出信号的时间信息。在时间量的测量和分析中，首先是用定时方法准确地确定入射粒子进入探测器的时间。时间上相关的事件可以用符合技术进行选择。时间间隔可通过变换的方法，变换成数字信号，从而进行编码分类计数，最后得到时间谱。以 $\Delta E-E$ 飞行时间望远镜为例(如图 4.0-3 所示)，输出信号通过放大器、定时电路、时间数字变换器等部件组成时间测量系统，把用于时间测量的这一路的各个部件统称为定时道。

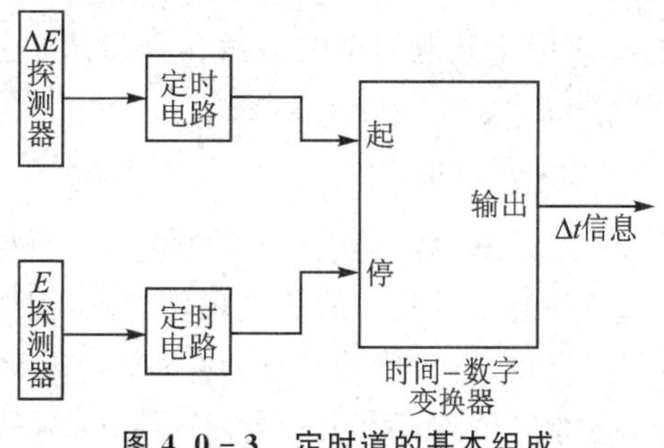


图 4.0-3　定时道的基本组成

① 探测器与输出电路：用于时间分析的探测器要有快速响应性能，时间分辨要小。闪烁探测器有快速时间信号，半导体也有小的时间分辨。为了保持探测器输出信号快的时间特性，要求探测器输出电路有快的时间响应相配合，例如对闪烁探测器输出的时间信号，往往用低阻

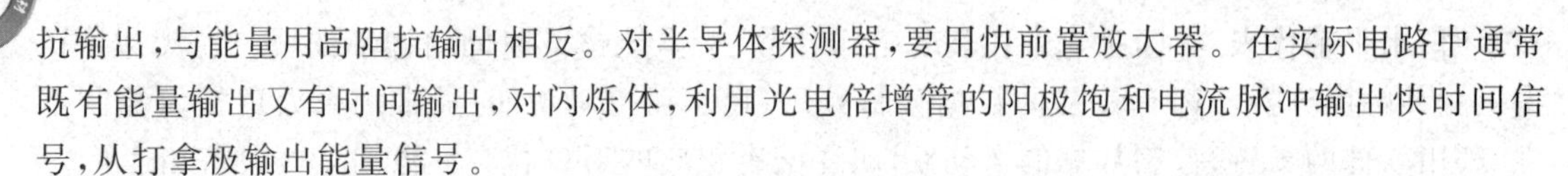


抗输出，与能量用高阻抗输出相反。对半导体探测器，要用快前置放大器。在实际电路中通常既有能量输出又有时间输出，对闪烁体，利用光电倍增管的阳极饱和电流脉冲输出快时间信号，从打拿极输出能量信号。

② 快前置放大器：如快电流灵敏前置放大器。

③ 定时滤波放大器：对前置放大器输出信号进一步放大，驱动定时电路，并由滤波成形电路使噪声对定时性能的影响减到最小。

④ 定时电路：确定粒子进入探测器的时间。

⑤ 时间变换器：把信号时间间隔变换成对应数码，或先将时间量变换成幅度量再变换成数码。

**3. 符合测量技术**

符合法就是利用符合电路来甄选符合事件的方法。任何符合电路都有确定的符合分辨时间 $\tau$，它的大小与输入脉冲的宽度有关。符合事件指的就是相继发生的时间间隔小于符合分辨时间的事件。符合电路的每个输入道称为符合道。符合法是研究相关事件的一种方法，这种相关性反映了原子核内在的运动规律，例如原子核级联衰变的角关联，可以了解原子核的结构和自旋宇称。而且通过符合法也可以降低一些外界的干扰，符合测量技术是一种不可缺少的测量手段，给实验测量技术带来很大的利益。

## 十一、辐射量及其单位

**1. 吸收剂量 $D$**

吸收剂量 $D$ 是单位质量的物质吸收电离辐射能量的大小，单位是焦耳/千克(J/kg)，专门名称是戈瑞(Gy)，1 Gy=1 J/kg，还有专门名称是拉德(rad)，1 rad=$10^{-2}$ Gy。

**2. 比释动能**

比释动能就是间接电离粒子与物质相互作用时，在单位质量的物质中产生的带电粒子的初始动能总和，单位是焦耳/千克(J/kg)，专门名称是戈瑞(Gy)。

**3. 照射量**

照射量表示X或 $\gamma$ 射线在空气中产生电离大小的物理量，仅适用于X或 $\gamma$ 辐射和空气介质，不能用于其他类型的辐射和介质。单位是库仑/千克(C/kg)，或者伦琴(R)，1R=$2.58\times10^{-4}$ C/kg=$8.69\times10^{-3}$ J/kg。

**4. 剂量当量**

一般说来，某一吸收剂量产生的生物效应与射线的种类、能量及照射条件有关。为了统一表示各种射线对机体的危害程度，在辐射防护上采用了剂量当量的概念。$H=DQN$，其中，$H$ 为剂量当量；$D$ 为吸收剂量；$N$ 为所有其他修正因素的乘积，反映了吸收剂量的不均匀空间与时间分布等因素，ICRP 指定 $N=1$；$Q$ 为品质因数，估计辐射效应的因子。

## 十二、辐射防护与安全操作

### 1. 辐射防护的原则

辐射防护的三条基本原则是辐射实践的正当化、辐射防护的最优化和个人剂量当量限值。辐射实践的正当化就是合理性判断，指在进行伴随有辐射照射的某种实践前，首先应进行代价与利益的分析，只有当这种实践能获得超过代价的纯利益时才被认为是正当的；辐射防护最优化指在权衡利用辐射的某种实践所获得的利益超过付出代价的基础上，一切照射应当保持在可以合理做到的最低水平，也就是进行代价与效果的分析；个人剂量当量限值指限制个人所受的剂量当量不得超过某些规定的限值。

外照射防护的一般方法为控制受照射时间、增大与辐射源间的距离和屏蔽（选择合适的屏蔽材料，确定屏蔽的结构形式，计算屏蔽层的厚度，妥善处理散射和孔道泄漏等问题）。

### 2. 安全操作守则

在实验教学中，放射源的使用应注意以下几点：

① 做实验时，从保险柜中取出放射源之前应开启防护监测仪器检查情况是否正常。实验后保管员将放射源锁好并收到保险柜中，禁止与实验无关的人员随便进入室内。

② 操作人员使用放射仪器或设备时要认真按操作规程进行。

③ 学生应按操作规程进行实验，如违反操作规程或不听指导教师指导造成对他人或自身的伤害由本人承担责任，造成仪器、设备损坏的按原价值赔偿。

④ 发现放射源丢失或泄漏要立刻保护现场、疏散人群撤离辐射区，并报告保卫处、实验室及设备管理处。

⑤ 在离开实验室前应检查仪器、设备是否关机，要断开总电源，关闭门窗。

## 十三、常用放射源衰变纲图

核素$^{60}$Co、$^{90}$Sr、$^{137}$Cs 的衰变纲图如图 4.0-4 所示。

## 十四、原子物理实验

原子在不同能级间的跃迁对应于电子运动状态的变化，可以通过原子在不同能级之间跃迁产生的发射和吸收光谱来研究原子的结构。

在塞曼效应实验中，处在磁场中的原子发射光谱会出现分裂现象，对这些分裂谱线的研究可以了解原子空间取向量子化的概念。根据能级分裂的数目，可以推断角动量量子数 $J$，根据分裂的间距可以测量 $g$ 因子的大小，因此塞曼效应是研究原子结构的重要方法之一。

在 X 射线实验中，对不同元素的原子用能量较高的 X 射线照射，使原子内层的电子激发或者电离，在内壳层上形成一个电子空穴。这样外层的电子向内层进行跃迁并发射特征 X 射线，它的能量等于外层电子两个能级差，因此用特征 X 射线就可以识别不同的原子和研究原子内层能级的结构。

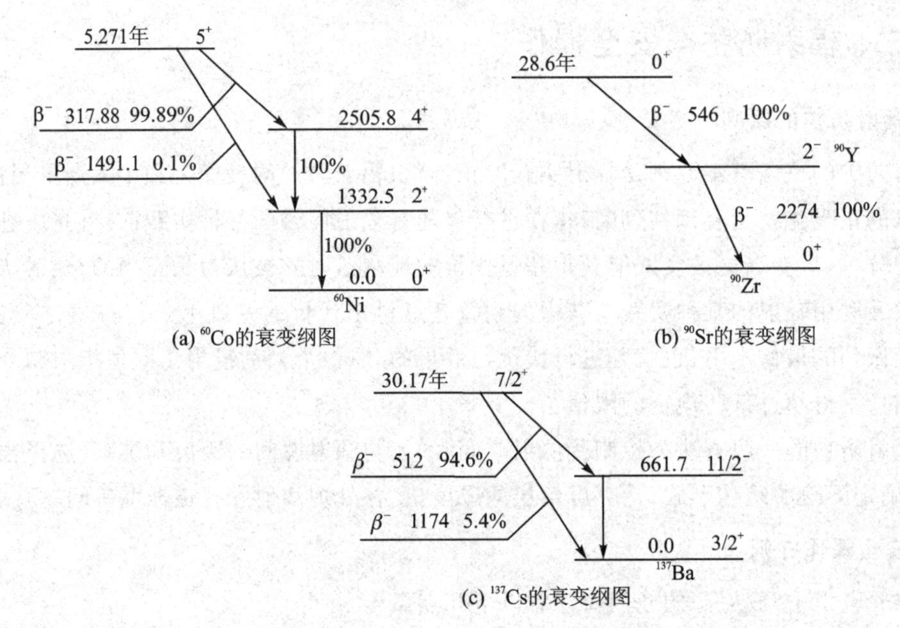


**图 4.0－4　常用放射源衰度纲图**

## 参考文献

[1] 卢希庭,叶沿林,江栋兴. 原子核物理[M]. 北京：原子能出版社，2000.
[2] 复旦大学,清华大学,北京大学. 原子核物理实验方法[M]. 北京：原子能出版社,1996.
[3] 王芝英. 核电子学技术原理[M]. 北京：原子能出版社,1989.
[4] 汪晓莲,李澄,邵明,等. 粒子探测技术[M]. 合肥：中国科学技术大学出版社,2009.

# 4.1　用β粒子验证相对论的动量-动能关系

经典力学成功地解决了低速物体的运动规律,一切力学规律在伽利略变换下是不变的,这就是力学相对性原理。19 世纪末至 20 世纪初,在人们将伽利略变换和力学相对性原理推广到电磁学和光学时,发现对高速的物体,伽利略变换是不正确的。1905 年,爱因斯坦提出狭义相对性原理和光速不变原理,这就是狭义相对论,它从牛顿的绝对时空观转变到四维时空观,改变关于时间和空间的观念。狭义相对论已被大量的实验所证实。本实验同时测量速度接近光速的高速电子的动量和动能来验证狭义相对论的正确性。

## 一、实验要求与预习要点

### 1. 实验要求

① 学习 β 磁谱仪测量原理。

② 掌握闪烁探测器的使用方法和辐射探测方法。

③ 了解 β 和 γ 射线的性质以及能谱特点。

④ 学习和掌握实验数据分析和处理的一些方法。

**2. 预习要点**

① 应该如何选择实验对象来验证相对论效应？选择的依据是什么？

② 了解闪烁探测器探测射线的工作原理。

③ 了解多道脉冲幅度分析器的工作原理。

④ 为什么β射线的能谱是连续的？

## 二、实验原理

根据相对性原理，任何物理规律在不同惯性系中具有相同的形式，因此表达物理规律的方程式满足洛伦兹变换的协变性。洛伦兹变换可看成复四维时空中的转动，依次得到四维速度 $(V_1, V_2, V_3, V_4)$，前 3 个分量为四维矢量的空间分量，第 4 个分量为时间分量。物体的运动速度 $\boldsymbol{v}(v_1, v_2, v_3)$ 的各分量为

$$v_j = \frac{1}{\gamma} V_j \tag{4.1-1}$$

其中，$\gamma = \left(1 - \frac{v^2}{c^2}\right)^{-1/2}$。

四维速度 $\boldsymbol{V} = (\gamma \boldsymbol{v}, \mathrm{i}\gamma c)$，则四维动量 $\boldsymbol{P} = m_0 \boldsymbol{V} = (\gamma m_0 \boldsymbol{v}, \mathrm{i}\gamma m_0 c)$，其中，$m_0$ 是静止质量，为标量。四维动量的前 3 个分量 $P_j$ 为

$$P_j = \gamma m_0 v_j = m v_j, \quad j = 1, 2, 3$$

其中，$m = \frac{m_0}{\sqrt{1-\beta^2}}$，$\beta = \frac{v}{c}$。

四维动量的时间分量 $P_4$ 为

$$P_4 = i\gamma m_0 c = \frac{i}{c} \frac{m_0 c^2}{\sqrt{1-\beta^2}} = \frac{i}{c} mc^2 \tag{4.1-2}$$

其中，$mc^2$ 是运动物体的总能量。当物体静止时 $v=0$，物体的能量为 $m_0 c^2$，称为静止能量。物体的总能量减去静止能量则为物体的动能 $E_k$，即：

$$E_k = mc^2 - m_0 c^2 = m_0 c^2 \left(\frac{1}{\sqrt{1-\beta^2}} - 1\right) \tag{4.1-3}$$

当 $\beta \ll 1$，即 $v \ll c$ 时，式(4.1-3)利用级数展开为

$$E_k = m_0 c^2 \left(1 + \frac{1}{2}\beta^2 + \cdots\right) - m_0 c^2 \approx \frac{1}{2} m_0 v^2 \tag{4.1-4}$$

这就是经典力学中的动能关系。

因此，四维动量可写成 $\boldsymbol{P} = (P_1, P_2, P_3, P_4) = \left(mv_1,\ mv_2,\ mv_3, \frac{i}{c}E\right)$，则

$$P_1^2 + P_2^2 + P_3^2 - \frac{E^2}{c^2} = -\frac{E_0^2}{c^2}$$

即

$$E^2 - E_0^2 = p^2 c^2$$

进而可得到动能与动量的关系为

$$E_k = E - E_0 = \sqrt{c^2 p^2 + m_0^2 c^4} - m_0 c^2 \tag{4.1-5}$$

对于电子,其 $m_0 c^2 = 0.511$ MeV,如图4.1-1所示为在经典和相对论情况下,其动能与动量的关系曲线。

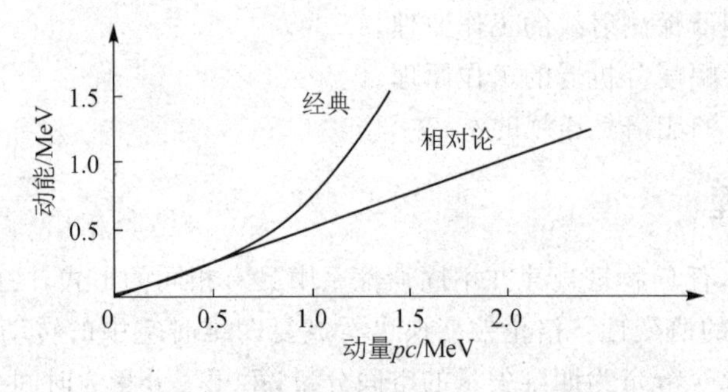


**图4.1-1　电子的动量与动能关系图**

实验装置半圆形β磁谱仪如图4.1-2所示。从β源出射的β粒子经准直后垂直入射进均匀磁场中,由于粒子受到与运动方向垂直的洛仑兹力作用而做圆周运动,其运动方程为

$$\frac{\mathrm{d}\boldsymbol{p}}{\mathrm{d}t} = -e\boldsymbol{v} \times \boldsymbol{B} \tag{4.1-6}$$

其中,$e$ 为电子电荷,$v$ 为粒子速度,$\boldsymbol{B}$ 为磁感应强度。由于 $\boldsymbol{p} = m\boldsymbol{v}$,$m = \gamma m_0$,故

$$\frac{\mathrm{d}\boldsymbol{p}}{\mathrm{d}t} = m \frac{\mathrm{d}\boldsymbol{v}}{\mathrm{d}t}$$

其中,$\left|\frac{\mathrm{d}\boldsymbol{v}}{\mathrm{d}t}\right| = \frac{v^2}{R}$,$R$ 为β粒子轨道的半径,且 $R = \Delta x/2$,$\Delta x$ 为源与探测器之间的距离。

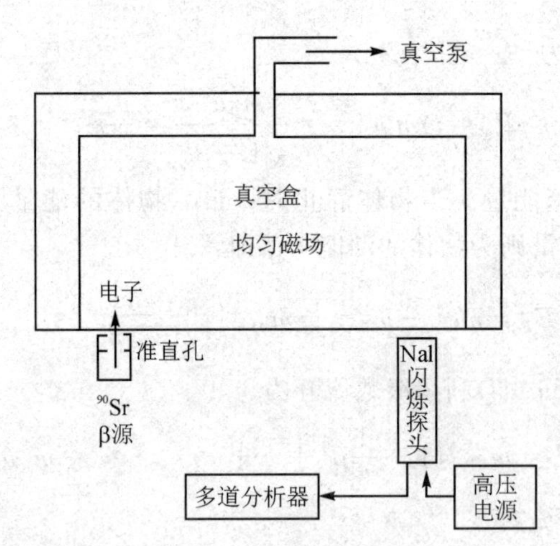


**图4.1-2　实验装置示意图**

于是,可得动量

$$p = eBR = eB\Delta x/2 \tag{4.1-7}$$

原子核在进行β衰变时,除发射β粒子外,还同时发射一个反中微子和反冲核。衰变中释放出的衰变能 $Q$ 将在β粒子、反中微子和反冲核三者之间进行分配,因为3个粒子之间的角度是任意的,所以每个粒子所携带的能量不固定,β粒子的能量在 $0 \sim Q$ 之间变化,形成一个连

续谱。本实验用$^{90}Sr$ β源，该核素的衰变纲图如图4.0-4(b)所示。由图可知，$^{90}Sr$ β源的β粒子能量在0～2.27 MeV范围是连续的。

实验中，$^{90}Sr$ β源经准直后垂直射入真空室，β粒子的入射位置是固定的。探测器用NaI(Tl)闪烁探测器，其探头可左右移动，移动的位置由磁谱仪上的刻度尺指示。探测器探头的前端有一个宽度为3.0 mm的狭缝。NaI(Tl)探测器后端有高压接头、+12 V接头和输出信号接头。探测器输出的信号经过后端电子学仪器处理和采集，最后利用数据采集软件将测量的射线能谱显示在计算机界面上。

在磁场外距β源$x$处放置一个β能量探测器来接收从该处出射的β粒子，则这些粒子的能量(即动能)可由探测器直接测出，而粒子的动量为$p=eBR$。由于射出的β粒子具有连续的能量分布(0～2.27 MeV)，因此探测器在不同位置(不同$\Delta x$)就可测得一系列不同的能量与对应的动量。这样就可以用实验方法确定测量范围内动能与动量的对应关系，进而验证相对论给出的理论公式(4.1-5)的正确性。

## 三、实验仪器

实验仪器装置包括$^{60}Co$、$^{137}Cs$和$^{90}Sr-^{90}Y$放射源，磁谱仪，NaI闪烁探测器，电子学插件(包括高压电源、主放大器、多道脉冲幅度分析器)，计算机，机械泵。

## 四、实验内容及步骤

### 1. 闪烁探测器能量定标

在实验中数据的采集由与多道脉冲幅度分析器连接的计算机执行。多道脉冲幅度分析器采用脉冲幅度分析(PHA)的工作模式，它的道数CH与输入脉冲的幅度$V$成正比，而脉冲幅度又与入射粒子的动能$E$成正比。因此，入射粒子的动能与多道脉冲幅度分析器的道数CH成正比。为确定入射粒子的动能与道数CH间的定量关系，在实验上，一般采用能量已知的放射源来标定两者关系式($E=a+b\cdot \mathrm{CH}$)中的参数。可用最小二乘法原理，对测量数据进行线性拟合，得到动能$E$和道数CH之间的关系，参数$a$和$b$为

$$a=\frac{1}{\Delta}\left[\sum_i \mathrm{CH}_i^2\cdot\sum_i E_i-\sum_i \mathrm{CH}_i\cdot\sum_i(\mathrm{CH}_i\cdot E_i)\right]$$

$$b=\frac{1}{\Delta}\left[n\sum_i(\mathrm{CH}_i\cdot E_i)-\sum_i \mathrm{CH}_i\cdot\sum_i E_i\right]$$

其中，$\Delta=n\sum_i \mathrm{CH}_i^2-\left(\sum_i \mathrm{CH}_i\right)^2$。

实验中选用$^{60}Co$和$^{137}Cs$ γ放射源进行能量标定。调整加到闪烁探测器上的高压和放大器放大倍数，使测得$^{60}Co$的1.33 MeV峰位道数在一个比较合理的位置，建议：在多道脉冲分析器总道数的50%～70%之间，这样可以保证后面测量β粒子能量时不超出量程范围。实验中记录下$^{60}Co$ γ放射源1.17 MeV和1.33 MeV两个光电峰在多道分析软件上对应的道数$\mathrm{CH}_1$、$\mathrm{CH}_2$，以及$^{137}Cs$ γ放射源0.661 MeV光电峰和0.184 MeV反散射峰在多道分析软件上对应的道数$\mathrm{CH}_3$、$\mathrm{CH}_4$。

### 2. β射线偏转

打开机械泵抽真空，机械泵正常运转2～3 min即可停止工作。开始测量电子的动量和动

能,探测器与β源的距离$\Delta x$在9～24 cm范围,保证β粒子的动能范围在0.4～1.8 MeV。实验中,逐次记下峰位道数CH和相应探测器的位置$x$。

**3. 数据处理**

实验中,在磁谱仪上封装真空室的有机塑料薄膜对β粒子有一定的能量吸收,需要进行能量修正。实验测量了在有机塑料薄膜中不同能量下入射动能$E_k$和出射动能$E_0$的关系,如表4.1-1所列,采用分段插值的方法进行计算修正。

**表4.1-1　入射动能$E_k$和出射动能$E_0$的关系表(有机塑料薄膜)**

| $E_k$/MeV | 0.382 | 0.581 | 0.777 | 0.973 | 1.173 | 1.367 | 1.567 | 1.752 |
|---|---|---|---|---|---|---|---|---|
| $E_0$/MeV | 0.365 | 0.571 | 0.770 | 0.966 | 1.166 | 1.360 | 1.557 | 1.747 |

实验中,NaI(Tl)探测器的闪烁体前方200 μm厚的铝膜密封层用来保护NaI晶体,以及20 μm厚的铝膜反射层。当β粒子穿过这些铝膜时会损失能量,通过计算得出的入射动能$E_1$和出射动能$E_2$的对应关系如表4.1-2所列。

**表4.1-2　入射动能$E_1$和出射动能$E_2$的对应关系表(铝膜)**

| $E_1$/MeV | $E_2$/MeV | $E_1$/MeV | $E_2$/MeV | $E_1$/MeV | $E_2$/MeV |
|---|---|---|---|---|---|
| 0.317 | 0.200 | 0.887 | 0.800 | 1.489 | 1.400 |
| 0.360 | 0.250 | 0.937 | 0.850 | 1.536 | 1.450 |
| 0.404 | 0.300 | 0.988 | 0.900 | 1.583 | 1.500 |
| 0.451 | 0.350 | 1.039 | 0.950 | 1.638 | 1.550 |
| 0.497 | 0.400 | 1.090 | 1.000 | 1.685 | 1.600 |
| 0.545 | 0.450 | 1.137 | 1.050 | 1.740 | 1.650 |
| 0.595 | 0.500 | 1.184 | 1.100 | 1.787 | 1.700 |
| 0.640 | 0.550 | 1.239 | 1.150 | 1.834 | 1.750 |
| 0.690 | 0.600 | 1.286 | 1.200 | 1.889 | 1.800 |
| 0.740 | 0.650 | 1.333 | 1.250 | 1.936 | 1.850 |
| 0.790 | 0.700 | 1.388 | 1.300 | 1.991 | 1.900 |
| 0.840 | 0.750 | 1.435 | 1.350 | 2.038 | 1.950 |

最终得到入射β粒子的动能,根据式(4.1—5)计算出β粒子的动量$pc$,此值为动量的理论值$pc_T$。再根据式(4.1-7)求得$pc$的实验值,则实验点的相对误差DPC为

$$\mathrm{DPC}=\frac{|pc-pc_T|}{pc_T}\times 100\%$$

## 五、思考题

1. 对比β放射源给出的β粒子能量,为什么实验中用的γ放射源的能量是确定的?γ射线是如何产生的?

2. 实验中对β粒子穿过铝膜时要进行能量修正,但是在用γ放射源进行能量定标时,为

什么不需要进行能量修正？

3. 实验中采用磁偏转，如果采用电偏转，是不是更好，为什么？

4. NaI 闪烁探测器中为什么要用到射极跟随器，+12 V 的作用是什么？

## 六、拓展性实验

**1. γ 吸收实验**

实验中用到 γ 放射源和 NaI(Tl)闪烁探测器。可以自己设计实验，在 γ 放射源与 NaI(Tl)闪烁探测器间加入不同的材料进行 γ 射线吸收实验，研究不同材料对 γ 射线吸收系数的测量。

**2. 单能电子在 Al 膜中的吸收实验**

由于 β 放射源产生的电子能量是连续的，可利用实验中的磁谱仪进行 β 粒子能量的选择，然后入射 Al 膜，可进行不同的单能电子在 Al 膜中的吸收实验，研究电子在 Al 中的吸收。

**3. 原子核 β 衰变能谱的测量**

利用磁谱仪对 β 放射源放射出的 β 粒子进行偏转，在不同的位置用 NaI(Tl)探头进行测量，描绘能量-计数的曲线图，可得到 β 放射源的能谱，研究 β 能谱的特点。

## 参考文献

[1] 复旦大学，清华大学，北京大学. 原子核物理实验方法[M]. 北京：原子能出版社，1996.

[2] 周志成. 核电子学基础[M]. 北京：原子能出版社，1986.

[3] 王芝英. 核电子学[M]. 北京：原子能出版社，1989.

[4] 卢希庭，叶沿林，江栋兴. 原子核物理[M]. 北京：原子能出版社，2000.

[5] 张高龙. 核物理实验[M]. 北京：北京航空航天大学出版社，2023.

# 4.2　核衰变统计规律

## 一、实验要求与预习要点

**1. 实验要求**

① 了解并验证原子核衰变及放射性计数的统计性。

② 了解统计误差的意义，掌握计算统计误差的方法。

③ 学习检验测量数据的分布类型的方法。

**2. 预习要点**

① 了解二项式分布、泊松分布和高斯分布。

② 学习盖革-弥勒计数器的工作原理。

③ 学习 $\chi^2$ 检验法的原理。

## 二、实验原理

在重复的放射性测量中,即使保持完全相同的实验条件(放射源的半衰期足够长、在实验时间内认为其活度基本上没有变化、源与计数管的相对位置始终保持不变、每次测量时间不变、测量仪器足够精确,不会产生其他的附加误差等),每次的测量结果也不完全相同,而是围绕着平均值上下涨落,这种现象称为放射性计数的统计性。放射性计数的统计性反映了放射性原子核衰变本身固有的特性,这种涨落不是由观测者的主观因素造成的,也不是由测量条件变化引起的,而是微观粒子运动过程中的一种规律性现象,是放射性原子核衰变的随机性引起的。

放射性原子核衰变的过程是一个相互独立、彼此无关的过程,即每一个原子核的衰变是完全独立的,和别的原子核是否衰变没有关系。而且哪一个原子核先衰变,哪一个原子核后衰变也纯属偶然并无一定次序。假定在 $t=0$ 时刻有 $N_0$ 个不稳定的原子核,则在某一时间 $t$ 内将有一部分核发生衰变。设在某一时间间隔 $\Delta t$ 内放射性原子核衰变的概率为 $p$,它正比于 $\Delta t$。因此 $p=\lambda\Delta t$,$\lambda$ 是该种放射性核素的特征值,称为该放射性核素的衰变常数。那么未衰变的概率为 $1-\lambda\Delta t$。若将时间 $t$ 分为许多很短时间间隔的 $\Delta t$,$\Delta t=t/i$,经过时间 $t$ 后未衰变的概率为 $(1-\lambda t/i)^i$。令 $i\to\infty$,则

$$\lim_{i\to\infty}[1-\lambda t/i]^i=\mathrm{e}^{-\lambda t} \tag{4.2-1}$$

因此,一个放射性原子核经过 $t$ 时间后未发生衰变的概率为 $\mathrm{e}^{-\lambda t}$,那么 $N_0$ 个原子核经过时间 $t$ 后未发生衰变的原子核数目为 $N=N_0\mathrm{e}^{-\lambda t}$。上面的衰变规律只是从平均的观点来看大量原子核的衰变规律。从数理统计学来看,放射性衰变的随机事件服从一定的统计分布规律。二项式分布是最基本的统计分布规律。放射性原子核的衰变可以看成数理统计中的伯努利试验问题,在时间 $t$ 内发生核衰变数为 $n$ 的概率为

$$P(n)=\frac{N_0!}{(N_0-n)!\ n!}(1-\mathrm{e}^{-\lambda t})^n(\mathrm{e}^{-\lambda t})^{(N_0-n)} \tag{4.2-2}$$

对任何一种分布,有两个最重要的数字特征:一个是数学期望值(即平均值),用 $m$ 表示,它表示随机数 $n$ 取值的平均值;另一个是方差,用 $\sigma^2$ 表示,它表示随机数 $n$ 取值相对期望值的离散程度。方差的开方根值称为均方根差,用 $\sigma$ 表示。对二项式分布

$$m=N_0(1-\mathrm{e}^{-\lambda t}),$$

$$\sigma^2=N_0(1-\mathrm{e}^{-\lambda t})\mathrm{e}^{-\lambda t}=m\mathrm{e}^{-\lambda t}$$

假如 $\lambda t\ll 1$,即时间 $t$ 远小于半衰期,则 $\sigma^2=m$ 或 $\sigma=\sqrt{m}$ 。

在 $m$ 数值较大时,由于 $n$ 值出现在平均值 $m$ 附近的概率较大,$\sigma$ 可以表示为 $\sigma=\sqrt{n}$ ,即均方根值可用任意一次观测到的衰变核数代替平均值来进行计算。

对于二项式分布,当 $N_0$ 很大,且 $\lambda t\ll 1$,则 $p=1-\mathrm{e}^{-\lambda t}\ll 1$,$m=N_0p\ll N_0$,这意味着 $n$ 和 $m$ 与 $N_0$ 相比很小,则

$$\frac{N_0!}{(N_0-n)!}=N_0(N_0-1)(N_0-2)\cdots(N_0-n+1)\approx N_0^n$$

$$(1-p)^{N_0-n}\approx(\mathrm{e}^{-p})^{N_0-n}\approx\mathrm{e}^{-N_0p}$$

因此

$$P(n)\approx\frac{N_0^n}{n!}p^n\mathrm{e}^{-N_0p}=\frac{m^n}{n!}\mathrm{e}^{-m} \tag{4.2-3}$$

这就是泊松分布。当 $N_0$ 不小于 100 且 $p$ 不大于 0.01 时，泊松分布能很好地近似于二项式分布。在泊松分布中，$n$ 取值范围为所有正整数，并在 $n=m$ 附近时 $P(n)$ 有较大值。当 $m$ 较小时，分布是不对称的。若 $m$ 较大时，则分布逐渐趋于对称。泊松分布的均方根差为$\sigma=\sqrt{m}$。

当 $m\geqslant 20$ 时，泊松分布一般可用正态分布（高斯）分布来代替：

$$P(n)=\frac{1}{\sqrt{2\pi}\sigma}\mathrm{e}^{-\frac{(n-m)^2}{2\sigma^2}} \tag{4.2-4}$$

其中，$\sigma=\sqrt{m}$。期望值与方差为 $m$ 和$\sigma^2=m$。

在放射性测量中，原子核衰变的统计现象服从的泊松分布和正态分布也适用于计数的统计分布。因此将分布公式中的放射性核的衰变数 $n$ 改换成计数 $N$，将衰变粒子的平均数 $m$ 改换成计数的平均值 $M$。

$$P(N)=\frac{M^N}{N!}\mathrm{e}^{-M}$$

$$P(N)=\frac{1}{\sqrt{2\pi}\sigma}\mathrm{e}^{-\frac{(N-M)^2}{2\sigma^2}}$$

其中，$\sigma^2=M$，当 $M$ 值较大时，由于 $N$ 值出现在 $M$ 值附近的概率较大，$\sigma^2$ 可用某一次计数值 $N$ 来近似，所以 $\sigma^2\approx N$。

由于核衰变的统计性，在相同条件下作重复测量时，每次测量结果并不相同，有大有小，围绕平均值 $M$ 有一个涨落，涨落大小可以用均方根差 $\sigma=\sqrt{N}$ 描述。

计数值处于 $N\sim N+\mathrm{d}N$ 内的概率为

$$P(N)\mathrm{d}N=\frac{1}{\sqrt{2\pi}\sigma}\mathrm{e}^{-\frac{(N-M)^2}{2\sigma^2}}\mathrm{d}N$$

令 $z=\dfrac{N-M}{\sigma}=\dfrac{\Delta}{\sigma}$，则

$$P(N)\mathrm{d}N=\frac{1}{\sqrt{2\pi}}\mathrm{e}^{-\frac{z^2}{2}}\mathrm{d}z \tag{4.2-5}$$

而 $\int_0^z\dfrac{1}{\sqrt{2\pi}}\mathrm{e}^{-\frac{z^2}{2}}\mathrm{d}z$ 称为正态分布概率积分，此积分数值可以在数值表中查到。

如果对某一放射源进行多次重复测量得到一组数据，平均值为 $\overline{N}$，那么计数值 $N$ 落在 $\overline{N}\pm\sigma$ 范围内的概率为

$$\int_{\overline{N}-\sigma}^{\overline{N}+\sigma}P(N)\mathrm{d}N=\int_{-1}^{1}\frac{1}{\sqrt{2\pi}}\mathrm{e}^{-\frac{z^2}{2}}\mathrm{d}z=0.683$$

这就是说，在某实验条件下进行单次测量，如果计数值为 $N_1$，可以说 $N_1$ 落在 $\overline{N}\pm\sigma$ 范围内的概率为 68.3%，或者说在 $\overline{N}\pm\sigma$ 范围内包含真值的概率是 68.3%。实质上，从正态分布的特点来看，由于出现概率较大的计数值与平均值 $\overline{N}$ 的偏差较小，所以对于单次测量值 $N_1$，可以近似地说在 $N_1\pm\sqrt{N_1}$ 范围内包含真值的概率是 68.3%，这样用单次测量值就大体上确定了真值所在的范围。这种由于放射性衰变统计性引起的误差被称为统计误差。放射性统计涨落服从正态分布，当采用标准误差表示放射性的单次测量值 $N_1$ 时，可以表示为 $N_1\pm\sigma\approx N_1\pm\sqrt{N_1}$。将

68.3%称为置信概率或者置信度,相应的置信区间为 $\overline{N}\pm\sigma$。当置信区间为 $\overline{N}\pm2\sigma$、$\overline{N}\pm3\sigma$ 时,相应的置信概率分别为95.5%和99.7%。

**1. 盖革-弥勒计数器工作原理**

入射带电粒子通过气体时,由于与气体分子的电离碰撞而逐渐损失能量,碰撞的结果使气体分子电离或激发,并在粒子通过的径迹上生成大量的离子对。气体探测器是利用收集辐射在气体中产生的电离电荷来探测辐射的探测器,它由高压电极和收集电极组成,电极间充入气体并外加一定的电压,生成的离子对在电场作用下漂移,最后收集到电极上。离子对收集数随着工作电压的变化而变化,当电压增大到一定值时,离子对数剧烈倍增形成自激放电。此时,电流强度不再与原电离有关。原电离对放电只起到点火作用。这段工作区称为盖革-弥勒区(G-M)。G-M探测器的优点是灵敏度高,脉冲幅度大,稳定性高,不受外界电磁场的干扰,而且它对电源的稳定度要求不高,使用方便、成本低廉,制作的工艺要求和仪器电路较简单;缺点是不能鉴别粒子的类型和能量,分辨时间长,不能进行快速计数,有乱真计数。G-M计数器常用于放射性同位素的应用和剂量监测工作中,它体型轻巧,适于携带。

(1) G-M计数管的输出波形

G-M计数管波形如图4.2-1所示。

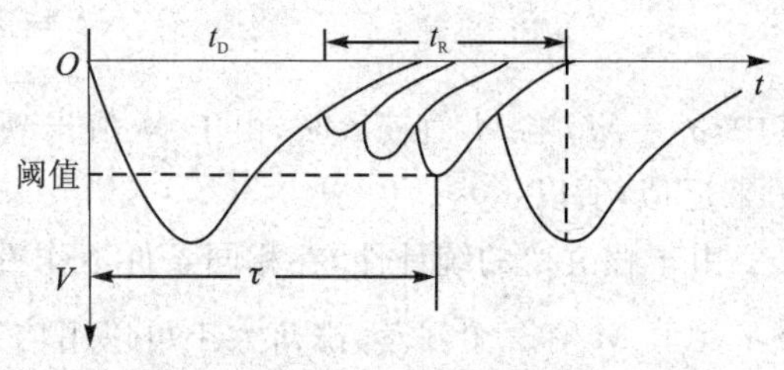


**图4.2-1 G-M计数管的波形**

① 失效时间(死时间 $t_D$)。

计数管在一次放电后,正离子鞘空间电荷使阳极附近气体放大区域内的电场减弱,即使有带电粒子射入也不会引起放电,一直到正离子鞘漂移一段距离后,阳极表面电场恢复到阈值以上,这时有带电粒子入射才会引起放电而输出信号。$t_D$ 一般为100 μs左右。

② 恢复时间($t_R$)。

正离子鞘继续向阴极运动,经过 $t_R$ 后到达阴极,这时计数管完全恢复到放电前的状态,此后入射粒子产生的脉冲幅度与最初一样。

③ 分辨时间($\tau$)。

记录脉冲时,电子线路总有一定的甄别阈 $V$。只有在经过 $t>t_D$ 后,待入射粒子的脉冲恢复到高于甄别阈后才能计数。$\tau$ 称为计数装置的分辨时间,由计数管和记录装置共同决定,一般为几百微秒左右。

(2) G-M计数管的坪曲线

在强度不变的放射源照射下,测量计数率随工作电压的变化,称为坪曲线,G-M计数管的坪曲线如图4.2-2所示。它是衡量G-M计数器性能的重要标志,在使用计数管之前必须测量它以鉴定计数管的质量,并确定工作电压。对坪曲线来说,当工作电压超过起始电压 $V_a$ 时,计数率由零迅速增大。工作电压继续增大时,计数率仅略随电压增大并有一个明显的坪存在。工作电压继续增大,计数率急剧增加,这是因为计数管失去猝熄作用,形成连续放电。

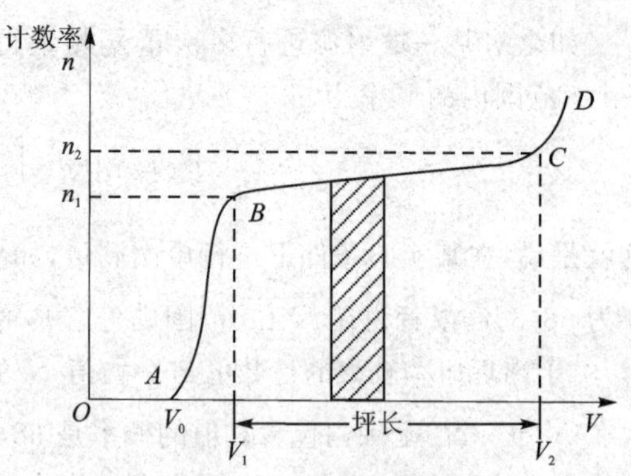


**图4.2-2 G-M计数管的坪曲线**

通常坪长定义为 $V_2-V_1$（单位为 V）。G－M 计数器的工作区域，工作电压一般选在坪区中央或三分之二处附近。在坪区计数率随电压升高略有增加，表现为坪有斜度，称为坪斜，常用来表示坪区内工作电压每增加 100 V 的计数率增长的百分率。

$$坪斜=\frac{n_2-n_1}{\frac{1}{2}(n_2+n_1)(V_2-V_1)}$$

**2. $\chi^2$ 检验法**

放射性衰变是否符合于正态分布或泊松分布，$\chi^2$ 检验法为其提供了一种较精确的判别准则。它的基本思想是比较被测对象应有的一种理论分布和实测数据分布之间的差异，然后从某种概率意义上来说明这种差异是否显著。如果差异显著，则说明测量数据有问题；反之，测量数据正常。

设在同一条件下测得一组数据 $N_i(i=1,2,3,\cdots,k)$，将每个 $N_i$ 作为一个随机变数看待，假设它们服从同一正态分布 $N(m,\sigma^2)$。由于 $m$ 未知，用平均值 $\overline{N}$ 来代替，$\sigma$ 用 $\sqrt{N}$ 来代替，则 $z\approx\frac{N_i-\overline{N}}{\sqrt{N}}$，$N(m,\sigma^2)$ 服从标准正态分布（$N(0,1)$）。此标准分布的随机变数 $z$ 的平方和也是一个随机变数，称作 $\chi^2$。

$$\chi^2=\sum_{i=1}^{k}\frac{(N_i-\overline{N})^2}{\overline{N}} \tag{4.2-6}$$

随机变数 $\chi^2$ 也服从一种类型分布，称 $\chi^2$ 分布。设某个预定值 ${\chi_a}^2$ 的概率为 $a$。$\chi^2$ 分布中有一个自由度参数，实际上就是独立随机变数的个数。若在 $k$ 个随机变数中存在 $\gamma$ 个约束条件，则自由度为 $v=k-\gamma$。使用中 $a$ 和自由度对应的 ${\chi_a}^2$ 可用数值表查。

对于 $N_i$ 个数据的 $\chi^2$ 分布，约束条件只有一个，自由度为 $v=k-1$。用 $\chi^2$ 分布对一组测量数据的检验具体操作如下：先用实验值按照上式算出 $\chi^2$ 值，再根据预先给定的一个小概率值 $a$，从表上查出相应自由度下对应 $a$ 的 ${\chi_a}^2$ 值。将 $\chi^2$ 与 ${\chi_a}^2$ 进行比较，若 $\chi^2\geqslant{\chi_a}^2$，说明这是比预定概率还要小的一个小概率事件，这样事件是不大可能出现的，说明这组数据不全是服从同一正态分布的随机变数；反之，认为这组数据是正常的。接着对 $\chi^2$ 分布的另一侧作类似的检验，给定一个较大概率 $1-a$。查表得到相应的 ${\chi_{1-a}}^2$，将 $\chi^2$ 与 ${\chi_{1-a}}^2$ 作比较，若 $\chi^2>{\chi_{1-a}}^2$，说明这组数据的出现不是小概率事件，是可以接受的；反之，需要怀疑这组数据的精确性。

## 三、实验装置

实验装置如图 4.2－3 所示。

计数管探头 1 个，G－M 计数管 1 支，自动定标器 1 台，$\gamma$ 放射源 $^{60}Co$ 或 $^{137}Cs$ 1 个。

① 按图 4.2－3 所示连接各仪器设备，并检查自动定标器的自检信号检验仪器是否处于正常工作状态。

② 测量计数管坪曲线，选择计数管的合适工作电压、合适的计数率等实验条件。

③ 重复进行至少 100 次的独立测量，并算出这组数据的平均值。

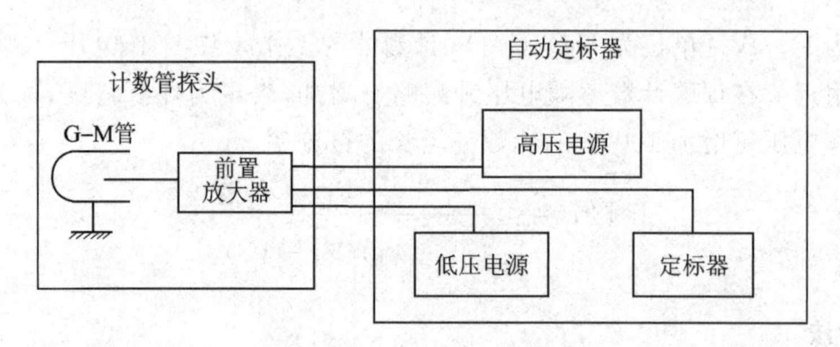


图 4.2-3 实验装置

## 四、实验内容及步骤

① 在相同条件下，对某放射源进行重复测量，画出放射性计数的频率直方图，并与理论正态分布曲线作比较。

② 用 $\chi^2$ 检验法检验放射性计数的统计分布类型。

## 五、结果分析及数据处理

① 做频率直方图。把测量数据按一定区间分组，统计测量结果出现在各区间内的次数 $k_i$。以 $k_i$ 为纵坐标测量值为横坐标，这样做出的图形在统计上称为频率直方图，如图 4.2-4

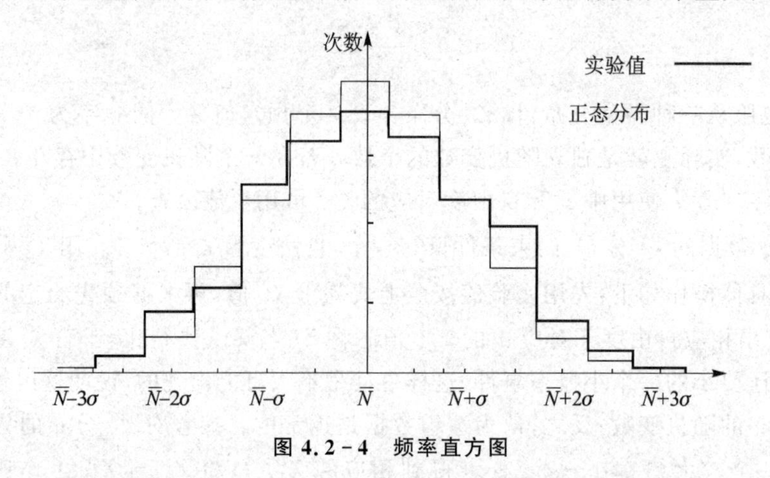


图 4.2-4 频率直方图

所示。它可以形象地表明数据的分布状况。为了便于与理论分布曲线进行比较，在作频率直方图时，将平均值置于组的中央来分组，组距为$\frac{\sigma}{2}$，这样各组的分界点是 $\overline{N}\pm\frac{1}{4}\sigma$ 、$\overline{N}\pm\frac{3}{4}\sigma$ 、$\overline{N}\pm\frac{5}{4}\sigma$ ⋯，而各组的中间值为 $\overline{N}$ 、$\overline{N}\pm\frac{1}{2}\sigma$ 、$\overline{N}\pm\sigma$ ⋯

$$\sigma=\sqrt{\frac{\sum_{i=1}^{A}(N_i-\overline{N})^2}{A-1}}$$

② 配置相应的理论正态分布曲线。

③ 计算测量数据落在 $\overline{N}\pm\sigma$ 、$\overline{N}\pm 2\sigma$ 、$\overline{N}\pm 3\sigma$ 范围内的频率。

④ 对此组数据进行 $\chi^2$ 检验。

## 六、思考题

1. 什么是放射性原子核衰变的统计性？它服从什么规律？

2. $\sigma$ 的物理意义是什么？以单次测量值 $N$ 来表示放射性测量值时，为什么用 $N\pm\sqrt{N}$ 表示？其物理意义是什么？

3. 为什么说以多次测量结果的平均值来表示放射性测量值时，其精确度要比单次测量值高？

## 七、拓展性实验

利用双源法测量计数装置的分辨时间。

**1. 实验原理**

设单位时间内计数装置实际测得的平均粒子数为 $m$，$n$ 为单位时间内真正进入计数管的平均粒子数。$\tau$为计数装置的分辨时间，则在分辨时间 $\tau$ 不变且 $m\tau\ll 1$ 时，单位时间漏记的粒子数为 $n-m=nm\tau$，这样 $n=\dfrac{m}{1-m\tau}$。

在完全相同的实验条件下，测量放射源 1、2 单独的计数率 $m_1$、$m_2$ 以及 1、2 同时存在时的计数率 $m_{12}$，(假定它们包含相同的本底计数率 $m_b$)。所以，
源 1 的真实计数率为

$$n_1=\frac{m_1}{1-m_1\tau}-\frac{m_b}{1-m_b\tau}$$

源 2 的真实计数率为

$$n_2=\frac{m_2}{1-m_2\tau}-\frac{m_b}{1-m_b\tau}$$

源 1 和源 2 同时存在的真实计数率为

$$n_{12}=\frac{m_{12}}{1-m_{12}\tau}-\frac{m_b}{1-m_b\tau}$$

由于实验条件相同，源 1 和源 2 在单位时间内入射计数管的粒子数等于源 1、源 2 在单位时间内分别入射到计数管的粒子数之和，即

$$n_{12}=n_1+n_2$$

亦即

$$\frac{m_{12}}{1-m_{12}\tau}+\frac{m_b}{1-m_b\tau}=\frac{m_2}{1-m_2\tau}+\frac{m_1}{1-m_1\tau}$$

解得

$$\tau=\tau_1\left[1+\frac{\tau_1}{2}(m_{12}-m_b)\right]$$

其中

$$\tau_1=\frac{m_1+m_2-m_{12}-m_b}{2(m_1-m_b)(m_2-m_b)}$$

实验时，一般取 $\tau=\tau_1$。

**2. 实验仪器**

定标器1台、J142型圆柱形计数管1个、2个$^{137}$Cs源。

**3. 注意事项**

① 计数率不能太低也不能太高。一般选取计数率在200/s左右。

② 源1、2单独入射与共同入射时的位置应保持一致。

③ 计数管工作后会有光敏作用产生,实验应注意适当避光,不能暴露在强光下。

④ 测量过程中应注意防止G-M计数管上的高压过高引起的连续放电损坏G-M计数管。

⑤ 实验时不要放置能增加本底计数率的带有放射性的物体,如铅砖、铝块。

⑥ 测坪曲线时,改变电压后稍等一会待其电压稳定后再测其计数率。

## 参考文献

[1] 复旦大学,清华大学,北京大学. 原子核物理实验方法[M]. 北京:原子能出版社,1996.

[2] 张高龙. 核物理实验[M]. 北京:北京航空航天大学出版社,2023.

# 4.3 X射线

X射线是19世纪末20世纪初物理学的三大发现之一,其发现于1895年。放射性发现于1896年,电子发现于1897年。X射线的发现标志着现代物理学的产生。1895年12月22日,伦琴给他夫人拍下了第一张X射线照片。1895年12月28日,伦琴向德国维尔兹堡物理和医学学会递交了第一篇研究通讯《一种新射线——初步研究》。伦琴在他的通讯中把这一新射线称为X射线,因为他当时无法确定这一新射线的本质。后人为纪念伦琴的这一伟大发现又把它命名为伦琴射线。

## 一、实验要求与预习要点

**1. 实验要求**

① 了解X射线管产生连续谱线和特征射线谱的基本原理,熟悉X射线机器的基本结构和X射线产生的基本原理。

② 掌握用NaCl晶体的布拉格衍射分析射线谱的基本原理,测量Mo射线管的特征谱线。

③ 研究X射线谱与X射线光机电压与电流的关系,验证测量普朗克常数。

④ X射线被应用于晶体结构的分析,测量LiF晶体的晶面间距。

⑤ 研究不同材料对X射线的吸收,验证莫塞莱定律,测量里德伯常数。

**2. 预习要点**

① 了解由X射线管产生X射线的机制及连续X射线谱和特征X射线谱的含义。

② 观察和测量X射线的衍射为什么要使用晶体。

③ 什么叫晶体的布拉格衍射?必须满足哪些条件?

④ 材料对 X 射线的吸收和哪些因素有关？遵循哪些规律？

## 二、实验原理

X 射线的发现在人类历史上具有极其重要的意义，它为自然科学和医学开辟了一条崭新的道路，为此 1901 年伦琴荣获第一个诺贝尔物理学奖。X 射线是一种波长很短的电磁波，其波长约在 0.001 nm 到 100 nm 之间。X 射线具有很高的穿透力，能穿透一些不透明的物质，如墨纸、木料等。这种肉眼看不见的射线可以使很多固体材料发生可见的荧光，使照相底片感光以及空气电离等效应，波长短的 X 射线能量较高，称为硬 X 射线，波长长的 X 射线能量较低，称为软 X 射线。

在真空中高速运动的电子轰击金属靶时，靶就放出 X 射线，这就是 X 射线管的结构原理。放出的 X 射线分为两种：一种辐射是被靶阻挡的电子的能量不越过一定限度时，只发射连续光谱的辐射，这种辐射被称为轫致辐射；另一种辐射只有几条特殊的线状光谱，这种发射线状光谱的辐射被称为特征辐射。连续光谱的性质和靶材料无关，而特征光谱的性质与靶材料有关，不同的材料有不同的特征光谱。这就是将其称之为特征的原因。

X 射线的特征是波长非常短但频率很高。因此，X 射线是由原子在能量相差悬殊的两个能级之间的跃迁而产生的。所以 X 射线光谱是原子中最靠内层的电子跃迁时发出来的，而光学光谱则是外层的电子跃迁时发射出来的。X 射线在电场磁场中不偏转，这说明 X 射线是不带电的粒子流。1906 年，实验证明 X 射线是波长很短的一种电磁波，因此能产生干涉、衍射现象。X 射线可用来帮助人们进行医学诊断和治疗或用于工业上的非破坏性的材料检查。在基础科学和应用科学领域内，X 射线被广泛用于晶体结构分析，通过 X 射线与物质相互作用提供的信息可进行化学分析和原子结构的研究。

### 1. 发射原理

(1) 连续光谱

当电子的能量未越过一定限度时，高速电子在靶上骤然减速时会伴随着辐射，这种辐射被称为轫致辐射。连续 X 射线的产生是由于高速电子运动到原子核的附近时，会受到原子核的斥力而减速形成非弹性散射。电子速度的急剧变化，引起电子周围电磁场的急剧变化，必然产生一个或几个电磁脉冲。每个电子运动轨迹里原子核的距离是不一样的，所以能量损失不一样，从而产生波长连续变化的 X 射线。连续光谱又称为“白色”X 射线，包含了从短波限 $\lambda_m$ 开始的全部波长，其强度随波长变化连续地改变。从短波限开始随着波长强度的增加迅速达到一个极大值，之后再逐渐减弱趋向于零(见图 4.3 - 1)。连续光谱的短波限 $\lambda_m$ 只决定于 X 射线管的工作高压。

(2) 特征光谱

阴极射线的电子流轰击到靶面，如果能量足够高，靶内一些原子的内层电子会被轰出，使原子处于能级较高的激发态。图 4.3 - 2(b)表示的是原子的基态和 K、L、M、N 等激发态的能级图。K 层电子被轰出称为 K 激发态，L 层电子被轰出称为 L 激发态，依次类推。原子的激发态是不稳定的，内层轨道上的空位将被离核更远的轨道上的电子所补充，从而使原子能级降低，多余的能量便以光量子的形式辐射出来。图 4.3 - 2(a)描述了上述激发机理。处于 K 激发态的原子，当不同外层(L、M、N…层)的电子向 K 层跃迁时放出的能量各不相同，产生的一系列辐射统称为 K 系辐射。同样，L 层电子被轰出后，原子处于 L 激发态，所产生的一系列辐

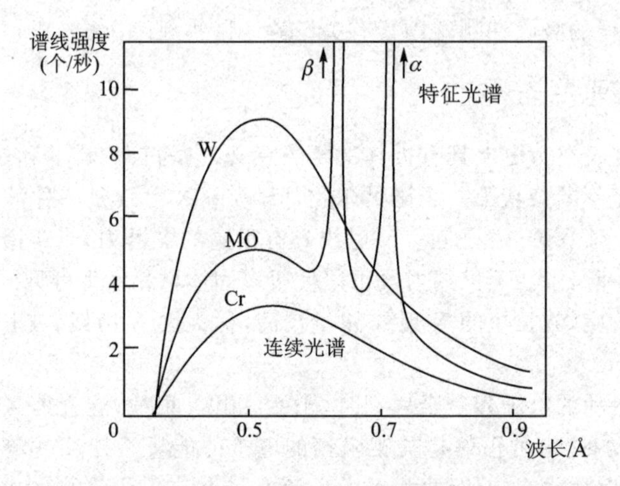


图 4.3-1　X 射线管产生的 X 射线的波长谱

射统称为 L 系辐射,依次类推。基于上述机制产生的 X 射线,其波长只与原子处于不同能级时发生电子跃迁的能级差有关,而原子的能级是由原子结构决定的。当电子跃迁到 K 层时,称这些分立谱线为 K 系,K 系又可能因为能级差异分别标定为 $K_\alpha$、$K_\beta$、$K_\gamma$ 等,同理也有 L 系。这些跃迁均遵守量子跃迁定则 $\nu=\frac{E_{初}-E_{末}}{h}$。这些谱线也称为阳极材料的特征谱线。

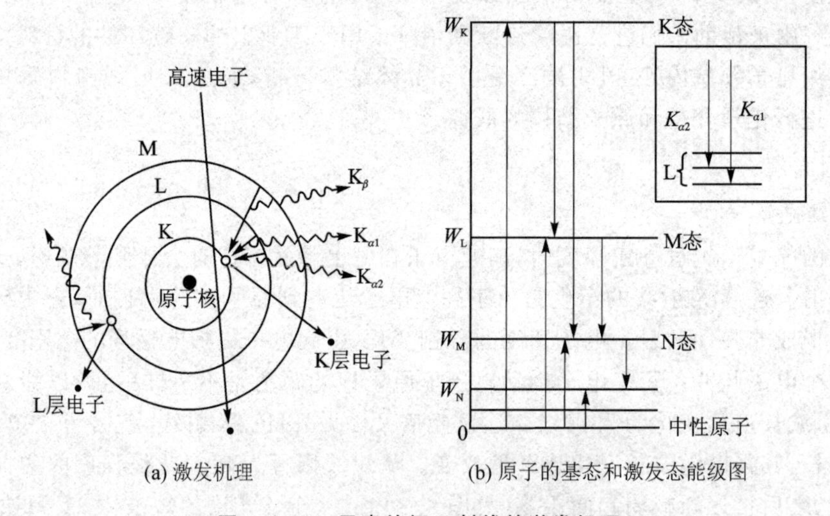


图 4.3-2　元素特征 X 射线的激发机理

得到的能谱图是 X 射线特征谱与轫致辐射谱的叠加,图像上的尖峰便是对应的特征谱线的作用,实验中可以通过峰值所对应的波长来计算阳极材料的特征谱线。

**2. 晶体的 X 射线衍射**

(1) 劳厄实验

因为一般光栅的光栅常数远大于 X 射线的波长,由光栅方程可知各级明纹对应的衍射角太小,难以分辨,故无法使用普通光栅观察 X 射线的衍射。

因原子间距约为 $10^{-10}$ m,与 X 射线的波长同数量级,故天然晶体可以看作是光栅常数很

小的空间三维衍射光栅。

1912 年,德国物理学家劳厄设想将晶体作为三维光栅,他设计了如下实验:X 射线经晶体片 C 衍射后使底片 E 感光,得到一些规则分布的斑点(劳厄斑)。劳厄斑的出现是 X 射线通过晶体点阵发生衍射的结果,装置如图 4.3-3 所示。在照相底片上发现有很强的 X 射线束在一些确定的方向上出现。图 4.3-4 分别是将 X 射线通过红宝石晶体和硅单晶体所拍摄的劳厄斑照片。

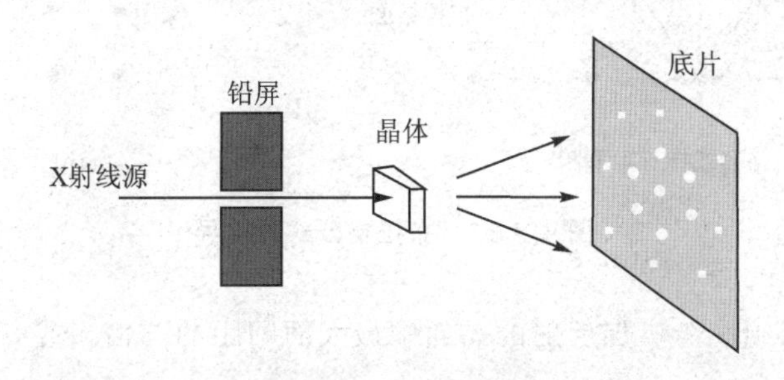


**图 4.3-3　劳厄实验装置**

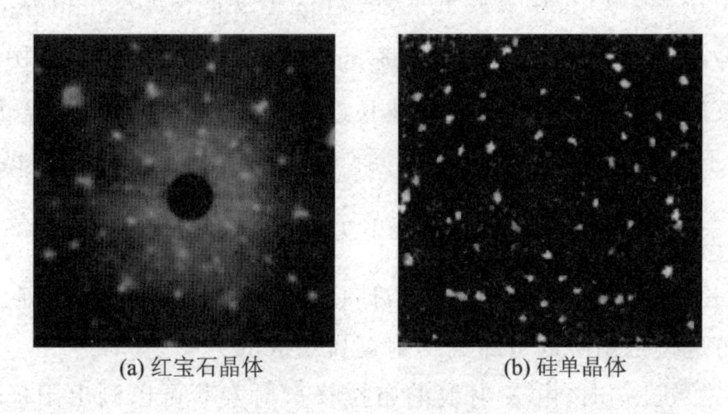

(a) 红宝石晶体　　(b) 硅单晶体

**图 4.3-4　劳厄斑照片**

(2) 布拉格衍射

劳厄解释了劳厄斑的形成,但他的方法比较复杂。1913 年,英国物理学家布拉格父子提出了一种比较简单的方法来说明 X 射线的衍射。他们简化了晶体空间点阵,把它当作反射光栅处理。

当以 $\theta$ 角掠射的单色平行的 X 射线投射到晶面间距为 $d$ 的晶面上时,在各晶面所散射的射线中,只有按反射定律反射的射线的强度为最大。

如图 4.3-5(a)中所示的反射线 1 和 2 的光程差为 $\Delta=\overline{AC}+\overline{CD}=2d\sin\theta$,反射线互相加强时满足

$$2d\sin\theta=k\lambda,\quad k=1,2,3\cdots \tag{4.3-1}$$

上式称为布拉格公式或布拉格条件。

布拉格公式的讨论:

① 选择反射,即只有满足布拉格方程时才有反射。

② 晶体衍射的极限条件 $2d\sin\theta=k\lambda$ ,即 $\lambda=\dfrac{2d\sin\theta}{k}\leqslant 2d$ 。也就是说,能够被晶体衍

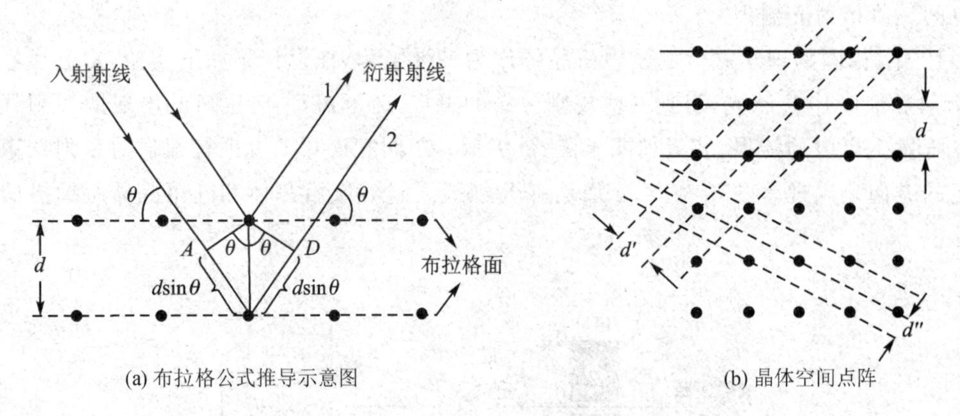

(a) 布拉格公式推导示意图

(b) 晶体空间点阵

**图 4.3-5 布拉格公式的推导**

射的X射线的波长必须小于参加反射的晶面中最大面间距的二倍。或 $d=\dfrac{n\lambda}{2\sin\theta}\geqslant\dfrac{\lambda}{2}$,即当入射X射线波长 $\lambda$ 一定时,只有满足晶面距 $d\geqslant\dfrac{\lambda}{2}$ 的晶面才能产生衍射。

在晶体中,晶面的划分不唯一,不同方向上的晶面簇具有不同的 $d$。因此,对不同的反射晶面,晶体衍射的反射波方向也不同。若一波长连续分布的X射线以一定方向入射到取向固定的晶体上,对于不同的晶面 $d$ 和 $\theta$ 都不同。只要对某一晶面,X射线的波长满足 $\lambda=\dfrac{2d\sin\theta}{k}(k=1,2,3\cdots)$ 时就会在该晶面的反射方向上获得衍射极大,对每簇晶面而言,凡符合布拉格公式的波长,都在各自的反射方向干涉使得在底片上形成劳厄斑。由于晶体有很多组平行晶面,所以劳厄斑是由空间分布的衍射亮斑组成的。

当晶体的晶格常数已知时,由X射线的布拉格衍射实验可以测出阳极材料的特征谱线,利用已知的X射线特征谱线波长又可以测量出未知晶体的晶面间距。

**3. X射线的吸收**

X射线束透过物质后,其减弱服从指数衰减定律。吸收系数包括光电吸收和散射吸收两部分,一般是前者远大于后者。就其能量而言,一束X射线与物质相互作用后分成三部分:吸收、散射和原方向透射,如图4.3-6所示。

(1) X射线衰减与吸收体厚度及原子序数 $Z$ 的关系

假设X射线强度 $I_0$ 通过厚度为 $\mathrm{d}t$ 的吸收体后,减少量 $\mathrm{d}I$ 显然正比于吸收体厚度 $\mathrm{d}t$,也正比于束流强度 $I$。若定义 $\mu$ 为X射线通过单位厚度试样时被吸收的比率,则有 $I=I_0\mathrm{e}^{-\mu t}$ ,令 $T=I/I_0$,则有 lambert 定理

$$T=\mathrm{e}^{-\mu t} \tag{4.3-2}$$

其中,$\mu$ 称为线衰减系数,$t$ 为试样厚度,射线强度 $I$ 与盖革计数器测量的粒子数 $R$ 成正比。射线的衰减至少应该被视为物质对入射X射线的散射和吸收的结果,系数 $\mu$ 也应该是这两部分作用之和。但由于散射而引起的衰减远小于因吸收而引起的衰减,故通常直接称 $\mu$ 为线吸收系数而忽略散射的部分。

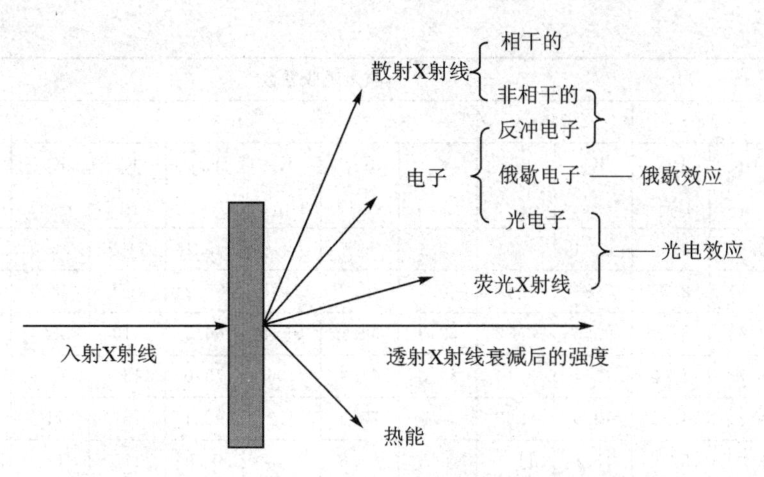


**图 4.3-6　X 射线与物质的相互作用**

线吸收系数 $\mu$ 表示单位体积物质对 X 射线强度的衰减程度。它与物质密度 $\rho$ 成正比，单位为长度的倒数($m^{-1}$、$cm^{-1}$ 等)，线吸收系数与物质的密度有关，计算不便，常用物质的质量吸收系数 $\mu_m$ 表示($\mu_m=\mu/\rho$)。质量吸收系数 $\mu_m$ 表示单位重量物质对 X 射线强度的衰减程度，单位为 $cm^2/g$。质量吸收系数与物质的密度和状态无关，与物质的原子序数 $Z$ 和入射 X 射线的波长有关。它反映了不同物质对 X 射线的吸收程度。如果吸收体是由两种以上的元素组成的化合物或混合物，其总体的质量吸收系数是其组成元素的质量吸收系数的加权平均值。不同吸收体对不同谱线的质量吸收系数见表 4.3-1。

**表 4.3-1　不同吸收体对不同谱线的质量吸收系数**

| 元　素 | 质量吸收系数 | | | | | | | | | | | |
|---|---|---|---|---|---|---|---|---|---|---|---|---|
| | Ag | | Mo | | Zn | | Cu | | Ni | | Co | |
| | $K_\alpha$ 0.560 8 | $K_{\beta1}$ 0.497 0 | $K_\alpha$ 0.710 7 | $K_{\beta1}$ 0.632 3 | $K_\alpha$ 1.436 4 | $K_{\beta1}$ 1.295 2 | $K_\alpha$ 1.541 8 | $K_{\beta1}$ 1.392 2 | $K_\alpha$ 1.659 1 | $K_{\beta1}$ 1.500 1 | $K_\alpha$ 1.790 3 | $K_{\beta1}$ 1.620 8 |
| 1 H | 0.371 | 0.366 | 0.380 | 0.376 | 0.425 | 0.414 | 0.435 | 0.421 | 0.448 | 0.431 | 0.464 | 0.443 |
| 2 He | 0.195 | 0.190 | 0.207 | 0.200 | 0.347 | 0.306 | 0.383 | 0.333 | 0.430 | 0.368 | 0.491 | 0.414 |
| 3 Li | 0.187 | 0.177 | 0.217 | 0.200 | 0.611 | 0.492 | 0.716 | 0.571 | 0.851 | 0.673 | 1.03 | 0.804 |
| 4 Be | 0.229 | 0.208 | 0.298 | 0.258 | 1.25 | 0.959 | 1.50 | 1.15 | 1.82 | 1.39 | 2.25 | 1.71 |
| 5 B | 0.279 | 0.244 | 0.392 | 0.327 | 1.97 | 1.49 | 2.39 | 1.81 | 2.93 | 2.21 | 3.63 | 2.74 |
| 6 C | 0.400 | 0.333 | 0.625 | 0.495 | 3.76 | 2.81 | 4.60 | 3.44 | 5.68 | 4.26 | 7.07 | 5.31 |
| 7 N | 0.544 | 0.433 | 0.916 | 0.700 | 6.13 | 4.56 | 7.52 | 5.60 | 9.31 | 6.95 | 11.6 | 8.70 |
| 8 O | 0.740 | 0.570 | 1.31 | 0.981 | 9.34 | 6.92 | 11.5 | 8.52 | 14.2 | 10.6 | 17.8 | 13.3 |
| 9 F | 0.976 | 0.732 | 1.80 | 1.32 | 13.3 | 9.86 | 16.4 | 12.2 | 20.3 | 15.1 | 25.4 | 19.0 |
| 10 Ne | 1.31 | 0.969 | 2.47 | 1.80 | 18.6 | 13.8 | 22.9 | 17.0 | 28.4 | 21.1 | 35.4 | 26.5 |
| 11 Na | 1.67 | 1.22 | 3.21 | 2.32 | 24.5 | 18.1 | 30.1 | 22.3 | 37.3 | 27.8 | 46.5 | 34.8 |
| 12 Mg | 2.12 | 1.54 | 4.11 | 2.96 | 31.4 | 23.2 | 38.6 | 28.7 | 47.7 | 35.6 | 59.5 | 44.6 |
| 13 Al | 2.65 | 1.90 | 5.16 | 3.71 | 39.6 | 29.3 | 48.6 | 36.2 | 60.1 | 44.9 | 74.8 | 56.2 |

续表 4.3-1

| 元 素 | 质量吸收系数 | | | | | | | | | | | |
|---|---|---|---|---|---|---|---|---|---|---|---|---|
| | Ag | | Mo | | Zn | | Cu | | Ni | | Co | |
| | $K_\alpha$ 0.560 8 | $K_{\beta1}$ 0.497 0 | $K_\alpha$ 0.710 7 | $K_{\beta1}$ 0.632 3 | $K_\alpha$ 1.436 4 | $K_{\beta1}$ 1.295 2 | $K_\alpha$ 1.541 8 | $K_{\beta1}$ 1.392 2 | $K_\alpha$ 1.659 1 | $K_{\beta1}$ 1.500 1 | $K_\alpha$ 1.790 3 | $K_{\beta1}$ 1.620 8 |
| 14 Si | 3.28 | 2.35 | 6.44 | 4.61 | 49.4 | 36.6 | 60.6 | 45.1 | 74.9 | 56.0 | 93.3 | 70.1 |
| 15 P | 4.01 | 2.85 | 7.89 | 5.64 | 60.5 | 44.8 | 74.1 | 55.2 | 91.5 | 68.5 | 114 | 85.5 |
| 16 S | 4.84 | 3.44 | 9.55 | 6.82 | 72.8 | 54.1 | 89.1 | 66.5 | 110 | 82.4 | 136 | 103 |
| 17 Cl | 5.77 | 4.09 | 11.4 | 8.14 | 86.3 | 64.3 | 106 | 79.0 | 130 | 97.6 | 161 | 122 |
| 18 Ar | 6.81 | 4.82 | 13.5 | 9.62 | 101 | 75.3 | 123 | 92.4 | 151 | 114 | 187 | 142 |
| 19 K | 8.00 | 5.66 | 15.8 | 11.3 | 117 | 87.6 | 143 | 107 | 175 | 132 | 215 | 164 |
| 20 Ca | 9.28 | 6.57 | 18.3 | 13.1 | 133 | 100 | 162 | 122 | 198 | 150 | 243 | 186 |
| 21 Sc | 10.7 | 7.57 | 21.1 | 15.1 | 152 | 114 | 184 | 139 | 223 | 170 | 273 | 210 |
| 22 Ti | 12.3 | 8.70 | 24.2 | 17.3 | 172 | 130 | 208 | 158 | 252 | 193 | 308 | 237 |
| 23 V | 14.0 | 9.91 | 27.5 | 19.7 | 193 | 146 | 233 | 178 | 282 | 217 | 343 | 266 |
| 24 Cr | 15.8 | 11.2 | 31.1 | 22.3 | 216 | 164 | 260 | 199 | 314 | 242 | 381 | 296 |
| 25 Mn | 17.7 | 12.6 | 34.7 | 24.9 | 237 | 181 | 285 | 219 | 343 | 265 | 114 | 323 |
| 26 Fe | 19.7 | 14.0 | 38.5 | 27.7 | 258 | 198 | 308 | 238 | 370 | 288 | 52.8 | 340 |
| 27 Co | 21.8 | 15.5 | 42.5 | 30.6 | 278 | 214 | 313 | 257 | 49.0 | 310 | 61.1 | 4.8 |
| 28 Ni | 24.1 | 17.1 | 46.6 | 33.7 | 297 | 230 | 45.7 | 275 | 56.5 | 42.2 | 70.5 | 52.8 |
| 29 Cu | 26.4 | 18.8 | 50.9 | 36.9 | 43.1 | 246 | 52.9 | 39.3 | 65.5 | 48.9 | 81.6 | 61.2 |
| 30 Zn | 28.8 | 20.6 | 55.4 | 40.2 | 49.1 | 36.3 | 60.3 | 44.8 | 74.6 | 55.7 | 93.0 | 69.7 |
| 31 Ga | 31.4 | 22.4 | 60.1 | 43.7 | 55.3 | 40.9 | 67.9 | 50.5 | 83.9 | 62.7 | 105 | 78.4 |
| 32 Ge | 34.1 | 24.4 | 64.8 | 47.3 | 61.6 | 45.6 | 75.6 | 56.2 | 93.4 | 69.8 | 116 | 87.3 |
| 33 As | 36.9 | 26.5 | 69.7 | 51.1 | 68.0 | 50.4 | 83.4 | 62.1 | 103 | 77.0 | 128 | 96.2 |
| 34 Se | 39.8 | 28.6 | 74.7 | 54.9 | 74.6 | 55.3 | 91.4 | 68.1 | 113 | 84.5 | 140 | 105 |
| 35 Br | 42.7 | 30.8 | 79.8 | 58.8 | 81.3 | 60.4 | 99.6 | 74.4 | 123 | 92.1 | 152 | 115 |
| 36 Kr | 45.8 | 33.1 | 84.9 | 62.8 | 88.2 | 65.6 | 108 | 80.7 | 133 | 99.9 | 165 | 124 |
| 37 Rb | 48.9 | 35.4 | 90.0 | 66.9 | 95.4 | 71.0 | 117 | 87.3 | 143 | 108 | 177 | 134 |
| 38 Sr | 52.1 | 37.8 | 95.0 | 70.9 | 103 | 76.6 | 125 | 94.0 | 154 | 116 | 190 | 144 |
| 39 Y | 55.3 | 40.3 | 100 | 75.0 | 110 | 82.3 | 134 | 101 | 165 | 124 | 203 | 154 |
| 40 Zr | 58.5 | 42.8 | 15.9 | 79.0 | 118 | 88.2 | 143 | 108 | 176 | 133 | 216 | 165 |

注:表中不同谱线的波长为阳极极靶材料的 X 射线波长,单位为 Å。

吸收体的质量吸收系数是入射 X 射线波长及吸收元素原子序数 $Z$ 的函数,即

$$\mu_m = C\lambda^3 Z^4 \tag{4.3-3}$$

$C$ 在一定波长范围内为常数。由图 4.3-7 可知,对一定波长而言,吸收系数随原子序数 $Z$ 的增加而增加。但到 40 时,吸收系数会突然降级然后又增加。这一突变原因可以用荧光散射解释(查阅相关资料,解释突变现象)。

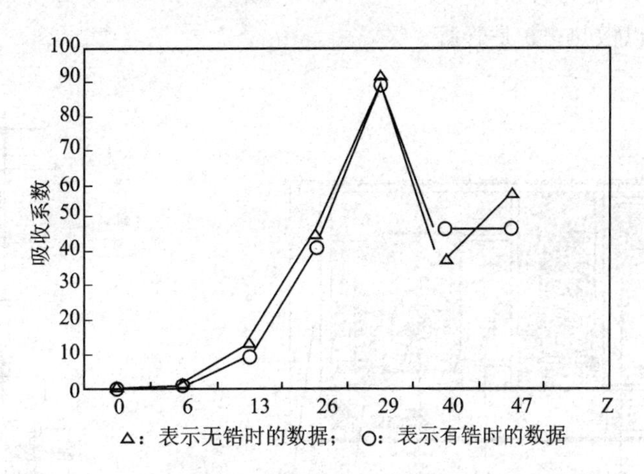


**图 4.3－7　X 射线的吸收系数与吸收体原子序数 Z 的关系**

(2) 验证莫塞莱定律

当吸收材料原子序数 $Z$ 一定时，吸收系数先是近似随波长的三次方而增加，但到某一波长时则发生陡然下降，随后又会出现类似的增长和下降规律。这些吸收跃变所对应的波长称为吸收限。吸收限是吸收元素的特征量，标志入射 X 射线的光子能量恰好能够逐出该原子中的 K、L、M ……层上电子的能量。这是原子能量量子化的生动体现。为了在实验中观察这种现象，一般需要测量波长与透射率的关系。利用吸收限的测量值，可以做出原子能级图，这也是选择滤波片材料的依据。进一步地分析表明，吸收曲线在吸收限短波侧附近的变化并不是单调平滑的，而是表现出不同程度的振荡现象，称为 X 射线吸收限的精细结构 XAFS(X 射线吸收近限谱 XANES 和扩展 X 射线吸收谱 EXAFS)。它是由吸收原子之周邻原子对出射光电子的背散射引起的，是该原子配位环境的一种反映。

X 射线吸收谱分析法测量透过样品的 X 射线强度随波长的变化，根据所揭示的吸收限的波长即可鉴定样品中所存在的元素。再通过测定各吸收限上所出现的吸收强度的变化，还可对材料含量进行定量分析。

对于 X 射线的实验技术而言，最有用的是 K 吸收限。莫塞莱定律的发现是理解元素周期律的重要里程碑，也是 X 光谱学的开端，在历史上有重要意义。该定律可表示为

$$1/\lambda_k = R(Z-\sigma_k)^2 \tag{4.3-4}$$

其中，$\lambda_k$ 是原子的 K 吸收边缘，$R$ 是里德伯常数，$Z$ 是原子序数，$\sigma_k$ 是屏蔽系数。由于原子序数 $Z$ 是介于 40～50 之间的物质，屏蔽系数 $\sigma_k$ 基本上与 $Z$ 无关，因此本实验通过测量锆(Zr，$Z=40$)、钼(Mo，$Z=42$)、银(Ag，$Z=47$)和铟(In，$Z=49$)4 种材料的 K 吸收边缘，从而确定里德伯常数和 $\sigma_k$。

## 三、实验装置

本实验使用的是德国莱宝教具公司生产的 X 射线实验仪，如图 4.3－8 所示。该装置分为 3 个工作区：中间是 X 光管区，是产生 X 射线的地方，右边是实验区，左边是监控区。

X 光管的结构如图 4.3－9 所示。它是一个抽成高真空的石英管，1 是接地的电子发射极，通电加热后可发射电子。2 是钼靶，工作时加以几万伏的高压；电子在高压作用下轰击钼原子而产生 X 射线，钼靶受电子轰击的面呈斜面，以利于 X 射线向水平方向射出。3 是铜块。

4是螺旋状热沉,用以散热。5是管脚。

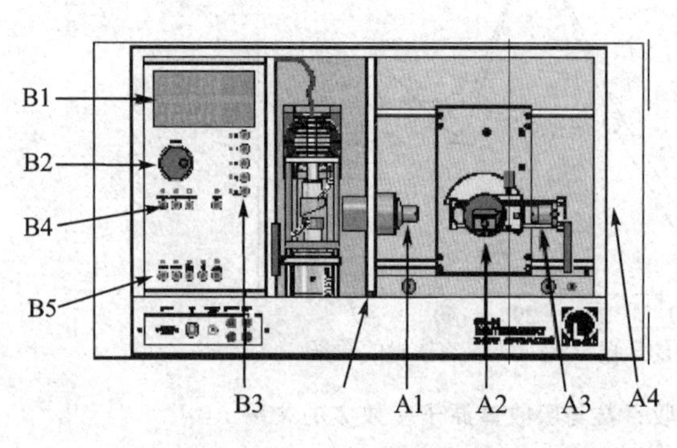


图4.3-8 X射线实验仪

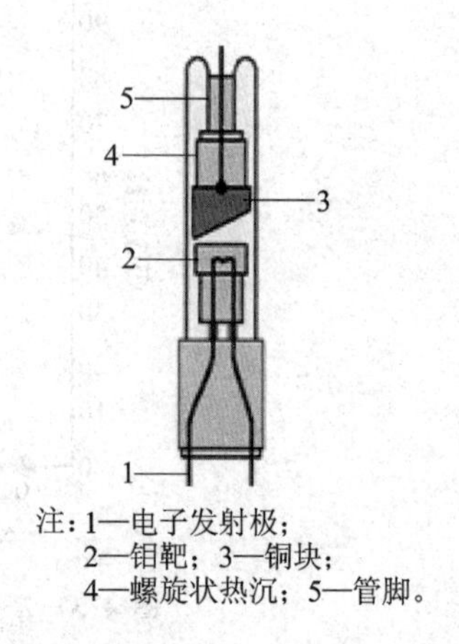


图4.3-9 X光管

图4.3-8中右边的实验区可安排各种实验。A1是X光的出口,A2是安放晶体样品的靶台,A3是装有G-M计数管的传感器,用来探测X光的强度。A2和A3都可以转动,并可通过测角器分别测出它们的转角。左边的监控区包括电源和各种控制装置。B1是液晶显示区。B2是个大转盘,各参数都由它来调节和设置。B3有五个设置按键,由它确定B2所调节和设置的对象。B4有扫描模式选择按键(SENSOR——传感器扫描模式,COUPLED——耦合扫描模式)和一个归零按键。按下此键时,传感器的转角自动保持为靶台转角的2倍,如图4.3-10所示。B5有5个操作键:RESET,REPLAY,SCAN(ON/OFF),🔈是声脉冲开关,HV(ON/OFF)键是X光管上的高压开关。

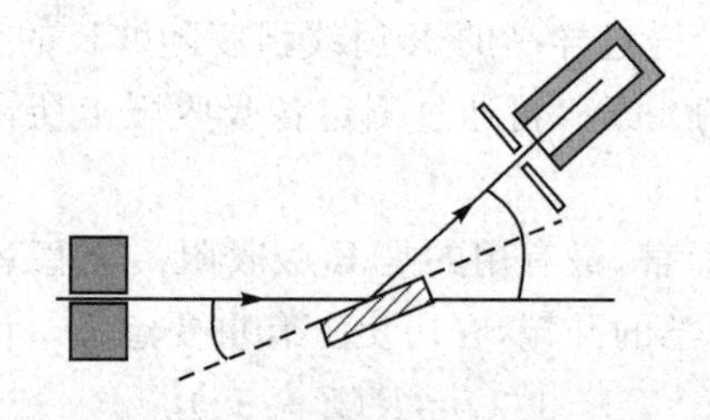

图4.3-10 COUPLED模式下靶台和传感器的角位置

软件X-ray Apparatus的界面如图4.3-11所示。

数据采集是自动的,当在X射线装置中按下SCAN键进行自动扫描时,软件将自动采集数据和显示结果。工作区域左边显示靶台的角位置β和传感器中接收到的X光光强$R$的数据,而右边则将此数据作图,其纵坐标为X光光强$R$(单位是1/s),横坐标为靶台的转角(单位是°)。

## 四、实验内容及步骤

① 熟悉X射线仪,并将X光机和配套软件调整到研究X射线衍射状态。

② $U$=35 kV,$I$=1.0 mA,用NaCl晶体测量钼的特征谱线波长$\lambda_{K\alpha}$和$\lambda_{K\beta}$。

(a) 固定$I$=1.0 mA,改变$U$多次重复上述实验,分析实验结果的异同。由轫致辐射的

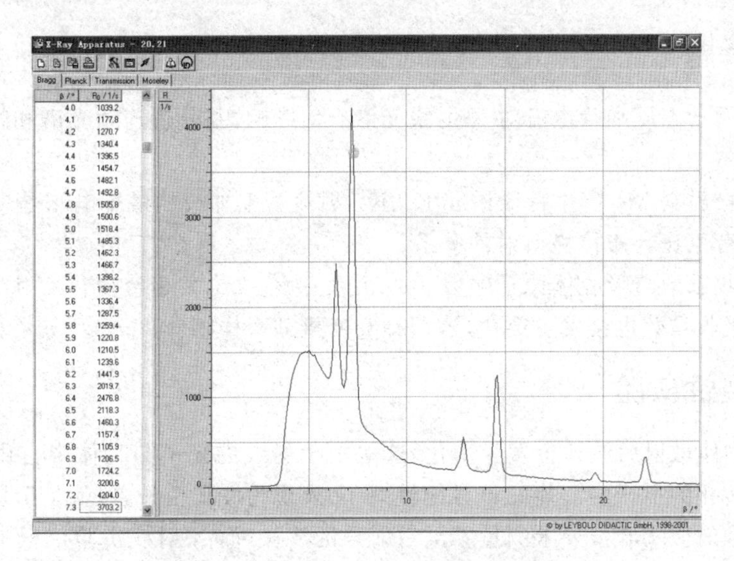


**图 4.3-11　一个典型的测量结果画面**

极限波长 $\lambda_{\min}$ 计算普朗克常数。

(b) 固定 $U=35$ kV，改变 $I=0.8$ mA，0.6 mA，0.4 mA，重复上述实验，分析实验结果的异同。

③ $U=35$ kV，$I=1.0$ mA，测量 LiF 单晶的晶面间距。

④ 研究不同材料对 X 射线的吸收，验证莫塞莱定律和测量里德伯常数。找出适合靶材料 Mo 的滤波片。

⑤ 研究同种材料（铝）不同厚度（样品材料每转动 10°，厚度增加 0.5 mm）的吸收体对 X 射线的吸收规律，并分析吸收系数在不同实验条件下的变化原因。

(a) 取下晶体载物台，安装吸收体，自动调零。

(b) 固定电流 $I=0.05$ mA，$U=30$ kV（电流、电压可变化，观察电流电压变化对实验结果的影响），SENSOR 角度固定为零度，TARRGET 角度范围为 0°～60°，角步幅 $\Delta\beta=10°$，$\Delta t=100$ s（时间可变化，观察采样时间对实验结果有无影响），按 SCAN 键自动扫描，扫描完毕按 REPLAY 键记录数据，计算铝的吸收系数。

(c) 准直器前安装滤波片，重复上述实验，分析实验结果的异同。

⑥ 研究相同厚度（$t=0.5$ mm）不同材料对 X 射线的吸收规律。0°时无吸收材料，每转动 10°吸收体材料原子序数 $Z$ 发生变化（$Z=6,13,26,29,40,47$）。

(a) 安装吸收材料，自动调零。

(b) 设置 X 光管高压 $U=30$ kV，电流 $I=0.02$ mA，SENSOR 角度固定为零度，TARRGET 角度范围为 0°～20°，角步幅 $\Delta\beta=10°$，$\Delta t=30$ s，按 SCAN 键自动扫描，扫描完毕按 REPLAY 键记录数据。

(c) 设置 X 光管高压 $U=30$ kV，电流 $I=1.00$ mA，TARRGET 角度范围为 30°～60°，角步幅 $\Delta\beta=10°$，$\Delta t=300$ s，按 SCAN 键自动扫描，扫描完毕按 REPLAY 键记录数据，计算不同材料的吸收系数。

(d) 准直器前安装滤波片，重复上述实验，分析实验结果的异同。

## 五、思考题

1. 观察不同管电压和管电流对X射线光谱有何影响,并分析连续光谱和特征光谱由什么因素决定。

2. 要使阳极材料Mo产生特征谱线$K_\alpha$、$K_\beta$,射线管上加载的最小电压是多少?

3. 请说明劳厄斑与布拉格衍射的关系。

4. 分析吸收系数与吸收体原子序数$Z$的关系,为什么会发生突变?X射线穿过同种材料时不同波长的吸收系数也会发生突变,这两种突变机理一样吗?

## 六、拓展性实验

X射线经物体散射后波长会发生变化,这是由于射线的光子与物体中自由电子发生碰撞后将部分能量转化为电子的动能而自身能量减小,表现为波长变长,这就是历史上著名的康普顿效应。康普顿效应实验仪要求测量不同散射角的波长,而X射线实验仪根本没有测量波长的装置,如何观察康普顿效应?

提示:X光经散射体散射后由探测器在与入射方向呈$\theta$角的方向接收,把铜吸收片放在散射前和散射后测量得到的透射率会不同,原因是散射前后波长变了。设计实验步骤观察并定量验证康普顿效应,如何采取措施提高实验精度?

## 七、研究性实验

在粉末样品上进行X射线衍射分析,用射线法测量样品厚度,利用K吸收限鉴定样品成分及含量。

## 参考文献

[1] 刘粤惠,刘平安. X射线衍射分析原理与应用[M]. 北京:化学工业出版社,1993.
[2] 严燕来. 关于晶体衍射的劳厄方程和布拉格反射公式的关系[J]. 大学物理,1991,10(5):23-25.
[3] 许顺生. X射线金属学[M]. 上海:上海科学技术出版社,1962.
[4] 黄胜涛. 固体X射线学[M]. 北京:高等教育出版社,1985.
[5] BERTIN E P. Principles and Practice of X-Ray Spectrometric Analysis[M]. London: Plenum Press New York, 1975.
[6] JANSSENSK H A, ADAMS F C V, RINDBY A. Microscopic X-Ray Fluorescence Analysis[M]. England: John Wiley & Sons Ltd, 2000.

# 4.4 塞曼效应

1896年,荷兰物理学家塞曼(P. Zeeman)发现将钠光源放在外磁场中,原来一条光谱线能分裂成若干条子谱线,而且子谱线的成分是偏振的。人们将这种原子光谱线在外磁场中分裂的现象称为塞曼效应。他最初发现的是裂距相等的3条分裂谱线,称为正常塞曼效应;裂距不相等的更多条分裂谱线是后来发现的,称为反常塞曼效应,对此只有用量子理论才能得到满意

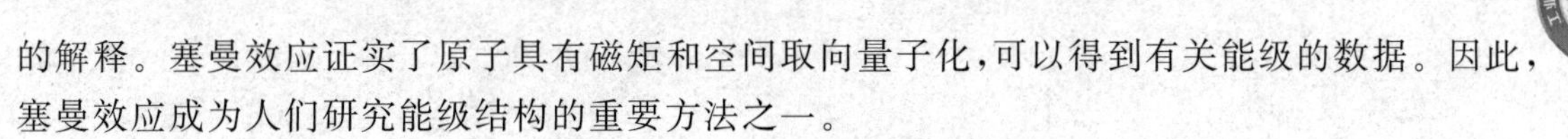



的解释。塞曼效应证实了原子具有磁矩和空间取向量子化，可以得到有关能级的数据。因此，塞曼效应成为人们研究能级结构的重要方法之一。

由于塞曼效应在物理学上的重大意义，塞曼和他的导师洛仑兹共享 1902 年诺贝尔物理学奖。

## 一、实验要求和预习要点

### 1. 实验要求

① 在垂直于磁场和平行于磁场两个不同方向上，观察汞 546.1 nm 光谱线的塞曼效应。

② 了解法布里-珀罗(F－P)标准具的原理及性能，学习使用其进行塞曼效应研究。

③ 测量汞 546.1 nm 塞曼分裂光谱线的波数差，并且测定电子荷质比($e/m$)的值。

### 2. 预习要点

① 产生塞曼效应的原理和它的意义是什么？

② (F－P)标准具的结构和用途。

③ 测量电子荷质比的方法。

## 二、实验原理

### 1. 原子的总磁矩与总角动量的关系

众所周知，原子是由核外电子和原子核构成，因此原子的总磁矩由电子磁矩和核磁矩两部分组成，但是核磁矩比电子磁矩小 3 个数量级以上，所以原子的总磁矩主要是由电子磁矩贡献，在此只考虑电子磁矩。

电子绕原子核作轨道运动产生轨道磁矩，具有自旋运动产生自旋磁矩。在量子力学上，电子的轨道磁矩 $\boldsymbol{\mu}_L$ 与轨道角动量 $\boldsymbol{L}$、自旋磁矩 $\boldsymbol{\mu}_S$ 与自旋角动量 $\boldsymbol{S}$ 的关系为

$$\boldsymbol{\mu}_L = -\boldsymbol{\mu}_B \boldsymbol{L}/\hbar \tag{4.4-1}$$

$$\boldsymbol{\mu}_S = -2\boldsymbol{\mu}_B \boldsymbol{S}/\hbar \tag{4.4-2}$$

其中，玻尔磁子 $\mu_B=\dfrac{e\hbar}{2m}$，$\hbar=\dfrac{h}{2\pi}$，$h$ 为普朗克常数，$e$、$m$ 分别为电子电荷和电子质量。于是，电子轨道磁矩和自旋磁矩的大小分别为

$$\mu_L=\sqrt{L(L+1)}\,\mu_B \tag{4.4-3}$$

$$\mu_S=\sqrt{S(S+1)}\,\mu_B \tag{4.4-4}$$

所有电子的轨道角动量和自旋角动量合成原子的总角动量 $\boldsymbol{J}=\boldsymbol{L}+\boldsymbol{S}$，$\boldsymbol{J}$ 的大小为$\sqrt{J(J+1)}$。所有电子的轨道磁矩和自旋磁矩合成原子的总磁矩 $\boldsymbol{\mu}$。

在 LS 耦合制式下，$L$、$S$、$J$、$M_J$ 是好量子数，这表明所有电子的总角动量 $\boldsymbol{J}$ 的大小和方向都是守恒量，即它是个恒矢量，而所有电子的总轨道角动量 $\boldsymbol{L}$ 和总自旋角动量 $\boldsymbol{S}$ 都只是大小不变，但方向并不固定。如图 4.4－1(a)所示，$\boldsymbol{L}$ 和 $\boldsymbol{S}$ 耦合在一起绕着恒矢量 $\boldsymbol{J}$ 旋进，总磁矩 $\boldsymbol{\mu}$ 和 $\boldsymbol{\mu}_L$、$\boldsymbol{\mu}_S$ 一起围绕 $\boldsymbol{J}$ 的延线旋进，$\boldsymbol{\mu}$ 在此方向上的投影 $\boldsymbol{\mu}_J$ 在旋进中保持不变，垂直分量的时间平均值为 0，因此 $\boldsymbol{\mu}_J$ 称为原子的总磁矩，其大小可表示为

$$\mu_J=g_J\sqrt{J(J+1)}\,\mu_B \tag{4.4-5}$$

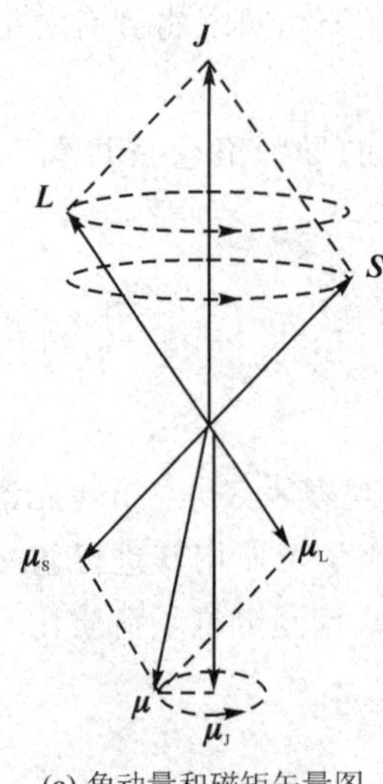


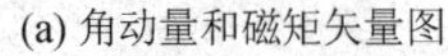

(a) 角动量和磁矩矢量图

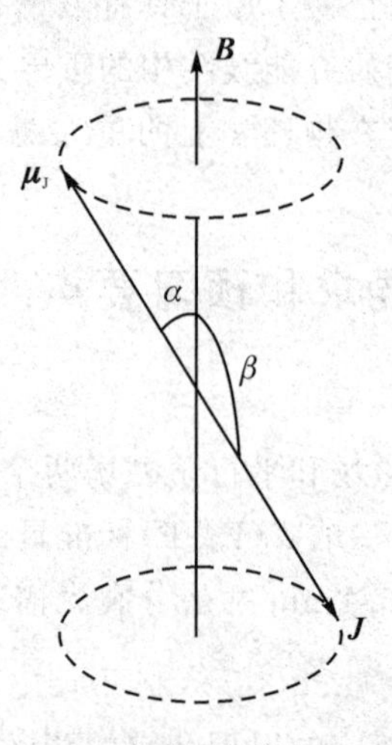


(b) 角动量的旋进

**图 4.4-1 原子磁矩合成图**

其中，$g_J = 1 + \dfrac{J(J+1) - L(L+1) + S(S+1)}{2J(J+1)}$，为 LS 耦合制式下整个原子的朗德(Lande)因子。

在斯特恩-格拉赫实验中，原子束裂距正比于 $\boldsymbol{\mu}_J$ 的 $z$ 分量 $\mu_{J_z}$，即

$$\mu_{J_z} = g_J M_J \mu_B \tag{4.4-6}$$

其中，$M_J = -J, -J+1, \cdots, J-1, J$。

**2. 外磁场对原子能级的影响**

原子的总磁矩在外磁场 $\boldsymbol{B}$ 中受到力矩 $\boldsymbol{L}$ 的作用，力矩 $\boldsymbol{L}$ 可表示为

$$\boldsymbol{L} = \boldsymbol{\mu}_J \times \boldsymbol{B} \tag{4.4-7}$$

其中，$\boldsymbol{B}$ 为磁感应强度。力矩 $\boldsymbol{L}$ 使角动量发生旋进，如图 4.4-1(b)所示，旋进引起附加能量

$$\Delta E = -\boldsymbol{\mu}_J \cdot \boldsymbol{B} = -g_J M_J \mu_B B \tag{4.4-8}$$

其中，$\mu_B$ 为玻尔磁子。每一精细结构能级将按照 $M_J$ 的本征值分裂为 $2J+1$ 个能级，能级间隔为

$$\Delta = g_J \mu_B B$$

在 LS 耦合制式下，若 $S=0$，则 $J=L$，$g_J=1$，能级的裂距相等；若 $S \neq 0$，能级的裂距一般不等。

**3. 能级跃迁的选择定则**

在未加磁场时，设原子的跃迁能级分别为 $E_2$ 和 $E_1$，谱线的频率为 $\nu$，则有

$$\nu = \frac{E_2 - E_1}{h} \tag{4.4-9}$$

在加上磁场时，上下能级分别分裂为 $(2J_2+1)$ 和 $(2J_1+1)$ 个子能级，相应每个子能级的附加能量为 $\Delta E_2$ 和 $\Delta E_1$。设新的谱线频率为 $\nu'$，则有

$$\nu' = \frac{1}{h}\left[(E_2 + \Delta E_2) - (E_1 + \Delta E_1)\right] \tag{4.4-10}$$

于是，分裂谱线的频率差为

$$\Delta\nu = \nu' - \nu = \frac{1}{h}(\Delta E_2 - \Delta E_1) = \frac{1}{h}(M_2 g_2 - M_1 g_1)\mu_B B \tag{4.4-11}$$

分裂谱线的波数差为

$$\Delta\tilde{\nu} = (M_2 g_2 - M_1 g_1)\frac{\mu_B B}{hc} = (M_2 g_2 - M_1 g_1)\tilde{L} \tag{4.4-12}$$

其中，$\tilde{L}$ 为洛仑兹单位，$\tilde{L} = \frac{\mu_B B}{hc} = 0.467\ B$。若 $B$ 的单位用 T（特斯拉），则 $\tilde{L}$ 的单位为 $cm^{-1}$。

选择定则为 $\Delta M = 0, \pm1$。在塞曼效应中，$\Delta M = 0$ 的谱线称为 $\pi$ 光，$\Delta M = \pm1$ 的谱线称为 $\sigma$ 光。若取磁场的方向为 $z$，横向观测的方向为 $x$，与二者垂直的方向为 $y$，则横向观测到的 $\pi$ 光是沿 $z$ 方向的线偏振光；$\sigma$ 光是沿 $y$ 方向的线偏振光；纵向看不到 $\pi$ 光；$\Delta M = +1$ 的 $\sigma$ 光是左旋圆偏振光；$\Delta M = -1$ 的 $\sigma$ 光是右旋圆偏振光。

## 三、实验装置

本实验装置包括笔形汞灯及其高压电源、磁铁及其电源、F-P 标准具、观测装置、会聚透镜、偏振片及滤波片等。如图 4.4-2 所示为塞曼效应实验装置图。S 为光源，A 为会聚透镜，B 为偏振片，C 为滤波片，D 和 E 为 F-P 标准具，F 为望远镜，上面带有螺旋测微器。本实验采用汞灯，光源 S 发出多种波长的光，用干涉滤波片把汞灯中 546.1 nm 的光谱线选出。该谱线经过 F-P 标准具后产生干涉条纹，通过望远镜观察这些干涉条纹，能得到实验现象和干涉圆环的直径。

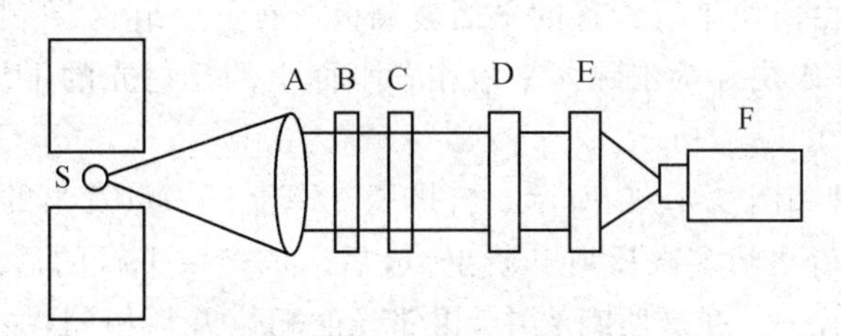


**图 4.4-2　塞曼效应实验装置图**

本实验研究汞的绿色光谱线 546.1 nm 的塞曼效应，这条谱线是由 $7^3S_1$ 到 $6^3P_2$ 跃迁的结果，能级跃迁图如图 4.4-3 所示，塞曼效应各成分光性质如表 4.4-1 所列。

**表 4.4-1　汞 546.1 nm 谱线塞曼效应各成分的光性质**

| $\Delta M$ | 垂直于磁场方向观察<br>（横向塞曼效应） | 沿着磁场方向观察<br>（磁场指向观察者）<br>（纵向塞曼效应） |
| --- | --- | --- |
| 0 | $\pi$ 成分（线偏振，电矢量与磁场方向平行） | 观察不到 |
| +1 | $\sigma$ 成分（线偏振，电矢量与磁场方向垂直） | 左旋圆偏振 |
| −1 | $\sigma$ 成分（线偏振，电矢量与磁场方向垂直） | 右旋圆偏振 |

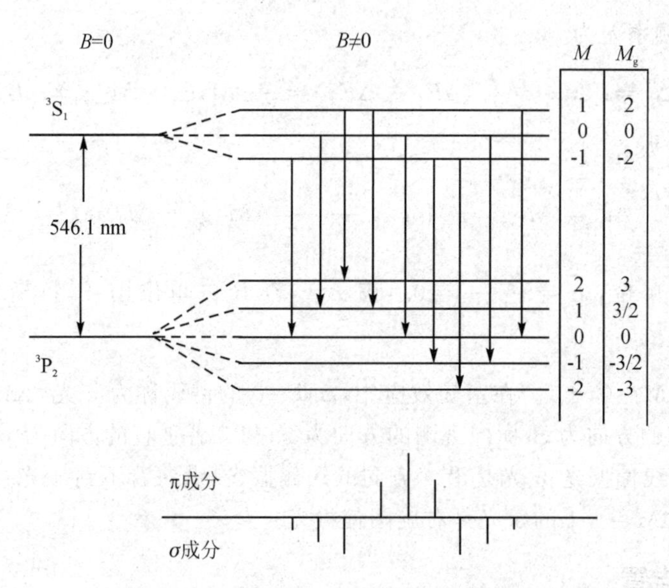


图 4.4-3 汞 546.1 nm 谱线的能级跃迁图

**1. 法布里-珀罗(F-P)标准具**

法布里-珀罗干涉仪简称 F-P 标准具,是利用多光束干涉原理设计的一种干涉仪,其特点是能够获得十分细锐的干涉条纹,是长度计量和研究光谱精细结构以及超精细结构的有效工具。在塞曼效应实验中,由于塞曼分裂的波数间隔较小,一般用棱镜光谱仪很难观测,因此选用高分辨率的仪器——F-P 标准具。

F-P 标准具主要由两块平行放置的平面玻璃板或石英板组成,在其相对的内表面上镀有平整度很好的高反射率膜层。为消除两平板相背平面上的反射光的干扰,平行板的外表面有一个很小的楔角,如图 4.4-4 所示。

多光束干涉的原理如图 4.4-5 所示。自扩展光源上任一点发出的一束光入射到高反射率平面上后,光就在两者之间多次反射和折射,最后形成多束平行的透射光 1,2,3,… 和多束平行的反射光 1′,2′,3′,…。在这两组光中,相邻光的相位差都相同,振幅则不断衰减。相位差由下式给出

$$\Delta=\frac{2\pi\Delta L}{\lambda}=\frac{4\pi nd\cos\theta}{\lambda} \tag{4.4-13}$$

其中,$\Delta L=2nd\cos\theta$ 是相邻两光束的光程差,$n$ 和 $d$ 分别为介质层的折射率和厚度,$\theta$ 为光在反射面的入射角,$\lambda$ 为光的波长。由光的干涉可知,当 $2nd\cos\theta=k\lambda$ 时,亮纹;$2nd\cos\theta=(k+1/2)\lambda$ 时,暗纹,即透射光将在无穷远或透镜的焦平面上产生形状为同心圆的等倾干涉条纹。

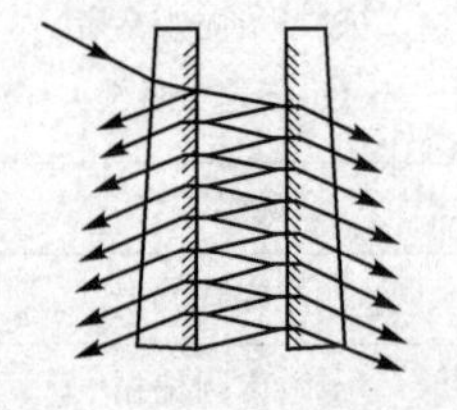

图 4.4-4 F-P 标准具

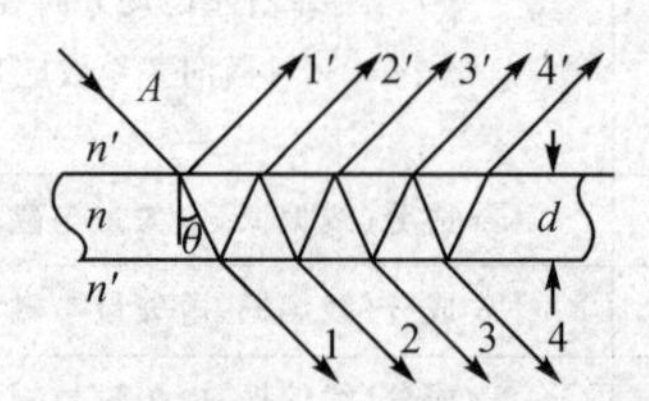


图 4.4-5 表面平行的介质层中光的反射和折射

F－P 标准具有两个特征参量，即自由光谱范围和分辨本领。

(1) 自由光谱范围

对一个间隔 $d$ 确定的 F－P 标准具，可以测量的最大波长差是受到一定限制的。对两组条纹的同一级亮纹而言，如果它们的相对位移大于或等于其中一组的条纹间隔，就会发生不同条纹间的相互交叉(重叠或错序)，从而造成判断困难。把刚能保证不发生相互交叉现象所对应的波长范围 $\Delta\lambda$ 称为自由光谱范围。它表示用给定的干涉仪研究波长在 $\lambda$ 附近的光谱结构时所能研究的最大光谱范围。

考虑入射光中包含两个十分接近的波长 $\lambda_1$ 和 $\lambda_2$(设 $\lambda_2=\lambda_1+\Delta\lambda$)会产生两个同心圆环条纹，若 $\Delta\lambda$ 正好大到使 $\lambda_1$ 的 $k$ 级亮纹和 $\lambda_2$ 的 $k-1$ 级亮纹重叠，则 $\Delta\lambda=\lambda_2-\lambda_1=\lambda_2/k$。由于 $k$ 很大，可用中心的条纹级数来代替，即 $2nd=k\lambda$，则有

$$\Delta\lambda=\lambda^2/2nd \tag{4.4-14}$$

(2) 分辨本领

分辨本领是表征 F－P 标准具能分辨的最小波长差 $\delta\lambda$，也就是当波长差小于这个值时，两组条纹不能再分辨开。把 $\lambda/\delta\lambda$ 称作 F－P 标准具的分辨本领，可表示为

$$\frac{\lambda}{\delta\lambda}=\pi k\frac{\sqrt{R}}{1-R} \tag{4.4-15}$$

其中，$R$ 是反射率。可见，反射率越高，精细度越大，则仪器能够分辨的条纹数也越多。

**2. 电子的荷质比**

用透镜把 F－P 标准具的干涉圆环成像在焦平面上，则出射角为 $\theta$ 的圆环，其直径 $D$ 与透镜焦距 $f$ 间的关系为 $\tan\theta=D/2f$，对于近中心的圆环 $\theta$ 很小，可认为 $\theta\approx\sin\theta\approx\tan\theta$，而

$$\cos\theta=1-\frac{\sin^2\theta}{2}=1-\frac{\theta^2}{2}=1-\frac{D^2}{8f^2}$$

于是

$$2d\cos\theta=2d\left(1-\frac{D^2}{8f^2}\right)=k\lambda$$

则同一波长 $\lambda$ 的相邻两级 $k$ 和$(k-1)$级圆环直径的平方差可表示为

$$\Delta D^2=D_{k-1}^2-D_k^2=\frac{4f^2\lambda}{d} \tag{4.4-16}$$

设波长 $\lambda_a$ 和 $\lambda_b$ 的第 $k$ 级干涉圆环的直径分别为 $D_a$ 和 $D_b$，则有

$$\lambda_a-\lambda_b=\frac{d(D_b^2-D_a^2)}{4kf^2}=\frac{\lambda(D_b^2-D_a^2)}{k(D_{k-1}^2-D_k^2)}$$

将 $k=2d/\lambda$ 代入上式得

$$\Delta\lambda=\frac{\lambda^2(D_b^2-D_a^2)}{2d(D_{k-1}^2-D_k^2)} \tag{4.4-17}$$

结合前面塞曼分裂频率差公式，可得电子的荷质比为

$$e/m=2\pi c({D_b}^2-{D_a}^2)/[(M_2g_2-M_1g_1)dB(D_{k-1}^2-D_k^2)] \tag{4.4-18}$$

可见，若已知 $B$，则通过塞曼分裂的照片或用测微目镜直接测出各环直径，就可计算出 $e/m$。

## 四、实验内容

① 进行横向塞曼效应，观察汞 546.1 nm 谱线的塞曼分裂现象，找出谱线塞曼分裂的

规律。

② 进行纵向塞曼效应，观察汞546.1 nm谱线的塞曼分裂现象，找出谱线塞曼分裂的规律。

③ 测量电子的荷质比$e/m$值。

## 五、思考题

1. 使用F-P标准具观测塞曼分裂时，应如何识别同一级次光谱？
2. 垂直于磁场方向观察时，怎样鉴别分裂谱线中的$\pi$成分和$\sigma$成分？
3. 沿着磁场方向观察，$\Delta M=+1$与$\Delta M=-1$的跃迁各产生哪种圆偏振光？
4. 怎样观察和分辨左旋和右旋成分的偏振光？
5. 分析研究钠黄线589.0 nm的塞曼分裂情况，并画出能级跃迁图。

## 参考文献

[1] 赵凯华，罗蔚茵. 量子物理[M]. 2版. 北京：高等教育出版社，2008.
[2] 褚圣麟. 原子物理学[M]. 北京：人民教育出版社，1979.
[3] 钟锡华. 大学物理(光学)[M]. 北京：北京大学出版社，2002.
[4] 吴思诚，王祖铨，近代物理实验[M]. 北京：北京大学出版社，2005.

# 4.5 原子核β衰变能谱测量

β衰变不仅在重核范围内能发生，在全部周期表的范围内都存在β放射性核素。因此，对β衰变的研究比其他衰变(如α衰变)更为重要。在中微子假说提出后不久，费米基于中微子假说和实验事实建立了β衰变理论，成功地解释了实验上所观察到的β谱形状、半衰期和能量的关系。基于β衰变理论，根据实验上测得的β能谱就可以进行原子核自旋、宇称等的研究。因此，对原子核β衰变能谱的测量是进行原子核研究中一项重要的测量工作。

## 一、实验要求与预习要点

### 1. 实验要求

① 学习β磁谱仪测量原理。

② 掌握闪烁探测器的使用方法和辐射探测方法。

③ 了解β衰变以及其能谱特点。

④ 学习和掌握实验数据分析和处理的一些方法。

### 2. 预习要点

① 为什么β射线的能谱是连续的？

② 什么是β衰变？原子核为什么会发生β衰变？

③ 了解闪烁探测器探测射线的工作原理。

④ 了解多道脉冲幅度分析器的工作原理。

## 二、实验原理

β衰变是指原子核自发地放射出β粒子或俘获一个轨道电子而发生的转变。β粒子是电子和正电子的统称。电子和正电子的质量相同，电荷的大小也相等，但电荷符号相反。当原子核衰变时，放出电子的过程称为$\beta^-$衰变；放出正电子的过程称为$\beta^+$衰变。另外，还有一种β衰变过程，即原子核从核外的电子壳层中俘获一个轨道电子，被称为轨道电子俘获。俘获K层电子，被称为K俘获；俘获L层电子，被称为L俘获；其余类推。由于K层电子最靠近原子核，因而一般K俘获的概率最大。

无数实验证明，β粒子的能谱与α粒子能谱不同，不是分立的而是连续的，即β衰变时放射出来的β射线，其强度随能量的变化为连续分布的。如图4.5-1所示为实验测得的β能谱的一般情形，由图可见：

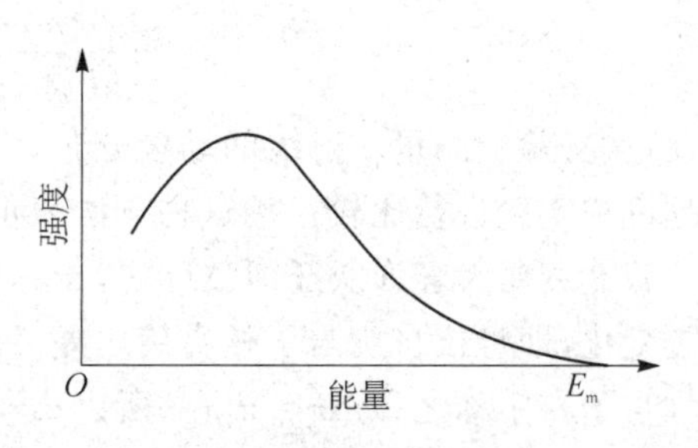


**图 4.5-1　β能谱**

① β粒子的能量是连续分布的。

② 有一个确定的最大能量$E_m$。

③ 曲线有一个极大值，即在某一处能量强度最大。

通常用来测量β能谱的实验装置是β磁谱仪。利用带电粒子在磁场中的偏转来测定它的能量。所不同的是，β粒子的质量比α粒子的质量轻得多，因而它的速度比相同能量的α粒子的速度要大得多。例如，同样为4 MeV的能量，α粒子的速度约为光速的5%，而β粒子的速度却为光速的99.5%，可见β粒子的速度接近光速。因此，在处理β粒子的有关问题时，必须考虑相对论效应。

根据相对论，β粒子的总能量与动量关系为

$$E^2-c^2p^2=E_0^2 \tag{4.5-1}$$

其中，$E_0=m_0c^2=0.511\ \text{MeV}$，$m_0$为电子的静止质量，$c$为光速。于是，β粒子的动能

$$E_k=E-E_0=\sqrt{c^2p^2+m_0^2c^4}-m_0c^2 \tag{4.5-2}$$

其中

$$p=eBR \tag{4.5-3}$$

其中，$e$为粒子的电荷；$R$为β粒子轨道的半径，为源与探测器间距的一半。

因此，实验上只要测得源与探测器之间距离$\Delta x$，就可以得到动量$p=eB\Delta x/2$，再将其代入式(4.5-2)就可得到动能$E_k$。另外，在磁场外距β源$x$处放置一个β能量探测器来接收从该处出射的β粒子，则这些粒子的能量（即动能）即可由探测器直接测出。在本实验中可以用两种方法得到粒子的动能。

本实验选用$^{90}\text{Sr}-^{90}\text{Y}$β源（0～2.27 MeV），射出的β粒子具有连续的能量分布，因此探测器在不同位置（不同$\Delta x$）就可测得一系列不同的能量。

按照原子核β衰变的费米理论，原子核β衰变概率公式为

$$I(p)dp=\frac{g^2|M_{if}|^2}{2\pi^3c^3\hbar^7}F(Z,E)(E_m-E)^2p^2dp \tag{4.5-4}$$

其中，$F(Z,E)$是考虑库仑场影响的修正因子，$E_m$为β粒子的最大能量，$M_{if}$为衰变的跃迁矩

阵元,$g$ 是描写电子-中微子场与核子的相互作用常量为弱相互作用常量,$p$ 为β粒子的动量。

在非相对论近似中,$F(Z,E)$可表示为

$$F(Z,E)=\frac{x}{1-e^{-x}} \tag{4.5-5}$$

其中,对于β衰变,$x=\frac{2\pi Zc}{137\ v}$,$v$ 为β粒子的速度,$Z$ 为子核的核电荷数。

令 $K=\frac{g|M_{if}|}{(2\pi^3c^3\hbar^7)^{1/2}}$,则式(4.5-4)可变为

$$\left[\frac{I(p)}{Fp^2}\right]^{1/2}=K(E_m-E) \tag{4.5-6}$$

因此,从实验上测量β射线的动量分布,作$[I(p)/Fp^2]^{1/2}$ 对 $E$ 的图,看它是否是一条直线,然后理论和实验进行比较。用这种方法表示实验结果的图为库里厄图。

若β衰变为容许跃迁即 $\Delta I=0,\pm1,\Delta\pi=+1$,$\Delta I$ 代表衰变前后原子核(母核和子核)的自旋变化,即母核自旋与子核自旋之差 $\Delta I=I_i-I_f$;$\Delta\pi$ 代表母核与子核的宇称变化,即母核宇称与子核宇称之积 $\Delta\pi=\pi_i\pi_f$,所以 $\Delta\pi=+1$ 表示母核与子核宇称相同,$\Delta\pi=-1$ 表示母核与子核的宇称相反。则 $K=\frac{g|M_{if}|}{(2\pi^3c^3\hbar^7)^{1/2}}=\frac{g|M|}{(2\pi^3c^3\hbar^7)^{1/2}}$为常量,$M$ 是原子核的矩阵元。因此,库里厄图使得β能谱的实验结果画成一条直线,可以比较精确地确定β谱的最大能量 $E_m$。

若β衰变为禁戒跃迁,跃迁矩阵元 $M_{if}$ 不等于原子核矩阵元 $M$,与原子核的波函数有关。引入 $n$ 级形状因子 $S_n(E)$,对于选择定则 $\Delta I$(原子核衰变前后能级自旋变化)$=\pm2$ 的禁戒跃迁,其 $S_1(E)$值为

$$S_1(E)=(W^2-1)+(W_0-W)^2 \tag{4.5-7}$$

其中,$W=(E+m_0c^2)/m_0c^2$,$W_0=(E_m+m_0c^2)/m_0c^2$,$E$、$E_m$ 和 $m_0$ 分别为粒子的能量、最大能量和静止质量。则 $M_{if}=M[S_n(E)]^{1/2}$,于是$[I(p)/Fp^2]^{1/2}=K(E_m-E)$。经过修正后,禁戒跃迁的库里厄图仍然可能是条直线,分析跃迁的性质进而确定禁戒跃迁的级次,从而可以获得有关原子核能级自旋和宇称的知识。

## 三、实验装置

实验装置如图4.5-2所示。实验中用到$^{60}$Co、$^{137}$Cs和$^{90}$Sr-$^{90}$Y放射源,磁谱仪,NaI闪烁探测器,电子学插件(包括高压电源、谱仪放大器、多道脉冲幅度分析器),计算机,机械泵。

图4.5-2　实验装置示意图

## 四、实验内容及步骤

### 1. 仪器定标

① 检查仪器线路连接是否正确,然后开启高压电源,开始工作。

② 打开$^{60}$Co γ定标源的盖子,并移动闪烁探测器使其狭缝对准$^{60}$Co源的出射孔后,开始计数测量。

③ 调整加到闪烁探测器上的高压和放大器放大倍数,使测得$^{60}$Co的1.33 MeV峰位道数

在一个比较合理的位置(建议:在多道脉冲分析器总道数的 50%～70%之间,这样既可以保证测量高能 β 粒子(1.8～1.9 MeV)时不超出量程范围,又充分利用多道分析器的有效探测范围)。

④ 选择好高压和放大数值后,稳定 10～20 min。

⑤ 正式开始对 NaI(T1)闪烁探测器进行能量定标。首先测量$^{60}$Co 的 γ 能谱,等 1.33 MeV 光电峰的峰计数达到合理计数时(尽量减少统计涨落带来的误差)对能谱进行数据分析,记录下 1.17 MeV 和 1.33 MeV 两个光电峰在多道能谱分析器上对应的道数 $CH_1$、$CH_2$。

⑥ 移开探测器,盖上$^{60}$Co γ 定标源的盖子,然后打开$^{137}$Cs γ 定标源的盖子并移动闪烁探测器使其狭缝对准$^{137}$Cs 源的出射孔后,开始进行计数测量,等 0.661 MeV 光电峰的峰计数达到 1 000 后对能谱进行数据分析,记录下 0.184 MeV 反散射峰和 0.661 MeV 光电峰在多道能谱分析器上对应的道数 $CH_3$、$CH_4$。

⑦ 盖上$^{137}$Cs γ 定标源的盖子,打开机械泵抽真空(机械泵正常运转 2～3 min 即可停止工作)。

**2. β 射线偏转**

① 盖上有机玻璃罩,打开$^{90}$Sr－$^{90}$Y β 源的盖子,开始测量快速电子的动量和动能。探测器与 β 源的距离 $\Delta x$ 尽可能最近,以便能够测量到低能 β 射线;同时距离 $\Delta x$ 尽可能最大,以便能够测量到高能 β 射线。保证获得动能范围 0.4～2.2 MeV 的电子。

② 选定探测器位置后开始逐个测量单能电子能量,每次测量的计数时间要相同,记下峰位道数 $CH$、粒子出射相应的位置坐标 $x$ 和计数。

③ 全部数据测量完毕后,盖上$^{90}$Sr－$^{90}$Y β 源的盖子,关闭仪器电源。

**3. 数据处理**

β 粒子与物质相互作用是一个很复杂的问题,如何对其损失的能量进行必要的修正十分重要。

(1) 粒子在 Al 膜中的能量损失修正

在计算 β 粒子动能时还需要对粒子穿过 Al 膜(220 μm:200 μm 为 NaI(T1)晶体的铝膜密封层厚度,20 μm 为反射层的铝膜厚度)时的动能予以修正,计算方法如下。

设 β 粒子在 Al 膜中穿越 $\Delta x$ 的动能损失为 $\Delta E$,则

$$\Delta E = \frac{\mathrm{d}E}{\mathrm{d}x\rho}\rho\,\mathrm{d}x \tag{4.5-8}$$

其中,$\frac{\mathrm{d}E}{\mathrm{d}x\rho}\left(\frac{\mathrm{d}E}{\mathrm{d}x\rho}<0\right)$是 Al 对 粒子的能量吸收系数,($\rho$ 为 Al 的密度),$\frac{\mathrm{d}E}{\mathrm{d}x\rho}$是关于 $E$ 的函数,不同 $E$ 情况下$\frac{\mathrm{d}E}{\mathrm{d}x\rho}$的取值可以通过计算得到。可设$\frac{\mathrm{d}E}{\mathrm{d}x\rho}\rho = K(E)$,则 $\Delta E = K(E)\Delta x$。于是,当取 $\Delta x \to 0$ 时,则 β 粒子穿过整个 Al 膜的能量损失为

$$E_2 - E_1 = \int_x^{x+d} K(E)\,\mathrm{d}x$$

即

$$E_1 = E_2 - \int_x^{x+d} K(E)\,\mathrm{d}x \tag{4.5-9}$$

其中,$d$ 为薄膜的厚度,$E_2$ 为出射后的动能,$E_1$ 为入射前的动能。由于实验探测到的是经 Al 膜后的动能,所以经式(4.5-9)可计算出修正后的动能(即入射前的动能)。如表 4.5-1 所列为根据本计算程序求出的入射动能 $E_1$ 和出射动能 $E_2$ 之间的对应关系。

**表 4.5-1　入射动能 $E_1$ 和出射动能 $E_2$ 的对应关系表**

| $E_1$/MeV | $E_2$/MeV | $E_1$/MeV | $E_2$/MeV | $E_1$/MeV | $E_2$/MeV |
|---|---|---|---|---|---|
| 0.317 | 0.200 | 0.887 | 0.800 | 1.489 | 1.400 |
| 0.360 | 0.250 | 0.937 | 0.850 | 1.536 | 1.450 |
| 0.404 | 0.300 | 0.988 | 0.900 | 1.583 | 1.500 |
| 0.451 | 0.350 | 1.039 | 0.950 | 1.638 | 1.550 |
| 0.497 | 0.400 | 1.090 | 1.000 | 1.685 | 1.600 |
| 0.545 | 0.450 | 1.137 | 1.050 | 1.740 | 1.650 |
| 0.595 | 0.500 | 1.184 | 1.100 | 1.787 | 1.700 |
| 0.640 | 0.550 | 1.239 | 1.150 | 1.834 | 1.750 |
| 0.690 | 0.600 | 1.286 | 1.200 | 1.889 | 1.800 |
| 0.740 | 0.650 | 1.333 | 1.250 | 1.936 | 1.850 |
| 0.790 | 0.700 | 1.388 | 1.300 | 1.991 | 1.900 |
| 0.840 | 0.750 | 1.435 | 1.350 | 2.038 | 1.950 |

(2) β粒子在有机塑料薄膜中的能量损失修正

此外,实验表明封装真空室的有机塑料薄膜对β粒子存在一定的能量吸收,尤其对小于0.4 MeV的β粒子吸收近0.02 MeV。由于塑料薄膜的厚度及物质组分难以测量,可采用实验的方法进行修正。实验测量了不同能量下入射动能 $E_k$ 和出射动能 $E_0$(单位均为 MeV)的关系,采用分段插值的方法进行计算。具体数据如表4.5-2所列。

**表 4.5-2　入射动能 $E_k$ 和出射动能 $E_0$ 的关系表**

| $E_k$/MeV | 0.382 | 0.581 | 0.777 | 0.973 | 1.173 | 1.367 | 1.567 | 1.752 |
|---|---|---|---|---|---|---|---|---|
| $E_0$/MeV | 0.365 | 0.571 | 0.770 | 0.966 | 1.166 | 1.360 | 1.557 | 1.747 |

在能量修正后,画出计数和动能 $E_k$ 的分布图。

(3) 根据偏转的距离计算动能 $E_k$

利用测量的源与探测器之间的距离 $d$,代入式(4.5-3)和式(4.5-2)得到动能 $E_k$,并画出计数和动能 $E_k$ 分布图。

(4) 分析β能谱

对已画出的能谱进行库里厄分析,给出最大能量 $E_m$ 和极大值,以及极大值与最大值的近似关系。

## 五、思考题

1. 为什么β射线的能谱是连续的?
2. 什么是双β衰变,放出的中微子有何异同?
3. 利用核素质量计算 ${}^3_1H \rightarrow {}^3_2He$ 的β谱的最大能量 $E_m$。

## 参考文献

[1] 复旦大学，清华大学，北京大学. 原子核物理实验方法[M]. 北京：原子能出版社，1996.

[2] 王芝英. 核电子学[M]. 北京：原子能出版社，1989.

[3] 卢希庭，叶沿林，江栋兴. 原子核物理[M]. 北京：原子能出版社，2000.

[4] 张高龙. 核物理实验[M]. 北京：北京航空航天大学出版社，2023.

# 第5章　现代物理实验技术及应用专题

## 5.0　引　言

现代物理实验研究中经常会碰到一些实验技术，如真空技术、X光与电子衍射技术、磁共振技术、薄膜生长技术、微弱信号提取技术等，掌握这些实验技术对于提高学生的实验工作能力、扩大知识面、培养学生的综合能力具有巨大的促进作用。近些年出现的许多高新实验技术都有着丰富的物理内涵，已经成为现代物理研究中的常用手段，有的技术还获得了诺贝尔物理学奖，如扫描隧道显微镜的发明获得1986年诺贝尔物理学奖。了解和掌握有关高新实验技术的基本物理思想和实验方法对于深刻理解相关的物理理论内涵、理解现代物理学的发展历史和趋势具有重要意义。另外，掌握了高新实验技术的方法和手段，可以研究分析物理现象，探索未知的物理世界。

本专题包括8个实验，涉及了目前物理研究常用的微弱信号提取技术、扫描隧道显微镜技术、原子力显微镜技术、光学精密测量技术等实验技术及其应用。磁共振技术、X光衍射技术、核探测技术等实验技术已在其他专题中介绍，真空技术、电子衍射技术、薄膜生长技术将在综合系列实验中介绍，本专题不再重复涉及。实验一"扫描隧道显微镜"，学习并了解纳米科技中的重要工具——扫描隧道显微镜的原理和使用方法。实验二"原子力显微镜技术及应用"，了解掌握在扫描隧道显微镜基础上发展起来的、应用更为广泛的另一纳米科技的重要工具——原子力显微镜的原理和使用方法。实验三"椭偏光法测量薄膜折射率和厚度"，通过测量折射率及薄膜厚度，学习在精密测量领域有重要应用的椭偏法测量的基本原理及方法。实验四"微弱信号检测及其在半导体参数测量中的应用"，通过锁相放大器测量 $C-V$ 曲线，掌握微弱信号检测技术中常用的锁相放大检测的原理和方法。实验五"光纤光栅传感"，掌握光纤光栅传感技术，学习光纤光栅的传感原理（弹光效应、热光效应），掌握光纤光栅的解调方法（边沿滤波法、扫描滤波法）。实验六"超巨磁阻（CMR）材料的交流磁化率测量"，了解超巨磁阻材料中铁磁转变的基本原理和实验方法，掌握锁相放大器测量超巨磁阻材料交流磁化率的方法。实验七"变温霍尔效应"，主要掌握基础的低温实验操作，磁场测量和微弱电流测量方法。实验八"多传感器图像信息分析"，掌握先进的实时图像处理方法和相关的嵌入式硬件技术。

## 5.1　扫描隧道显微镜

显微镜是人类认识微观世界的最重要工具之一。光学显微镜的诞生让人们第一次看到了细菌、细胞等用肉眼无法看到的微小物体，从而打开了一个崭新的世界。然而，由于光学衍射极限的限制，光学显微镜的空间分辨率一般局限于可见光波长的一半左右（约300 nm），很难用于分辨纳米尺度下更细微的结构，更无法用于观察物质最基本的原子结构排布。要想进一步提高探测的空间分辨率，一种途径是减小探测波的波长，如扫描电子显微镜就是利用波长更短的电子波来进行成像。

1981 年,IBM 瑞士苏黎世实验室的 Binnig 和 Rohrer 发明了扫描隧道显微镜(Scanning Tunneling Microscope,STM),STM 是基于探测针尖和样品之间的隧道电流来进行空间成像的工具。由于隧道电流正比于针尖尖端几个原子与样品原子的电子波函数的交叠,对针尖与样品之间的距离非常敏感,因此可以获得原子级的空间分辨率。STM 的发明使得人们可以在实空间直接观察固体表面的原子结构。随后 Binnig、Rohrer 和电子显微镜的发明人 Ruska 共同获得了 1986 年的诺贝尔物理学奖。STM 与电子显微镜也成为了纳米科技中进行材料表面特性测量与表征的主要工具。随着 STM 技术的发展,又陆续出现了一系列的基于探针的显微镜,主要包括原子力显微镜和扫描近场光学显微镜等,其利用尖锐的针尖逐点扫描样品,可在原子和分子尺度上获取表面的形貌和丰富的物性,改变了人们对物质的研究范式和基础认知。

STM 的优势是具有极高的空间分辨本领,横向(即平行于表面的方向)分辨本领为 0.1 nm,即可以分辨出单个原子;纵向(即垂直于表面的方向)分辨本领优于 0.1 nm。它能够实时得到实空间中样品表面的三维图像,可用于具有周期性或不具有周期性的表面结构的研究,具有对表面扩散等动态过程实时观察的能力。它可以针对单个原子层的局部表面结构进行观测,而不是测量体相或整个表面的平均性质,因而可用于表面缺陷、表面吸附体的形态和位置,以及由吸附体引起的表面重构现象等的测量与表征。

STM 可在真空、大气、常温等不同环境下工作,样品甚至可浸在水和其他溶液中,不需要特别的制样技术并且探测过程对样品无损伤,特别适用于开展生物样品的研究和在不同实验条件下对样品表面的研究。例如对于多相催化机理、电化学反应过程中电极表面变化的监测等。

STM 配合扫描隧道谱(Scanning Tunneling Spectroscopy, STS)可以得到有关表面电子结构的信息,例如表面不同层次的电子态密度,表面电子阱、电荷密度波、表面势垒的变化和能隙结构等。此外,利用 STM 针尖还可实现对原子和分子的直接移动和操纵,这也为纳米科技的全面发展奠定了基础。

## 一、实验要求与预习要点

### 1. 实验要求

① 学习和了解扫描隧道显微镜的原理和结构。

② 观测和验证量子力学中的隧道效应。

③ 学习 STM 的操作和调试步骤,用 STM 获取样品的表面形貌。

④ 学习使用后处理软件来处理原始图像数据。

### 2. 预习要点

① 扫描隧道显微镜的原理。

② STM 的仪器构成,STM 是如何工作的?

③ STM 针尖的制备方法。

## 二、实验原理

**1. STM的工作原理**

在经典理论中,动能是非负的量,因此一个粒子的势能$V(r)$若要大于它的总能量$E$是不可能的。而在量子理论中,在$V(r)>E$的区域,薛定谔方程(Schrödinger equation)

$$[-(\hbar^2/2m)\nabla^2+V(r)]\psi(r)=E\psi(r) \tag{5.1-1}$$

的解并不一定是零(如果$V$不是无限大的话),因此一个入射粒子穿透一个$V(r)>E$的有限区域的几率是非零的。STM利用的正是这个原理。

STM作为局域探测手段,能够获得极高分辨率图像的关键主要在于4个因素:与距离有强烈依赖关系的相互作用、局域探头、探针和样品之间极近的距离,以及在亚纳米的有效相互作用范围内精确地保持针尖和样品位置的相对稳定。前3个要素决定了仪器分辨率的大小,第4个要素则是得到理想分辨率的保证。STM的核心是一个能在表面上扫描并与样品间有一定偏置电压的针尖,由于电子隧穿的几率与势垒$V(r)$的宽度成负指数关系,当针尖与样品十分接近时,它们之间的势垒变得很薄,在实验中就能观察到隧道电流。通过记录针尖与样品间的隧道电流的变化就可以得到样品表面形貌的信息。STM针尖与样品之间构成势垒的间隙$S$约为10埃。隧道电流$I$与两极间的距离$S$的负指数关系可表示为

$$I\propto B\mathrm{e}^{-KS} \tag{5.1-2}$$

其中,$K=\sqrt{2m\phi}/\hbar$,$m$为自由原子的质量,$\phi$为有效平均势垒高度;$B$为与样品偏压$V_b$有关的系数。

可以看出,当偏置电压$V_b$一定时,隧道电流$I$与探针被测样品间隙$S$为负指数关系,故隧道电流对二者间隙的改变非常敏感。当探针与被测样品的间隙改变0.1 nm时,隧道电流将改变一个数量级,从而隧道电流几乎总是集中在间隔最小的区域,如图5.1-1所示。

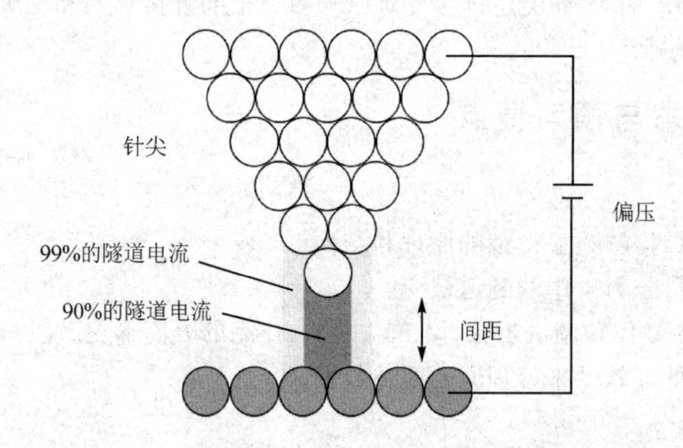


**图5.1-1 计算的从针尖到起伏表面的电流密度分布图**

根据隧道电流的这一特性,在STM中把针尖装在由压电陶瓷构成的三维扫描架上,由逆压电效应通过改变在压电陶瓷上的电压就可以控制针尖位置从而进行扫描,如图5.1-2所示。在横向上,对$X$、$Y$陶瓷上按照一定顺序施加扫描电压,针尖便可在平行于表面的方向上进行扫描。在纵向上,在针尖和样品之间施加偏压$V_b$(几毫伏至几伏)以产生隧道电流,再把隧道电流送回到电子学控制单元来反馈控制加在$Z$陶瓷上的电压,在横向扫描的过程中形貌

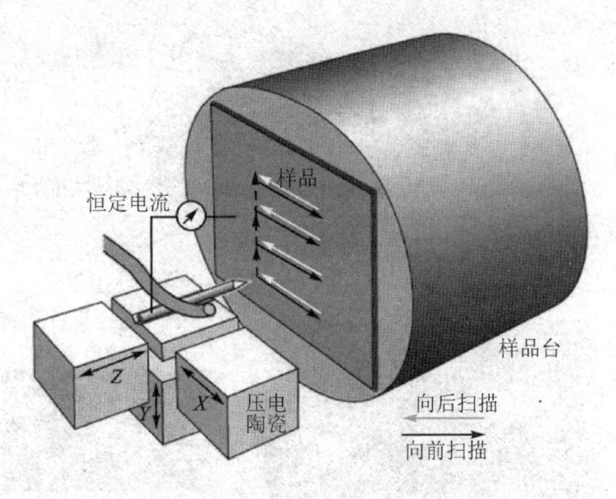


图 5.1-2　STM 工作原理示意图

起伏引起的隧道电流的任何变化都会被反馈到 $Z$ 陶瓷，使针尖能自动地跟踪表面的起伏，以保持隧道电流的恒定。记录针尖高度作为横向位置的函数 $Z(x,y)$ 便得到了关于表面形貌的图像，这便是 STM 最常用的恒定电流的工作模式，如图 5.1-3(a)所示。

STM 另一种工作模式为恒定高度模式，如图 5.1-3(b)所示，此时控制 $Z$ 陶瓷的反馈回路虽然仍在工作，但反应速度很慢，以致不能反映表面的细节，只跟踪表面的大起伏，在扫描中针尖基本上停留在同样高度，而通过记录隧道电流的大小得到表面的信息。一般高速 STM 便是在此模式下工作，但由于扫描中针尖高度几乎不变，在遇到起伏较大的表面（如起伏超过样品间距 5～10 埃的表面）时，针尖容易被撞坏。因此这种模式只适于测量小范围、小起伏表面。

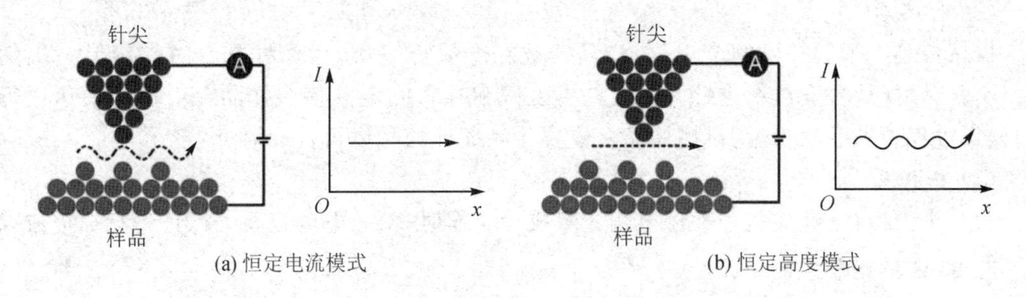


图 5.1-3　STM 的工作模式（恒定电流模式和恒定高度模式）

**2. STM 探头的构造**

STM 探头主要由减震系统、样品台、扫描头构成，如图 5.1-4 所示。

(1) 减震系统

机械稳定性是一个好的 STM 的设计关键。对于许多样品表面，尤其是金属表面，用 STM 得到的原子分辨率的起伏一般是 0.1 埃或更小。这要求 STM 系统的机械稳定性要好于这个值的 10%或更好。外部干扰下的 STM 性能是由以下两个因素决定的：到达 STM 的振动量和 STM 对这些振动的反应量。虽然增加 STM 本身的稳定性比使减振系统完美无缺要方便一些，但改进减振系统可使 STM 的性能得到大的改善。

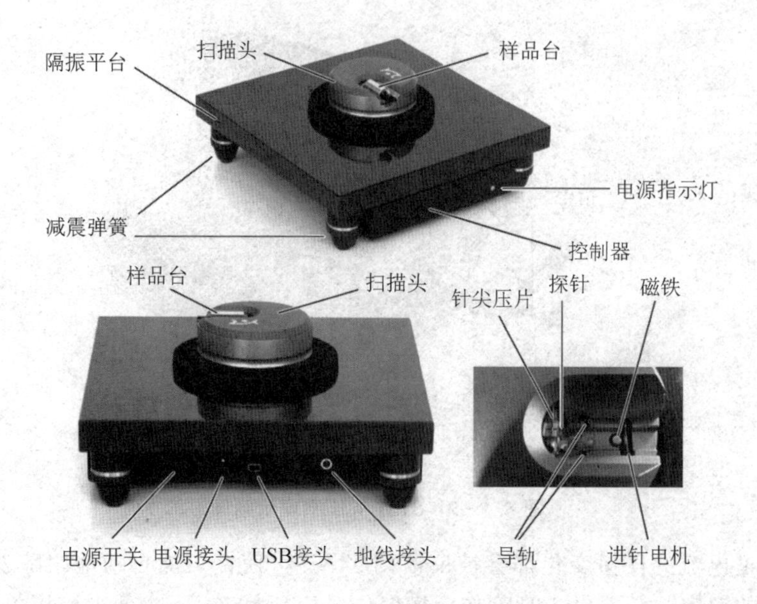


**图 5.1-4 STM 探头构造示意图**

STM 必须排除几种干扰:振动(vibration)、冲击(hock)和声波干扰(acoustic interference)。振动是一种主要的干扰,它一般是重复和连续的,主要源于 STM 所处的建筑物的共振,所涉及的是瞬时作用。

本系统配置的减震系统由隔振平台和减震弹簧组成,隔振平台的材料为花岗岩,使得整个 STM 探头重心降低,增加了系统的稳定性,并且 4 个支脚均装有减震弹簧,从而很大程度上减小了外界震动对 STM 的影响。

(2) 样品台

样品台是一个圆柱形的金属杆,样品安放在金属杆一端,操作样品台时使用另一端的把手。实验时,样品台安放在进针马达上并由磁铁和导轨固定。整个样品台由进针马达进行驱动,操作过程中先手动逼近,目测样品台快要接触探针的时候再自动逼近。

(3) 扫描头

扫描头由探针、针尖压片和压电陶瓷组成。工作时,由压电陶瓷驱动探针进行扫描成像。

**3. STM 的电子控制单元**

STM 由一台计算机与电子单元控制。电子单元分为工作电源和隧道电流反馈控制与信号采集两大部分。前一部分提供 $X$、$Y$ 扫描电压和 $Z$ 高压,后一部分则包括样品偏压、马达驱动、隧道电流的控制和信号采集的模数转换等。

**4. STM 针尖的制备**

针尖质量关系到 STM 最高可达到的分辨率,因此得到好的、可靠的针尖对 STM 来说是非常重要的。好的 STM 针尖应该是在坚固支柱上的突起很小的尖端,而长而尖的针尖在实验中容易振动和不稳定。

(1) 钨丝针尖制备方法

钨丝针尖由直径为 0.25 mm 的钨丝经电化学腐蚀而成。如图 5.1-5 所示为钨丝针尖腐蚀装置。

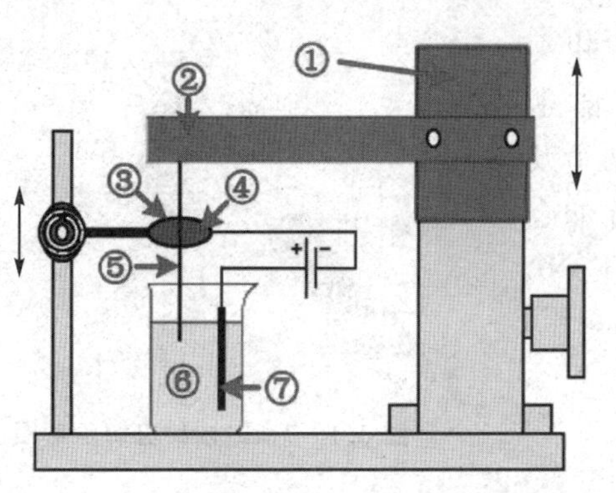


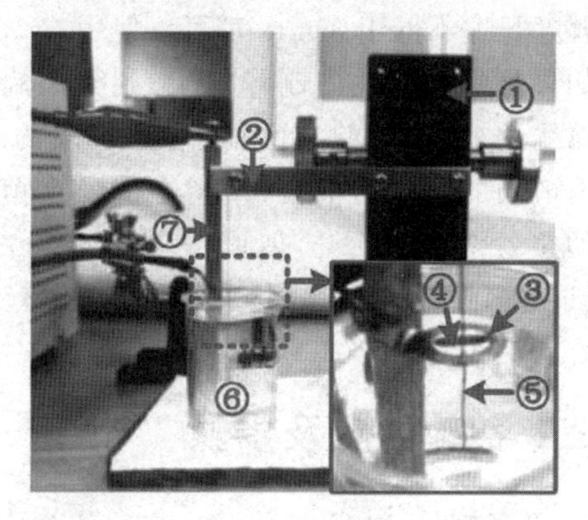


注：①—z 轴位移台；②—钨丝夹持装置；③—不锈钢环形负极；
④—氢氧化钠(NaOH)液膜；⑤—钨丝；⑥—氯化钠(NaCl)溶液；⑦—不锈钢正极。

**图 5.1-5　钨丝针尖腐蚀装置**

钨丝针尖的制备过程：

(a) 提升 $z$ 轴位移台(①)夹片(②)的高度，将钨丝(⑤)一端垂直向下夹入夹片中，下方钨丝长度为 10～15 cm。

(b) 配置浓度为 2 mol/L 的 NaCl 溶液加入烧杯中(⑥)，使用线圈蘸取 3 mol/L 的 NaOH 溶液形成液膜(④)，与电源负极(③)相连，并平行置于烧杯正上方一定高度。

(c) 降低 $z$ 轴位移台下沿至最底端，使钨丝穿过线圈内的液膜浸入 NaCl 溶液约 1 cm，电源正极(⑦)与 NaCl 溶液相连。

(d) 打开电源，使用 10 V 直流电压进行腐蚀，此时，钨丝在液膜处开始慢慢腐蚀，形成一个明显的缩颈，直至缩颈在液膜处断裂。

(e) 关闭电源，升高位移台，取下钨丝。

如图 5.1-6 所示为针尖在扫描电镜下的图像，放大倍数分别为×300 和×500 000，其针尖长度约为 148 μm，尖端曲率半径可达 8 nm。

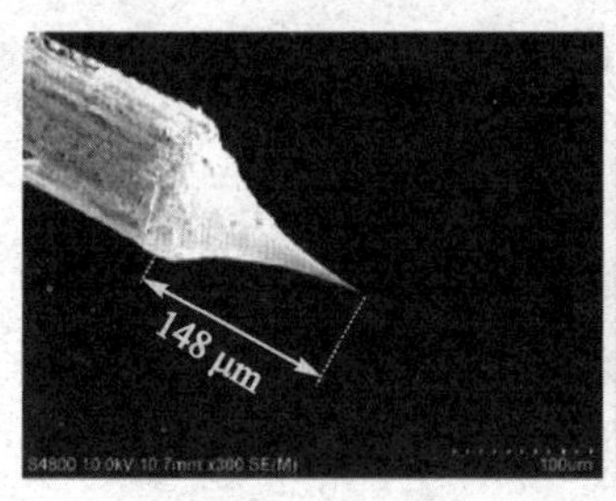


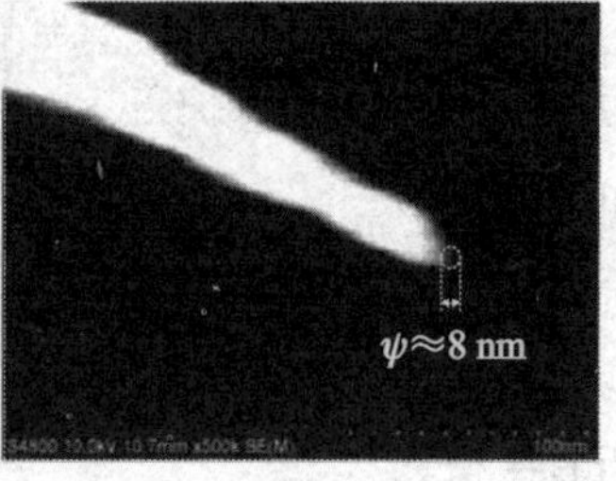


**图 5.1-6　钨丝针尖的扫描电镜图像(放大倍数分别为×300 和×500 000)**

(2) 铂铱丝针尖的制备

针尖由直径 0.25 mm 的铂铱丝(Pt/Ir)经机械剪切而成。

首先用酒精棉球擦拭剪钳、扁嘴钳、尖口镊子、圆口镊子及铂铱丝等，然后从仪器中取下上次测量结束后留下的铂铱丝，如果该探针长度依然适合剪切，只需重新剪切即可。

铂铱丝的剪切：先使用扁嘴钳夹住金属丝的一端，再使用剪钳夹住金属丝的前端，适当用力剪切的同时向前拉，使得金属丝在剪切力及向前的拉力作用下断开，如图 5.1-7 所示。一

般金属丝长度不低于 3 mm 都可以使用。

如果是从铂铱线中制作针尖,则先用扁口钳夹住金属线的末端,再使用剪钳夹住金属丝的前端,适当用力剪切的同时向前拉,使得金属丝在剪切力及向前的拉力作用下断开,剪取一段长约 7 mm 的金属丝(取这个长度能节约材料,实现金属丝的多次使用)。

图 5.1-7　铂铱丝剪切示意图

## 三、实验内容及步骤

### 1. 准备样品、针尖

本实验中用的样品有两个:高定向热解石墨(HOPG)和蒸镀在玻璃上的金膜。HOPG 和金膜已用导电银胶粘在金属样品台上。由于 HOPG 可被层状解理,因此在实验前可用胶带解理以得到清洁的表面。

利用直径为 0.2 mm 的钨丝或者直径为 0.25 mm 的铂铱丝,按照制备针尖的步骤做两个针尖,再把探针装入扫描头中,用镊子夹住制作好针尖的中部,按照如图 5.1-8 所示的方式将针尖卡入固定槽中。如果要取下针尖,先上提探针,再按照相反的方向滑行探针取出即可。

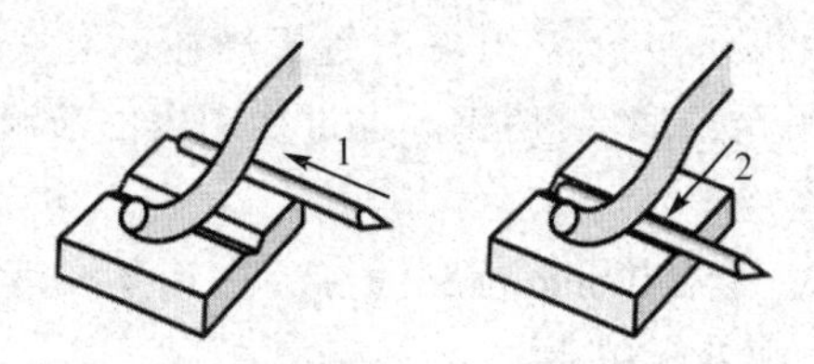


图 5.1-8　探针安装方式示意图

将样品台从盒子中取出,注意操作样品台时,只能用手拿样品台末端的黑色塑料把手,不可用手触摸样品台表面有金属光泽的地方。若不小心触碰,需要用酒精清洗后才能进行实验。用镊子取出样品安放在样品台上,再将安放有样品的样品台安放在 STM 的导轨上,使其尽可能近地接近针尖末端,完成后盖好保护盖。

### 2. 熟悉控制和处理程序

打开计算机和 STM 电子控制系统,运行 STM 控制程序 Nanosurf NaioSTM,通过菜单可以了解各种功能。

### 3. 观测石墨的原子像

设置合适的隧道电流(如 1 nA)和样品偏压(如 25 mV),根据菜单提示开始手动粗逼近。从保护盖的放大镜中观察样品与探针的距离,距离很近时选择自动逼近。软件下方状态栏红灯表示撞针,绿灯表示进针完成开始扫描,橙灯表示正在进针。

在输入隧道电流、样品偏压后便可以开始扫描、记录数据。在扫描过程中可以改变实验参数以得到更清晰的原子像。实验中获得的石墨原子像,如图 5.1-9 所示,扫描范围 2 nm。

### 4. 观察金膜表面

更换金膜样品,重复以上过程,记录大范围(100~200 nm)图像。

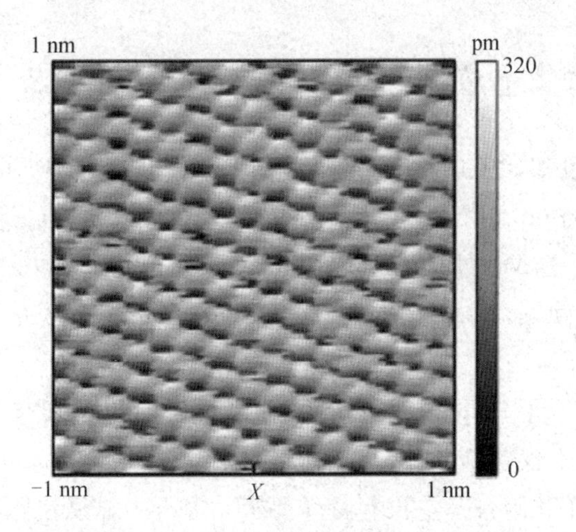


图 5.1－9　实验中观测到的石墨原子像

## 四、思考题

1. 扫描隧道显微镜的工作原理是什么？什么是量子隧道效应？
2. 扫描隧道显微镜主要常用的有哪几种扫描模式？各有什么特点？
3. 仪器中加在针尖与样品间的偏压起什么作用？针尖偏压的大小对实验结果有何影响？
4. 实验中隧道电流设定的大小意味着什么？

## 五、拓展性实验

实验讨论不同的制备参数对 STM 针尖形状的影响，并利用扫描电子显微镜观察针尖的形状。

## 六、研究性实验

利用廉价的压电蜂鸣器作为 STM 扫描器，设计并制作 STM 探头的机械结构。利用数据采集卡等设计 STM 的驱动、反馈电路和数据采集装置，自制 STM 并使用它扫描石墨样品。

## 参考文献

[1] BINNIG G，ROHRER H. Scanning Tunneling Microscopy[J]. Helvetica Physica Acta，1982，55：726-735.
[2] 曾谨严. 量子力学[M]. 北京：科学出版社，2008.
[3] 白春礼. 扫描隧道显微术及其应用[M]. 上海：上海科学技术出版社，1992.
[4] CHEN C J. Introduction to Scanning Tunneling Microscopy[M]. New York：Oxford University Press，1993.
[5] 彭金波，江颖. qPlus 型原子力显微镜技术[J]. 物理，2023，(3)：186-195.

# 5.2 原子力显微镜技术及应用

1981年IBM苏黎世实验室的Binnig博士和Rohrer教授发明了扫描隧道显微镜(Scanning Tunneling Microscope,STM),人类第一次能够直接在单个原子尺度上对物质表面进行探测并成像。然而由于STM利用隧道电流对样品表面成像,所以无法用来对绝缘样品进行成像研究。为解决这一问题,Binnig、Quate和Gerber于1986年发明了原子力显微镜(Atomic Force Microscope,AFM)。

原子力显微镜具有原子、亚原子级分辨率,而且可以适用于真空、大气以及液相环境。原子力显微镜的分析对象不仅包括导体、半导体,还包括绝缘体样品,可以在特定环境下实现对样品的原位测量,且对样品制备基本没有特殊要求。原子力显微镜除了能对样品表面形貌、力学性质成像之外,还能够实现对单个原子的操纵,因此得到了广泛的应用。简单地说,原子力显微镜是一种可以在真空、大气和液相环境中对样品进行纳米级分辨率成像、具备纳米操纵与组装能力的、可以测量小到pN量级作用力的一种强有力的微观表面分析仪器。

原子力显微镜在物理学、化学、材料科学、生命科学以及微电子技术等研究领域有着十分重大的意义和广阔的应用前景。在物理和材料科学中,原子力显微镜不仅能对样品形貌进行成像,还能对样品的电、磁和机械性质进行测量;在纳米技术中,原子力显微镜可以对纳米材料的三维信息及局部性质进行高分辨率测量,也可以用来改变甚至构造纳米结构;在数据存储和半导体等高新技术产业中,随着器件的尺寸越来越小,生产加工及检测中的一些问题必须依靠原子力显微镜来解决;生命科学无疑是原子力显微镜最重要的应用领域之一,原子力显微镜可以在生理条件下对生物分子直接成像,对活细胞进行实时动态观察。原子力显微镜能提供生物表面的高分辨率的三维图像,能以纳米尺度的分辨率观察局部的电荷密度和物理特性,测量分子间(如受体和配体)的相互作用力,还能对单个生物分子进行操纵,可以说原子力显微镜是理解生命现象的一把钥匙。

## 一、实验要求与预习要点

### 1. 实验要求

① 了解原子力显微镜的工作原理及系统组成。

② 了解原子力显微镜的几种常用工作模式,能够根据样品选择合适的工作模式。

③ 掌握原子力显微镜的基本操作方法。

④ 利用原子力显微镜测量待测样品表面形貌。

### 2. 预习要点

① 原子力显微镜的原理是什么?与光学显微镜和电子显微镜有何区别?

② 原子力显微镜能对什么样品进行成像?对样品有何要求?

③ 原子力显微镜的三种工作模式各有什么特点?适合扫描什么样品?

## 二、实验原理

**1. 原子力显微镜的基本原理**

原子力显微镜利用一个微悬臂探针来探测样品表面形貌信息。微悬臂探针的一端固定，另一端有一个极细的针尖，带有针尖的一端接近样品表面，使探针受到来自样品的作用力，如图 5.2-1 所示。探针在样品上方平行于样品的方向扫描，当样品表面形貌有起伏时探针样品间距离就会发生变化，由于探针样品间作用力与距离有关，该作用力也会随之变化。这将导致探针状态的变化，如形变量、共振频率等。通过调整探针与样品间的距离使微悬臂的状态保持恒定，这个调整量就对应着样品表面对应点的高度。探针在样品表面进行二维逐点扫描，同时记录各点的调整量就获得了样品表面的三维形貌信息。

**2. 针尖样品间作用力**

原子力显微镜探测的是原子、分子之间的力，本质上都来源于电磁相互作用，但是对于不同的探针样品组合表现为不同的形式，如长程范德华力、短程排斥力、金属黏附力、毛细作用等。

长程范德华力是分子或原子之间的吸引力，起源于分子正负电荷中心间距的波动，在针尖与样品间距为几埃到几百埃时，范德华力较为显著。短程排斥力起源于泡利不相容作用和离子间的斥力，作用范围约为 0.1 nm 以下。因此，当针尖样品距离较远时，它们之间的作用力表现为吸引力；当针尖样品足够接近时，表现为斥力作用。针尖样品间作用力随距离变化，如图 5.2-2 所示。

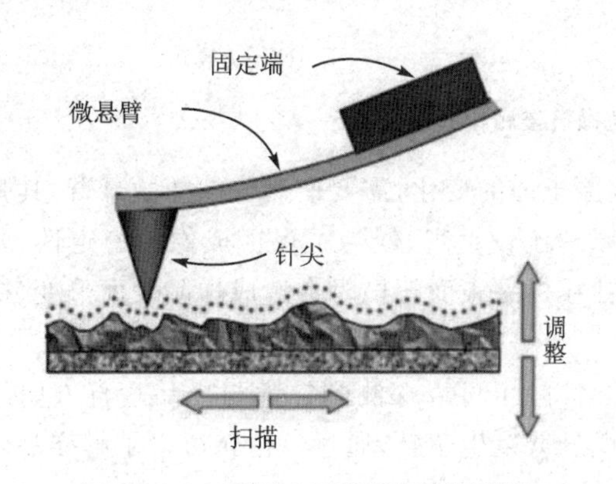


**图 5.2-1　原子力显微镜原理示意图**

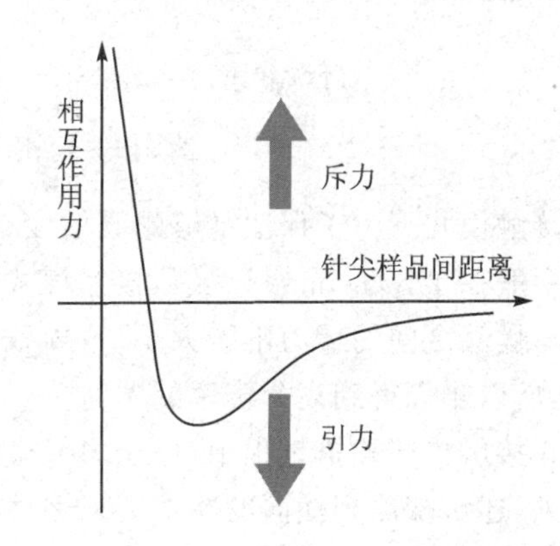


**图 5.2-2　针尖样品作用力与距离曲线**

在大气环境中，亲水材料样品表面总是覆盖着一层水膜，针尖和样品之间会被水连接，产生一个较强的吸引力，而且水膜还会增加针尖运动阻尼。当针尖和样品都是导电的且电势差不为零时，二者之间还会产生静电力作用。由此可见，针尖样品间的作用力不仅由二者之间的距离决定，还与实验环境、二者的材料性质以及几何形状等因素有关，作用机制复杂。

**3. 原子力显微镜的工作模式**

原子力显微镜有多种工作模式，常用的有以下三种：接触模式(Contact Mode)、非接触模式(Non-Contact Mode)和轻敲模式(Tapping Mode)。在使用过程中，应该根据样品表面的结构特征和材料的特性以及不同的研究需要选择合适的工作模式。

(1) 接触模式

在接触模式中,针尖始终与样品保持轻微的接触。针尖与样品间的接触力使微悬臂发生微小形变,通过检测微悬臂的形变即可判断针尖样品间作用力的大小,进而判断针尖样品间距的大小。根据成像过程中是否调整扫描头的高度,接触模式又分为两种子模式:恒高模式和恒力模式。

在恒高模式中,扫描头的高度固定不变,从微悬臂在空间内的偏转信息中可以直接获取样品的形貌像,如图5.2-3(a)所示。恒高模式常被用于微悬臂的偏转和所受作用力的变化非常小且表面非常平整的样品(比如样品的原子级像),而且因其扫描速度快,常被用于即时测量表面动态变化的样品。

在恒力模式中,根据反馈系统的信息,精确控制扫描头随样品表面形貌在$Z$方向上的上下移动来维持微悬臂所受作用力的恒定,从扫描头的$Z$向移动值即可得出样品的形貌像,如图5.2-3(b)所示。恒力模式由于需要改变扫描头高度使得扫描速度会受反馈系统响应速度的限制,但可适应样品表面形貌较大的变化,所以应用范围较广。本实验采用恒力模式。

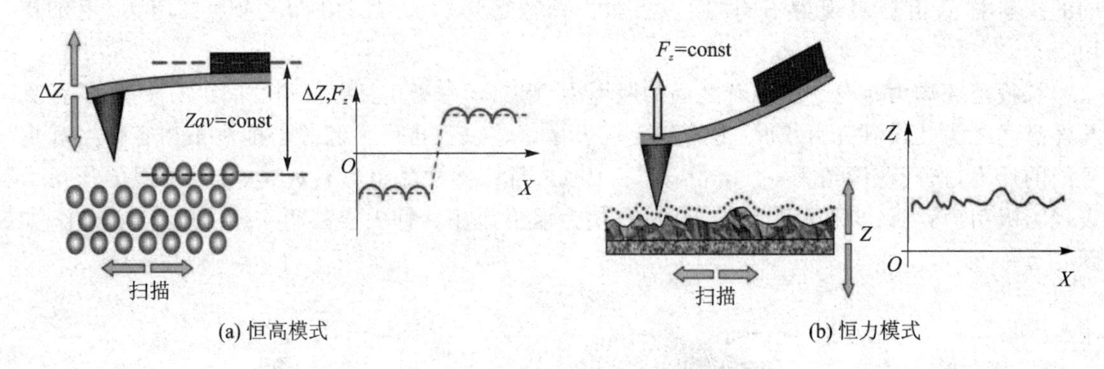


**图5.2-3　原子力显微镜接触模式示意图**

接触模式下为了保证足够的灵敏度来探测原子力的变化,需要使用较软的微悬臂,其弹性系数一般在1 N/m量级。虽然接触模式成像原理比较直观,但为了保证成像的稳定性,要求探针与样品之间的斥力不能太小,这导致了探针在样品表面扫描时会造成样品表面形变、探针损坏,所以难以得到高分辨率的图像。

在接触模式扫描过程中,原子力显微镜的探针除了可以探测到针尖与样品垂直方向的原子力外,还可探测到横向的摩擦力。摩擦力使微悬臂发生扭转,通过该扭转可以了解样品表面的摩擦性质,根据此原理,已研制出侧向力显微镜(Lateral force microscopy,LFM)。

(2) 非接触模式

在非接触模式中,针尖保持在样品上方数十个到数百个埃的高度上,此时,针尖与样品之间的相互作用力为引力(大部分是长程范德华力作用的结果)。在扫描过程中,针尖不接触样品而是以通常小于10 nm振幅始终在样品表面吸附的液质薄层上方振动。针尖与样品之间的吸引力会改变微悬臂的振动状态(频率),类似于恒力模式。反馈系统通过调节扫描头在$Z$向的高度来保持微悬臂的频率恒定,从扫描头的$Z$向移动值得出样品的形貌像。

非接触模式不破坏样品表面,适用于较软的样品。但由于针尖与样品分离,横向分辨率低,为了避免接触吸附层而导致针尖胶黏,其扫描速度低于接触模式和轻敲模式。样品表面的吸附液层必须薄,如果太厚针尖会陷入液层,引起反馈不稳并刮擦样品。由于上述缺点,非接

触模式的使用受到了一定的限制。

(3) 轻敲模式

轻敲模式是介于接触模式和非接触模式之间的成像技术。扫描过程中微悬臂也是振动的并具有比非接触模式更大的振幅(大于20 nm),针尖在振荡时间断地与样品接触。探针与样品作用时,受到的作用力使其振动参数(振幅、频率和相位)发生变化,图 5.2-4 给出了探针受力变化前后幅频特性的变化。探针在不受样品作用力的自由状态下,共振频率为 $\omega_0$,激励频率 $\omega_d$ 略高于共振频率,探针受到来自样品的引力作用后共振频率变化为 $\omega'_0$,达到稳态后探针振幅下降了 $\Delta A$,同时振动信号与激励信号之间的相位差也会发生相应的变化。反馈系统根据检测器测量的振幅,通过调整针尖样品间距来控制微悬臂振幅,从而得到样品的表面形貌。

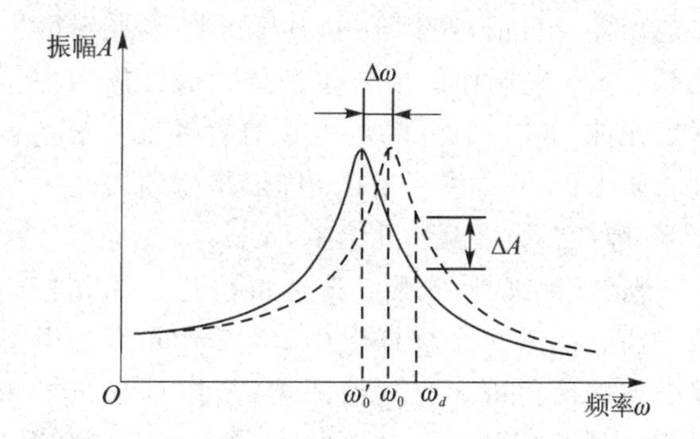


图 5.2-4　探针受力后振幅和共振频率变化示意图

轻敲模式中,由于针尖与样品接触,分辨率通常几乎同接触模式一样好;而且接触是非常短暂的,因此剪切力引起的对样品的破坏几乎完全消失,克服了常规扫描模式的局限性,适于观测软、易碎或胶黏性样品,不会损伤其表面。

相位成像技术是轻敲模式原子力显微镜的一种扩展技术,通过比较驱动信号与微悬臂振动信号的相位差来进行成像,相位差信号中包含与能量耗散有关的信息。大量的实验和理论研究结果表明,相位成像模式可以灵敏地感知样品表面黏滞性、弹性、塑性等的变化。

**4. 原子力显微镜的系统组成**

原子力显微镜系统主要分为四部分:力传感器(探针及其激励、形变检测)、反馈信号检测电路(信号放大及解调)、反馈控制器以及三维扫描器,如图 5.2-5 所示。

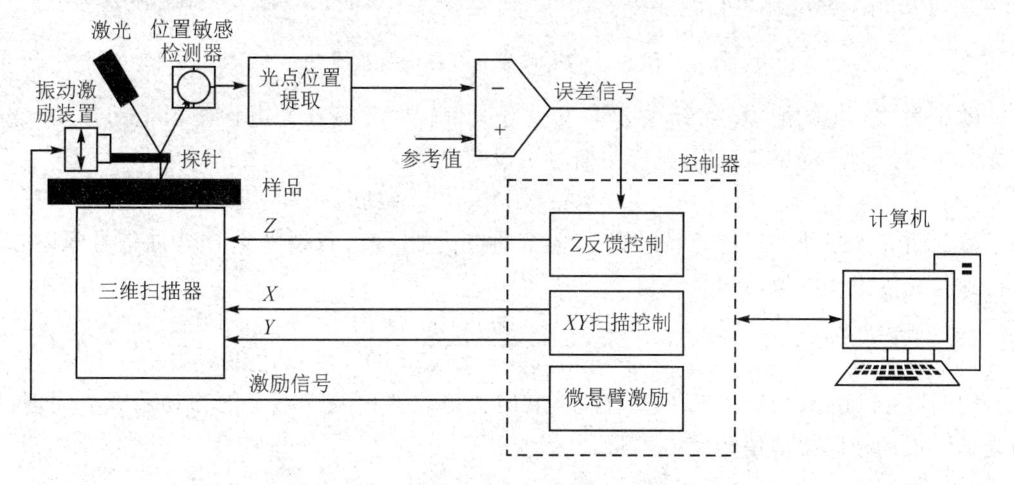


图 5.2-5　原子力显微镜系统结构示意图

(1) 力传感器

原子力显微镜的探针需要检测小至 pN 级的探针样品间作用力,因此需要有很好的力检测灵敏度。最初的原子力显微镜探针是由一个前端粘接了金刚石针尖的非常细的金丝制成

的。随后又出现了铝丝切削法和钨丝腐蚀法制备的探针。目前,商用原子力显微镜多采用微机械加工工艺制作的半导体微悬臂探针作为力敏感元件,如图5.2-6所示,微悬臂探针一般呈几百微米长、几十微米宽的矩形,厚度约为几个微米,弹性常数在几～几十 N/m。

图5.2-6 商用原子力显微镜探针的SEM图

探针形变的检测最普遍的方法是采用光杠杆方法。在激光光杠杆法中,一束激光经过微悬臂前端反射进入光电检测器,当探针远离样品表面时微悬臂处于自由状态,经过悬臂前端反射回来的光斑正好落在光电检测器的中心部位,当微悬臂发生偏转时,光斑在光电检测器上移动产生探针的位置信号。激光光杠杆法中使用的光电检测器的位置检测灵敏度通常在几百纳米这一量级,光路产生的放大倍数多在千倍左右。因此,激光光杠杆法检测探针 $Z$ 向弯曲偏转的灵敏度约为0.01～0.1 nm。图5.2-7是激光光杠杆法的示意图。

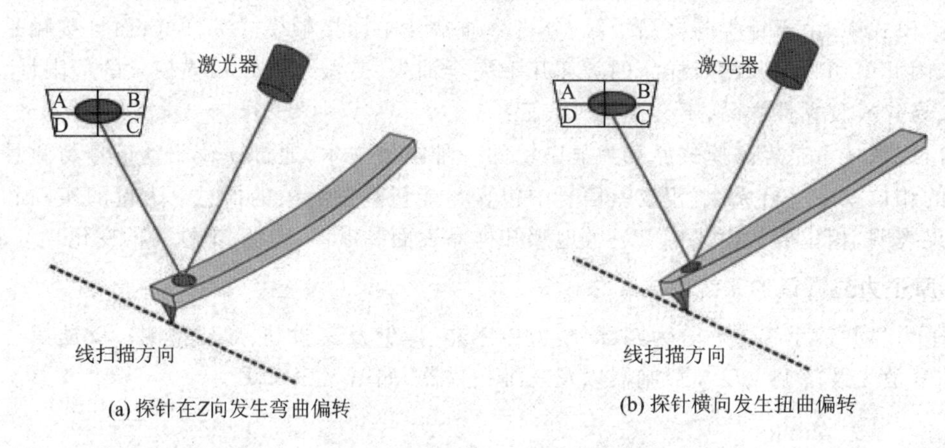


图5.2-7 激光光杠杆法示意图

图5.2-7(a)给出的是探针在 $Z$ 向发生弯曲偏转时光斑在光电检测器上的移动示意,这时光电检测器输出的微悬臂 $Z$ 向弯曲信号可以表示为

$$e=(A+B)-(C+D) \tag{5.2-1}$$

为了减少激光光强波动对计算微悬臂 $Z$ 向弯曲造成的干扰,可以将 $Z$ 向弯曲信号除以总光强以得到与光强无关的偏转信号:

$$f_{\text{nor}}=\frac{(A+B)-(C+D)}{A+B+C+D} \tag{5.2-2}$$

图5.2-7(b)是探针横向发生扭曲偏转时光斑在光电检测器上的移动示意。同理,这种与光强无关的横向扭曲偏转信号可以表示为

$$f_{\text{tor}}=\frac{(A+D)-(B+C)}{A+B+C+D} \tag{5.2-3}$$

探针横向发生的扭曲偏转可以反映样品表面局域摩擦性质,具有重要的实际意义,而这种扭曲偏转利用其他的检测手段如隧道电流法、电容检测法、光干涉法等都是很难检测的。

(2) 反馈信号检测电路

力传感器输出的信号比较微弱,如光电四象限检测器输出的电流信号一般在毫安量级。这样微弱的电流信号在经导线传输时会因导线引入的寄生电容而发生明显的衰减。因此在进行反馈信号检测之前需要经过前置放大电路对信号进行放大。前置放大电路要尽可能地接近探针检测信号输出端以减小导线长度。前置放大电路性能(增益带宽、信噪比)对 AFM 成像质量有很大影响。

(3) 反馈控制器

为了保持探针与样品之间距离恒定,需要一个反馈控制器来调整扫描器的 $Z$ 向输出以使反馈参数维持在参考值。通常情况下 AFM 中采用的是数字 PID 控制器。传统的模拟 PID 控制器的算法为

$$Z = K_p e + K_I \int e \mathrm{d}t + K_D \frac{\mathrm{d}e}{\mathrm{d}t} \tag{5.2-4}$$

其中,$K_p$、$K_I$、$K_D$ 分别为反馈控制器的比例增益、积分增益和微分增益,$e$ 为误差信号,$Z$ 为三维扫描器的 $Z$ 向输出值。上式对应的传递函数为

$$D(s) = \frac{Z(s)}{E(s)} = K_p + \frac{K_I}{s} + K_D s \tag{5.2-5}$$

数字 PID 反馈控制是将模拟 PID 反馈控制离散化后得到的,其算法可表示为

$$Z(k) = K_p e(k) + K_I \sum_{j=0} e(j) + K_D (e(k) - e(k-1)) \tag{5.2-6}$$

传递函数为

$$D(s) = \frac{Z(s)}{E(s)} = K_p + K_I \frac{1}{1-z^{-1}} + K_D (1 - z^{-1}) \tag{5.2-7}$$

为了达到较好的控制效果,需要有经验的操作人员根据探针性能和环境因素来反复调节 $P$、$I$、$D$ 参数。除此之外,反馈控制器还负责 $X$、$Y$ 方向的扫描控制信号处理以及扫描成像等功能的流程控制。

(4) 三维扫描器

原子力显微镜要完成样品表面的三维形貌成像,首先需要在 $Z$ 向调整探针样品间距离保持恒定,调整精度要在埃米甚至是亚埃米量级,总调整范围一般为几微米。其次需要在 $X$、$Y$ 两个方向调整探针和样品的相对位置以实现探针对样品的扫描,扫描精度为纳米、埃米量级,扫描范围一般从几微米到几十微米。$X$、$Y$、$Z$ 三个方向的精密微动装置可称为三维扫描器。三维扫描器可以通过一个器件完成 $X-Y-Z$ 三个方向的扫描,也可以通过两个器件将 $Z$ 方向与 $X-Y$ 方向分离扫描。

## 三、实验装置

本实验使用的是韩国 Park systems 公司的 XE-100E 原子力显微镜。XE-100E 的扫描器采用了三轴分离技术,具有大范围高精度的特点。XY 扫描范围为 100 μm,精度为 0.15 nm;Z 扫描范围为 12 μm,精度为 0.02 nm。

XE-100E 主要由四部分组成:光学显微镜、控制器、扫描探头和计算机。

### 1. 光学显微镜

光学显微镜由物镜、目镜、CCD、照明器组成。其中,照明器用于为光学显微镜提供照明光

源,照明器发出的光通过光纤传入扫描台。

**2. 控制器**

控制器是扫描探头和PC机之间的纽带,一方面接收PC机的命令,对扫描探头进行控制;另一方面,在AFM成像时提供反馈控制,并将图像数据传递给PC机。

**3. 扫描探头**

扫描探头置于隔离罩内,而隔离罩放在一个气浮光学平台上,在成像过程中,隔离罩可以隔绝空气流动,而气浮减震平台可以通过实时调节维持平台的稳定,最大限度地减少由于空气和地面震动对成像的影响。

扫描探头是XE-100E的主体部分,如图5.2-8所示,XE-100E提供了一个光学显微镜用于辅助成像。由原子力显微镜原理可知,为了检测微悬臂形变,需要将激光点打在微悬臂前端,但是微悬臂很小,肉眼几乎无法看到,因此,光学显微镜可以大大方便激光点的调节。同时,在扫描时也可以利用光学显微镜寻找感兴趣的样品区域。光学显微镜的成像结果由图像传感器(CCD)转换为电信号,再通过控制器将图像信息传到PC机。

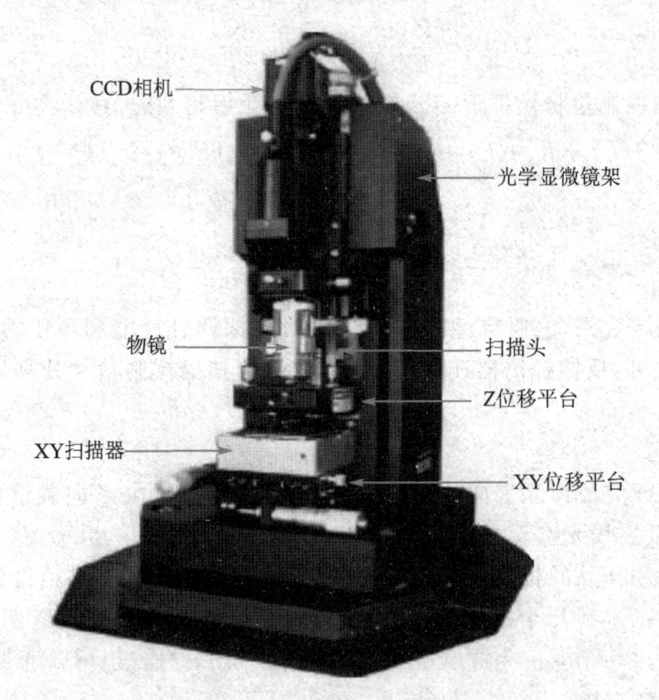


图5.2-8　XE-100E扫描台探头部分

XE-100E采用的是三轴分离扫描器,即Z扫描器和XY扫描器是分开的。由于消除了XY和Z向的耦合,所以大范围扫描时也不会出现图像的畸变。从图中可以看出,最下方是XY位移平台,可以手动调节样品水平位置,XY扫描器置于XY位移平台上,样品放在XY扫描器上。扫描头是在成像过程中与样品作用和测量的部分,光杠杆检测系统,Z扫描器和微悬臂探针都在扫描头上。因此,安装和拆卸扫描头时必须轻拿轻放,并注意不要碰到微悬臂探针。扫描头固定在Z位移平台上,Z位移平台的高度可以通过步进电机调节,实现探针与样品的逼近。

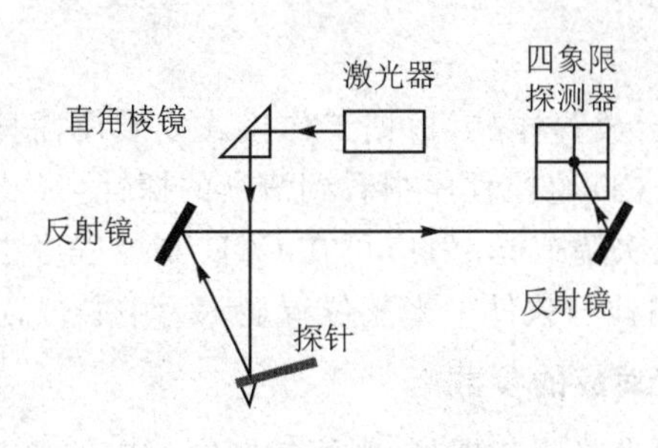


图 5.2-9　XE-100E 激光光路示意图

XE-100E 的光杠杆检测系统的光路如图 5.2-9 所示，激光器发出的激光经过反射镜 1 的反射打在微悬臂前端，反射后的激光通过反射镜 2 和反射镜 3(不可调节)，打在四象限探测器上。通过调节反射镜 1 和 2 即可完成对光路的调节。

扫描头上有 4 个微调旋钮，用于调节激光点的位置，如图 5.2-10 所示。其中，旋钮 1 和 2 用来调节反射镜 1，旋钮 3 和 4 调节反射镜 2。当更换新的探针后，激光点的位置是不确定的，此时就需要调节旋钮 1 和旋钮 2，使激光点打在微悬臂的末端。其中，旋钮 1 控制激光点垂直移动，旋钮 2 控制激光点水平移动。旋钮 3 和旋钮 4 用于调节微悬臂反射后的激光点，使其打在四象限探测器的中心位置。其中旋钮 3 主要调节激光点在垂直方向的位置。旋钮 4 调节激光点在水平方向的位置。可以通过 XE-100E 控制软件 XEP 中显示的 A-B 和 C-D 值判断激光点位置，当两者都在±0.3 V 范围内时，即可认为激光点已经相当接近四象限探测器中心了。

图 5.2-10　激光位置调节旋钮示意图

**4. 计算机**

XE-100E 为用户提供了三个应用程序：XEC、XEP 和 XEI。XEC 用于控制光学 CCD 和显示 CCD 影像。XEP 是 XE-100E 的操作和控制程序，用来与控制器进行通信，进而控制扫描探头进行扫描。XEP 中可以设置扫描和成像的各项参数，扫描结果也会显示在程序中。XEI 是图像处理和分析程序，XEP 的扫描结果可以直接导入 XEI 中，XEI 可以进行图像处理、定量分析和统计、导出测量结果和图像。

## 四、实验内容及步骤

**1. 开　机**

① 检查 XE-100E 型原子力显微镜各部件线路连接是否正常，检查减震平台是否工作正常。

② 打开计算机主机电源、控制机箱电源及配套照明光源电源，将照明光源亮度调为最低。

③ 打开 PC 程序“XEC”和“XEP”，根据“XEC”中的影像调节照明光源亮度至适中。

**2. 放置样品及安装探针**

① 取下扫描头,在样品台放置样品,根据工作模式安装所需探针,将扫描头装回,调节配套光学显微镜,使之可以在CCD监控程序中看到清晰的探针。

② 按照操作手册规范依次调节光路,应可在CCD监控程序中清晰地看到激光光斑照射到探针的前部中心位置,扫描控制软件中光斑位置显示为中心位置,且光强最强。

**3. 选择工作模式并设置对应的参数**

① 调节显微镜探头上的光路调节螺母,观察控制窗口中的PSPD窗口,缓慢调节使A-B和C-D值小于0.3(越小越好),同时应该保证A+B值大于2.5。

② 工作模式一般选择"C-AFM"(接触模式)或"NC-AFM"(非接触模式),需要注意的是这里的NC-AFM实际上是前文提到的轻敲模式。

③ 若选择"C-AFM"模式,需要设置"Set Point"(工作点)。XE-100E采用恒力模式,工作点即为针尖样品作用力的大小,一般设置为1 nN左右。

④ 若选择"NC-AFM"模式,仪器会自动进行扫频,并弹出"工作频率设置"对话框。在扫频窗口通过设置激励的百分比即可改变探针振幅的大小,一般设置使第一共振峰幅度在1 200 nm左右,移动窗口中的红十字来选择工作频率,一般选择比第一共振频率大几十赫兹的频率,然后设置"Set Point",设置约为自由振幅的一半。最后注意勾选上"Amplitude Feedback"选项,然后单击"OK"按钮即可。

**4. 光路调节和进针**

① 其余参数都可以采取默认值,此时就可以先手动进针到探针接近样品,然后单击操作控制窗口右下角的"approach"按钮由系统自动进针。

② 进针完成之后,单击窗口左上角的"Auto"选项让系统自动调节样品放置的倾斜度。

③ 在进针结束后不要改动"Set Point"和激励的大小。

**5. 采集图像**

① 设置图像分辨率(128×128,256×256等)、扫描区域、扫描范围、扫描速度等参数。

② 单击工具栏中"Setup"下拉菜单中"Input Config"选项,勾选上需要打开的成像通道。

③ 单击界面上的"Start"按钮,图像采集即自动开始,采集时间取决于扫描参数,一般采集一幅图需要几分钟时间。图像采集完成后,双击图像旁边的颜色条可以平滑图片。

④ 得到一幅大范围的扫描图像后,可以进入左边的"Scan Area"窗口,在扫描结果中选择感兴趣的区域并设定扫描范围进行扫图。

⑤ 注意在扫图过程中不要改变参数,也不要触碰仪器等,否则将造成较大噪声,甚至无法得到图像。

**6. 图像后处理**

① 在"XEP"软件中,将采集到的图片,导出到"XEI"中。

② 使用"XEI"软件进行图像处理。

③ 保存结果(数据文件保存为tiff格式,截图可以保存为jpg、png和bmp格式)。

## 五、思考题

1. 与传统的光学显微镜、电子显微镜相比,原子力显微镜有什么优点?

2. 原子力显微镜的分辨本领主要受什么因素限制？

3. 原子力显微镜有几种工作模式？每种模式的特点是什么？

4. 原子力显微镜有哪些应用？

## 六、拓展性实验

1. 研究扫描参数"Set Point"对成像效果的影响。接触模式中，参数"Set Point"对应针尖样品作用力，而在轻敲模式中，"Set Point"表示实际振幅与自由振幅的比值。在两种工作模式中分别改变"Set Point"的值，如接触模式的"Set Point"可设为 0.5 nN、1 nN、1.5 nN、2 nN 等，轻敲模式的"Set Point"可设为 50%、70%、90%等，观察其对成像效果的影响，分析原因并确定最优扫描参数。

2. 利用原子力显微镜区分不同样品。在同一基底(玻璃或者云母)上生长不同组分样品，根据各样品的形貌性质差异，综合运用原子力显微镜的各种工作模式(接触模式和轻敲模式表征形貌，侧向力模式表征摩擦力，相位模式表征弹性性质)区分不同样品。

## 七、研究性实验

利用原子力显微镜开展有关样品的观察研究。

## 参考文献

[1] BINNIG G, ROHRER H, GERBER C, et al. Surface Studies by Scanning Tunneling Microscopy[J]. Physical Review Letters, 1982, 49(1): 57.

[2] BINNIG G, QUATE C F, GERBER C. Atomic Forcemicroscope[J]. Physical Review Letters, 1986, 56(9): 930.

[3] MEYER G, AMER N M. Novel Optical Approach to Atomic Force Microscopy[J]. Applied Physics Letters, 1988, 53(12): 1045 - 1047.

[4] MIRONOV V L. Fundamentals of Scanning Probe Microscopy [M]. Moscow: Technosfera, 2004.

# 5.3　椭偏光法测量薄膜折射率和厚度

19 世纪，随着对于光特性研究的深入，人们逐渐认识到光波中存在着不同的偏振态。1887 年，Drude 首次提出了椭圆偏振理论，推导出了椭偏方程，该方程一直沿用至今。此外，Drude 首次成功搭建了椭偏测量实验装置，而且成功地测量到 18 种金属的折射率和消光系数。随着托马斯杨、菲涅尔、麦克斯韦等人的深入研究，人们对于光偏振特性的认识逐渐加深，椭偏技术逐渐建立和发展起来。20 世纪 70 年代，我国中山大学物理系的莫党教授设计出了首台单波长消光式椭偏仪。

目前，椭偏仪已经普遍应用于材料研究、工艺制造、表面物理、半导体制造业、生物学和医学等领域。特别是在材料研究领域，椭偏仪广泛应用于各种材料的光学常数的测量，也可用于研究各种薄膜和多层结构，如氧化硅膜和光刻胶膜等。

## 一、实验要求与预习要点

**1. 实验要求**

① 通过本实验了解光的偏振及其应用。

② 通过测量折射率及薄膜厚度,学习椭偏法测量的基本原理及方法。

③ 通过本实验的操作,培养实验者理论与实践相结合、学以致用的科学精神。

**2. 预习要点**

① 什么是偏振光?

② 什么是椭偏仪?

③ 椭偏仪的高灵敏度与什么有关?

## 二、实验原理

本实验介绍一种用反射型椭偏仪测量折射率和薄膜厚度的方法。反射椭偏仪又称为表面椭偏仪,可以测量金属的复折射率,并且可以测量很薄的薄膜(几百埃)。它在表面科学研究中是一个很重要的工具。

**1. 偏振光的基本理论**

对于完全偏振光,可以用Jones矩阵表示为

$$\boldsymbol{E}=\begin{bmatrix}E_x\mathrm{e}^{\mathrm{j}(\omega t-kz+\delta_x)}\\E_y\mathrm{e}^{\mathrm{j}(\omega t-kz+\delta_y)}\end{bmatrix} \tag{5.3-1}$$

其中,光的传播方向沿$z$轴。

对于偏振器件,也可以用Jones矩阵表达。理想的偏振器件及其Jones矩阵表达式如下:

① 偏振片:当光波通过偏振片时,平行于透光轴方向的线性偏振光分量通过,垂直于透光轴方向的线性偏振光被吸收。其Jones矩阵表示为

$$\boldsymbol{T}_A^{te}=K_A\begin{bmatrix}1&0\\0&0\end{bmatrix} \tag{5.3-2}$$

其中,$K_A$为光波经偏振片的透光轴和消光轴后的幅值衰减和相位延迟的共同部分,$t$表示透光轴,$e$表示吸收轴。

② 波片:当光波通过波片时,在快轴和慢轴之间产生一个固定的相位延迟差。其Jones矩阵表示为

$$\boldsymbol{T}_C^{fs}=K_C\begin{bmatrix}1&0\\0&\rho_C\end{bmatrix}=K_C\begin{bmatrix}1&0\\0&T_C\mathrm{e}^{\mathrm{j}\delta_C}\end{bmatrix} \tag{5.3-3}$$

其中,$K_C$为快轴和慢轴的幅值衰减和相位延迟的共同部分;$f$表示快轴;$s$表示慢轴;$T_C$为快轴和慢轴对光波幅值的衰减比值,对于四分之一波片,$T_C=1$;$\delta_C$为快轴和慢轴的相位延迟差,对于四分之一波片,$\delta_C=-\frac{\pi}{2}$。

**2. 坐标轴旋转的Jones矩阵表达式**

在坐标轴$xOy$中,当逆时针旋转$\alpha$到新的坐标轴时,旋转的Jones矩阵表示为

$$\boldsymbol{R}(\alpha)=\begin{bmatrix}\cos\alpha & -\sin\alpha\\ \sin\alpha & \cos\alpha\end{bmatrix} \tag{5.3-4}$$

其中，$\alpha$ 表示逆时针旋转的角度。

**3. 偏振角的定义**

对于各向同性平面反射样品，当用一束椭圆偏振光照射到样品上时，由于样品对入射光中平行于入射面的电场分量（简称 $P$ 分量）和垂直于入射面的电场分量（简称 $S$ 分量）有不同的反射、透射系数，因此从样品上出射的光的偏振状态相对于入射光来说要发生变化。光在界面上的反射如图 5.3-1 所示。

$$\rho_S=\tan\psi\cdot \mathrm{e}^{\mathrm{j}\Delta}=\frac{R_P}{R_S}=\left|\frac{R_P}{R_S}\right|\mathrm{e}^{\mathrm{j}(\delta_P-\delta_S)} \tag{5.3-5}$$

其中

$$\tan\psi=\left|\frac{R_P}{R_S}\right|$$

$$\Delta=\delta_P-\delta_S$$

其中，$\psi$ 和 $\Delta$ 称为椭偏角；$R_P$ 和 $R_S$ 分别为 $p$ 光和 $s$ 光的反射系数，可表示为

$$R_P=\frac{\boldsymbol{E}_{rp}}{\boldsymbol{E}_{ip}}$$

$$R_S=\frac{\boldsymbol{E}_{rs}}{\boldsymbol{E}_{is}}$$

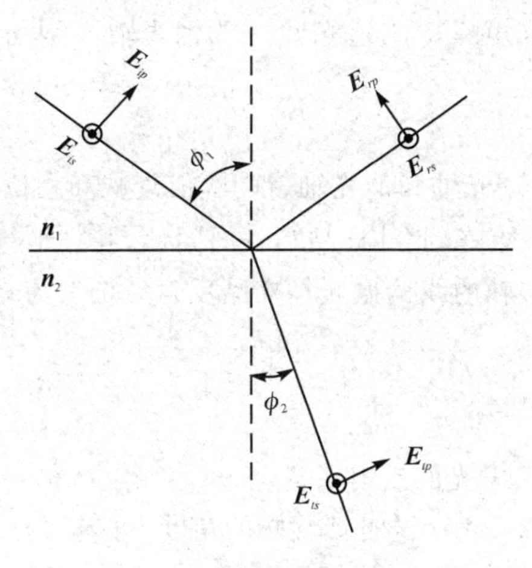


**图 5.3-1　光在界面上的反射**

**4. 椭偏仪测量原理**

图 5.3-2 所示为 P（起偏器）-C（补偿器）-S（样品）-A（检偏器）的椭偏测量系统光路图。约定 $p$ 轴为平行于入射面的方向，$s$ 轴为垂直于入射面的方向。

迎着光传播的方向，利用 Jones 矩阵分析上述系统，可得光电探测器 D 前的 Jones 矩阵为

$$\boldsymbol{E}_{AO}^{te}=\boldsymbol{T}_A^{te}\boldsymbol{R}(A)\boldsymbol{T}_S^{ps}\boldsymbol{R}(-C)\boldsymbol{T}_C^{fs}\boldsymbol{R}(C-P)\boldsymbol{E}_{PO}^{te} \tag{5.3-6}$$

其中，$\boldsymbol{E}_{PO}^{te}$ 为起偏器 P 出射的光波的 Jones 矢量，可表示为

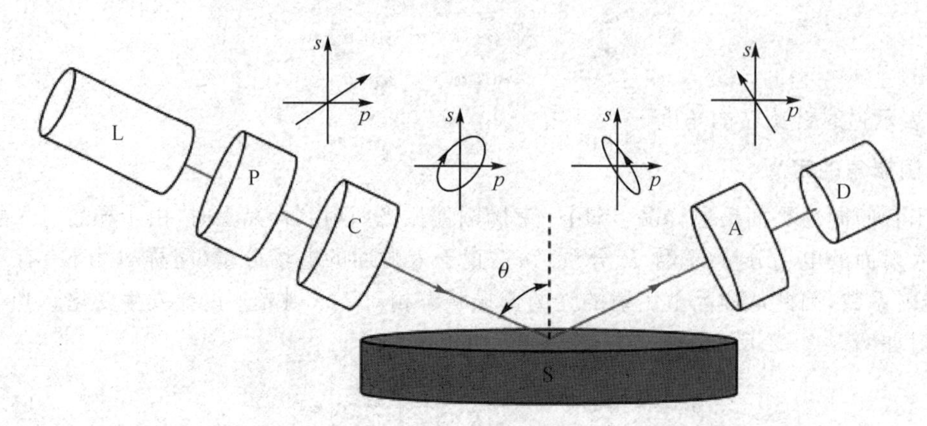


注：P—起偏器；C—补偿器；S—样品；A—检偏器；D—光电探测器。

**图 5.3-2 P-C-S-A 椭偏测量系统光路图及对应光偏振态图示**

$$\boldsymbol{E}_{PO}^{te}=A_C\begin{bmatrix}1\\0\end{bmatrix} \tag{5.3-7}$$

其中，$A_C$ 为光波的幅值和绝对相位；

$\boldsymbol{T}_C^{fs}$ 为补偿器的 Jones 矩阵，$f$ 为快轴，$s$ 为慢轴，可表示为

$$\boldsymbol{T}_C^{fs}=K_C\begin{bmatrix}1 & 0\\0 & \rho_C\end{bmatrix}=K_C\begin{bmatrix}1 & 0\\0 & T_C\mathrm{e}^{\mathrm{j}\delta_C}\end{bmatrix} \tag{5.3-8}$$

其中，$K_C$ 为快轴和慢轴的幅值衰减和相位延迟的共同部分；

$\boldsymbol{T}_A^{te}$ 为检偏器 A 的 Jones 矩阵，$t$ 为透光轴，$e$ 为消光轴，可表示为

$$\boldsymbol{T}_A^{te}=K_A\begin{bmatrix}1 & 0\\0 & 0\end{bmatrix} \tag{5.3-9}$$

其中，$K_A$ 为光波经偏振片的透光轴和消光轴后的幅值衰减和相位延迟的共同部分；

$\boldsymbol{T}_S^{ps}$ 为样品的反射 Jones 矩阵，此处样品为各向同性，并且平行于 $p$ 轴的线偏振光经样品反射后仍然为 $p$ 轴，平行于 $s$ 轴的线偏振光经样品反射后仍然为 $s$ 轴，可表示为

$$\boldsymbol{T}_S^{ps}=\begin{bmatrix}R_P & 0\\0 & R_S\end{bmatrix}=\begin{bmatrix}|R_P|\mathrm{e}^{\mathrm{j}\delta_P} & 0\\0 & |R_S|\mathrm{e}^{\mathrm{j}\delta_S}\end{bmatrix} \tag{5.3-10}$$

其中，$R_P$ 和 $R_S$ 分别为 $p$ 光和 $s$ 光的反射系数。

$\boldsymbol{R}(\alpha)$为 Jones 旋转矩阵，$\alpha$ 表示逆时针旋转的角度，可表示为

$$\boldsymbol{R}(\alpha)=\begin{bmatrix}\cos\alpha & -\sin\alpha\\\sin\alpha & \cos\alpha\end{bmatrix} \tag{5.3-11}$$

因此，由式(5.3-8)可得

$$\boldsymbol{E}_{AO}^{te}=K_A\begin{bmatrix}E_{AI,t}\\0\end{bmatrix} \tag{5.3-12}$$

其中

$$\begin{aligned}\boldsymbol{E}_{AI,t}=K_CA_C\{&R_{pp}\cos A\,[\cos C\,\cos(P-C)-\rho_C\sin C\,\sin(P-C)]+\\&R_{ss}\sin A\,[\sin C\,\cos(P-C)+\rho_C\cos C\,\sin(P-C)]\}\end{aligned} \tag{5.3-13}$$

光电探测器 D 上得到的信号为

$$\varphi_D = K_D \boldsymbol{E}_{AO}^* \boldsymbol{E}_{AO} = K_D K_A K_A^* E_{AI,t} E_{AI,t}^* = K_D |K_A|^2 |E_{AI,t}|^2 \tag{5.3-14}$$

其中,上标 * 为共轭复数。

将式(5.3-13)代入式(5.3-14)得

$$\varphi_D = |A_C|^2 |K_C|^2 |K_A|^2 K_D \cdot |L|^2 \tag{5.3-15}$$

其中

$$\begin{aligned} L = & R_{pp} \cos A \left[\cos C \cos(P-C) - \rho_C \sin C \sin(P-C)\right] + \\ & R_{ss} \sin A \left[\sin C \cos(P-C) + \rho_C \cos C \sin(P-C)\right] \end{aligned} \tag{5.3-16}$$

**5. 消光法分析**

消光法的基本原理是搜索一组方位角$(P,C,A)$,使得入射到探测器上的光强为零,即

$$\varphi_D = 0 \tag{5.3-17}$$

由式(5.3-14)可得

$$L = 0 \tag{5.3-18}$$

由式(5.3-15)可得

$$\rho_S = \frac{R_{PP}}{R_{SS}} = -\tan A \cdot \frac{\tan C + \rho_C \tan(P-C)}{1 - \rho_C \tan C \tan(P-C)} \tag{5.3-19}$$

考虑以下特殊的情况,对于四分之一波片,有

$$T_C e^{j\delta_C} = 1 \times e^{j\left(-\frac{\pi}{2}\right)} = -j \tag{5.3-20}$$

(1) 波片方位角 $C=\frac{\pi}{4}$

$$\rho_S = \frac{R_{PP}}{R_{SS}} = -\tan A \cdot \frac{1 - j\tan\left(P - \frac{\pi}{4}\right)}{1 + j\tan\left(P - \frac{\pi}{4}\right)} = -\tan A \cdot e^{-j2\left(P - \frac{\pi}{4}\right)} \tag{5.3-21}$$

如果$(P',A')$代表一组消光角,从式(5.3-21)可以看出,同样存在另外一组消光角

$$(P'',A'') = \left(P' + \frac{\pi}{2}, \pi - A'\right) \tag{5.3-22}$$

由式(5.3-21)可得

$$\rho_S = \tan\psi \cdot e^{j\Delta} = -\tan A \cdot e^{-j2\left(P - \frac{\pi}{4}\right)} \tag{5.3-23}$$

因此,可得

① 当 $0<A<\frac{\pi}{2}$时

$$\begin{cases} \psi = A \\ \Delta = -\left(2P + \frac{\pi}{2}\right) + 2\pi \end{cases} \tag{5.3-24}$$

② 当$\frac{\pi}{2}<A<\pi$ 时

$$\begin{cases} \psi = \pi - A \\ \Delta = -2P + \frac{\pi}{2} \end{cases} \tag{5.3-25}$$

(2) 波片方位角 $C=-\frac{\pi}{4}$

$$\rho_S=\frac{R_{PP}}{R_{SS}}=-\tan A\cdot\frac{-1-\mathrm{j}\tan\left(P+\frac{\pi}{4}\right)}{1-\mathrm{j}\tan\left(P+\frac{\pi}{4}\right)} \tag{5.3-26}$$

如果$(P',A')$代表一组消光角,则同样存在另外一组消光角

$$(P'',A'')=\left(P'+\frac{\pi}{2},\pi-A'\right) \tag{5.3-27}$$

由式(5.3-21)可得

$$\rho_S=\tan A\cdot \mathrm{e}^{\mathrm{j}2\left(P+\frac{\pi}{4}\right)}=\tan\psi\cdot \mathrm{e}^{\mathrm{j}\Delta} \tag{5.3-28}$$

因此,可得

① 当 $0<A<\frac{\pi}{2}$时

$$\begin{cases}\psi=A\\ \Delta=2P+\frac{\pi}{2}\end{cases} \tag{5.3-29}$$

② 当$\frac{\pi}{2}<A<\pi$时

$$\begin{cases}\psi=\pi-A\\ \Delta=2\left(P+\frac{\pi}{2}+\frac{\pi}{4}\right)=2P-\frac{\pi}{2}+2\pi\end{cases} \tag{5.3-30}$$

综上所述,可知,对于$C=\frac{\pi}{4}$或$C=-\frac{\pi}{4}$总存在两组消光角可以达到消光的状态,并且从消光角可以得到样品的反射系数的比。EX2 采用$C=-\frac{\pi}{4}$的设置。

**6. 利用偏振光研究材料的光学性质**

1) 块状材料。

如图 5.3-3 所示,偏振光入射到环境介质(媒质 0)和块状材料(媒质 1)时,会发生反射和折射,约定如下:

① $N_0$ 和 $N_1$ 分别为环境介质(媒质 0)和块状材料(媒质 1)的复折射率,复折射率表达式为 $N_0=n_0-\mathrm{i}k_0$ 和 $N_1=n_1-\mathrm{i}k_1$,其中 $n$ 为折射率,$k$ 为消光系数。

② $\phi_0$ 和 $\phi_1$ 分别为光波在媒质 0 和媒质 1 中的传播方向与样品法线的夹角,即入射角和折射角。

③ $P$ 光偏振分量是指平行于入射面的偏振分量。

④ $S$ 光偏振分量是指垂直于入射面的偏振分量。

由 Fresnel 反射系数公式可得 $p$ 光和 $s$ 光的反射系数分别为

$$\begin{cases}\dfrac{\boldsymbol{E}_{rp}}{\boldsymbol{E}_{ip}}=R_P=\dfrac{N_1\cos\phi_0-N_0\cos\phi_1}{N_1\cos\phi_0+N_0\cos\phi_1}\\ \dfrac{\boldsymbol{E}_{rs}}{\boldsymbol{E}_{is}}=R_S=\dfrac{N_0\cos\phi_0-N_1\cos\phi_1}{N_0\cos\phi_0+N_1\cos\phi_1}\end{cases} \tag{5.3-31}$$

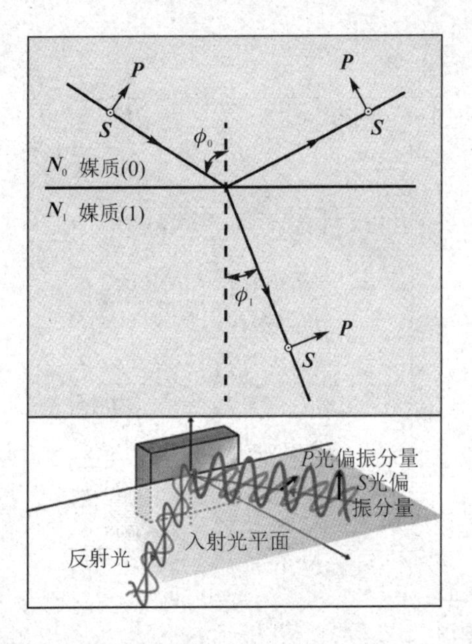


图 5.3-3 偏振光在环境介质-块状材料界面上的传播

由 Snell 反射几何公式可得

$$N_0 \sin \phi_0 = N_1 \sin \phi_1 \tag{5.3-32}$$

因此

$$\frac{R_P}{R_S} = \frac{\dfrac{N_1 \cos \phi_0 - N_0 \cos \phi_1}{N_1 \cos \phi_0 + N_0 \cos \phi_1}}{\dfrac{N_0 \cos \phi_0 - N_1 \cos \phi_1}{N_0 \cos \phi_0 + N_1 \cos \phi_1}} \tag{5.3-33}$$

2）单层纳米薄膜。

图 5.3-4 所示为偏振光波在环境媒质 0-薄膜 1-基片 2 中的传播，约定如下：

① $N_0$、$N_1$、$N_2$ 分别为环境媒质 0、薄膜 1 和基片 2 的复折射率。

② $\phi_0$、$\phi_1$、$\phi_2$ 分别为入射角、薄膜 1 中的折射角和基片 2 中的折射角。

③ $d_1$ 为薄膜厚度。

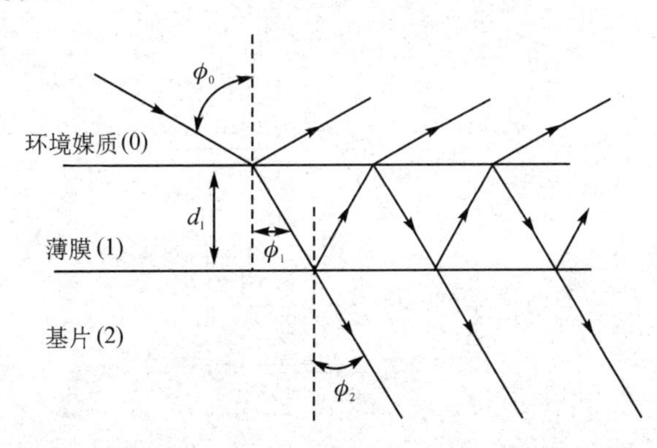


图 5.3-4　具有平行平面界面的环境媒质 0-薄膜 1-基片 2 系统对平面波的倾斜反射和透射

根据多光束干涉原理，可得

$$R_P=\frac{\boldsymbol{E}_{rp}}{\boldsymbol{E}_{ip}}=\frac{r_{01p}+r_{12p}\mathrm{e}^{-\mathrm{j}2\beta}}{1+r_{01p}r_{12p}\mathrm{e}^{-\mathrm{j}2\beta}},\quad R_S=\frac{\boldsymbol{E}_{rs}}{\boldsymbol{E}_{is}}=\frac{r_{01s}+r_{12s}\mathrm{e}^{-\mathrm{j}2\beta}}{1+r_{01s}r_{12s}\mathrm{e}^{-\mathrm{j}2\beta}} \tag{5.3-34}$$

其中

$$\begin{cases}\beta=2\pi\left(\dfrac{d_1}{\lambda}\right)N_1\cos\phi_1\\ r_{01p}=\dfrac{N_1\cos\phi_0-N_0\cos\phi_1}{N_1\cos\phi_0+N_0\cos\phi_1}\\ r_{12p}=\dfrac{N_2\cos\phi_1-N_1\cos\phi_2}{N_2\cos\phi_1+N_1\cos\phi_2}\\ r_{01s}=\dfrac{N_0\cos\phi_0-N_1\cos\phi_1}{N_0\cos\phi_0+N_1\cos\phi_1}\\ r_{12s}=\dfrac{N_1\cos\phi_1-N_2\cos\phi_2}{N_1\cos\phi_1+N_2 cos\,\phi_2}\end{cases} \tag{5.3-35}$$

根据 Snell 反射几何公式可得

$$N_0\sin\phi_0=N_1\sin\phi_1=N_2\sin\phi_2 \tag{5.3-36}$$

因此

$$\frac{R_P}{R_S}=\rho(N_0,N_1,N_2,d_1,\phi_0,\lambda) \tag{5.3-37}$$

**7. 椭偏测量方程的数值反演**

从给定的样品结构和样品参数来计算反射系数的比值为正向问题；从反射系数的比值寻找未知的光学参数为反向问题。

(1) 数学解析方法

由于椭偏方程的非线性特点，仅对于极少数的情况，在求解反向问题时才存在解析表达式。

1) 块状材料。

当环境介质 $N_0$ 已知时，则材料的 $n$ 和 $k$ 可以用数学表达出来。

若当环境介质为空气，即 $N_0=n-\mathrm{i}k=1-\mathrm{i}0$ 时，表达式为

$$\begin{cases}\varepsilon_1=n_s^2-k_s^2=(n_a\sin\varphi)^2\left[1+\dfrac{\tan^2\varphi(\cos^2 2\psi-\sin^2 2\psi\sin^2\Delta)}{(1+\sin 2\psi\cos\Delta)^2}\right]\\ \varepsilon_2=2n_sk_s=-\dfrac{(n_a\sin\varphi\tan\varphi)^2\sin 4\psi\sin\Delta}{(1+\sin 2\psi\cos\Delta)^2}\end{cases} \tag{5.3-38}$$

其中

$$\begin{aligned}n_s&=\sqrt{\frac{\sqrt{\varepsilon_1^2+\varepsilon_2^2}+\varepsilon_1}{2}}\\ k_s&=\sqrt{\frac{\sqrt{\varepsilon_1^2+\varepsilon_2^2}-\varepsilon_1}{2}}\end{aligned} \tag{5.3-39}$$

其中，$\varepsilon_1$ 为介电常数实部，$\varepsilon_2$ 为介电常数虚部，$n_s$ 为折射率，$k_s$ 为消光系数，$\varphi$ 为入射角度，$\psi$、$\Delta$ 为测量的椭偏角。

2）单层纳米薄膜样品。

对于环境媒质-单层纳米薄膜-基片组成的单层纳米薄膜样品，一般情况下椭偏方程为超越方程，无法得到样品参数的解析表达式。

当整个样品体系中仅有厚度未知时，才有解析表达式为

$$d_1 = \mathrm{j}\frac{\lambda}{4\pi\sqrt{N_1^2-(N_0\sin\phi_0)^2}}\lg X \tag{5.3-40}$$

其中

$$X=\frac{-(B-\rho E)\pm\sqrt{(B-\rho E)^2-4(C-\rho F)(A-\rho D)}}{2(C-\rho F)} \tag{5.3-41}$$

$$\begin{cases} A=a \\ B=b+acd \\ C=bcd \\ D=c \\ E=d+abc \\ F=abd \\ X=\mathrm{e}^{-\mathrm{j}2\beta} \end{cases} \tag{5.3-42}$$

$$\begin{cases} a=r_{01p}=\dfrac{N_1\cos\phi_0-N_0\cos\phi_1}{N_1\cos\phi_0+N_0\cos\phi_1} \\ b=r_{12p}=\dfrac{N_2\cos\phi_1-N_1\cos\phi_2}{N_2\cos\phi_1+N_1\cos\phi_2} \\ c=r_{01s}=\dfrac{N_0\cos\phi_0-N_1\cos\phi_1}{N_0\cos\phi_0+N_1\cos\phi_1} \\ d=r_{12s}=\dfrac{N_1\cos\phi_1-N_2\cos\phi_2}{N_1\cos\phi_1+N_2 cos\phi_2} \end{cases} \tag{5.3-43}$$

（2）查表法

对于一般情况，无法得到样品参数的数学解析式，因此，可采用查表法得到样品的参数值。原理为在样品参数（如折射率 $n$，厚度 $d$）附近，计算得到在测量条件下（如入射角度 $\phi_0$，波长 $\lambda$）的理论椭偏角（$\Psi_{\mathrm{mod}}$，$\Delta_{\mathrm{mod}}$），然后计算偏差值

$$\mathrm{MSE}=\sqrt{(\Psi_{\mathrm{mod}}-\Psi_{\mathrm{exp}})^2+(\Delta_{\mathrm{mod}}-\Delta_{\mathrm{exp}})^2} \tag{5.3-44}$$

寻找一组使得 MSE 达到最小值的测量值（$\Psi_{\mathrm{exp}}$，$\Delta_{\mathrm{exp}}$）所对应的样品参数，即认为是测量的参数。

## 三、实验仪器

EX2 自动椭圆偏振测厚仪（见图 5.3-5）是基于消光法（或称“零椭偏”）椭偏测量原理，针对纳米薄膜厚度测量领域推出的一款自动测量型教学仪器。EX2 仪器适用于测量纳米薄膜的厚度，以及同时测量纳米薄膜的厚度和折射率。EX2 仪器还可用于同时测量块状材料（如金属、半导体、介质）的折射率 $n$ 和消光系数 $k$。

图5.3-5　EX2自动椭圆偏振测厚仪

## 四、实验内容及步骤

### 1. 实验内容

测出不同种类薄膜的厚度和折射率。

### 2. 实验步骤

(1) 仪器调整

① 仪器开机:仪器电源总开关→计算机电源→启动软件。

② 系统预热:软件正常启动后,系统进入预热状态,此时弹出"系统预热"对话框,显示预热10 min倒计时,如图5.3-6所示。预热完毕后直接进入系统。

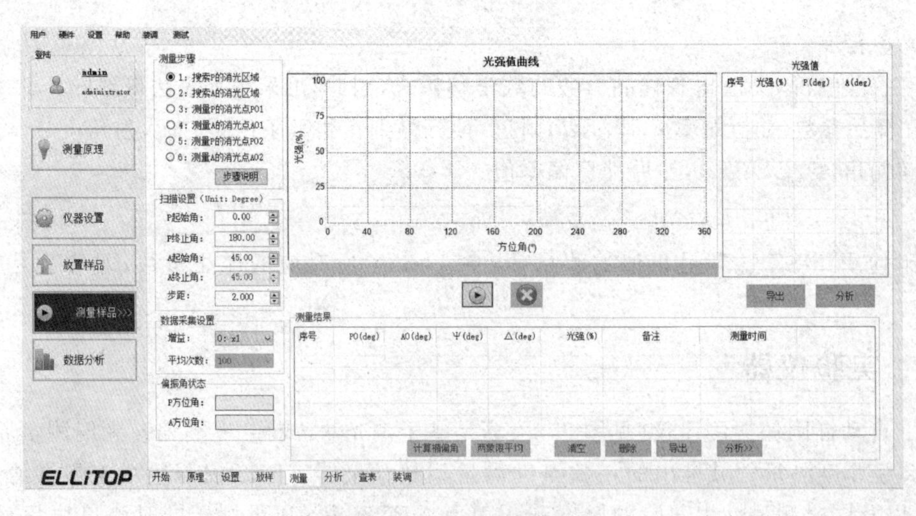


图5.3-6　样品测量界面

(2) 样品放置

使用镊子将标片平稳放置在样品台中心位置,并保证入射光束照射进测量区方框标识内。

装样过程中保证标片的清洁度,禁止直接触摸。

(3) 调整样品位置

① 需要测量的样品放置于样品台面且测量面朝上。

② 将起偏臂角度调至 90°,检偏臂不动。

③ 调节样品台高低和俯仰使入射光掠射样品表面,此时样品表面会出现一条亮线,锁紧 $Z$ 轴螺丝。

④ 将起偏臂角度调至待测的角度(如 70°),精调样品台俯仰旋钮,直至探测器上光强值达到最大。

(4) 测量设置

点击仪器设置,检查测量设置,仪器设置:激光器类型、波长、入射角度。根据测量的样品不同,要求手动选择合适的入射角度。

(5) 测量样品

为了得到高准确度的测量结果,请参照下述步骤依次进行:搜索 P 的消光区域,搜索 A 的消光区域,测量 P 的消光点 P01,测量 A 的消光点 A01 ,测量 P 的消光点 P02,测量 A 的消光点 A02 。最后测量结果中的数据可进行计算椭偏角、两象限平均、删除、导出以及分析操作。当选择"分析≫"按钮时,所选择行的椭偏角将作为原始数据,进入数据分析界面。

(6) 数据分析

根据被测样品种类,在界面"项目"中选择软件预设的膜系进行初始建模。需要注意的是,对于不同的样品其建模方式不同:

① 纳米薄膜(膜厚和折射率):一般用于测量 50 nm 以上,可计算其样品膜厚和折射率。

② 纳米薄膜(膜厚):一般用于测量 50 nm 以下,需固定其折射率只计算样品膜厚。

③ 块状材料(折射率和消光系数):一般用于衬底材料,不测量其膜厚,可计算样品、折射率和消光系数。

(7) 样品测试

依次测量出不同种类薄膜的厚度与折射率,并计算误差。

(8) 仪器关机

关闭操作软件→关闭计算机电源→关闭仪器箱电源。

## 五、思考题

1. 实验开始前为何需要点亮激光预热 10 min 后才可进行测量?
2. 试列举椭偏测量中几种可能的误差来源并分析它们对测量结果的影响。
3. 为什么椭偏仪灵敏度高?

## 六、拓展性实验

测量不同块体材料的折射率 $n$ 和消光系数 $k$。

## 参考文献

[1] 吴思诚,王祖铨. 近代物理实验. 2 版. 北京:北京大学出版社,1995.

[2] Vedam K. Spectroscopic ellipsometry: a historical overview[J]. Thin Solid Films,

1998,s313-314:1-9.

[3] 莫党,朱雅新. 椭偏光仪和薄膜测量[J]. 物理,1977,(3):140-143.

# 5.4 微弱信号检测及其在半导体参数测量中的应用

锁相放大器技术的原理于20世纪30年代被提出,并于20世纪中期进入商业化应用。锁相放大器采用零差检测方法和低通滤波技术,能够在极强噪声环境中提取微弱信号幅值和相位信息,测量相对于周期性参考信号的信号幅值和相位。锁相测量方法可提取以参考频率为中心的指定频带内的信号,有效滤除所有其他频率分量。目前性能最好的锁相放大器可在噪声幅值超过期望信号幅值百万倍的情况下实现精准测量。锁相放大器主要用于精密交流电压仪和交流相位计、噪声测量单元、阻抗谱仪、网络分析仪、频谱分析仪以及锁相环中的鉴相器等。相关研究领域几乎覆盖了所有物理学的波长范围和温度条件,例如在全日光条件下的日冕观测、分数量子霍尔效应的测量、扫描探针显微镜技术(如分子中原子间键合特性的直接成像)等。与频谱分析仪和示波器一样,锁相放大器的功能极其丰富多样,已成为各种实验室装备中不可或缺的核心工具之一。

本实验利用锁相放大器进行半导体参数测量。对于半导体器件设计与制造的核心问题——如何控制半导体内部的杂质分布以满足实际应用所要求的器件电学参数,传统的测试方法是利用四探针或霍尔效应逐次去层测量薄层霍尔电压,以获得杂质浓度分布以及迁移率随杂质浓度的变化,但是该方法比较繁琐且具有破坏性。而通过测量不同直流偏压下p-n结势垒电容的方法(即C-V法),可以既不破坏器件本身,又可迅速地获得杂质浓度的分布。但使用C-V法会不可避免地遇到噪声问题,使得测量遇到了极大阻碍。本实验将利用对待测信号和参考信号的互相关检测原理,使用锁相放大器实现对信号的窄带化处理,并有效地抑制测量噪声,实现对p-n结的杂质浓度分布的检测。

## 一、实验要求与预习要点

### 1. 实验要求

① 掌握锁相放大器的原理和使用方法。

② 测量p-n结电容-偏压(C-V)特性曲线。

③ 由突变结的C-V的特性曲线,计算轻掺杂的杂质分布。

### 2. 预习要点

① 了解杂质浓度分布与p-n结势垒电容之间的关系。

② 锁相放大器是如何从噪声中提取微弱信号的?

## 二、实验原理

### 1. 锁相检测原理

(1) 锁相放大器工作原理

传统的微弱信号处理方法在放大信号的同时也放大了噪声,而且在不进行带宽限制或滤波处理的情况下,任何放大操作都将使得信号的信噪比下降。因此,必须采用滤波手段提纯信号提高信噪比，以实现对微弱信号的准确测量。但要实现中心频率可调而且稳定、高 $Q$ 值的带通滤波器往往十分困难。

锁相放大器是一种用于微弱信号检测的仪器。对于淹没在各种噪声中的微弱信号，锁相放大器可以将其从噪声中提取出来并对其进行精确测量。锁相放大器是基于相关检测原理的微弱信号检测手段。所谓相关是使两个函数之间具有一定的关系，如果它们的乘积对时间求平均（积分）为零，则表明两者不相关（即彼此独立）；如果不为零，则表明两者相关。相关按两个函数的关系又可分为自相关和互相关两种。由于互相关检测的抗干扰能力强，因此微弱信号检测大多采用互相关检测原理。

根据此原理设计的相关检测器是锁相放大器的心脏，即相敏检测器（Phase-Sensitive Detection，PSD），其利用与待测信号有相同频率和固定相位关系的参考信号作为基准，提取出与参考信号有关的信号分量，过滤掉参考频率以外的噪声分量。相敏检测器（PSD）可以取代高 $Q$ 值的带通滤波器，其基本模块包含一个将输入信号与参考信号相乘的乘法模块和一个对相乘结果进行低通滤波的滤波器模块。PSD 有时也特指乘法模块，不包含滤波器模块。锁相放大器的原理框图如图 5.4-1 所示。

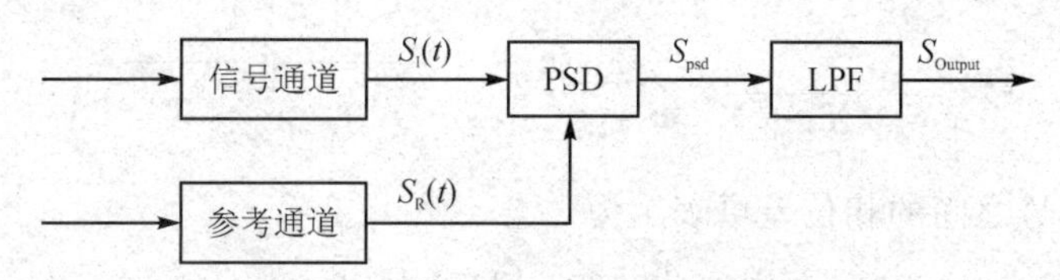


**图 5.4-1 锁相放大器的原理框图**

图中 $S_I(t)$ 是掺杂了噪声的输入信号，可定义为

$$S_I(t) = A_I \sin(\omega t + \varphi) + B(t) \tag{5.4-1}$$

其中，$\omega$ 是待测信号的频率，$A_I \sin(\omega t + \varphi)$ 是待测信号，$B(t)$ 是信号噪声。参考信号 $S_R(t)$ 为与输入待测信号具有相同频率的标准正弦信号，可定义为

$$S_R(t) = A_R \sin(\omega t + \delta) \tag{5.4-2}$$

两路信号同时输入 PSD 模块进行乘法操作得到的输出为

$$\begin{aligned} S_{psd} &= S_I(t) S_R(t) = A_I A_R \sin(\omega t + \varphi) \sin(\omega t + \delta) + B(t) A_R \sin(\omega t + \delta) \\ &= \frac{1}{2} A_I A_R \cos(\varphi - \delta) - \frac{1}{2} A_I A_R \cos(2\omega t + \varphi + \delta) + B(t) A_R \sin(\omega t + \delta) \end{aligned} \tag{5.4-3}$$

上式包含 3 项，其中，第一项包含待测信号的幅值 $A_I$、参考信号的幅值 $A_R$ 以及输入信号相对于参考信号相位差 $(\varphi-\delta)$ 的余弦。在待测信号、参考信号和相位差均稳定的情况下，可以认为该项为一定值，即信号的直流分量；第二项为参考信号的二倍频交流信号；而第三项为噪声信号与参考信号的乘积，根据正弦信号的完备性可知，由于随机信号与其不具有相关性，其积分结果将为零。

上述分析主要从时域角度考虑。另外，还可从频谱的角度来看，第一项处于直流部分，第二项在参考信号的二倍频位置，第三项为噪声信号经过 $\omega$ 频谱搬移，搬移结果仍为噪声。因此，将结果输入低通滤波器得到解调信号的直流部分为

$$S_{Output} = \frac{1}{2} A_I A_R \cos(\varphi - \delta) \tag{5.4-4}$$

虽然通过进一步调整待测信号与参考信号的相位差($\varphi-\delta$)就能确定待测信号的幅值,但是这个调整的精度实际很难保证,双相解调技术的提出则很好地解决了这个问题。

(2) 双向解调技术

锁相放大器的双向解调技术原理框图如图5.4-2所示。设待测信号与参考信号之间的相位差$\theta=\varphi-\delta$,在参考通道产生两个相差90°的正弦信号

$$S_{R0}(t)=A_R\sin(\omega t+\delta) \tag{5.4-5}$$

$$S_{R1}(t)=A_R\sin\left(\omega t+\delta+\frac{\pi}{2}\right) \tag{5.4-6}$$

于是,计算出相应通道的输出结果为

$$S_{\text{Output0}}=\frac{1}{2}A_I A_R\cos\theta \tag{5.4-7}$$

$$S_{\text{Output1}}=\frac{1}{2}A_I A_R\sin\theta \tag{5.4-8}$$

定义$X=A_I\cos\theta$,$Y=A_I\sin\theta$,这里做了类似极坐标和直角坐标的转换,可计算出不依赖于相位差的输出幅值为

$$R=\sqrt{X^2+Y^2}=A_I=\frac{2\times\sqrt{S_{\text{Output0}}^2+S_{\text{Output1}}^2}}{A_R} \tag{5.4-9}$$

参考信号与待测信号之间的相位差可表示为

$$\theta=\tan^{-1}(Y/X) \tag{5.4-10}$$

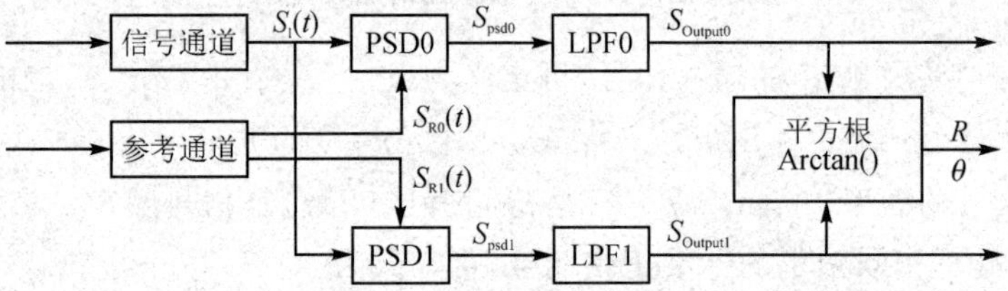

图5.4-2 锁相放大器的双向解调技术原理框图

(3) 时间常数和直流增益

信号经相敏检波后需再经低通滤波后才能输出被放大的直流信号。显然,这个低通滤波器的带宽越窄,噪声含量就越小,即信噪比越高。典型的低通滤波器为如图5.4-3(a)所示的一阶RC滤波器,降低其带宽的简单办法就是增加其数量并串联起来,称之为级联,一阶RC滤波器的个数称为级联阶数。增加滤波器的级联阶数虽然可提高输出的信噪比,但其代价是增加了时间常数。

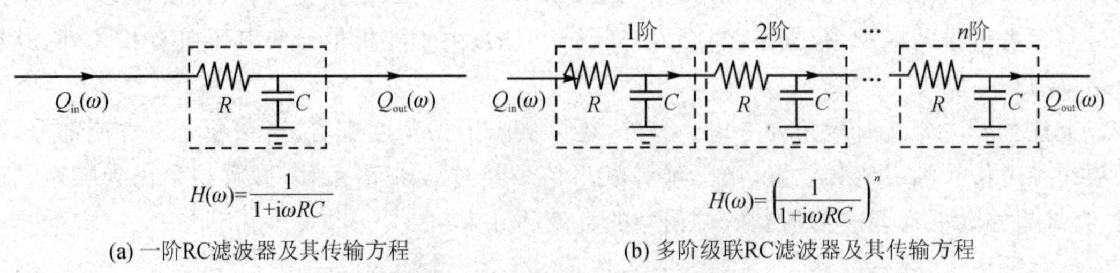

(a) 一阶RC滤波器及其传输方程　(b) 多阶级联RC滤波器及其传输方程

图5.4-3 RC滤波器及其传输方程

定义输出信号升到最大值的(1－1/e)倍或降到最大值的 1/e 倍所需要的时间为响应时间常数 $\tau$。一阶 RC 滤波器对阶跃函数的响应如图 5.4－4 所示。其中，3 dB 带宽和 NEP(Noise Equivalent Power，噪声等效功率)带宽都是衡量锁相放大器性能的重要指标，分别反映锁相放大器的频率响应和噪声性能。3 dB 带宽是指锁相放大器输出信号的幅度下降 3 dB(即下降到输入信号幅度的约 70.7%)时的频率范围，其反映了锁相放大器对输入信号频率的响应范围，带宽越宽，能够处理的信号频率范围就越广，在对数坐标系下，幅度下降 3 dB 相当于输入信号幅度下降到原来的 $1/\sqrt{2}$ 倍，即 $10^{-3/20}\approx 0.707$，因此也有“当输出功率下降到最大输出功率的一半时的频率范围”的说法；NEP 定义为在特定的信噪比(SNR)下输出信号功率与噪声功率相等时的输入信号功率，NEP 带宽通常指在特定信噪比下锁相放大器噪声等效功率保持不变的频率范围，也是能够检测到的最小信号功率对应的频率范围。当级联阶数越高，信号响应越慢，等效时间常数越大。

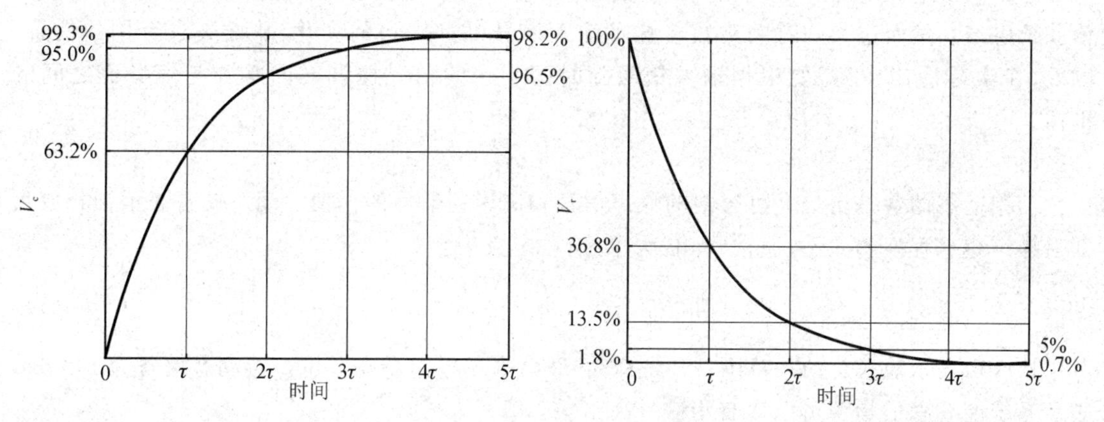


**图 5.4－4　时间常数 $\tau$ 的阶跃响应表示**

当滤波器的时间常数 $\tau$ 一定且阶数 $n$ 分别为 1、2、4、8 时，系统的输入从最小值逐渐增加后稳定到最大值的 99% 所用的时间，如图 5.4－5 所示。因为锁相放大器中相敏检测器后端的低通滤波器设计采用多个低通滤波器级联的方式实现，所以此时稳定时间是由当前设置的时间常数大小和滤波器阶数共同决定的。表 5.4－1 所列为不同时间常数和级联阶数对应的系统带宽和稳定时间。

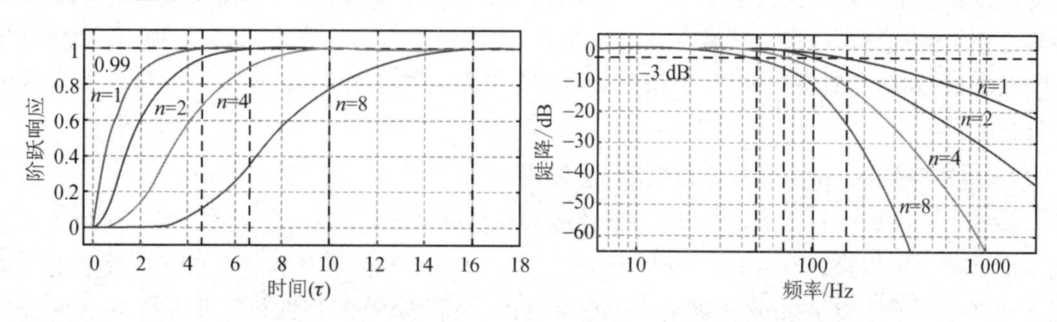


**图 5.4－5　阶数 $n$＝1、2、4、8 时的阶跃响应和陡降**

**表 5.4-1　不同低通滤波器阶数对应的系统带宽和稳定时间**

| 级联阶数 $n$ | 时间常数 $\tau$ | 陡降 | | 系统带宽 | | | 响应时间 | | | |
|---|---|---|---|---|---|---|---|---|---|---|
| | | dB/oct | dB/dec | $f_{-3dB}$ | $f_{NEP}$ | $f_{NEP}/f_{-3dB}$ | 63.2% | 90% | 99% | 99.9% |
| 1 | 1 | 6 | 20 | 0.159 | 0.250 | 1.57 | 1.00 | 2.30 | 4.61 | 6.91 |
| 2 | 1 | 12 | 40 | 0.102 | 0.125 | 1.23 | 2.15 | 3.89 | 6.64 | 9.23 |
| 3 | 1 | 18 | 60 | 0.081 | 0.094 | 1.16 | 3.26 | 5.32 | 8.41 | 11.23 |
| 4 | 1 | 24 | 80 | 0.069 | 0.078 | 1.13 | 4.35 | 6.68 | 10.05 | 13.06 |
| 5 | 1 | 30 | 100 | 0.061 | 0.069 | 1.12 | 5.43 | 7.99 | 11.60 | 14.79 |
| 6 | 1 | 36 | 120 | 0.056 | 0.062 | 1.11 | 6.51 | 9.27 | 13.11 | 16.45 |
| 7 | 1 | 42 | 140 | 0.051 | 0.057 | 1.11 | 7.58 | 10.53 | 14.57 | 18.06 |
| 8 | 1 | 48 | 160 | 0.048 | 0.053 | 1.10 | 8.64 | 11.77 | 16.00 | 19.62 |

可以简单地认为,时间常数越大,阶数越高,输出的带宽就越低,显示的测量幅度、相位等值就越稳定。然而过大的时间常数会抹平输入信号(随时间)的变化,从而失去有用的信息。因此,在实际应用中,需要根据输入信号随时间变化的情况协调时间常数与信噪比之间的平衡。

(4) 动态储备

锁相动态储备是指最大可容纳的噪声信号和满量程信号的比值。动态储备表示锁相放大器对噪声容忍程度的大小,通常以 dB 为单位,可定义为

$$\text{动态储备} = 20\lg\frac{\mathrm{OVL}}{\mathrm{FS}}(\mathrm{dB}) \tag{5.4-11}$$

其中,OVL 表示输入总动态范围;FS 是最大量程,表示输出动态范围。若动态储备为 100 dB,表示系统能容忍的噪声可以比有用信号高出 $10^5$ 倍。

实际上动态储备设置应该保证整个实验过程中不发生过载,过载还可能出现在前置放大器的输入端和 DC 放大器的信号输出端。系统的输入增益与动态储备成反比。因为噪声也会随着输入增益而放大,因此可以通过减少输入增益来实现高动态储备。前级放大倍数设置在合理范围以防止噪声过载,经过 PSD 和低通滤波器滤掉了大部分噪声后,直流放大倍数设置为较大值将信号放大到满量程。

锁相放大器的输入信号在 PSD 处理之前需要交流放大,而在 PSD 处理之后进行直流放大即可。在总增益不变的情况下,如果增加交流增益、减小直流增益,则输入噪声经交流放大很容易使 PSD 过载、动态储备减小,同时输出的直流漂移减小。反之,如果增加直流增益、降低交流增益,则动态储备提高,使锁相放大器具有良好的抗干扰能力,但以输出稳定性为代价降低了测量精度。

**2. 单边突变 p-n 结杂质分布的 C-V 测量**

若将 p 型半导体与 n 型半导体"紧密接触",其接触界面就形成 p-n 结。将 p 区和 n 区分别引出电极并加以封装,就得到晶体二极管。p-n 结是半导体器件和集成电路中最基本的单元结构之一。了解和掌握 p-n 结的空间电荷区的形成及其基本特性和能带结构,将为定性分析其他半导体器件打下基础。用泊松方程和电流连续性方程分析 p-n 结的基本特性,并导出 p-n 结的电流电压关系,将为定量表征半导体器件特性建立起基本的数学方法。

如果 p－n 结一边的掺杂浓度远大于另一边的掺杂浓度，就形成单边突变 p－n 结，加在 p－n 结上的电压几乎都降在耗尽层的轻掺杂一边。单位面积 p－n 结势垒电容($C/A$)与反向偏压 $V_R$ 的关系仅与轻掺杂的浓度($N_D$)有关，可表示为

$$\frac{C}{A}=\left[\frac{q\varepsilon\varepsilon_0 N_D}{2(V_D+V_R)}\right]^{1/2} \tag{5.4-12}$$

其中，$V_D$ 为无偏压时 p－n 结的接触电势差(即为单边突变异质结的自建势)。将式(5.4－12)改写为

$$\frac{1}{C^2}=\frac{2}{A^2 q\varepsilon\varepsilon_0 N_D}(V_D+V_R) \tag{5.4-13}$$

由上式可以看出，($1/C^2$)与 $V_R$ 呈线性关系。如果通过实验测量出($1/C^2$)－$V_R$ 这条直线，那么由直线的斜率就可以求出杂质浓度 $N_D$，由直线的截距还可以求出 p－n 结的自建势 $V_D$。

p－n 结势垒电容是一个随直流偏压变化的微分电容。因此，在测量势垒电容时，要在 p－n 结上施加一定的反向直流偏压 $V_R$，同时在 $V_R$ 上再叠加一个微小的交变电压信号 $v(t)$，并在交变电压信号 $v(t)$ 与待测的 p－n 结电容 $C_x$ 之间串接一个已知电容 $C_0$，当 $C_0 \gg C_x$ 时，在 $C_0$ 两端的电压为

$$v_i=\frac{v(t)}{\dfrac{1}{\mathrm{j}\omega C_x}+\dfrac{1}{\mathrm{j}\omega C_0}}\cdot\frac{1}{\mathrm{j}\omega C_0}\approx\frac{C_x}{C_0}v(t) \tag{5.4-14}$$

上式表明，电容 $C_0$ 上的交变电压 $v_i$ 与待测的 p－n 结电容 $C_x$ 成正比，比例系数 $v(t)/C_0$(等于 $v_i/C_x$)表示单位待测电容转换为电压信号的灵敏度。能否通过增大交变电压 $v(t)$ 或降低 $C_0$ 来提高这个灵敏度呢？式(5.4－14)成立的前提是 $C_0 \gg C_x$，此外，由于 p－n 结是一个微分电容，交变电压 $v(t)$ 必须比 p－n 结上的压降 $V_D+V_R$ 要小得多，否则将给微分电容的测量带来一定的误差。因此，只有选取适当的交流放大器，经过检波后的输出幅度如果与输入电平成正比，那么把检波后的直流信号($v_i$ 的幅值)作为 $Y$ 轴，p－n 结上的反向偏压 $V_R$ 作为 $X$ 轴，通过调节反向偏压的大小，就可以测得 p－n 结的 C－V 曲线。p－n 结的 C－V 曲线测量方框图如图 5.4－6 所示。

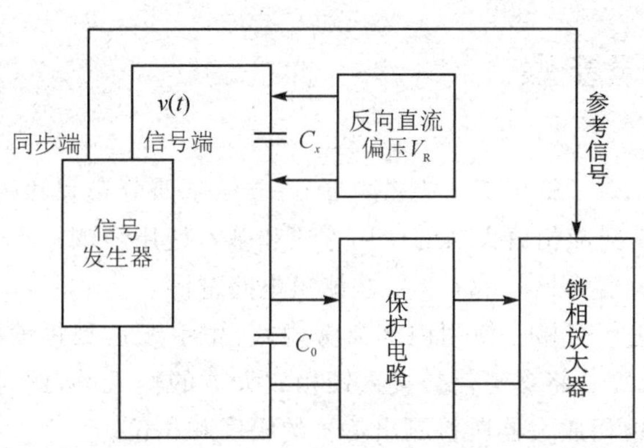


**图 5.4－6　p－n 结的 C－V 曲线测量方框图**

## 三、实验仪器

本实验所用仪器:DSP7265型锁相放大器(见图5.4-7)、信号发生器、直流稳定电源、示波器、万用表和实验电路。测量二极管时可更换并采用鳄鱼夹的方式固定在实验电路中。p-n结的C-V曲线测量原理图如图5.4-8所示。

图5.4-7 DSP7265型锁相放大器

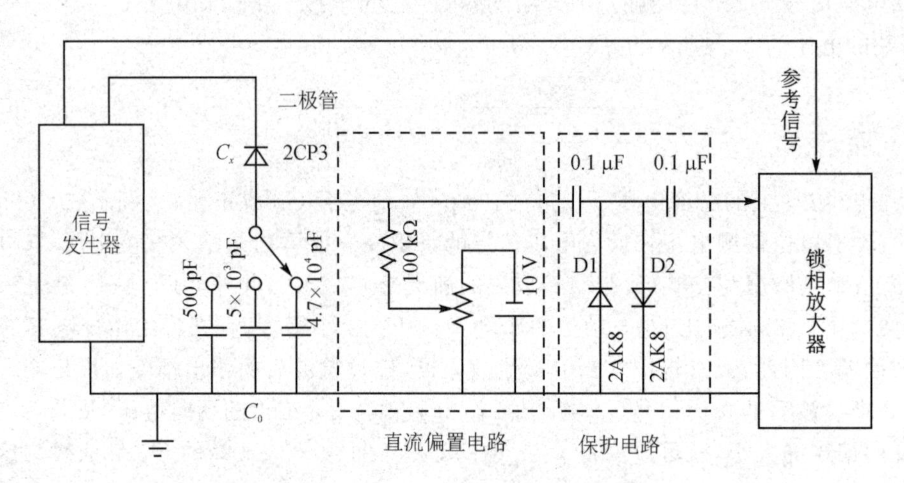


图5.4-8 p-n结的C-V曲线测量原理图

## 四、实验内容及步骤

① 预习:

(a) 阅读实验说明书,了解用C-V法测量p-n结杂质分布和锁相放大技术的原理。

(b) 了解DSP7265型锁相放大器的使用方法和基本使用步骤。

② 绘出以锁相放大器为核心的C-V法测量电路框图。

③ 对锁相放大器进行自检。使用内部参考模式,用示波器测量锁相放大器的参考信号,观察该信号的频率和幅度。将参考信号接入锁相放大器的输入端,此时的参考信号与输入信号是同一个信号,观察锁相放大器所检测出信号的幅度和相位。

④ 接入电容$C_x$并观测锁相放大器所测量的幅度、相位与$C_x$的关系。操作中,在校准(或测量)$V_s$时务必先置锁相放大器的灵敏度于最大以保护仪器。记录相应的数据。

⑤ 接入二极管测量C-V曲线:接入二极管,观察测试输出信号$V_R$的幅度、相位与二极管反向偏压$V_R$之间关系,注意反向偏压$V_R$的大小、锁相放大器灵敏度和时间常数$t_c$的设

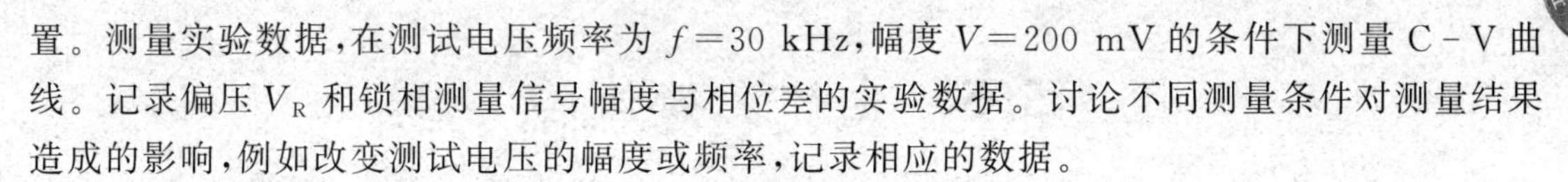

置。测量实验数据，在测试电压频率为 $f=30$ kHz，幅度 $V=200$ mV 的条件下测量 C－V 曲线。记录偏压 $V_R$ 和锁相测量信号幅度与相位差的实验数据。讨论不同测量条件对测量结果造成的影响，例如改变测试电压的幅度或频率，记录相应的数据。

⑥ 结束：

(a) 置灵敏度于最大，时间常数为 5 s，关闭锁相放大器。

(b) 置反偏电压于 0 V。

(c) 关闭直流电源。

## 五、思考题

1. 什么样的二极管可用本法测定杂质分布？

2. 说明锁相放大器的基本结构，画出锁相放大器的原理框图。

## 六、实验报告要求

1. 概述锁相放大器的调节步骤，列出测量条件、锁相放大器的放大倍数以及交流输入信号与输出信号之间的线性关系。

2. 总结 p－n 结的 C－V 测量方法要点，列出测量条件和原始数据表格，画出 C－V 曲线。

3. 作 $\frac{1}{C^2}\sim V_R$ 关系曲线，由此直线外推至 $\frac{1}{C^2}=0$，外推直线在 $V$ 轴之截距即为单边突变异质结的自建势 $V_D$，给出 $V_D$ 值。

4. 若已知 p－n 结面积 $A=5.03\times10^{-3}$ cm$^2$，$\varepsilon\varepsilon_0=11.8\times8.854\times10^{-14}$ F/cm，由 $\frac{1}{C^2}\sim V_R$ 的斜率求得二极管轻掺杂的杂质分布 $N_D$ 值。

5. 说明不同测量条件对测量结果的影响。

## 七、拓展性实验

若 $\frac{1}{C^2}\sim V_R$ 的线性度仍然较差，讨论如何对现有的模型进行改进？尝试使用 $\frac{1}{C^3}$ 对数据进行拟合。

## 八、研究性实验

1. 使用计算机连接并控制锁相放大器，编程实现参数的自动测量。

2. 使用不同厂商的锁相放大器来完成实验。

## 参考文献

[1] 何元金. 近代物理实验[M]. 北京：清华大学出版社，2005.

[2] 何波，史衍丽，徐静. C－V 法测量 PN 结杂质浓度分布的基本原理及应用[J]. 红外，2006，27(10)：5-10.

[3] 傅兴华. 半导体器件原理简明教程[M]. 北京：科学出版社，2010.

[4] 赛恩仪器：数字锁相放大器[EB/OL]. https://www.ssi-instrument.com/OE1022D.html.

# 5.5 光纤光栅传感

光纤光栅传感技术是发展最为迅速、最有发展前途、最具有代表性的光纤传感技术之一。它以其自身独特的优势备受青睐,加之近年来光纤通信无源器件的发展,更拓宽了光纤光栅传感技术的应用领域,使其一直是人们研究的热点。本实验介绍了光纤光栅传感原理及两种光纤光栅解调方法:一种是简便的解调方法——边沿滤波解调法;另一种是工程应用中实际使用的方法——扫描滤波法,用以传感微应变、微载荷和微位移等物理量。

## 一、实验要求与预习要点

### 1. 实验要求

① 光纤光栅光谱特性实验(透射谱、反射谱)。

② 光纤光栅的传感原理(弹光效应、热光效应)。

③ 光纤光栅的解调方法(边沿滤波法、扫描滤波法)。

④ 用光纤光栅两种解调方法测量微应变、微位移和微载荷。

### 2. 预习要点

① 了解光纤光栅传感器的结构。

② 光纤光栅传感器的透射谱、反射谱的含义。

③ 光纤光栅传感器是如何实现传感的。

④ 了解光纤光栅解调方法的种类和原理。

## 二、实验原理

### 1. 光纤光栅的光谱特性

(1) 光纤光栅的制作方法

相位掩模法是目前最成熟的光纤光栅写入方法,由加拿大的Hill等人于1993年提出。该法是利用紫外光垂直照射相位掩模形成衍射条纹曝光载氢光纤,改变光纤纤芯折射率,产生小的周期性调制形成光纤光栅。相位掩模技术使得光纤光栅走向实用化和产业化,其原理图如图5.5-1所示。

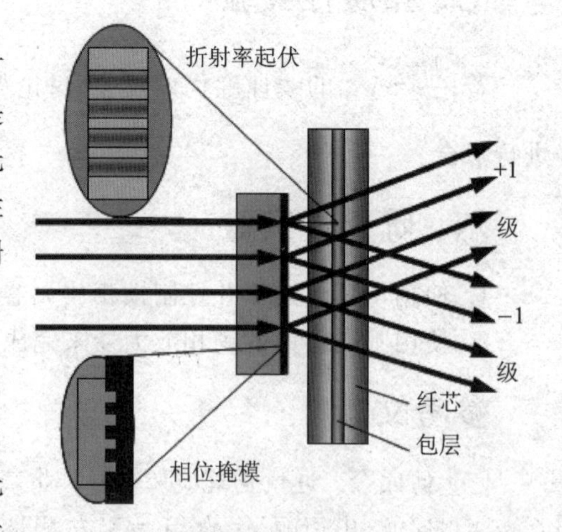


图5.5-1 光纤光栅相位掩模法写入原理图

(2) 光纤光栅分类

1) 按光纤光栅的周期分类:

根据光纤光栅周期的长短,通常把周期小于1 μm的光纤光栅称作短周期光纤光栅,又称为光纤布拉格光栅(FBG)或者反射光栅。周期为几十至几百微米的光纤光栅称为长周期光纤光栅或透射光栅。短周期光纤光栅的特点是传输方向相反的模式之间发生耦合,属于反射型带通滤波器。长周期光纤光栅的特点是同向传输的纤芯基模和包层模之间的耦合,无后向反射,属于透

射型带阻滤波器，阻带宽度一般为十几到几十纳米。

2）按光纤光栅的波导结构分类：

按照光纤光栅的波导结构即光栅轴向折射率分布，光纤光栅可分为以下几类。

① 均匀光纤光栅。特点是光栅的周期和折射率调制的大小均为常数，如图 5.5-2(a)所示，这是最常见的一种光纤光栅，其反射谱具有对称的边模振动。

② 啁啾光纤光栅。特点是光栅的周期沿轴向长度逐渐变化，如图 5.5-2(b)所示，该光栅在光纤通信中最突出的应用是作为大容量密集波分复用（DWDM）系统中的色散补偿器件。

③ 高斯变迹光纤光栅。特点是光致折射率变化大小沿光纤轴向为高斯函数，如图 5.5-2(c)所示。其反射谱不具有对称性，在长波边缘光谱平滑，在短波边缘存在边模振动结构，并且光栅长度越长震荡间隔越密，光栅越强（折射率调制越大）震荡幅度越大。

④ 升余弦变迹光纤光栅。光致折变大小沿光纤轴向分布为升余弦函数，且直流 DC 折射率变化为零，如图 5.5-2(d)所示。对反射谱的边模震荡具有很强的抑制作用，在 DWDM 系统中有重要应用。

⑤ 相移光纤光栅。特点是光栅在某些位置发生相位变化，通常是 $\pi$ 相位发生跳变，从而改变光谱的分布，如图 5.5-2(e)所示。相移的作用是在相应的反射谱中打开一个缺口，相移的大小决定了缺口在反射谱中的位置，而相移在光栅波导中出现的位置决定了缺口的深度。当相移恰好出现在光栅中央时缺口深度最大，因此相移光纤光栅可用来制作窄带通滤波器，也可用于分布反馈式（DFB）光纤激光器。

⑥ 超结构光纤光栅。特点是光栅由许多小段光栅构成，折变区域不连续，如图 5.5-2(f)所示。如果这种不连续区域的出现有一定周期性则称为取样，其反射光谱出现类似梳状滤波的等间距尖峰，且光栅长度越长，每个尖峰的带宽越宽，反射率越高。

⑦ 倾斜光纤光栅。也称为闪耀光纤光栅，特点是光栅条纹与光纤轴成一小于 90°的夹角，如图 5.5-2(g)所示。倾斜光纤光栅可以有效地降低光栅的条纹可见度并显著影响辐射模耦合，从而使布拉格反射减弱，因此合理选择倾斜角度可增强辐射模或束缚模耦合，从而抑制布拉格反射。可以用作掺铒光纤放大器的增益平坦器，光传播模式转换器等。

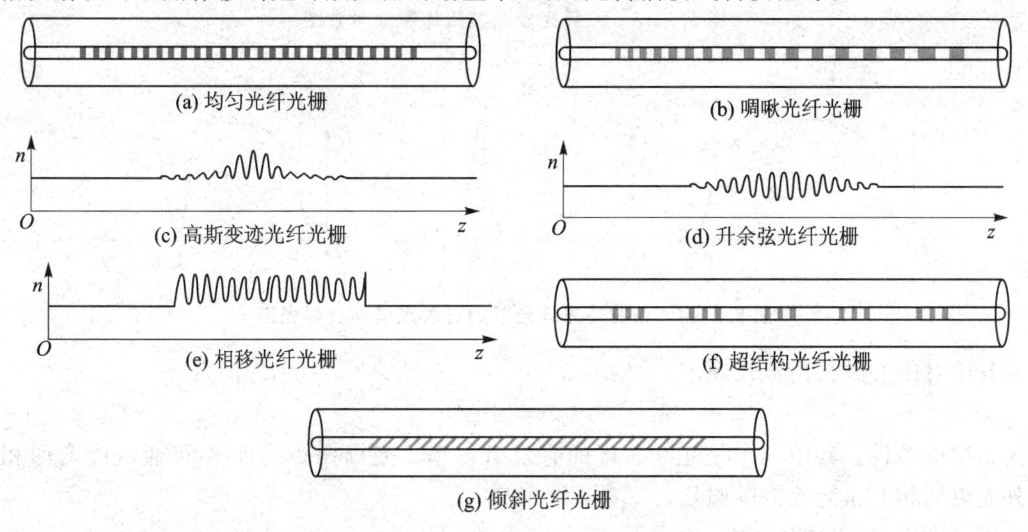


图 5.5-2　按波导结构光纤光栅的分类

此外,特殊折射率调制的光纤光栅,特点是其折射率调制不能简单地归结为以上某一类,而是两种或多种光栅的结合或者折射率调制按某一特殊函数变化,这种光纤光栅往往在光纤通信和光纤传感领域有特殊的应用。

3)按光纤光栅的形成机理分类:

按光纤光栅的形成机理,光纤光栅可分为以下两类。

① 利用光敏性形成的光纤光栅。其特点是利用激光曝光掺杂光纤导致其折射率发生变化,从而形成光纤光栅。其代表是:紫外光通过相位掩模或振幅掩模曝光氢载掺锗石英光纤,由于其紫外光敏性引起纤芯折射率周期性调制,从而形成光纤光栅。

② 利用弹光效应形成的光纤光栅。其特点是利用周期性的残余应力释放或光纤的物理结构变化从而轴向周期性地改变光纤的应力分布,通过弹光效应导致光纤折射率发生轴向周期性变化,从而形成光纤光栅。其代表有 $CO_2$ 激光加热使光纤释放残余应力,氢氟酸腐蚀改变光纤物理结构,电弧放电使光纤微弯和微透镜阵列法等方法形成光纤光栅。

4)按光纤光栅的材料分类:

按写入光栅的光纤材料类型,光纤光栅可分为硅玻璃光纤光栅和塑料光纤光栅。此前研究和应用最多的是在硅玻璃光纤光栅中写入的光纤光栅,最近在塑料光纤中写入的光纤光栅已引起人们越来越多的关注,该种光纤光栅在通信和传感领域有着许多潜在的应用,比如具有很大的谐振波长可调范围(可达 70 nm)及很高的应变灵敏度。

(3)布拉格光纤光栅的反射谱和透射谱

当入射到布拉格光纤光栅中时,入射光将在相应的频率上被反射回来,其余的光谱则不受影响,如图 5.5-3 和图 5.5-4 所示。

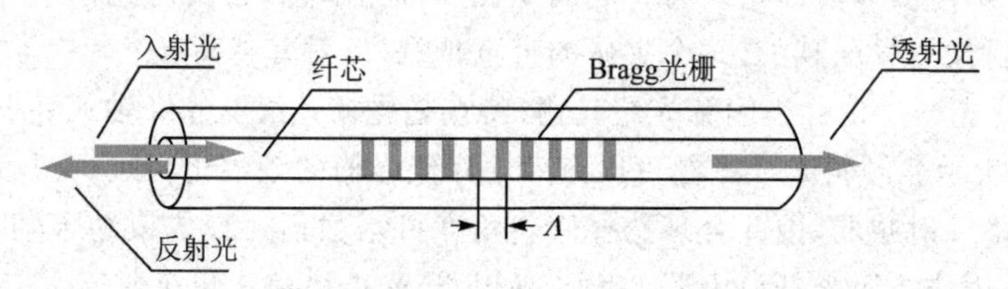


图 5.5-3 光纤光栅及其工作原理示意图

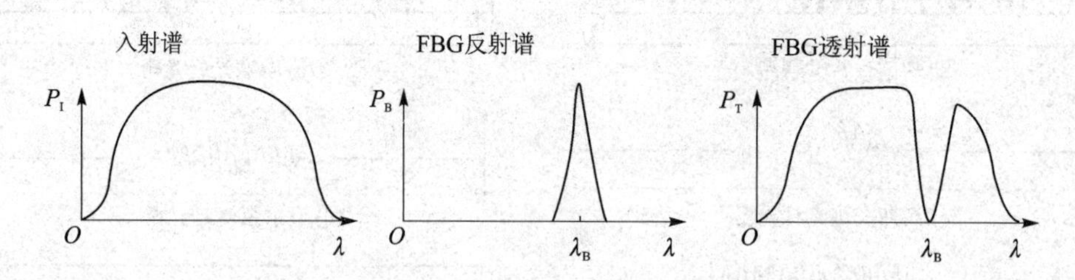


图 5.5-4 布拉格光纤光栅的透射光谱和反射光谱

其反射中心波长由下式确定:

$$\lambda_B = 2n_{\text{eff}}\Lambda \tag{5.5-1}$$

称为布拉格条件。其中,$n_{\text{eff}}$ 是光纤芯区的有效折射率。光栅栅距周期 $\Lambda$ 可通过改变两相干紫外光束的相对角度而得以调整。

反射光带宽(半峰值全宽)为

$$\delta\lambda_B=\lambda_B\sqrt{\left(\frac{\Lambda}{L}\right)^2+\left(\frac{\delta n}{2n_{\mathrm{eff}}}\right)^2} \tag{5.5-2}$$

反射率为

$$R_{\max}=\tanh^2\left(\frac{\pi\delta nL}{\lambda_B}\right) \tag{5.5-3}$$

**2. 光纤光栅的传感原理**

由布拉格条件可以看出，能够引起 $n_{\mathrm{eff}}$ 和 $\Lambda$ 变化的物理量均能够引起反射波长 $\lambda_B$ 的变化。因此，可以通过检测布拉格光栅中心反射波长 $\lambda_B$ 的偏移情况来检测外界物理量的变化。而 $n_{\mathrm{eff}}$ 和 $\Lambda$ 的改变与应变和温度有关系，应变和温度通过热光效应和弹光效应影响 $n_{\mathrm{eff}}$，通过长度改变和热膨胀效应影响 $\Lambda$，进而影响 $\lambda_B$。

(1) 应　变

光纤 Bragg 光栅的中心反射波长变化与其轴向应变 $\varepsilon_x$ 成正比，即

$$\frac{\Delta\lambda_B}{\lambda_B}=(1-P_e)\varepsilon_x \tag{5.5-4}$$

$$P_e=(n^2/2)[(1-\mu)P_{12}-\mu P_{11}] \tag{5.5-5}$$

其中，$n=1.46$，为纤芯折射率；$\mu=0.16$，为泊松比；$P_{11}=0.12$、$P_{12}=0.27$ 为 Pockel 系数，是光纤的光学应力张力分量。由式(5.5-5)可得 $P_e=0.22$，是光纤的有效弹光系数。因而，1 550 nm 的 FBG 波长灵敏度约为 1.21 pm/$\mu\varepsilon$；1 310 nm 的 FBG 波长灵敏度约为 1.02 pm/$\mu\varepsilon$，即波长乘以有效弹光系数，如式(5.5-4)。

(2) 多功能悬臂梁的微应变、微载荷和微载荷的测量

由于悬臂等强度梁上同一面、同一方向上的应变是一致的，所以可以将微位移和荷载转变到等强度梁的应变上来。悬臂梁为一端固定，另一端自由的弹性梁。如图 5.5-5 所示，设梁的长度为 $L$，厚度为 $h$，分别在梁的上表面和下表面粘贴上光纤光栅，且光栅的方向相同，同时，在梁上与光栅相同的方向贴应变片来测量梁在不同受力下的应变。当梁的自由端发生位移 $f$ 时(或者荷载的作用时)，梁上将会产生应变，此应变作用在沿光纤光栅的轴向，引起布拉格反射波长的变化，同时作用于应变片，使其阻值发生变化。由于使用的悬臂梁为等强度梁，根据材料力学，光栅处的轴向应变同应变片处的相同。悬臂梁上沿 $x$ 轴方向上的应变 $\varepsilon_x$ 可表示为

$$\varepsilon_x=\frac{1}{R}\cdot\frac{h}{2} \tag{5.5-6}$$

其中，$R$ 为考察点处的曲率半径，它与材料的杨氏模量 $E$、该点弯矩 $M$，以及所在截面的关于 $y$ 轴的惯性矩 $I_y$ 有关。

$$R=\frac{EI_y}{M} \tag{5.5-7}$$

代入式(5.5-4)得到

$$\frac{\Delta\lambda_B}{\lambda_B}=(1-p_e)\frac{M}{E}\frac{\frac{h}{2}}{I_y} \tag{5.5-8}$$

假设梁自由端的扰度不大且梁自身重量不计的情况下，作用载荷为 $P$，弯矩 $M$ 为

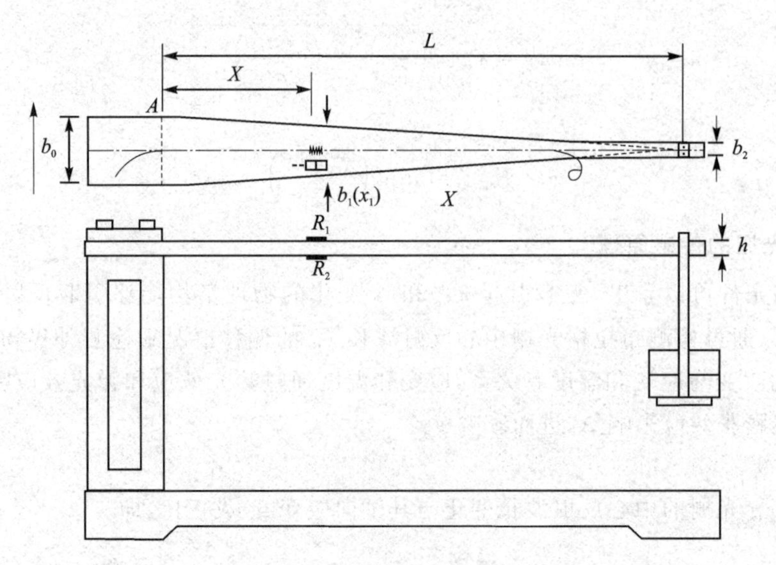


图 5.5-5　悬臂等强度梁的结构图

$$M = P(L - x) \tag{5.5-9}$$

矩形截面梁 $I_y$ 为

$$I_y = \frac{b(x)h^3}{12} \tag{5.5-10}$$

由几何关系求 $b(x)$，再将 $b(x)$ 写成如下形式：

$$b(x) = \frac{6}{h^2}\frac{(1-p_e)}{CE}(L-x) \tag{5.5-11}$$

其中，$C = \frac{6L(1-p_e)}{h^2 E b_0}$ 为常数，代入式(5.5-8)得到

$$\frac{\Delta\lambda_B}{\lambda_B} = CP \tag{5.5-12}$$

描述悬臂梁弯曲的微分方程

$$\frac{\mathrm{d}^2\omega}{\mathrm{d}x^2} = \frac{M}{EI_y} = \frac{P(L-x)}{EI_y} = \frac{2CP}{(1-p_e)h} \tag{5.5-13}$$

其中，$\omega(x)$ 为 $P$ 作用下考察点偏离平衡位置的距离，称为挠度。考虑边界条件：

$$\omega(0) = 0, \quad \frac{\mathrm{d}\omega}{\mathrm{d}x}\bigg|_{x=0} = 0$$

则

$$\omega(x) = \frac{CPx^2}{(1-p_e)h}$$

对自由端有

$$\omega(L) = \frac{CPL^2}{(1-p_e)h} \tag{5.5-14}$$

则式(5.5-12)变为

$$\frac{\Delta\lambda_B}{\lambda_B} = \frac{(1-p_e)h}{L^2}\omega(L) \tag{5.5-15}$$

结合式(5.5-4)得到

$$\varepsilon_x = \frac{h}{L^2}\omega(L) \tag{5.5-16}$$

$$\varepsilon_x = \frac{6L}{h^2 E b_0}P \tag{5.5-17}$$

由式(5.5-16)和式(5.5-17)可以看出,应变与载荷 $P$ 和挠度 $\omega(L)$ 呈线性关系。由式(5.5-15)、式(5.5-16)和式(5.5-17)可以看出,波长漂移量 $\Delta\lambda_B$ 与载荷 $P$ 和挠度 $\omega(L)$ 呈线性关系。而 $\partial\Delta\lambda_B/\partial x=0$ 表明漂移量与光纤光栅上各点以及光栅在梁轴向的位置无关,它意味着这种设计的悬臂梁用作调谐时,调节自由端垂直于表面的压力或挠度,既能保证对布拉格发射波长进行线性调谐,又可避免调谐过程中出现啁啾现象(中心波长发生偏移)。当偏离幅度不大时,可将千分尺处的挠度看成该处的位移。在本实验中所用的悬臂梁,$h=6$ mm,$L=230$ mm,$p_e=0.22$,$\lambda_B=1\ 550$ nm,用光谱仪测得悬臂梁两根光纤光栅对微位移(挠度)的灵敏度为 0.136 pm/$\mu\varepsilon$(上侧光纤光栅)和 0.124 pm/$\mu\varepsilon$(下侧光纤光栅),代入以上公式得到光纤光栅的应变灵敏度为 1.12 pm/$\mu\varepsilon$ 和 1.09 pm/$\mu\varepsilon$,由于黏接工艺等各种因素的影响,实际测得的光纤光栅应变灵敏度会比理论值 1.2 pm/$\mu\varepsilon$ 略小一些,从实验结果来比较,实测值与理论值基本吻合。

因此,通过测量由梁的应变而引起的布拉格波长的改变,就可以间接地获得引起应变的微位移 $f$ 和力 $P$。

(3) 温　度

温度一方面由于热胀效应使得 FBG 伸长而改变其光栅常数,另一方面热光效应使光栅区域的折射率发生变化。一定温度范围内两者均与温度的变化量 $\Delta T$ 成正比,可分别表示为

$$\frac{\Delta\Lambda}{\Lambda} = \alpha\Delta T \tag{5.5-18}$$

$$\frac{\Delta n_{\mathrm{eff}}}{n_{\mathrm{eff}}} = -\frac{1}{n_{\mathrm{eff}}}\frac{\mathrm{d}n_{\mathrm{eff}}}{\mathrm{d}V}\frac{\mathrm{d}V}{\mathrm{d}T}\Delta T \tag{5.5-19}$$

其中,$\alpha$ 为光纤材料的膨胀系数,$V$ 为光纤的归一化频率。温度变化引起的 FBG 波长漂移主要取决于热光效应,它占热漂移量的 95%左右,设

$$\xi = -\frac{1}{n_{\mathrm{eff}}}\frac{\mathrm{d}n_{\mathrm{eff}}}{\mathrm{d}V}\frac{\mathrm{d}V}{\mathrm{d}T} \tag{5.5-20}$$

光纤中,$\xi=6.67\times10^{-6}\,^\circ\mathrm{C}^{-1}$,则温度对 FBG 波长的漂移的总影响为

$$\frac{\Delta\lambda_B}{\lambda_B} = (\alpha+\xi)\Delta T \tag{5.5-21}$$

可以看出,Bragg 波长变化 $\Delta\lambda_B$ 与温度变化量 $\Delta T$ 呈线性关系。通过测量 Bragg 波长的改变,就可以测得温度的变化量。

(4) 交叉敏感

根据以上分析可以看出,任何引起有效折射率 $n_{\mathrm{eff}}$ 和光栅周期 $\Lambda$ 变化的外界物理量都会引起布拉格光栅反射波长 $\lambda_B$ 变化,因而布拉格光纤光栅对温度和应变都是敏感的。当布拉格光纤光栅用于传感测量时,很难区分它们分别引起的被测量的变化,这就是交叉敏感问题。

解决光纤光栅交叉敏感问题也是当前光纤光栅传感研究中的一个热点问题。例如,在将

布拉格光纤光栅应用于温度传感时提出了各种封装技术,一方面排除了温度测量时应变带来的干扰,另一方面也增加了光纤光栅的温度灵敏度。在将布拉格光纤光栅应用于应变传感时,提出了温度补偿等方法。

**3. 光纤光栅的解调方法**

通过上一节的分析可以看出光纤光栅传感器用布拉格波长来表征被测物理量,因此光纤光栅传感首要解决的问题就是如何测量波长的变化。解决该问题的经典方法是直接采用光谱仪测量波长的变化,但这种方法有局限性。一是其测量精度低,二是仪器的体积大,不适合于现场测量,三是其价格高。另一种可以使用多通道测量波长变换的仪器——多波长计,但这种仪器价格昂贵,只适用于实验室使用。常用的解决方法有多种,如边沿滤波法、可调谐滤波器扫描法、干涉仪扫描法、CCD空间光谱分布解调法等。这里仅介绍实验中用到的边沿滤波法、可调谐滤波器法以及工程中常用的可调谐F-P滤波器法。

(1) 边沿滤波法

边沿滤波法原理图如图5.5-6所示。从图中可以看出,该滤波器具有的特性是不同波长的光透射率不同。因此,利用输入波长漂移量和输出光强变化量成一定关系,通过探测滤波器的输出光强度来计算输入波长漂移量的变化。

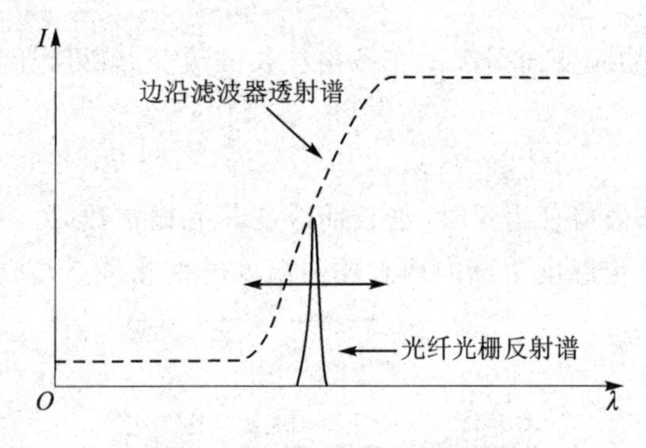


**图5.5-6 边沿滤波法原理图**

这个滤波器可以用布拉格光纤光栅反射谱或者透射谱来实现。这里只介绍透射谱实现的原理,如图5.5-7所示。用反射谱实现的边沿滤波器原理相同,只是光路稍有变化,这里不作介绍。

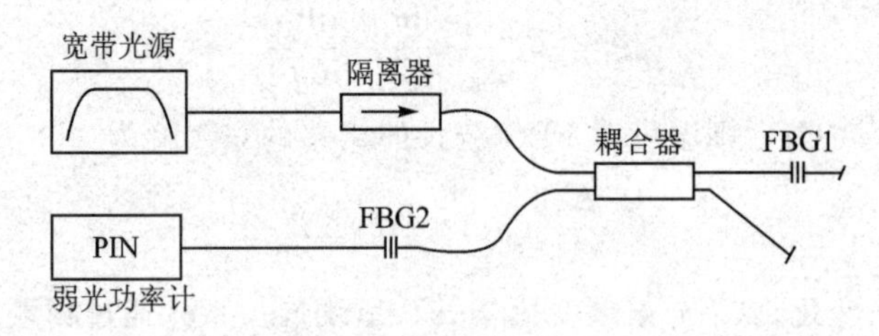


**图5.5-7 边沿滤波法解调原理图**

从宽带光源的光经过隔离器入射到3 dB耦合器,再进入布拉格光纤光栅FBG1,满足布拉格条件的光波经FBG1反射后进入耦合器,再经FBG2透射进入探测器。FBG1和FBG2悬臂梁上下两侧的光纤光栅,其波长匹配。即在相同条件下,FBG1和FBG2的布拉格波长相等。当悬臂梁发生弯曲时,使得悬臂梁两侧的两个FBG一个被拉伸,一个被压缩,使得FBG1的反射谱中心波长与FBG2的透射谱中心波长发生相对变化,从而使探测器探测到的光强发

生变化。其光谱图如图 5.5-8 所示。

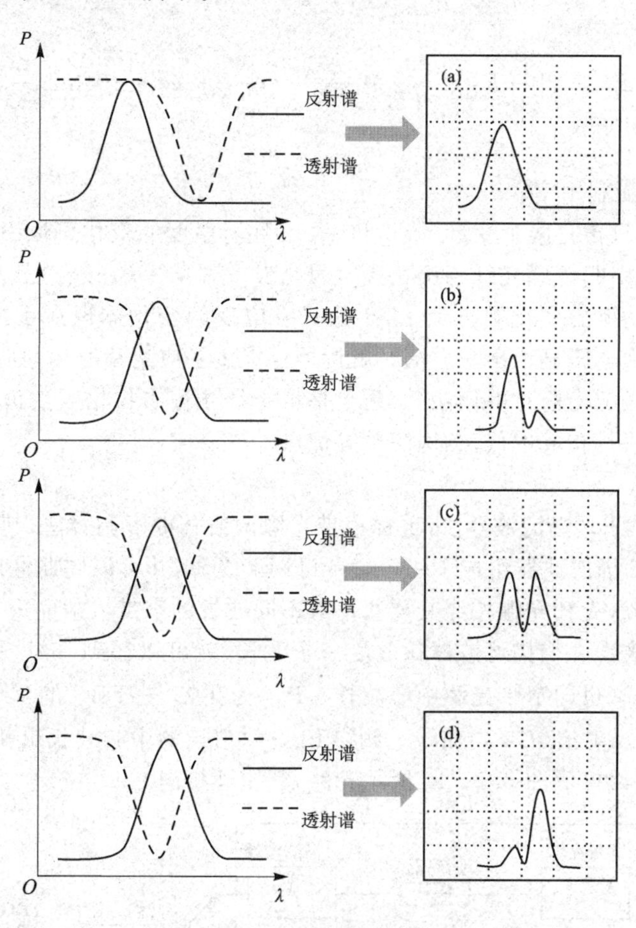


**图 5.5-8　边沿滤波法光谱图**

以上光谱图可以从理论上加以推导，为简化问题，光纤 Bragg 光栅的反射谱的线型可以近似为高斯分布，表示为

$$R_i(\lambda)=R_i\exp\left[-4\ln 2\,\frac{(\lambda-\lambda_i)^2}{\Delta\lambda_i^{\,2}}\right] \tag{5.5-22}$$

其中，$R_i$ 为光栅峰值的反射率，$\lambda_i$ 为中心波长，$\Delta\lambda_i$ 为半强度带宽。

宽带光源的带宽远远大于光纤光栅的带宽，在光纤光栅谱宽内，光源入射光可视为恒定。所以用于传感的光纤 Bragg 光栅 FBG1 的反射光强可以表示为 $I_0R_{\text{FBG1}}(\lambda)$，其中 $I_0$ 是中心波长处宽带光源入射光强。用于解调的光纤 Bragg 光栅 FBG2 的反射光强为 $I_0R_{\text{FBG2}}(\lambda)R_{\text{FBG1}}(\lambda)$。光功率计接收到的系统光功率为 FBG2 的透射光强 $I_0R_{\text{FBG2}}(\lambda)-I_0R_{\text{FBG2}}(\lambda)R_{\text{FBG1}}(\lambda)$ 的积分，结合式(5.5-22)并利用定积分公式

$$\int_{-\infty}^{+\infty}\mathrm{e}^{-(ax^2+2bx+c)}\,\mathrm{d}x=\sqrt{\frac{\pi}{a}}\,\mathrm{e}^{\frac{b^2-ac}{a}}$$

化简后可得系统光功率，即

$$P=\alpha I_0\int_{-\infty}^{+\infty}R_{FBG2}(\lambda)-R_{FBG2}(\lambda)R_{FBG1}(\lambda)d\lambda=$$

$$\alpha I_0 R_{FBG1}\frac{\sqrt{\pi}}{2\sqrt{\ln 2}}\Delta\lambda_{FBG2}\left\{1-R_{FBG1}\frac{\Delta\lambda_{FBG1}}{(\Delta\lambda_{FBG2}^2+\Delta\lambda_{FBG1}^2)^{1/2}}\exp\left[-4\ln 2\frac{(\lambda_{FBG2}-\lambda_{FBG1})^2}{\Delta\lambda_{FBG2}^2+\Delta\lambda_{FBG1}^2}\right]\right\}\tag{5.5-23}$$

其中,$\alpha$ 为耦合器光能利用率。

式(5.5-23)中只含有两个变量 $\lambda_{FBG2}$ 和 $\lambda_{FBG1}$,环境温度的变化可以引起它们同时同方向改变,而应力的变化引起传感光纤相反变化。因此当一对光纤 Bragg 光栅位于同一温度场时,温度的变化引起光功率的变化被抵消了,于是只有应变的变化体现在系统光功率的变化上。解调仪将功率转换为电压显示出来。同时解调器还提供了应变片所测的应变。

这种方法又叫匹配光栅对解调法,实质上是将光纤光栅布拉格反射波长的变化用光强的变化来表示。该方法具有成本低,结构简单等优点。

(2) *扫描滤波法*

扫描滤波法又称可调谐滤波器法,也称窄带光源调谐查询解调方法,其原理图如图 5.5-9 所示。宽带光源和扫描滤波器组成了一个窄带可调谐光源,并可以周期性地调制,通过耦合器进入布拉格光纤光栅,光纤光栅按照其反射谱对不同波长的窄带入射光进行反射,进入耦合器之后由探测器探测光强。扫描滤波器每改变一个波长,就可以得到一组($\lambda_0$,$P_{\lambda_0}$),其中 $\lambda_0$ 为扫描滤波器中心波长(也即窄带光源中心波长),$P_{\lambda_0}$ 为在 $\lambda_0$ 处 FBG 的反射光强,再用描点法可最终得到 FBG 的反射谱($P-\lambda$)曲线。测得 FBG 反射谱的中心波长也就代表了测得了外界物理量。此外,也可以接成图 5.5-10 所示光路,其原理相同。

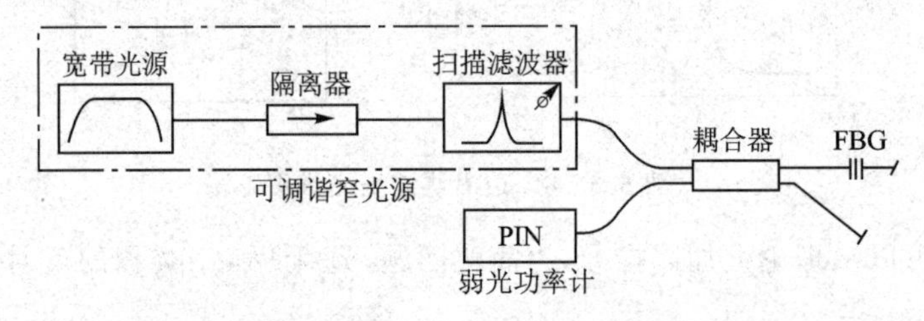


**图 5.5-9　扫描滤波法测量光纤光栅反射谱原理图 1**

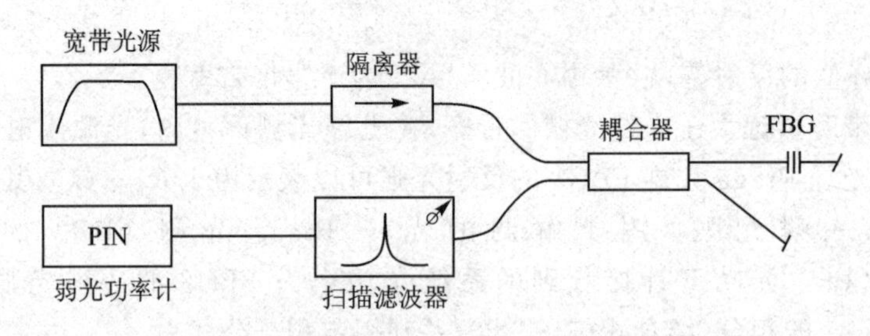


**图 5.5-10　扫描滤波法测量光纤光栅反射谱原理图 2**

这两种方法本质上是可调谐滤波器的输出谱和 FBG 输出光谱的卷积。当 FBG 输出谱和可调谐滤波器光谱完全匹配时卷积结果最大。测量的分辨率取决于 FBG 返回信号的信噪比,以及可调谐滤波器和 FBG 的带宽。这种方法具有较高的波长分辨率和较大的工作范围。

在本实验中,扫描滤波器由一个电控机械调谐的光纤光栅组成。扫描滤波法测量光纤光

栅透射谱原理图如图 5.5－11 所示，其原理与测量反射谱相同，不再叙述。

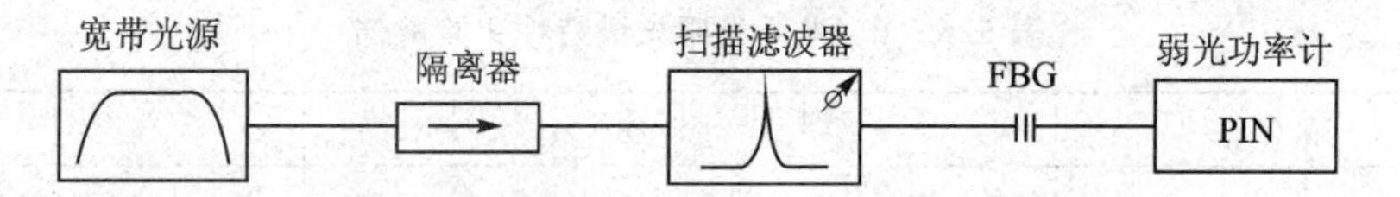


图 5.5－11　扫描滤波法测量光纤光栅透射谱原理图

这种方法还是需要解调布拉格光纤光栅的波长，其优点是扫描范围大，可以用于解调多光纤光栅组成的传感网络。

(3) 可调谐 F－P 滤波器法

这种方法与之前介绍的扫描滤波法原理相同，区别是将图 5.5－11 中的扫描滤波器换成可调 F－P 滤波器。可调 F－P 滤波器的一个显著的特点是其工作范围较大，一般可达数十纳米甚至上百纳米，用三角波控制压电陶瓷调谐 F－P 滤波器，扫描频率可以做到 50 Hz～50 kHz。

目前工程上应用的主要是 F－P 滤波器，可以利用其大扫描范围及高扫描速度来解调分布式传感系统。

## 三、实验装置

本实验系统包括 1 550 nm 宽带光源、多功能悬臂梁、光纤光栅解调仪、隔离器、2×2 耦合器、跳线、法兰盘若干。可以完成扫描滤波法解调实验和边沿滤波法实验。

## 四、实验内容及步骤

### 1. 光纤光栅光谱实验(建议实验中用 nW 挡位来做)

(1)反射谱特性实验

① 打开光纤光栅传感测试仪和宽带光源，预热 10 min。

② 按图 5.5－12 所示连接光路。宽带光源输出端接隔离器的输入端，隔离器的输出端接扫描滤波器的输入端(光纤光栅测试仪滤波输入端)，扫描滤波器的输出(光纤光栅测试仪滤波反射端)接 2×2 耦合器的输入端，2×2 耦合器的输出端接一光栅，输出另一端悬空。2×2 耦合器输入另一端接弱光功率计输入端(光栅测试仪上的监测输入端)。

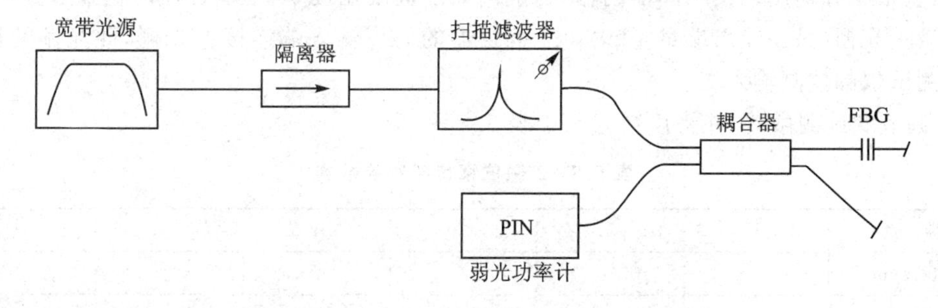


图 5.5－12　光纤光栅反射谱特性实验光路图

③ 调节光纤光栅测试仪的参数(扫描范围、扫描速度、扫描步长)，具体参见光纤光栅测试仪使用说明书。

④ 用自动或手动方式扫描,将数据记录于表5.5-1中。

**表5.5-1 光纤光栅光谱特性实验数据**

| 项　目 | 1 | 2 | 3 | 4 | 5 | … |
|---|---|---|---|---|---|---|
| 波长/nm | | | | | | |
| 光强/nW | | | | | | |

根据实验数据在坐标纸上描出光纤光栅的反射谱,并求出中心波长。

(2) 透射谱特性实验

按照图5.5-13连接光路图,实验步骤与反射谱测量相同。

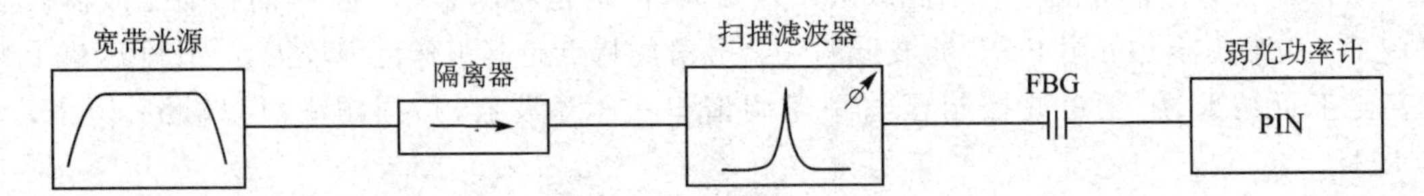


**图5.5-13 光纤光栅透射谱特性实验光路图**

**2. 边沿滤波法实验**

(1) 微位移测量实验

① 打开光纤光栅传感测试仪,宽带光源,预热10 min。

② 按照图5.5-14连接光路图,并将多功能悬臂梁的恒温罩盖好。

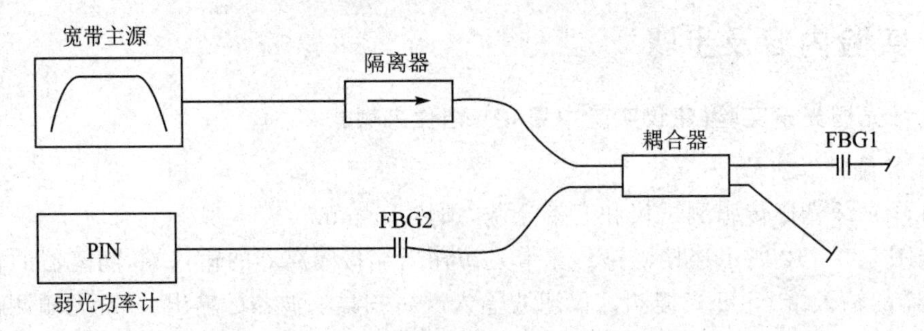


**图5.5-14 光纤光栅边沿法传感实验光路图**

注:宽带光源输出端接隔离器的输入,隔离器的输出端接2×2耦合器的输入中的一端,输出端连接一光栅(另一输出端悬空),2×2耦合器的另一输入端连接一光栅,此光栅的输出接到光栅测试仪的监测输入端。

③ 调节螺旋测微器,并将读数记录于表5.5-2中。

**表5.5-2 微位移传感实验数据**

| 项　目 | 1 | 2 | 3 | 4 | 5 | … |
|---|---|---|---|---|---|---|
| 位移/μm | | | | | | |
| 应变/V | | | | | | |
| 光强/nW | | | | | | |

④ 根据数据,在坐标纸上描出光强与微位移关系曲线,应变与微位移关系曲线。选取其

中的线性段作为工作曲线。

⑤ 任意调节螺旋测微器到一个位置，根据测出的光强与微位移关系曲线以及应变与微位移关系曲线估算螺旋测微器的位置。

(2) 微载荷传感实验

① 打开光纤光栅传感测试仪和宽带光源，预热 10 min。

② 按照图 5.5-14 连接光路图，并将多功能悬臂梁的恒温罩盖好。

③ 用镊子轻轻夹取钢珠(小钢珠 0.25 g/粒，大钢珠 1.05 g/粒)放进托盘中，并将实验数据填入表 5.5-3 中。

④ 根据数据，在坐标纸上描出光强与微载荷关系曲线，应变与微载荷关系曲线。选取其中的线性段，作为工作曲线。

⑤ 放任意数目的钢珠在托盘中，根据测试出的光强与微载荷关系曲线以及应变与微载荷关系曲线估算托盘中钢珠的数量。

**表 5.5-3　微载荷传感实验数据**

| 项　目 | 1 | 2 | 3 | 4 | 5 | … |
|---|---|---|---|---|---|---|
| 载荷/g | | | | | | |
| 应变/V | | | | | | |
| 光强/nW | | | | | | |

(3) 微应变传感实验

① 根据表 5.5-2 中的数据，代入电阻应变片传感系数 0.192 $\mu\varepsilon$/mV。

② 在坐标纸上描出应变与光强变化曲线，用以测试微应变。

(4) 边沿扫描法光谱实验

① 打开光纤光栅传感测试仪和宽带光源，预热 10 min。

② 按照图 5.5-15 连接光路图，并将多功能悬臂梁的恒温罩盖好。连接步骤参考以上实验接法。

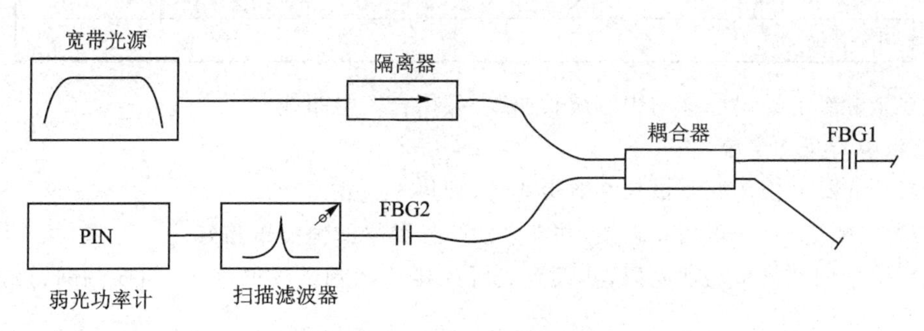


**图 5.5-15　边沿扫描法光谱实验**

③ 调节光纤光栅测试仪的参数(扫描范围、扫描速度、扫描步长)。

④ 调节螺旋测微器，用自动或手动方式进行扫描，并将数据记录于表 5.5-4 中。

表5.5-4 边沿扫描法光谱实验数据

| 项 目 | 1 | 2 | 3 | 4 | 5 |
| --- | --- | --- | --- | --- | --- |
| 波长/nm | | | | | |
| 光强/nW | | | | | |

⑤ 在坐标纸上描出波长与光强关系曲线,得到与图5.5-8相似的光谱图,理解边沿扫描法的工作原理。

**3. 扫描滤波法实验**

本实验既可以用光纤光栅的反射光路也可以用光纤光栅的透射光路来进行。这里以反射光路(即测量反射谱)为例,透射光路的实验(即测量透射谱)请读者自行完成。

(1) 微位移测量实验

① 打开光纤光栅传感测试仪和宽带光源,预热10min。

② 按照图5.5-12连接光路图,并将多功能悬臂梁的恒温罩盖好。

③ 调节螺旋测微器位置,并设置光纤光栅传感测试仪的参数(扫描范围、扫描步长、扫描速度)。具体参照光栅测试仪说明书。

④ 自动或手动扫描并将实验数据记录到表5.5-5中,求出中心波长填于表5.5-6中。

表5.5-5 扫描滤波法光谱实验数据

| 项 目 | 1 | 2 | 3 | 4 | …… |
| --- | --- | --- | --- | --- | --- |
| 波长/nm | | | | | |
| 光强/nW | | | | | |

表5.5-6 扫描滤波法微位移及中心波长计算结果

| 项 目 | 1 | 2 | 3 | 4 | …… |
| --- | --- | --- | --- | --- | --- |
| 位移/μm | | | | | |
| 中心波长/nm | | | | | |

⑤ 在坐标纸上绘出位移与中心波长曲线,并拟合实验曲线。

(2) 微载荷传感实验

① 打开光纤光栅传感测试仪和宽带光源,预热10 min。

② 按照图5.5-15连接光路图,并将多功能悬臂梁的恒温罩盖好。

③ 用镊子向秤盘里面加砝码,并设置光纤光栅传感测试仪的参数(扫描范围、扫描步长、扫描速度)。

④ 自动或手动扫描并记录实验数据,求出中心波长。

⑤ 在坐标纸上绘出载荷与中心波长曲线,并拟合实验曲线。

⑥ 任意调节螺旋测微器位置,根据拟合曲线求出载荷。

(3) 微应变传感实验

① 打开光纤光栅传感测试仪和宽带光源,预热10 min。

② 按照图5.5-15连接光路图,并将多功能悬臂梁的恒温罩盖好。

③ 调节螺旋测微器位置，并设置光纤光栅传感测试仪的参数（扫描范围、扫描步长、扫描速度）。

④ 自动或手动扫描，并记录实验数据，求出中心波长，其中应变 $\Delta\varepsilon = 0.192 \times \Delta U_o$（$\Delta U_o$ 为应变电压，单位为 mV；$\Delta\varepsilon$ 为应变，单位为 $\mu\varepsilon$）。

⑤ 在坐标纸绘出微应变与中心波长曲线，并拟合实验曲线。

⑥ 任意调节螺旋测微器位置，根据拟合曲线求出微应变。

## 五、思考题

1. 图 5.5－7 中隔离器的作用是什么？如果不加此隔离器会有什么影响？

2. 分析图 5.5－7 中光波经过各器件以后的光谱变化。

3. 图 5.5－7 中，如果 FBG1 和 FBG2 是完全相同的光纤光栅，并且调节悬臂梁使其中心波长重合，反射谱完全一致，这时光路中经过 FBG1 反射的光将会被 FBG2 完全反射回耦合器，探测器探测到的光强为 0，这种说法对吗，为什么？

## 六、拓展性实验

**光纤光栅温度传感实验**

① 打开光纤光栅传感测试仪和宽带光源，预热 10 min。

② 将温度测试线放入恒温箱中，把光纤光栅温度传感器一块放入恒温箱中，设置温度恒温箱温度，等待其温度稳定。

③ 按照图 5.5－12 连接光路图，此时图中的 FBG 为恒温箱中的光纤光栅温度传感器。

④ 设置光纤光栅传感测试仪的参数（扫描范围、扫描步长、扫描速度）。

⑤ 自动或手动扫描，记录实验数据，并求出中心波长。改变温度，重复以上步骤。

## 七、研究性实验

**分布式光纤光栅传感实验**

① 打开光纤光栅传感测试仪和宽带光源，预热 10 min。

② 按照图 5.5－16 连接光路，其中 FBG1、FBG2 可以接悬臂梁上光纤光栅，FBG3 可以接温度传感用光纤光栅。

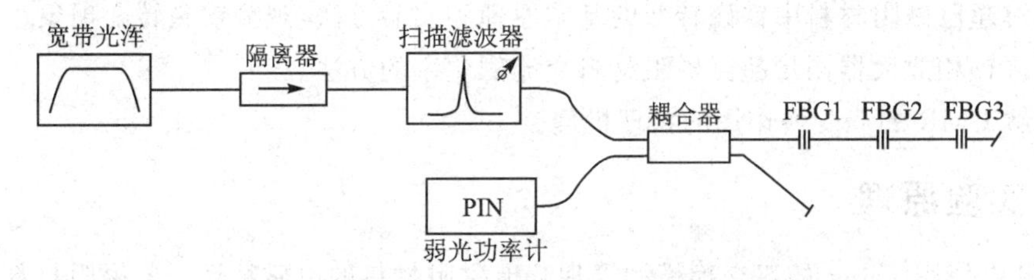


**图 5.5－16　光纤光栅分布式传感实验光路图**

③ 设置光纤光栅传感测试仪参数（扫描范围、扫描时间、扫描步长）。

④ 改变外界物理量（如温度、应变、位移或载荷）。

⑤ 进行手动或者自动扫描，记录数据。

⑥ 讨论分布式 FBG 传感器的应用领域。

## 参考文献

[1] 廖延彪. 光纤光学——原理与应用[M]. 北京:清华大学出版社,2011.

# 5.6 超巨磁阻(CMR)材料的交流磁化率测量

人们发现某些样品在磁场中的电阻会发生变化,这种效应称为磁阻效应。由此可以定义磁阻 MR(magnetoresistance),且 $MR=(R_H-R_0)/R_0$,其中,$R_H$ 为有外场时的电阻,$R_0$ 为无外场时的电阻。从定义可以看到,磁阻 MR 应该是一个无量纲的数。对于已知的所有样品,MR 一般不超过 20%,典型的如 $Fe_{20}Ni_{80}$ 薄膜,MR 为 2%。GMR(Giant Magnetoresistance)之所以加了 Giant 是因为具有巨磁阻效应的样品其 MR 值超过 10%。GMR 效应一般在铁磁-无磁-铁磁的多层膜结构中产生,它最先在 1988 年被观测到。1993 年,R. von Helmolt 等对类钙钛矿结构的 $La_{2/3}Ba_{1/3}MnO_3$ 铁磁薄膜在室温外场为 5 T 时测得磁电阻 MR 达到了 150%,从而引发了对磁性氧化物输运特性研究的热潮。1994 年,S. Jin 等在 $LaAlO_3$ 单晶基片上外延生长 $La_{1-x}Ca_xMnO_3$ 薄膜,在温度为 77 K,外场为 6 T 时测得 MR 为 $1.27\times10^5$%,人们称之为超巨磁电阻(或庞磁阻)材料(Colossal Magnetoresistance,CMR),而且该种材料一般为钙钛矿结构。在这类材料中,电输运特性方面有绝缘到金属转变,磁特性方面有顺磁到铁磁转变,并且这两个转变温度一致。

## 一、实验要求与预习要点

### 1. 实验要求

① 学习使用锁相放大器进行有关电磁信号的测量。

② 学习交流磁化率及其测量技术。

③ 观测庞磁阻材料 $La_{2/3}Ba_{1/3}MnO_3$ 的铁磁性转变。

④ 学习使用变温及温控等测试技术。

### 2. 预习要点

① 了解超巨磁阻材料中铁磁转变的基本原理和实验方法,观测铁磁转变现象。

② 掌握锁相放大器测量超巨磁阻材料交流磁化率的方法。

③ 了解 CMR 的双交换作用的物理机理。

## 二、实验原理

人们最先使用 Zener 的双交换模型来理解庞磁阻材料的电磁特性。巨磁阻材料可以视为以 $LMnO_3$ 为母体(L 为 $La^{3+}$、$Pr^{3+}$、$Nd^{3+}$、$Sm^{3+}$ 等三价离子),向其中掺入二价离子 B(如 $Ca^{2+}$、$Sr^{2+}$、$Ba^{2+}$、$Pb^{2+}$)的结果,可以写为 $L_{1-x}B_xMnO_3$ 的形式。母体为绝缘体。图 5.6-1 所示是典型的钙钛矿结构。材料中 Mn 为磁性离子,其电子结构为 $3d^54s^2$,则 $Mn^{3+}$ 的电子态为 $3d^4$,其能级图如图 5.6-2 所示。

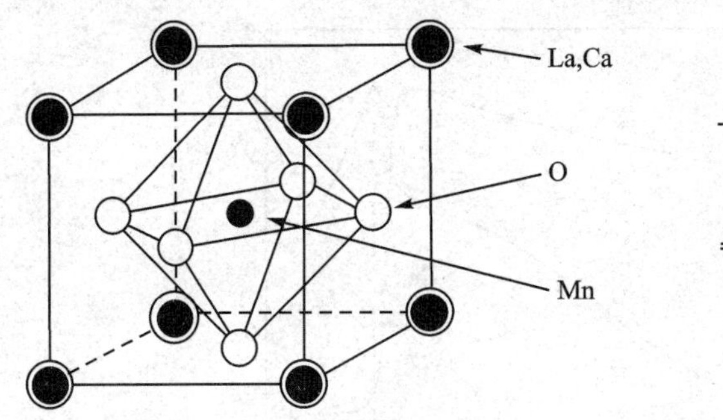


图 5.6-1　钙钛矿结构的晶格图

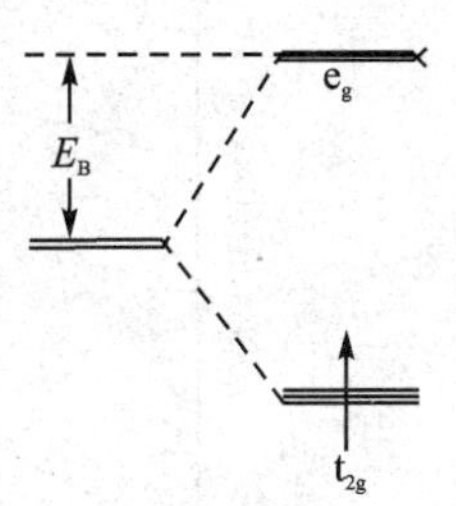


图 5.6-2　Mn 离子能级图

由于洪德定则，$Mn^{3+}$ 能级分为自旋向上和向下的两条能带(图 5.6-3 中仅画出下面的一条，不妨设之为自旋向上)。洪德定则要求处于下能带的电子自旋要平行。同时由于晶体场(见图 5.6-1$Mn^{3+}$ 或 $Mn^{4+}$ 在晶体中的位置)，下能级又分裂为 3 重简并的 $t_{2g}$ 能级和 2 重简并的 $e_g$ 能级。双交换模型指出 $Mn^{3+}$ 和 $Mn^{4+}$ 可以通过中间氧的 2p 电子为中介交换电子，实现电子的转移。

如图 5.6-3 所示，$Mn^{3+}$ 的 $e_g$ 态电子跃迁至中间氧的 2p 态上，同时氧 2p 态上的另一个电子跃迁至 $Mn^{4+}$ 的 $e_g$ 上。跃迁过程中电子的自旋不反转。这里需要注意的是 $Mn^{3+}$ 和 $Mn^{4+}$ 的自旋方向。图 5.6-3 上排图画出的是自旋平行的情况，电子跃迁可以顺利进行，但是二者自旋反平行时的情况则如图 5.6-4 所示。

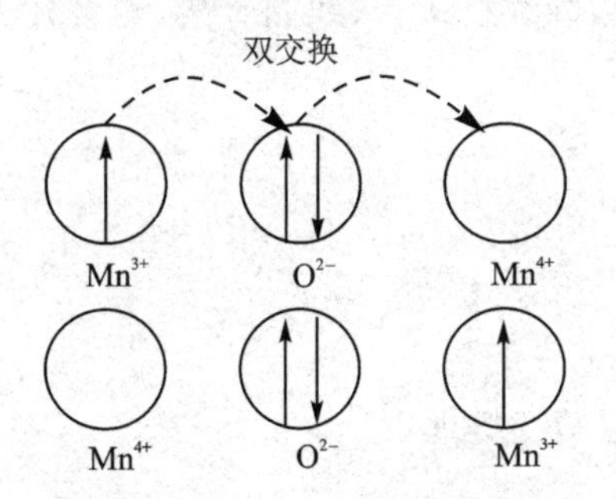


图 5.6-3　双交换模型

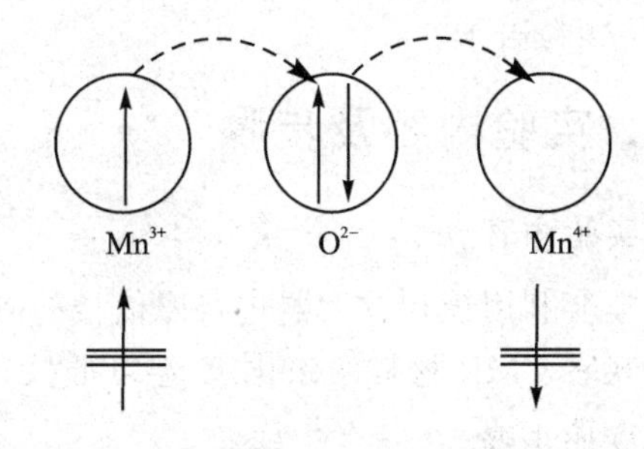


图 5.6-4　双交换作用中自旋反平行情况图

如前推理，$Mn^{3+}$ 的 $e_g$ 电子跃迁至氧上，由于泡利不相容原理，氧的与该电子自旋平行的 2p 电子将向 $Mn^{4+}$ 上跃迁。此时再考察如前所述的 $Mn^{4+}$ 能级图。由于洪德定则，此电子不能占据 $Mn^{4+}$ 的 $e_g$ 电子，只能占据 $Mn^{4+}$ 中能量较高的能级(能级图未画出)。这就意味着这种跃迁难以发生。

综上，可以看出双交换作用中导电性和铁磁性是联系在一起的。铁磁性带来好的导电性，而顺磁性或反铁磁性则与绝缘性相关联，以上就是双交换模型对 CMR 的定性解释。另外还可以据此来理解温度变化引起的钙钛矿结构的铁磁金属相向顺磁或反铁磁绝缘体相转变。低温下 Mn 离子的自旋排列比较有序，接近铁磁排列。此时有利于 $e_g$ 电子的巡游，样品处于铁磁金属相。但是随着温度的升高，磁矩排列趋向无序，不利于 $e_g$ 电子的巡游运动，此时顺磁或反铁磁绝缘相出现。注意其中铁磁-顺磁或反铁磁转变和金属-绝缘体转变是同时发生的，如图 5.6-5 所示的温度曲线。

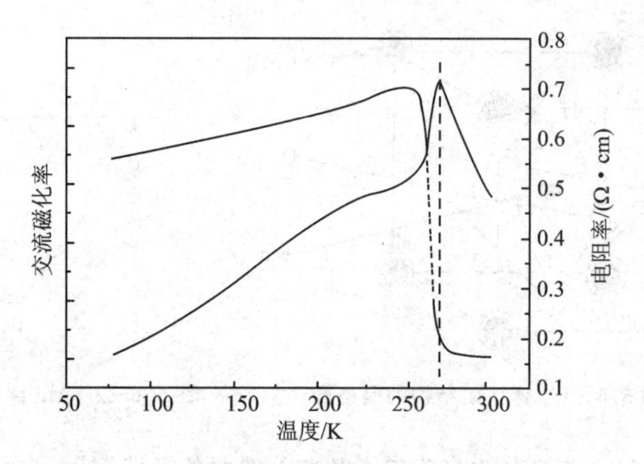


**图5.6-5　交流磁化率和电阻率随温度的变化**

无论是导线电流(传导电流)还是磁铁都可以在自己周围空间里产生磁场,任意形状的电流回路在远区产生的磁场与磁偶极子的磁场相同,其二者可以认为在磁性方面是等效的。磁性材料在受磁场作用后将感应出磁矩。在磁场中定义磁化率 $\chi=M/H$,它是表示磁性物质在一定磁场下磁化难易程度的一个参量。在交变磁场中测到的磁化率称为交流磁化率,可以通过两个互感线圈的互感应测出。

## 三、实验装置

锁相放大器1台,温控仪1台,1 mm 铜芯漆包线,绕线机1台,线圈骨架,测量杆1根,待测量样品颗粒若干。

## 四、实验内容及步骤

**1. 实验内容**

① 学会利用锁相放大器进行磁信号的测量。

② 观察 CMR 材料的磁化率-温度曲线,理解铁磁转变机理。

**2. 操作步骤**

① 在掌握交流磁化率测量原理的基础上,在同一骨架手动绕制初级线圈和次级线圈,初级和次级线圈数之比为1∶3。

② 刮去初级和次级线圈的抽头上的油漆,并焊接到测量杆上。

③ 连接初级和次级的 NBC 接头到锁相放大器的输出接口和输入接口。

④ 在骨架中心放入待测样品颗粒(用少许棉花包裹)。

⑤ 把测量杆插入温控加热带,以3 ℃/min 的速度缓慢加热试样,记下每个温度下锁相放大器上的电流大小,作出 $La_{2/3}Ba_{1/3}MnO_3$ 的交流磁化率随温度变化曲线,观测铁磁性转变及转变温度(居里温度)$T_C$。

## 五、思考题

1. 铁磁性转变应是怎样的曲线,陡峭与否与哪些因素有关?

2. 为什么必须缓慢加热试样?

## 六、拓展性实验

观测 CMR 材料的铁磁转变曲线并实验分析信号频率特性。

## 七、研究性实验

如何实现同步观测庞磁阻材料电和磁特性。

## 参考文献


[1] BAIBICH M N, BROTO J M, FERTA, et al. Giant Magnetoresistance of (001) Fe / (001) Cr Magnetic Superlattices [J]. Phys. Rev. Lett., 1988, 61: 2472 - 2475.

[2] BINASCH G, GRUNBERG P, SAURENBACH F, et al. Enhanced Magnetoresistance in Layered Magnetic Structures with Antiferromagnetic Interlayer Exchange [J]. Phys. Rev. B, 1989,39: 4828 - 4830.

[3] HELMOLT V R, WECKR J, HOLAZAPFEL B, et al. Giant Negative Magnetoresistance in Perovskite Like $La_{2/3}Ba_{1/3}MnO_x$ Ferromagnetic Films[J]. Phys. Rev. Lett., 1993,71: 2331 - 2333.

[4] JIN S, TIEFEL T H , MCCORMACK M, et al . Thousansfoldchange in Resistivity in Magnetoresistive La-Ca-MnO Films[J]. Science, 1994, 264: 413 - 415.

[5] COEY J M D, VIRET M, MOLAR S. Mixed-valence Manganites[J]. Adv in Phys, 1997, 48: 167 - 293.

[6] ZENER C. Interaction between the d-shells in the Transition Metals [J]. Phys Rev, 1951, 82: 403 - 405.


# 5.7　变温霍尔效应

1879 年,美国物理学家霍尔(E. H. Hall)研究通有电流的导体在磁场中受力时,发现一种电磁效应:在垂直于磁场和电流的方向上产生了电动势。这个效应被称为“霍尔效应”。研究表明,霍尔效应在半导体材料中比在金属中大几个数量级,人们对半导体材料的霍尔效应进行了大量的深入研究。

霍尔效应的研究在半导体理论的发展中起了重要的作用。直到现在,霍尔效应的测量仍是研究半导体性质的重要实验方法。霍尔系数和电导率的联合测量可以用来研究半导体的导电机理(本征导电和杂质导电)、散射机理(晶格散射和杂质散射),并可以确定半导体的一些基本参数,如半导体材料的导电类型、载流子浓度、迁移率大小、禁带宽度、杂质电离能等。霍尔效应的研究技术也越来越复杂,出现了变温霍尔、高场霍尔、微分霍尔、全计算机控制的自动霍尔谱测量分析等。利用霍尔效应制成的元件(称为霍尔元件)已广泛地用于测试仪器和自动控制系统中磁场、位移、速度、结构、缺陷、存储信息的测量等。

## 一、实验要求与预习要点

### 1. 实验要求

① 通过实验加深对半导体霍尔效应产生机制的理解。

② 掌握霍尔系数和电导率的测量方法。

③ 掌握动态法测量霍尔系数及电导率随温度变化的实验方法。

### 2. 预习要点

① 绘制霍尔效应原理图,推导霍尔系数计算公式。

② 掌握在不同载流子的情况下各个物理量的方向。

③ 在什么物质(导体/半导体)中霍尔系数受温度影响较大?为什么?

## 二、实验原理

### 1. 霍尔效应和霍尔系数

如图5.7-1所示,设样品的$x$方向上有均匀的电流$I_x$流过,在$z$方向上加有强度为$B_z$的磁场,则在这块样品的$y$方向上出现横向电势差$U_H$,这种现象称为"霍尔效应"。其中,$U_H$称为霍尔电压,所对应的强度为$E_H$的横向电场称为霍尔电场。实验证明,霍尔电场强度$E_H$的大小与流经样品的电流密度$J_x$和$B_z$的乘积成正比,可表示为

$$E_H = R_H J_x B_z \tag{5.7-1}$$

其中,比例系数$R_H$称为霍尔系数。产生霍尔效应的根本原因是带电粒子在垂直磁场中运动时受到洛伦兹力的作用引起了带电粒子偏转,在垂直于带电粒子运动和磁场方向上产生了电荷积累。

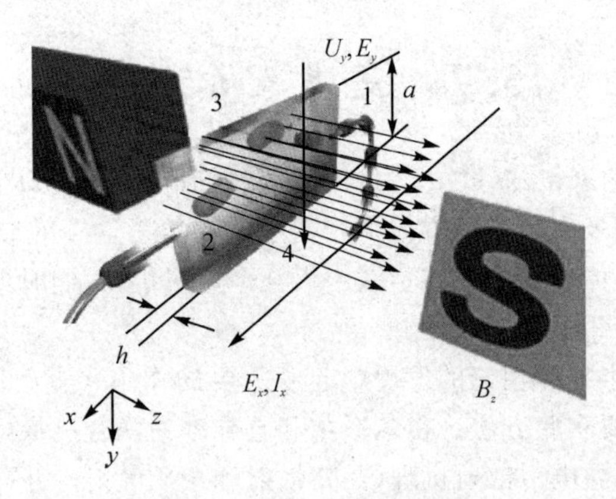


图5.7-1 霍尔效应的原理图

下面以P型半导体样品为例,介绍霍尔效应产生的原因并推导、分析霍尔系数的计算公式。假设样品的长、宽、厚分别为$L$、$a$、$h$,载流子为空穴,浓度为$p$,它们在电场$E_x$的作用下,以平均速度$V_x$沿$x$方向运动,形成电流$I_x$。在垂直于电场的方向上加磁场$B_z$,则运动着的载流子受到洛伦兹力的作用

$$F = qV_x B_z \tag{5.7-2}$$

其中,$q$为空穴的电荷电量。该洛伦兹力指向$-y$方向,因此载流子向$-y$方向偏转,并在样

品的侧面 3 积累，从而产生一个指向 $+y$ 方向的电场，即霍尔电场 $E_y$（即式(5.7-1) 中 $E_H$）。当该电场对载流子的作用力 $qE_y$ 与洛伦兹力相平衡时，空穴在 $y$ 方向上受到的合力为零达到稳态。稳态时的电流仍然沿 $x$ 方向不变，但合成电场 $E=E_x+E_y$ 不再沿 $x$ 方向，$E$ 与 $x$ 轴的夹角称为霍尔角。稳态时有

$$qE_y=qV_xB_z \tag{5.7-3}$$

若 $B_z$ 是均匀的，则在样品左右两侧形成横向电势差，即霍尔电压

$$U_H=aE_y=aV_xB_z \tag{5.7-4}$$

而 $x$ 方向上的电流强度为

$$I_x=qpV_xah \tag{5.7-5}$$

因此得到霍尔电压与电流和磁场的关系为

$$U_H=\frac{I_xB_z}{qph} \tag{5.7-6}$$

根据霍尔电场的定义，有

$$E_H=\frac{U_H}{a}=\frac{I_xB_z}{qpha}=\frac{1}{qp}\frac{I_x}{ah}B_z=\frac{1}{qp}J_xB_z \tag{5.7-7}$$

与式(5.7-1) 比较得到霍尔系数

$$R_H=\frac{1}{qp} \tag{5.7-8}$$

对于电子为载流子的 N 型半导体，载流子浓度为 $n$，则霍尔系数为

$$R_H=-\frac{1}{qn} \tag{5.7-9}$$

上述模型过于简化，根据半导体输运理论，考虑到载流子速度的统计分布以及载流子在运动中受到散射等因素，在霍尔系数的表达式中还应该引入一个霍尔因子 $A$，则式(5.7-8)、式(5.7-9)应该修正为

$$R_H(\mathrm{P})=\frac{A}{qp} \tag{5.7-10}$$

$$R_H(\mathrm{N})=-\frac{A}{qn} \tag{5.7-11}$$

其中，$A$ 的大小与散射机理以及能带结构有关。在弱磁场条件下，球形等能面的非简并半导体在较高温度(此时晶格散射起主要作用)的情况下理论上有

$$A=\frac{3\pi}{8}=1.18 \tag{5.7-12}$$

在较低温度(此时电离杂质散射起主要作用)的情况下，有

$$A=\frac{315\pi}{512}=1.93 \tag{5.7-13}$$

对于高载流子浓度的简并半导体以及强磁场条件下，$A=1$；对于晶格和电离杂质混合散射的情况下，一般取文献报道的实验值。

上面介绍的只是单一种类载流子导电的情况。对于电子空穴混合导电的情况，在计算 $R_H$ 时应同时考虑两种载流子在磁场下偏转的效果。对于球形等能面的半导体材料，可以证明有

$$R_H=\frac{A(pu_p^2-n\mu_n^2)}{q(pu_p+n\mu_n)^2}=\frac{A(p-nb^2)}{q(p+nb)^2},\quad b=\frac{\mu_n}{\mu_p} \tag{5.7-14}$$

其中,$\mu_n$ 和 $\mu_p$ 为电子和空穴的迁移率,推导过程参见文献[1]。

从霍尔系数的表达式可以看出:由 $R_H$ 的符号可以判断载流子的类型,正为 p 型,负为 n 型;$R_H$ 的大小可以确定载流子的浓度;还可以结合测得的电导率 $\sigma$ 得出霍尔迁移率 $\mu_H$,即

$$\mu_H=|R_H|\sigma \tag{5.7-15}$$

$\mu_H$ 的量纲与载流子的迁移率相同,通常为 $cm^2/(V\cdot s)$,其大小与载流子的电导迁移率有密切的关系。

霍尔系数 $R_H$ 可以在实验中测试出来,若采用国际单位制,由式(5.7-4)和式(5.7-8)得

$$R_H=\frac{U_H h}{I_x B_z}(m^3/C) \tag{5.7-16}$$

半导体研究中习惯采用高斯单位制,其中长度单位为 cm(厘米),磁感应强度单位为 G(高斯),则

$$R_H=\frac{U_H h}{I_x B_z}\times 10^5(m^3/C) \tag{5.7-17}$$

**2. 霍尔系数与温度的关系**

$R_H$ 与载流子浓度之间有反比关系,因此当温度不变时 $R_H$ 不会变化;而当温度改变时,载流子浓度发生变化,$R_H$ 也随之变化。如图 5.7-2 所示是 $R_H$ 随温度 $T$ 变化的关系图。图中纵坐标为 $R_H$ 的绝对值,曲线 $A$、$B$ 分别表示 n 型和 p 型半导体的霍尔系数随温度变化的曲线。下面简要介绍曲线 $B$。

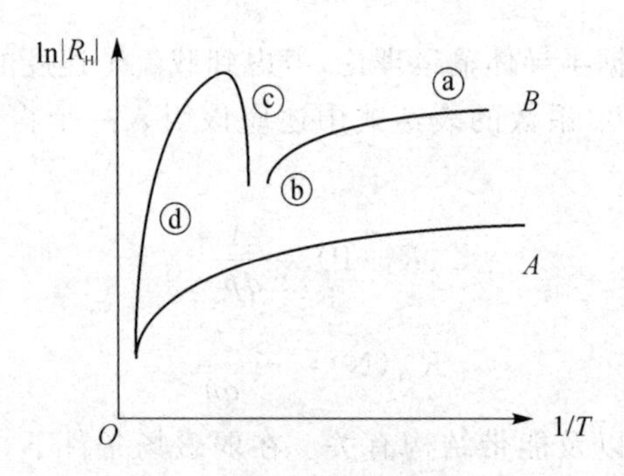


**图 5.7-2 霍尔系数与温度的关系**

(1) 曲线ⓐ段

曲线ⓐ段为杂质电离饱和区,所有杂质都已经电离,载流子浓度保持不变。由于 P 型半导体中 $p\gg n$,式(5.7-14)中的 $nb^2$ 可以忽略,则

$$R_{HA}=\frac{A(p-nb^2)}{q(p+nb)^2}=\frac{A\left(\frac{1}{p}-\frac{nb^2}{p^2}\right)}{q\left(1+\frac{nb}{p}\right)^2}\cong\frac{A}{qN_A}>0 \tag{5.7-18}$$

其中,$N_A$ 为受主杂质浓度($N_A+n=p$,此时 $p\approx N_A$),处理时忽略掉所有平方项。

(2) 曲线ⓑ段

随着温度逐渐升高,价带上的电子开始激发到导带,由于 $\mu_n\gg\mu_p$,所以 $b>1$(对大多数半

导体材料都有 $b>1$)，当温度升高至 $p=nb^2$ 时，$R_H=0$，出现了如图 5.7-2 中的ⓑ段。

(3) 曲线ⓒ段

当温度继续升高时，更多的电子从价带激发到导带，由于 $p<nb^2$ 而使 $R_H<0$，式(5.7-14)中分母增大，$R_H$ 减小，将会达到一个负的极值。此时价带中的空穴数 $p=n+N_A$，代入式(5.7-14)并对 $n$ 求导得到当 $n=N_A/(b-1)$ 时，$R_H$ 达到极限

$$R_{HM}=\frac{A}{qN_A}\frac{(b-1)^2}{4b}=R_{HA}\frac{(b-1)^2}{4b} \tag{5.7-19}$$

由此可见，当测得 $R_{HM}$ 和杂质电离饱和区的 $R_H$，即 $R_{HA}$，就可以得知 $b$ 的大小。

(4) 曲线ⓓ段

当温度再继续升高达到本征范围时，半导体中载流子浓度大大超过受主杂质浓度，所以 $R_H$ 随温度上升而呈指数下降。$R_H$ 只由本征载流子浓度来决定，此时杂质含量不同或杂质类型不同的曲线都将趋聚在一起。

**3. 半导体的导电率**

在半导体中若有两种载流子同时存在，则其电导率 $\sigma$ 为

$$\sigma=qp\mu_p+qn\mu_n \tag{5.7-20}$$

实验得出电导率 $\sigma$ 与温度 $T$ 的关系如图 5.7-3 所示，下面以 p 型半导体为例分析。

(1) 低温区

在低温区杂质部分电离，杂质电离产生的载流子浓度随温度升高而增加，而且 $\mu_p$ 在低温下主要取决于杂质散射，它也随温度增高而增加。因此，$\sigma$ 随 $T$ 的增加而增加，如图 5.7-3 中的ⓐ段。

(2) 杂质电离饱和区

此时杂质已经全部电离，载流子浓度基本不变，晶格散射起主要作用，使 $\mu_p$ 随 $T$ 的升高而下降，导致 $\sigma$ 随 $T$ 的升高而下降，如图 5.7-3 中的ⓑ段。

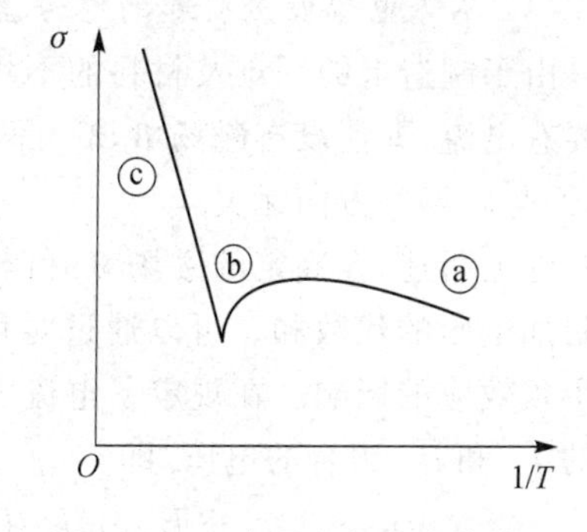


**图 5.7-3　电导率与温度的关系**

(3) 高温区

在这个区域中，本征激发产生的载流子浓度随温度升高而指数递增，远远超过 $\mu_p$ 的下降作用，致使 $\sigma$ 随 $T$ 迅速增加，如图 5.7-3 中的ⓒ段。

在实验中电导率 $\sigma$ 可以由下式计算得出

$$\sigma=\frac{1}{\rho}=\frac{I\cdot l}{U_o\cdot ah} \tag{5.7-21}$$

其中，$\rho$ 为电阻率，$I$ 为流过样品的电流，$U_o$、$l$ 分别为两个测量点之间的电压降和长度。

**4. 霍尔效应的负效应以及消除**

以上介绍都是针对形状为严格长方体的标准样品，实际上对于多数研究对象，制备标准样品是不现实的。范德堡(Van der Pauw) 对于不规则形状样品的霍尔系数和电阻率测量方法进行了严格、深入地研究，提出了四电极的霍尔效应测量方法，即范德堡法。目前在科学研究和生产活动中，广泛应用的就是范德堡法。在霍尔效应的测量中会伴随一系列的负效应，以叠

加电压的方式对霍尔电压的测量造成干扰。

(1) 爱廷豪森(Etinghausen)效应引起的电势差$U_E$

由于载流子实际上并非以同一速度$v$沿$y$轴运动,速度大的载流子回转半径大,能较快地到达焊点3(见图5.7-1)的侧面,从而导致3侧面较4侧面集中较多能量高的电子,结果3、4侧面出现温差,产生温差电动势$U_E$。可以证明

$$U_E \propto \boldsymbol{I}_x \cdot \boldsymbol{B}_z \tag{5.7-22}$$

容易理解$U_E$的正负与$I$、$B$的方向有关。

(2) 能斯特(Nernst)效应引起的电势差$U_N$

在图5.7-1中的焊点1、2间接触电阻可能不同,通电发热程度不同,故1、2两点间温度可能不同,于是引起热扩散电流。与霍尔效应类似,该热扩散电流也会在3、4点间形成电势差$U_N$。若只考虑接触电阻的差异,则$U_N$的方向仅与磁场的方向有关。可以证明

$$U_N \propto \boldsymbol{Q}_x \cdot \boldsymbol{B}_z \tag{5.7-23}$$

(3) 里纪-勒杜克(Righi-Leduc)效应引起的电势差$U_{RL}$

上述热扩散电流的载流子由于速度不同,根据爱廷豪森效应同样的理由,又会在3、4点间形成温差电动势$U_{RL}$。$U_{RL}$的正负仅与磁场的方向有关,而与电流的方向无关。可以证明

$$U_{RL} \propto \boldsymbol{Q}_x \cdot \boldsymbol{B}_z \tag{5.7-24}$$

(4) 不等电势效应引起的电势差$U_0$

由于制造上的困难及材料的不均匀性,3、4两点实际上不可能在同一条等势线上。因而只要有电流,即使没有磁场$\boldsymbol{B}$,3、4两点间也会出现电势差$U_0$。$U_0$的正负只与电流的方向有关,而与磁场的方向无关。

综上所述,在确定的磁场$\boldsymbol{B}_z$和电流$\boldsymbol{I}_x$下,实际测出的电压是霍尔效应电压与负效应产生的附加电压的代数和。可以通过对称测量方法,即改变电流$I_x$和磁场$B_z$的方向加以消除和减小负效应的影响。在规定了电流$I_x$和磁场$B_z$正、反方向后,可以测量出由下列4组不同方向的$I_x$和$B_z$组合的电压,即

$$\begin{aligned}
+B_{z'}+I_x &: U_1 = +U_H + U_E + U_N + U_{RL} + U_0 \\
+B_{z'}-I_x &: U_2 = -U_H - U_E + U_N + U_{RL} - U_0 \\
-B_{z'}-I_x &: U_3 = +U_H + U_E - U_N - U_{RL} - U_0 \\
-B_{z'}+I_x &: U_4 = -U_H - U_E - U_N - U_{RL} + U_0
\end{aligned} \tag{5.7-25}$$

然后求$U_{1\sim4}$的代数平均值得

$$U_H = \frac{1}{4}(U_1 - U_2 + U_3 - U_4) - U_E \tag{5.7-26}$$

通过上述测量方法,虽然不能消除所有的负效应,但考虑到$U_E$较小,引入的误差不大,可以忽略不计。

## 三、实验装置

实验装置采用了南京大学生产的NDWH-648型变温霍尔效应实验仪(变温范围:77.4~400 K)。它由电磁铁、恒流源、加热器、加热控制器、样品恒温器、数据采集转换传输系统和计算机等组成(见图5.7-4)。其励磁电流调节范围是0~6 A,磁场强度调节范围是0~400 mT,霍尔电势分辨率为1 μV,样品电流为0.1~1 mA。

## 四、实验内容及步骤

**1. 实验内容**

① 测量霍尔系数-温度特性曲线：

利用液氮对样品(锑化铟 1 mm×1 mm×0.1 mm)进行降温；从液氮中提出样品后，随着样品温度的升高测量不同温度下样品的霍尔电压，分析变温条件下样品霍尔系数的变化规律，估算电子迁移率与空穴迁移率的比值 $b$。

② 测量样品电势随温度的关系，绘出电导率-温度特性曲线和霍尔迁移率-温度特性曲线。

③ 温度不变的条件下测量霍尔系数随磁场强度的变化趋势。

**2. 实验步骤**

(1) 实验准备工作

① 关闭电源开关。

② 检查仪器恒温器接口与样品恒温器电缆的连接状态。

③ 检查仪器通讯接口与计算机串行接口的通讯电缆连接状态。

④ 检查仪器磁场-加热器接口与电磁铁、加热器的连接状态。

⑤ 检查仪器电源接口与电源线的连接状态。

⑥ 检查无误后，接通仪器电源开关、磁场稳流电源开关和计算机电源开关。

(2) 温度、霍尔电势与样品电势的测量

① 仪器面板上的旋钮开关不动，打开软件，点击“开始采集”，选择“模式”为“温度”，选择“查看”为“霍尔电势、电阻电势—温度”。

② 输入坐标 $X$ 轴为 60～320，$Y$ 轴为 2 并点击“确定”按钮(可在实验过程中根据曲线范围调节)。

③ 将样品恒温器浸入液氮，使其降温到 77.4 K(注意观察软件中的测量值)。

④ 在计算机上调节励磁电流滑杆，使励磁电流最大值达到 1～1.5 A。调节样品电流滑杆，使样品电流为 0.13 mA 左右。

⑤ 快速将恒温器对准磁场中心的插槽插入，点击“开始记录”按钮，稍等便可看到在计算机屏幕上以不同颜色记录的霍尔电势(红色)与样品电压(蓝色)曲线(见图 5.7-4)。

⑥ 当温度接近室温时，数据采集变慢，此时可将仪器面板上的开关打到“开”，缓慢调大“加热电流”来对样品加热(此操作基本不需，如用过后必须调回，并打回“关”)。

⑦ 保存数据，并使用软件对测量的霍尔电势进行修正。

(3) 霍尔电势、电阻率与磁场关系

① 点击“开始采集”，选择“模式”为“磁场”，选择“查看”为“霍尔电势、电阻电势—磁场”。

② 输入坐标 $X$ 轴为－400～400，$Y$ 轴为 2 并点击“确定”按钮。

③ 在软件上调节样品电流为 0.1 mA 左右。

④ 在磁场控制部分点击“自动”，并点击“开始记录”按钮。可看到磁场周期扫描而成的霍尔电势(红)、样品电压(蓝)随磁场变化的曲线(见图 5.7-5)。

**3. 注意事项**

① 标压下液氮的沸点是－196 ℃，有一定的危险性。在放置恒温器时动作一定要缓慢。

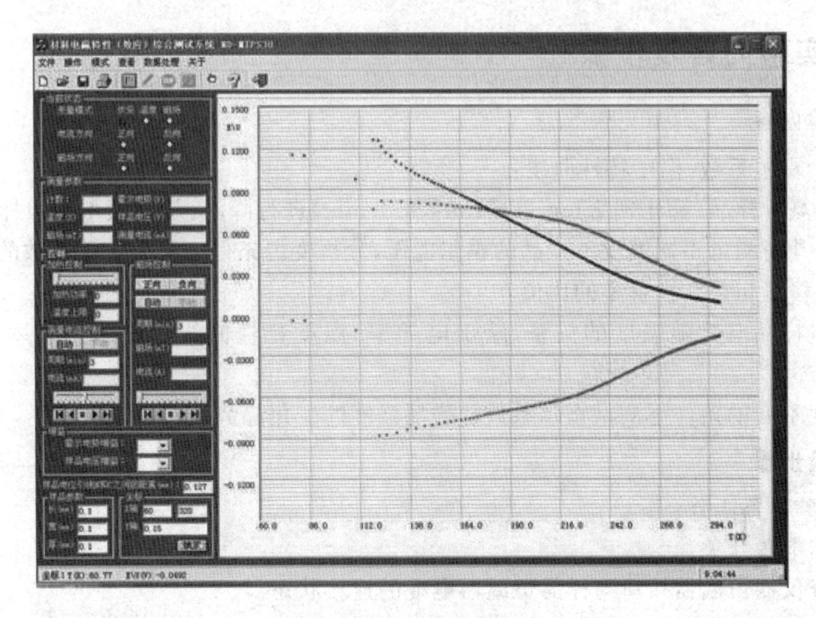

图 5.7-4　测量软件界面

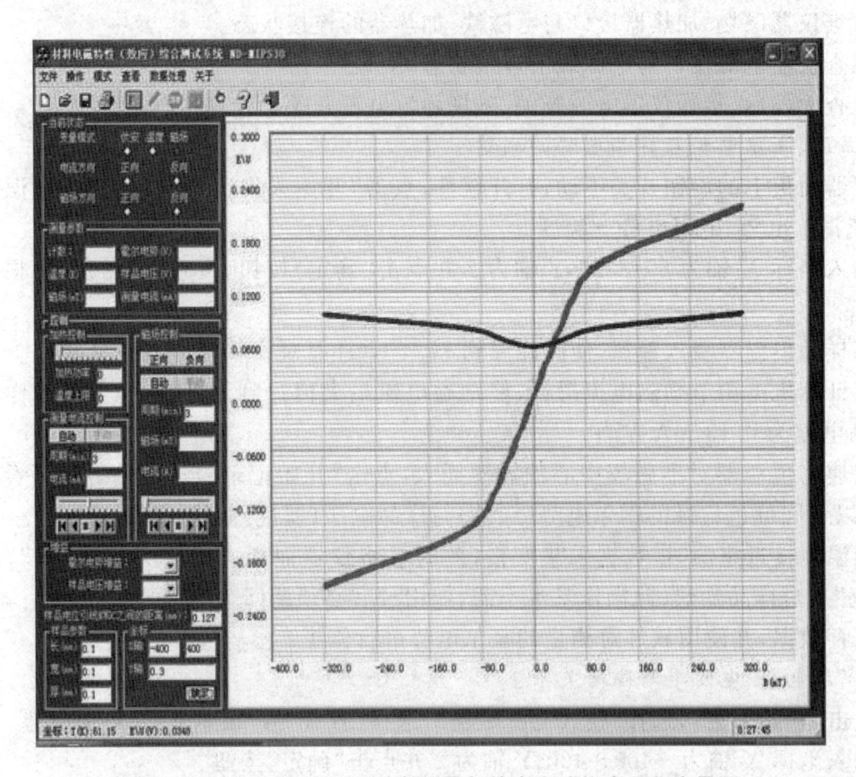

图 5.7-5　NDWH-648 型变温霍尔效应实验仪应用程序界面

② 湿手不能触及过冷表面、液氮漏斗，防止皮肤冻粘在深冷表面上，造成严重冻伤！灌液氮时应戴厚棉手套。如果发生冻伤，请立即用大量自来水冲洗，并按烫伤处理伤口。

③ 请勿带电插拔各种接口缆线，防止损坏仪器。

④ 电磁铁应与仪器、计算机保持一定的距离，并放置稳固。

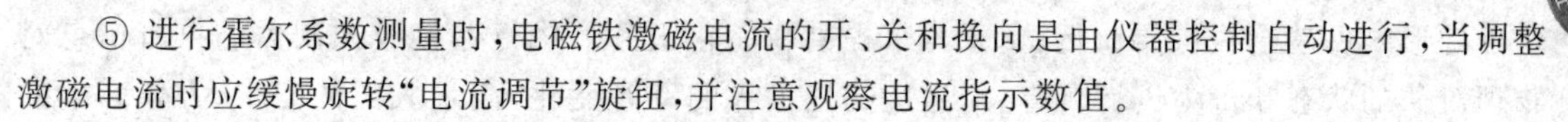

⑤ 进行霍尔系数测量时，电磁铁激磁电流的开、关和换向是由仪器控制自动进行，当调整激磁电流时应缓慢旋转“电流调节”旋钮，并注意观察电流指示数值。

⑥ 结束任务时，请按一下仪器“复位”按钮，防止电磁铁长时间通电。

⑦ 非专业人员请勿打开机箱进行调整或修理。

## 五、思考题

1. 在什么物质(导体/ 半导体)中霍尔系数受温度影响较大？为什么？
2. 哪些因素会影响恒温器的升温速度？在实际操作中如何调控？
3. 霍尔系数的测量结果是否与样品的几何形状有关？是否与样品性质的均匀有关？

## 六、研究性实验

尝试使用不同的样品来进行此实验，研究样品的固定方式和电机引出方法，采集非标样品的实验数据进行分析。

## 参考文献

[1] 刘恩科，朱秉升，罗晋升. 半导体物理学[M]. 7 版. 北京：电子工业出版社，2011.
[2] 南大万和. NDWH－648 型变温霍尔效应实验说明书[EB/OL]. http://www.nju-wh.com/.
[3] 熊俊. 近代物理实验[M]. 北京：北京师范大学出版社，2007.

# 5.8　多传感器图像信息分析

信息物理系统通过人机交互接口实现和物理进程的交互，使用网络化空间以远程的、可靠的、实时的、安全的、协作的方式操控一个物理实体。多传感器图像融合是综合传感器、图像处理、信号处理、计算机视觉和人工智能等理论与方法的信息融合，是对多传感器信息融合中可视化信息的数据融合。

图像信息的处理过程实际上就是对人脑处理图像信息的一种功能模拟，通过对多种传感器所获取的源图像信息的提取和合成从而获得对同一场景目标更为准确、更为全面、更为可靠的图像描述。节点嵌入物理世界中每一个器件中，那么物理世界的每个器件就拥有一定的计算和通信能力，这样就会使信息获得更多于物理世界的信息，也使信息世界与物理世界融合更加紧密，从而在实验中展现更多智能化处理数据、大数据采集等手段。

将实验室采集的红外、紫外、电学、光学等信息进行具体分析和处理，并通过模/数转换器将各种模拟的、连续的物理信息转化成能被计算机和网络所处理的数字的、离散的信息。

传感器负责采集、记忆、分析、传送数据，将外部世界数字化为智能系统提供了多维度的数据输入，成为数字世界与物理世界交互、反馈的接口和手段。大量智能设备的出现进一步加速了传感器领域的繁荣，基于物联网技术的智能设备更是得到了飞速提升。人工智能技术在图像识别、语音识别、无人驾驶、智能机器人、运载火箭、深空探测器、武器装备等领域具有重要的应用。

分布式控制器接收由传感器采集并通过网络传输过来的物理信息，经过处理过后以系统输出的形式反馈给执行器执行,基于此来提供智能化服务。执行器接收控制器的执行信息对物理对象的状态和行为进行调整,以适应物理世界的动态变化,满足人类的需求,方便人类的生活。

最终通过在物理设备中嵌入感知、通信、计算能力实现对物质世界的分布式感知、智能信息处理,并通过反馈机制实现对物理过程的实时控制。

## 一、实验要求与预习要点

**1. 实验要求**

① 了解傅里叶变换的物理意义及应用。

② 掌握图像识别和分析的基本技能。

③ 了解常见图片文件的储存方式,编程实现图像信息处理。

**2. 预习要点**

① 傅里叶变换基础知识。

② 图像处理基础知识。

③ 计算机编程基础。

## 二、实验原理

图像信息是由什么组成的呢?在灰度图中,黑白像素值以一定的灰度值被分布在二维空间内。这里的灰度值与光强具有对应关系,灰度值越大,光强越大,该像素点也就越亮。也就是说,灰度值就是在二维空间的每一个像素点上的光强分布。因此,一幅图片是由空间信息及在该空间上的光强所构成的。

彩色图像信息由光强、空间和波长组成。进而,对于变化的彩色图像,光到达图片的时间信息也需要考虑在内。因此,图像信息共包含4个因素:光强、空间位置、波长和时间。在这些因素中,空间是二维的,而波长信息一般用三原色来近似代替,也能认为波长信息是三维的,而时间是一维的。如图5.8-1所示,具有7个维度的4个参数的分布是一系列由光强、空间位置、波长和时间等因素组成的图像信息的点集。

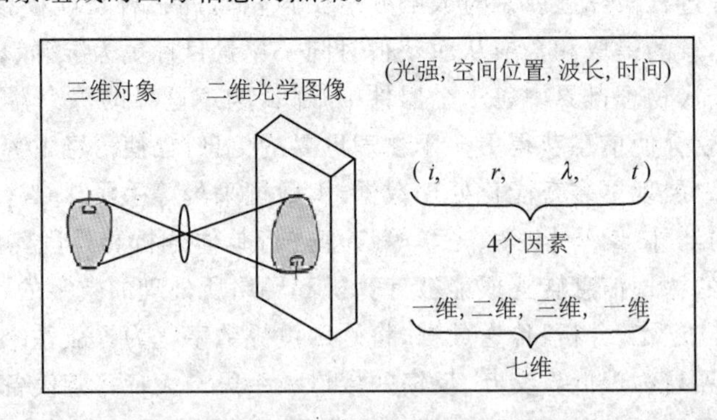


**图5.8-1 图像信息由4个因素组成的七维空间的一组坐标点**

通常用准确度和范围等指标来表示图像质量的等级。准确度是指分辨能力,也就是通常说的信噪比(SNR),范围指该成像系统能够获取的信号的广度。高准确度和更广范围的信息是高质量的图像信息。对光强来说，信息质量是由信噪比的水平决定的，而动态范围则描述了一个成像系统能够拍摄的最大和最小可测光强。

空间信息的准确度是空间分辨率，波长的准确度是色彩还原度，时间的准确度是时间分辨率。空间、波长和时间的范围分别是拍摄的空间范围、色域或波长范围和存储的时间范围。除了强度和波长外，光的极化方向和相位也是光的基本属性。

图像传感器有一个成像区域，在这片区域内，光图像会被汇聚并转化为可输出的图像信号。成像区域的基本单元是像素点，所有的像素点有序地排列在一个平面内。每个像素点有一个光电二极管组成的感应部分。光电二极管能够吸收入射光，并根据入射光光强生成一定的信号量。也就是说，一个像素点的光强信息是在感应部分获得的。如图5.8－2所示为一个图像传感器的基本结构。

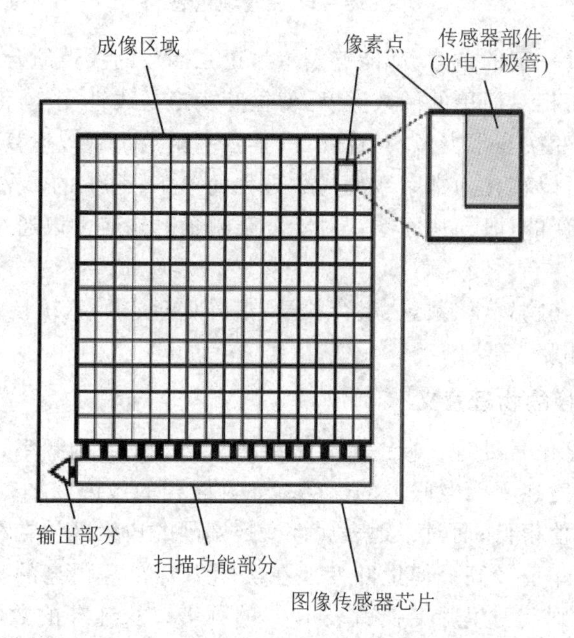


**图5.8－2　图像传感器的基本结构**

**1. 傅里叶变换**

傅里叶变换是将时域信号分解为不同频率的正弦信号或余弦信号叠加之和。在连续情况下，要求原始信号在一个周期内满足绝对可积条件。在离散情况下，傅里叶变换一定存在。傅里叶变换可以将一个时间域信号变换到频率域，其变换及逆变换为

$$F(\omega)=F[f(t)]=\int_{-\infty}^{\infty}f(t)\mathrm{e}^{\mathrm{i}wt}\,\mathrm{d}t \tag{5.8-1}$$

$$f(t)=F^{-1}[F(\omega)]=\frac{1}{2\pi}\int_{-\infty}^{\infty}F(\omega)\mathrm{e}^{\mathrm{i}wt}\,\mathrm{d}(\omega) \tag{5.8-2}$$

学习傅里叶变换时的一个例子：无限正弦波叠加就会产生一个标准的矩形波（方波或脉冲波）。傅里叶变换就可以解释组成这个矩形波的那些正弦波有什么特征（频率、振幅、相位等）。

如果觉得无限正弦波叠加产生矩形波的例子不是很容易理解，那么物理学的图像特征也可以帮助理解这个概念。棱镜能够将白光分为红、橙、黄、绿、青、蓝、紫，可以把白光比作无限正弦波叠加后的结果，棱镜好比傅里叶变换，七色光就是傅里叶变换的结果，如图5.8－3所

示。这样经过傅里叶变换就能够获得更多的信息。

图5.8-3　三棱镜色散

“任意”的函数通过一定的分解,都能够表示为正弦函数的线性组合的形式,而正弦函数在物理上是被充分研究而相对简单的函数类型:傅里叶变换是线性变换;傅里叶变换的逆变换容易求出,而且形式与正变换非常类似,对称性好;正弦基函数是微分运算的本征函数,从而使得线性微分方程的求解可以转化为常系数的代数方程的求解;系统的参数不随时间而变化的物理系统内,频率是个不变的性质,从而系统对于复杂激励的响应可以通过组合其对不同频率正弦信号的响应来获取。

综上,傅里叶变换在物理学、数论、组合数学、信号处理、概率、统计、密码学、声学、光学等领域都有着广泛的应用。

**2. 图像傅里叶变换的物理意义**

傅里叶变换是数字信号处理领域一种很重要的算法。图像的频率是表征图像中灰度变化剧烈程度的指标,是灰度在平面空间上的梯度。如大面积的沙漠在图像中是一片灰度变化缓慢的区域,对应的频率值很低;而对于地表属性变换剧烈的边缘区域在图像中是一片灰度变化剧烈的区域,对应的频率值较高。傅里叶变换在实际中有非常明显的物理意义,设 $f$ 是一个能量有限的模拟信号,则其傅里叶变换就表示 $f$ 的频谱。从纯粹的数学意义上看,傅里叶变换是将一个函数转换为一系列周期函数来处理的。从物理效果看,傅里叶变换是将图像从空间域转换到频率域,其逆变换是将图像从频率域转换到空间域。换句话说,傅里叶变换的物理意义是将图像的灰度分布函数变换为图像的频率分布函数,傅里叶逆变换是将图像的频率分布函数变换为灰度分布函数。

在傅里叶变换以前,图像(未压缩的位图)是由对在连续空间(现实空间)上的采样得到的一系列点的集合组成,实际上对图像进行二维傅里叶变换得到频谱图就是图像梯度的分布图,当然频谱图上的各点与图像上各点并不存在一一对应的关系。傅里叶频谱图上看到的明暗不一的亮点,实际上是图像上某一点与邻域点差异的强弱,即梯度的大小,也即该点的频率的大小(可以理解为图像中的低频部分指低梯度的点,高频部分相反)。一般来说,梯度大则该点的亮度强,否则该点亮度弱。这样通过观察傅里叶变换后的频谱图,首先就可以看出图像的能量分布,如果频谱图中暗的点数更多,那么实际图像是比较柔和的(因为各点与邻域差异都不大,梯度相对较小);反之,如果频谱图中亮的点数多,那么实际图像一定是尖锐的、边界分明且边界两边像素差异较大的。对频谱移频到原点以后可以看出图像的频率分布是以原点为圆心对称分布的。将频谱移频到圆心除了可以清晰地看出图像频率分布以外,还可以分离出有周期

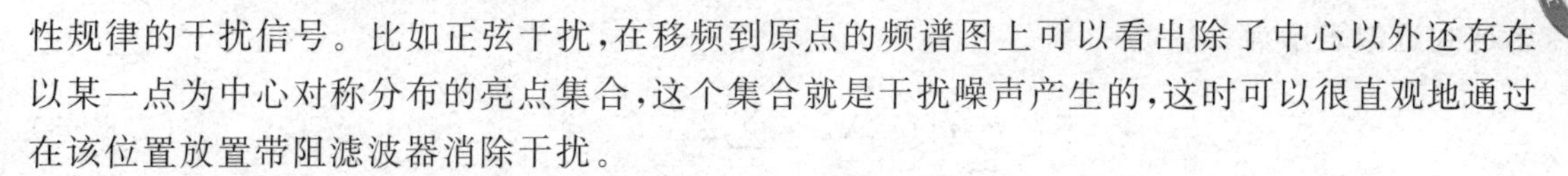



性规律的干扰信号。比如正弦干扰，在移频到原点的频谱图上可以看出除了中心以外还存在以某一点为中心对称分布的亮点集合，这个集合就是干扰噪声产生的，这时可以很直观地通过在该位置放置带阻滤波器消除干扰。

**3. 傅里叶变换在图像处理的主要作用**

对图像而言，图像的边缘部分是突变部分变化较快，因此反映在频域上是高频分量。图像的噪声大部分情况下是高频分量，而图像平缓变化部分则为低频分量。也就是说，傅里叶变换提供了另外一个角度来观察图像，可以将图像从灰度分布转化到频率分布上来观察图像的特征。

(1) 图像增强与图像去噪

绝大部分噪声都是图像的高频分量，可以通过低通滤波器来滤除高频——噪声；边缘也是图像的高频分量，可以通过增加高频分量来增强原始图像的边缘。

(2) 图像分割之边缘检测

通过提取图像高频分量可以获得边缘信息。

(3) 图像特征提取

① 形状特征：傅里叶描述。

② 纹理特征：直接通过傅里叶系数来计算纹理特征。

③ 其他特征：将提取的特征值进行傅里叶变换，使特征具有平移、伸缩、旋转不变性。

(4) 图像压缩

可以直接通过傅里叶系数来压缩数据；常用的离散余弦变换是傅里叶变换。采用 JPEG 方式压缩的图像如图 5.8-4(b)所示。

(a) 未压缩的原始图像

(b) 采用JPEG方式压缩存储的图像

**图 5.8-4　1/6 文件大小的图像压缩**

**4. 利用算法实现快速傅里叶变换**

FFT(Fast Fourier Transformation)是离散傅里叶变换的快速算法，即利用计算机算法离散傅里叶变换的高效、快速计算方法的统称。FFT 可以将一个信号变换到频域，有些信号在时域上是很难看出什么特征的，但是如果变换到频域之后特征非常显著，这就是很多信号分析采用 FFT 变换的原因。另外，FFT 可以将一个信号的频谱提取出来，这在频谱分析方面也是常用的。傅里叶变换在计算机中通常利用离散的数值方法实现，并且考虑到多项式运算巨大的运算量，快速傅里叶变换非常必要。

计算离散傅里叶变换的方法：根据式(5.8-1)与式(5.8-2)，连续的傅里叶变换用离散的

多项式近似表示为

$$F(w)=X_k=\sum_{n=0}^{N-1}x_n\mathrm{e}^{-\mathrm{i}2\pi kn/N} \tag{5.8-3}$$

$$f(t)=x_n=\frac{1}{N}\sum_{k=0}^{N-1}X_k\mathrm{e}^{\mathrm{i}2\pi kn/N} \tag{5.8-4}$$

正向傅里叶变换将 $x_n$ 变换为 $X_k$ 的过程实际上是一个直接的线性变换，可以视为一个向量-矩阵乘法 $X_k=\boldsymbol{M}\cdot x_n$，其中，矩阵 $\boldsymbol{M}$ 的元素 $M_{kn}=\mathrm{e}^{-\frac{\mathrm{i}2\pi kn}{N}}$，基于这种方式能够利用计算机实现傅里叶变化。这种方法是最基础的傅里叶变换方法，其运算的复杂度为 $O[N^2]$，而 FFT 能够利用对称性将复杂度优化到 $O[N\log N]$，当 $N=10^3$ 时 FFT 运行速度比基础方法快接近 1 000 倍，并且差距还会随着 $N$ 的增大而进一步增加。

FFT 加速方法的基本原理如下所述，而不赘述具体的推导过程，其主要原理为利用对称性将傅里叶变换分为两个项，即

$$\begin{aligned}X_k&=\sum_{n=0}^{N-1}x_n\cdot\mathrm{e}^{-\mathrm{i}2\pi kn/N}\\&=\sum_{m=0}^{N/2-1}x_{2m}\cdot\mathrm{e}^{-\mathrm{i}2\pi k(2m)/N}+\sum_{m=0}^{N/2-1}x_{2m+1}\cdot\mathrm{e}^{-\mathrm{i}2\pi k(2m+1)/N}\\&=\sum_{m=0}^{N/2-1}x_{2m}\cdot\mathrm{e}^{-\mathrm{i}2\pi km/(N/2)}+\mathrm{e}^{-\mathrm{i}2\pi k/N}\sum_{m=0}^{N/2-1}x_{2m+1}\cdot\mathrm{e}^{-\mathrm{i}2\pi km/(N/2)}\end{aligned}$$

FFT 的技巧就是利用每一项的对称性，对于上式的两项来说都属于傅里叶变换的子问题。每个子问题的复杂度降低为 $O[(N/2)^2]$，并且能够进一步划分子问题降低复杂度。这种递归方法的理论极限为 $O[N\log N]$。

实际上在许多计算语言中都内置了 FFT 的方法，例如 Python 的 NumPy 库中内置了 FFT 函数，通过简单的方法即可调用。其他计算语言的 FFT 方法可以自行查询。

假设需要变换的波形为 $y$，在 Python 中调用 FFT 的方法为：

```
from numpy import fft,ifft ＃函数接口
fft_y = fft(y) ＃使用方法
```

**5. HKW－C4A 多传感器高速嵌入式信息处理系统**

HKW－C4A 主要是由图像处理模块、通信模块、电源模块、编解码模块和接口模块组成，可以实现 Cameralink 可见光和红外视频的多传感器编解码、图像增强、电十字叠加和 RS422 通信功能，并可以运用 FPGA 芯片自带的 Chipscope 对前端相机时序、Verilog 图像处理代码进行实验测量，可以增强对多传感器、FPGA、Verilog、视频信息处理和 RS422 串口等概念的理解。

主要技术参数为：FPGA 型号，Kintex－7；32M 串行存储芯片，RS422 通信接口；JTAG 编程接口可分析和处理红外、紫外等信息；传感器可拓展。

Xilinx 的 FPGA 程序烧写方式有两种(使用前电脑端需要安装 Xilinx 公司的 ISE14.7 软件)：一是在线烧写，即直接将 Bit 文件烧写至 FPGA，掉电后程序消失；二是 Flash 烧写，即将 MCS 文件烧写至 Flash 中，电路板上电后 FPGA 从 Flash 读入程序运行。

## 三、实验装置

### 1. 实验装置主要功能

① 具有彩色、黑白视频切换功能。

② 具有图像增强功能。

③ 具有对比度调节功能。

④ 具有图像平均灰度值、平均梯度值输出功能。

⑤ 具有上电自检和启动自检功能(自检过程中输出彩条纹图像)。

⑥ 图像具有 2×、4×电子放大功能。

### 2. 实验装置主要性能

(1) 供　电

① 电源:DC5±5% V。

② 功耗:≤5 W。

(2) 电气接口

① 视频输入:一路 HD－SDI 视频输入,输入接插件为 SMA－KHD5,分辨率 1920 p×1080 p 时帧频为 30 Hz。

② 视频输出:一路 CameraLink 输出,CameraLink Base 模式的帧频为 30 Hz;一路 HD－SDI 输出,输出接插件为 SMA－KHD5 ,输出视频分辨率与输入视频分辨率相对应。

③ 电源与通信接口:产品采用 RS422 方式与逻辑控制电路板通信,输出接插件型号为 J30J－25TJW－J。

(3) 视频延迟

视频延迟时间小于等于 1.2 帧。

(4) 图像质量

图像应清晰、完整、稳定,无明显畸变、干扰、过曝、偏色等异常现象。

(5) 十字分划

图像分划(空心十字,十字中心 2 px×2 px)可显示或消隐,宽度 2 px,可调整量为中心像素大于等于±100 px,该调整量在原图模式下设置后掉电不丢失,并可读出。

(6) 环境适应性

① 高温:高温工作为＋55 ℃;高温储存为＋70 ℃。

② 低温:低温工作为－40 ℃;低温储存为－55 ℃。

## 四、实验内容及步骤

### 1. 实验内容

按照图 5.8－5 所示连接产品与工装后通电使用 HKW－C4A,通过接收前端的 HD－SDI 视频输入获取视频源,并按照格式要求输出 Cameralink 和 HD－SDI 视频。图像处理板通过 RS422 与系统通信,并完成指令收发,执行视频切换、图像增强、对比度调节、平均灰度值输出、平均梯度值输出、自检测、电子变倍等图像处理功能,将状态信息和故障信息上报系统。

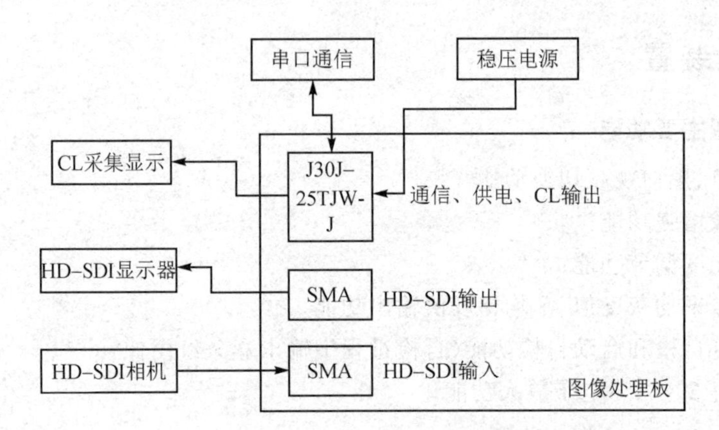


图 5.8-5　HKW-C4A 电路连接图

**2. 实验步骤**

按照电路图接线调试、采集图像、实时分析对比。

① 按照图 5.8-5 所示连接方式连接图像采集、编辑系统。

(a)连接板上三角线,其为输入连接相机的接口 BNC(绿色)。

(b) 输出连接采集卡接口 BNC。

(c) 电源接口:相机接 12 V 电源(红色),图像处理器接 5 V 电源(T 型接口),电流不小于 1.5 A。

(d) 接线连接完毕后接通电源。注意:中间换接需关电源然后操作。

(e) 采集卡通过 USB 接口连接电脑。

② 计算机进入操作系统。

③ 采集图像信息并记录。

④ 编程对原始图像进行处理。

⑤ 将编程处理的图像与系统处理的图像对比。

**3. 数据处理**

① 数据采集系统进行分析。

② 图像降噪、增强、微分、红外等处理。

③ 自行编写图像处理程序。

④ 比较系统图像处理与编程图像处理效果。

摄像头连接到 HKW-C4A 实现了数模转换功能。HKW-C4A 的程序使用的是硬件语言,可以实现图像白平衡、色温、放大、近红外等功能,处理完成后再输出。目前还没有开发更多的功能,因此需要用计算机编程来处理 HKW-C4A 上采集到的图像。

**4. 注意事项**

① 使用前电脑端需安装 Xilinx 公司的 ISE14.7 软件。

② 仪器严格按照操作规范运行。

③ 相机接 12 V 电源,信号处理器接 5 V 电源,切忌接错。

④ 设备使用期间,避免用手直接接触图像采集板,在使用完后及时关掉电源,拔掉相机电源接口。

## 五、思考题

1. 傅里叶变换在图像处理中非常有用，在图像处理中你还知道哪些傅里叶的改进算法？它们有哪些作用？

2. 图像处理在物理图像分析中如何应用？

3. 在 X 光肺部图像清晰、超声波图像处理等领域如何应用图像分析？

## 六、拓展性实验

**数字图像处理技术在牛顿环实验中的应用**

数字图像处理技术因具有精度高、再现性好并且可以实时跟踪调整的特点而广泛应用于多个领域，尤其在航空遥感、医用图像处理和工业领域中的应用具有很大优势。将数字图像技术应用于大学物理实验微细测量过程中，可以有效地降低操作强度，提高测量精度，减小实验误差。

采用 CCD 视频摄像头和计算机结合传统的光学实验系统将现代图像处理技术有效地渗透到普通物理实验中，增强了光学实验的直观性和可视化。通过图像增强、灰度处理以及边缘增强、图像锐化处理等数字图像处理技术可以得到精确的牛顿环干涉条纹，实现干涉条纹中心的精确定位，提高测量精度。

## 七、研究性实验

**图像处理对神经网络图像识别精度的影响**

神经网络图像识别是一种机器学习技术，它利用人工神经网络（Artificial Neural Networks，ANN）的方法对图像进行自动识别和分类，如图 5.8－6 所示。其基本原理是将图像的像素值作为神经网络的输入，经过多个神经元层次的处理和特征提取，最终输出一个或多个分类结果。通常，神经网络图像识别包含以下步骤：

① 数据预处理：对图像进行预处理，包括图像尺寸标准化、灰度化、去噪等操作，以便于后续处理。

② 神经网络构建：选择合适的神经网络模型，并确定其各层的神经元数量和连接方式等参数，构建出一个可以接收图像输入并输出分类结果的神经网络模型。

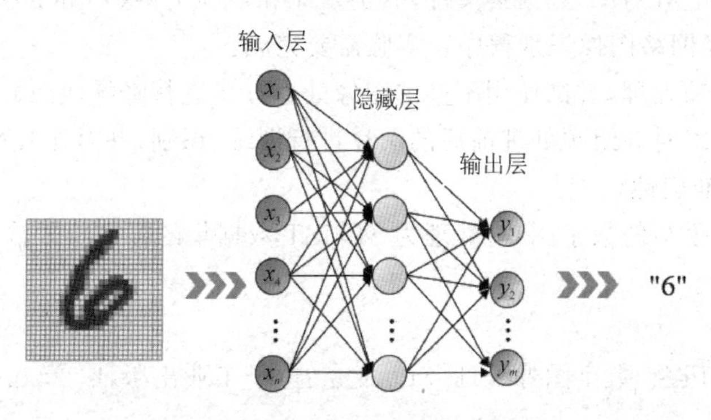


图 5.8－6　人工神经网络示意图

③ 模型训练：利用已知的训练数据对神经网络模型进行训练，调整各参数的权重和偏置，

使其输出结果尽可能接近真实标签。

④ 模型评估:利用测试数据对训练好的神经网络模型进行评估,计算其分类准确率等指标,以评估模型的性能。

图像预处理对图像识别的重要性不可忽视。在进行图像识别前,通常需要对图像进行一系列的预处理操作,如去噪、灰度化、尺寸标准化等,以保证图像的质量和一致性,从而提高图像识别的准确率和效率。

首先,图像预处理可以去除图像中的噪声和干扰信息,从而减少误差。去除噪声后的图像更加干净,更能够准确地反映图像的内容和特征,有利于后续的特征提取和分类器设计。不同噪声下的图片如图5.8-7所示。

其次,图像预处理可以将图像转换为统一的格式和大小,方便后续的处理和分析。由于不同的图像大小和分辨率会对特征提取和分类器设计产生影响,因此需要将图像进行尺寸标准化,使得不同的图像可以被等效地处理和比较。最后,图像预处理还可以提高图像识别的速度和效率。经过预处理的图像更容易被神经网络识别,从而减少了神经网络的计算复杂度和运行时间,提高了图像识别的效率。

图5.8-7 不同噪声下的图片

MNIST数据集是一个经典的手写数字图像数据集,由Yann LeCun等人在1998年创建,用于对机器学习算法进行基准测试和比较。该数据集包含了6万个28 px×28 px的灰度图像,其中5万个图像用于训练,1万个用于测试。每个图像都标注了其所代表的数字,从0到9。由于其简单、易用、易于理解和实现,MNIST数据集成为了许多入门机器学习算法的基准数据集,被广泛用于机器学习和深度学习的教学和研究中。通过对MNIST数据集进行处理和训练,可以训练出一种神经网络模型,用于对手写数字进行识别和分类,具有非常广泛的应用。

尽管MNIST数据集是一个较为简单的数据集,但它仍然具有一定的挑战性,因为它包含了多种手写数字的变体和噪声,以及不同的手写风格和字体。

实验提供了3组MNIST数据集文件,分别是无噪声、10%噪声和30%噪声的文件,以及1份简单的三层神经网络图像识别程序。实验需要完成:

① 对图片进行预处理,尝试使用不同的图像处理方式进行降噪或凸显特征。

② 利用神经网络对3组预处理前后的图片进行训练、识别,并对比其准确度,探究如何处理图片能有效提高准确性。

③ 尝试将自己手写的数字图片,处理为MNIST数据集的标准格式输入网络进行识别。

## 参考文献

[1] 冈萨雷斯,伍兹. 数字图像处理[M]. 北京:电子工业出版社,2020.

# 第6章　综合系列实验

## 真空获得、蒸发镀膜、物性表征及电子衍射实验

真空技术是建立一个低于大气压力的物理环境，并在此环境下可以进行工艺制作、物理测量和科学实验等所需的技术。随着真空获得技术的发展，它的应用已扩大到工业和科学研究的各个方面，如真空镀膜等。真空蒸发镀膜是现代常用的镀膜技术之一，它与其他真空镀膜相比具有较高的沉积速率，可镀制单质和不易热分解的化合物膜。因此对它们的实验技术和应用有必要了解和学习。

对于微观粒子的波粒二象性，在普朗克和爱因斯坦关于光的微粒性理论取得成功的基础上，德布罗意(L. de Broglie)于1924年在他的博士论文《量子理论研究》中提出了微观粒子也具有波粒二象性这个令人难以置信的大胆假设。1927年，戴维逊(C. J. Davission)和革末(L. H. Germer)在实验中观察到低速电子在晶体上的衍射现象，同年，汤姆森用高速电子获得电子衍射花样，这便在实验上证实了德布罗意的理论设想。为此，德布罗意、戴维逊和革末分别于1929年和1937年获得了诺贝尔物理学奖。目前，电子衍射技术已经发展成为一门新的晶体结构分析测试的先进技术，特别是对固体薄膜和表面层晶体结构的分析比X射线分析技术更具优势。

本实验将真空抽取和获得、蒸发镀膜、物性表征及电子衍射实验综合起来，培养综合实验能力。

### 一、实验要求和预习要点

**1. 实验要求**

① 熟悉和掌握真空获得技术与测量。

② 学会真空蒸发镀膜技术以及电子衍射仪的调整和使用。

③ 掌握电子衍射运动学理论，观察电子衍射现象。

**2. 预习要点**

① 什么是德布罗意波长公式、加速电压和波长的关系式？

② 如何验证德布罗意波长公式？电子为什么在晶格上会产生衍射现象？

③ 公式 $\lambda = aR/L\sqrt{h^2+k^2+l^2}$ 中各量代表什么含义？

④ 真空系统主要由哪几部分构成？

### 二、实验原理

**1. 真空技术**

真空是指低于大气压力的气体的给定空间。真空是相对于大气压来说的，并非空间没有物质存在。用现代抽气方法获得的最低压力，每立方厘米的空间里仍然会有数百个分子存在。

气体稀薄程度是对真空的一种客观量度,最直接的物理量度是单位体积中的气体分子数。气体分子密度越小,气体压力越低,真空就越高。通常是对特定的封闭空间抽气来获得真空,用来抽气的设备称为真空泵。随着真空获得技术的发展,真空应用日渐扩大到工业和科学研究的各个方面。真空应用是指利用稀薄气体的物理环境完成某些特定任务。有些是利用这种环境制造产品或设备,如灯泡、电子管和加速器等。这些产品在使用期间始终保持真空,而另一些则仅把真空当作生产中的一个步骤,最后产品在大气环境下使用,如真空镀膜、真空干燥和真空浸渍等。真空技术已成为一个独立的学科。

**2. 真空蒸发镀膜**

所谓真空镀膜就是把待镀材料和被镀基板置于真空室内,采用一定方法加热待镀材料,使之蒸发或升华并飞溅到被镀基板表面凝聚成膜的工艺。通常真空蒸镀要求镀膜室内压力等于或小于 $10^{-2}$ Pa。在真空条件下镀膜主要是因为可以减少蒸发材料的原子、分子在飞向基板过程中的碰撞,减少气体中的活性分子和蒸发原材料间的化学反应(如氧化等),以及减少成膜过程中气体分子进入薄膜中成为杂质的量,从而提高膜层的致密度、纯度、沉积速率和与基板的附着力。

真空蒸发镀膜就是通过加热蒸发某种物质使其沉积在固体表面,已成为现代常用镀膜技术之一。蒸发物质(如金属、化合物等)置于坩埚内或挂在热丝上作为蒸发源,待镀工件(如金属、陶瓷、塑料等)基片置于坩埚或热丝的前方。待系统抽至高真空后,加热坩埚或热丝使其中的物质蒸发。蒸发物质的原子或分子以冷凝方式沉积在基片表面。蒸发源通常选用 3 种:

① 电阻加热源,用难熔金属如钨、钽制成舟箔或丝状,通以电流,加热在它上方的或置于坩埚中的蒸发物质。电阻加热源主要用于蒸发 Cd、Pb、Ag、Al、Cu、Cr、Au、Ni 等材料。

② 高频感应加热源,用高频感应电流加热坩埚和蒸发物质。

③ 电子束加热源,适用于蒸发温度较高(不低于 2000 ℃)的材料,即用电子束轰击材料使其蒸发。

在本实验中选用电阻加热源。蒸发镀膜与其他真空镀膜方法相比,具有较高的沉积速率,可镀制单质和不易热分解的化合物膜。对薄膜的厚度和形貌观察可用精密轮廓扫描法(台阶法)、扫描电子显微法(SEM)和原子力显微镜法等,也可用 X 射线衍射进行晶体结构的研究。因此电子衍射实验是一个综合的大型实验,包括了真空技术、真空镀膜技术、电子衍射技术以及各种现代高技术测试手段。

**3. 电子衍射**

(1) 理论计算电子波长

1924 年,德布罗意在光的波粒二象性的启发下,提出了微观粒子也像光子一样,具有波粒二象性的假设。即当一个微观实物粒子以速度 $v$ 匀速运动时,它具有能量 $E$ 和动量 $p$,从波动性方面来看,具有波长 $\lambda$ 和频率 $f$。这些量之间的关系也应和光波的波长、频率与光子的能量、动量之间的关系一样,遵从

$$p = mv = \frac{h}{\lambda}$$

$$E = mc^2 = hf = \hbar\omega$$

其中,$h$ 为普朗克常数,$\hbar = h/2\pi = 1.054\ 5 \times 10^{-34}$ J·s,$c$ 为真空中的光速,$\omega = 2\pi f$ 表示角

频率。

据以上关系，可得物质波的波长 $\lambda$ 为

$$\lambda=\frac{h}{mv} \tag{6.1-1}$$

为了得到这种物质波的更明确的概念，可以计算各种电压加速下电子的波长 $\lambda$。

由式(6.1-1)知，欲求 $\lambda$，则必须得到在某一电压加速下的电子速度 $v$。假定一个电子从阴极飞向阳极，其电场力所做的功将转变为电子所获得的动能 $E_k$。但当加速电压足够大时，必须考虑到电子质量随速度变化的相对论效应，此时运动电子的质量和动能分别为

$$m=\frac{m_e}{\sqrt{1-\frac{v^2}{c^2}}} \tag{6.1-2}$$

$$E_k=mc^2-m_ec^2=m_ec^2\left(\frac{1}{\sqrt{1-\frac{v^2}{c^2}}}-1\right) \tag{6.1-3}$$

其中，$m_e$ 为静止电子质量。现在仍假定电子动能的改变完全由加速电场的加速电压 $V$ 所决定，则有

$$E_k=m_ec^2\left(\frac{1}{\sqrt{1-\frac{v^2}{c^2}}}-1\right)=eV \tag{6.1-4}$$

由式(6.1-1)和式(6.1-2)可以得出

$$\lambda=\frac{h}{mv}=\frac{h}{m_ev}\sqrt{1-\frac{v^2}{c^2}} \tag{6.1-5}$$

由式(6.1-3)和式(6.1-4)可以得出

$$v=\frac{c\sqrt{e^2V^2+2m_ec^2eV}}{m_ec^2+eV} \tag{6.1-6}$$

则由式(6.1-5)和式(6.1-6)可以得出

$$\lambda=\frac{h}{\sqrt{2m_eeV\left(1+\frac{eV}{2m_ec^2}\right)}} \tag{6.1-7}$$

将 $e=1.602\times10^{-19}\,\mathrm{C}$，$h=6.626\times10^{-34}\,\mathrm{J\cdot s}$，$m_e=9.110\times10^{-31}\,\mathrm{kg}$，$c=2.998\times10^{8}\ \mathrm{m/s}$ 代入式(6.1-6)中，可得

$$\lambda=\sqrt{\frac{150}{V(1+0.978\,3\times10^{-6}V)}}\quad(\dot{\mathrm{A}})$$

$$=\frac{1.225}{\sqrt{V(1+0.978\,3\times10^{-6}V)}}\quad(\mathrm{nm}) \tag{6.1-8}$$

若已知加速电压 $V$，则可由上式求出电子的波长 $\lambda$。

(2) 衍射实验测量电子的波长

由于电子具有波粒二象性，那么它就应具有衍射现象，电子波的波长一般在 $10^{-9}\sim10^{-8}$ cm，因此要求光栅系数应具有这个数量级。通过对晶体结构的研究表明：构成晶体的原子具有规

则的内部排列,相邻原子间的距离一般为 $10^{-8}$ cm 的数量级,因此若一束电子穿过这种晶体薄膜就会产生电子波的衍射现象。

原子在晶体中有规则地排列形成各种方向的平行面,每一簇平行面可用密勒指数$(h,k,l)$来表示,这使电子的弹性散射波可以在一定方向相互加强,除此之外的方向则很弱,因而产生电子衍射花样,各晶面的散射线干涉加强的条件是光程差应为波长的整数倍,即布拉格公式

$$2d\sin\theta = n\lambda \tag{6.1-9}$$

其中,$d$ 为相邻晶面的距离,$\theta$ 为入射角,$n$ 为整数。当该晶体薄膜为多晶薄膜时,如图 6.1-1 所示,在多晶薄膜内部的各个方向上均有电子入射线夹角为 $\theta$ 且满足布拉格公式的反射晶面,因此电子波的反射线形成以入射线为轴线,张角为 $4\theta$ 的衍射圆锥,如图 6.1-2 所示,在荧光屏上便可观察到一个衍射圆环。在多晶薄膜内部有许多平行晶簇(间距为 $d_1,d_2,d_3,\cdots,d_n$)都满足布拉格公式(它们的反射角为 $\theta_1,\theta_2,\theta_3,\cdots\theta_n$),因此在荧光屏上可观察到一组同心衍射圆环,如图 6.1-3 所示。

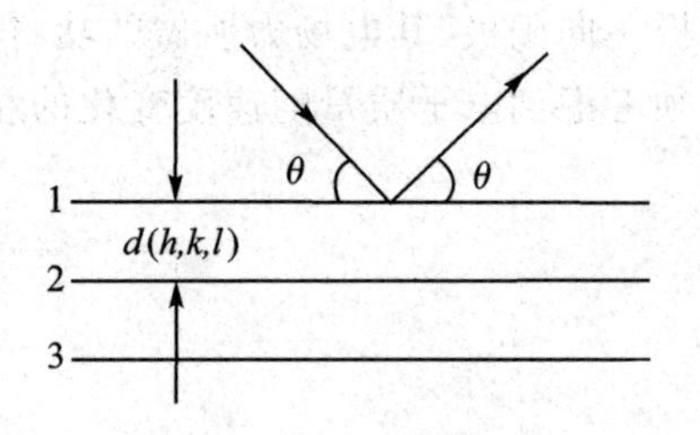


图 6.1-1 布拉格衍射

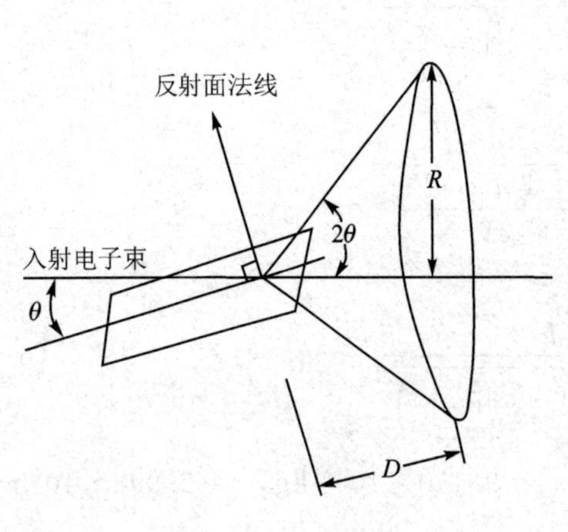


图 6.1-2 衍射圆锥

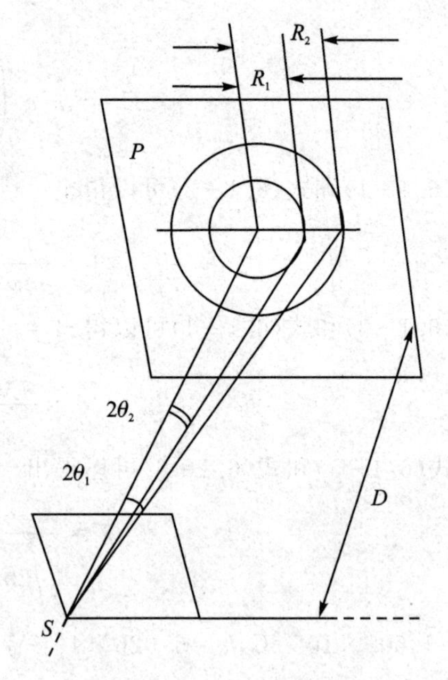


图 6.1-3 同心衍射圆环

在图 6.1-3 中,$\tan 2\theta = R/D$,$R$ 为衍射环半径,$D$ 为衍射距离。一般情况下 $\theta$ 值很小,所以有 $\tan 2\theta = 2\sin\theta = R/D$,因此 $\sin\theta = R/2D$。实验中采用的银晶体属于面心立方晶体结构,相邻平行晶面间距为

$$d = a/\sqrt{h^2+k^2+l^2} \tag{6.1-10}$$

其中,$a$ 为晶体的晶格常数。将式(6.1-10)代入布拉格公式(6.1-9)可得

$$2aR/(2D\sqrt{h^2+k^2+l^2}) = n\lambda \tag{6.1-11}$$

取 $n=1$,即利用其第一级布拉格公式反射,则有

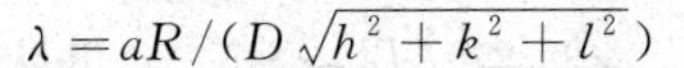
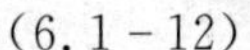

$$\lambda = aR/(D\sqrt{h^2+k^2+l^2}) \tag{6.1-12}$$

面心立方体的几何结构决定了只有密勒指数$(h,k,l)$全部为奇数，或者全部为偶数时的晶格平面才能发生衍射现象。这样，可根据表 6.1－1 得到电子波的波长，并可与理论计算的波长相比较。利用衍射实验测量得到的电子波长与利用德布罗意关系式理论计算出的电子波长进行比较，若相符则验证了德布罗意理论假说的正确性，即验证了电子具有波粒二象性。

**表 6.1－1　材料银的电子衍射的实验数据记录表**

| 编　号 | 反射晶面 $(h,k,l)$ | $h^2+k^2+l^2$ | 衍射环半径（测量所得） | 电子波长/nm（实测）$\lambda_{测}=aR/(D\sqrt{h^2+k^2+l^2})$ | 电子波长/nm（理论计算）$\lambda_{理}=\dfrac{1.225}{\sqrt{V(1+0.9783\times10^{-6}V)}}$ |
|---|---|---|---|---|---|
| 1 | (1,1,1) | 3 | | | |
| 2 | (2,0,0) | 4 | | | |
| 3 | (2,2,0) | 8 | | | |
| 4 | (3,1,1) | 11 | | | |
| 5 | (2,2,2) | 12 | | | |
| 6 | (4,0,0) | 16 | | | |
| 7 | (3,3,1) | 19 | | | |
| 8 | (4,2,0) | 20 | | | |
| 9 | (4,2,2) | 24 | | | |
| 10 | (3,3,3) | 27 | | | |
| ⋮ | ⋮ | ⋮ | | | |

注：材料为银；结构为面心立方；晶格常数 $a=4.0856$ Å；衍射距离 $L=387$ mm。

## 三、实验装置

电子衍射仪的整体结构图如图 6.1－4 所示，电器控制面板图如图 6.1－5 所示。实验仪器包括 WDY－IV 型电子衍射仪、循环水、10 号变压器油、单相交流电 220 V 和三相交流电 380 V 两种电源、火棉胶、醋酸正戊脂、小滴瓶一个、玻璃器皿一个、样品架一套、样品银、烘干器、SO 特硬胶片、显影液、定影液、数码相机及计算机。

## 四、实验内容及步骤

### 1. 真空的获得与真空镀膜

(1) 开机前的准备工作

① 将仪器接好地线。

② 接通冷却水，冷却水应先经挡油板至扩散泵下端流进，最后由扩散泵上端流出，接反了将造成扩散泵冷却不均。

③ 将各电器开关全部置“关”位，“高压调节”与“灯丝电压调节”两自耦变压器置“零”位。高压开关与“高压调节”应经常注意在“关”位和“零”位，否则，接通电源即有数万伏高压加于阴极与阳极间形成辉光放电，造成大量阴极铜分子溅射到玻璃管壁。当出现辉光放电时，若不能

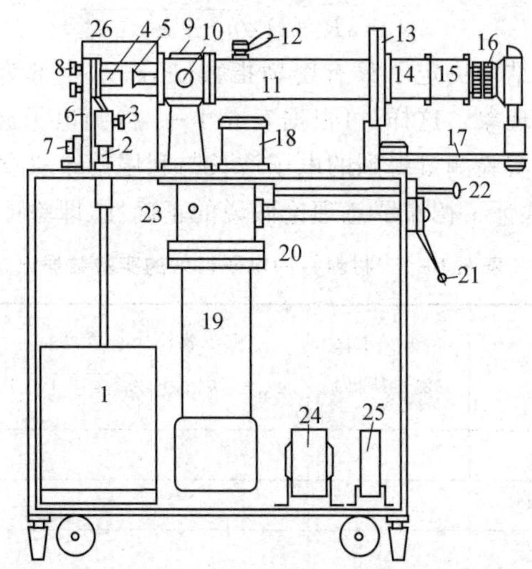


注:1—高压电源;2—高压引线;3—高压引线固紧螺母;4—阴极;5—阳极;
6—阴极支板;7—阴极支板固紧螺母;8—阴极定位螺杆;9—观察窗;10—样品台;
11—衍射管;12—快门;13—照像装置;14—荧光屏;15—遮光套筒;16—照相机及接圈;
17—照像机支架;18—镀膜装置;19—扩散泵;20—挡油板;21—蝶阀手柄;
22—三通阀;23—电离计规管;24—镀膜变压器;25—互感器;26—防护屏。

**图6.1-4 仪器总体结构图**

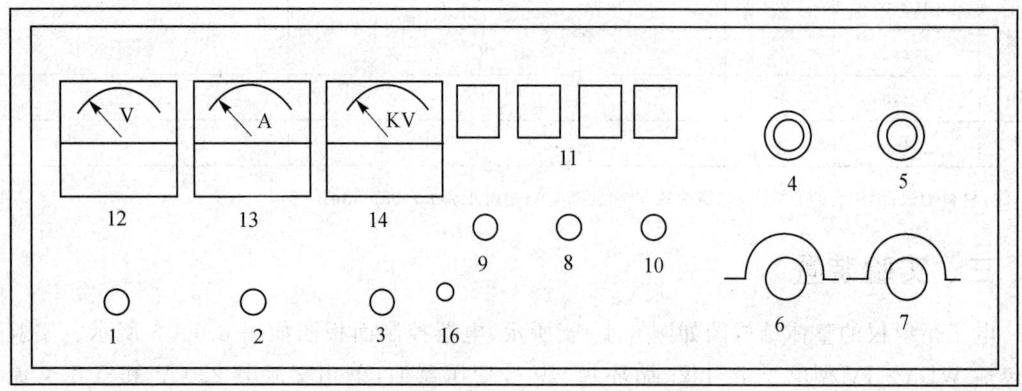


注:1—电源开关;2—扩散泵开关;3—高压开关;4—机械泵开;5—机械泵关;6—高压调节;
7—灯丝镀膜调节;8—灯丝镀膜转换;9—镀膜开关;10—灯丝开关;11—指示灯;12—灯丝电压;
13—镀膜电流;14—高压指示;15—高压保险(5A)。

**图6.1-5 电器控制面板图**

迅速关闭高压电源,将造成烧坏高压电源的事故。

④ 接通电源:本仪器使用单相220 V交流电和三相380 V交流电两种电源。其中单相220 V交流电作为高压电源、扩散泵电炉及控制电路的电源,总功率为1.5 kW;三相380 V交流电作为机械泵电动机电源,总功率为0.6 kW。机械泵不能反转,在接通电机电源前应先将机械泵皮带取下,当观察好电机的转向正确后,再安上三角皮带,以免在机械泵反转时打坏叶片或将泵油打入真空系统。电磁阀使用380 V交流电,将两接头用导线连接于机械泵三相电源的任意两相即可。

⑤ 仪器使用前,确定高压油箱内已注满10号变压器油。

(2) 抽真空

① 先接好测量规管，蝶阀上的接口接电离计，三通阀上左右两侧各接热偶规管一个。

② 关好放气阀，蝶阀保持在“关”位，其他各密封口盖好。

③ 开“电源”开关。按下机械泵“开”按钮，机械泵即开始工作(注意电磁放气阀是否被卡住)。开机械泵约 5 min 后，将三通阀拉出(“拉位”)抽气 1～2 min，再将三通阀推进(“推位”)抽气 1～2 min 后可开蝶阀(手柄转到水平位置)。

④ 打开热偶计，当测量真空度达 3 Pa 左右，即说明低真空符合要求，可开扩散泵。需要注意的是，开冷却水并保持三通阀在“推”位，蝶阀在“开”位。

(3) 样品的制备与安装

① 样品架应用细砂纸打光，小孔处清除毛刺，然后依次用甲苯→丙酮→酒精进行超声清洗。

② 制底膜。将火棉胶用醋酸正戊酯稀释并装入小滴瓶中，其浓度可通过滴膜实验来确定。当一滴火棉胶液投落到水面上所形成的膜呈完整一片，但有皱纹时其胶液太浓；若所成膜为零碎的小块时，则胶液太稀。一般火棉胶含量为 1‰。

当配好胶液并获得适当的火棉胶膜以后，则可将样品架从无膜处插入水中，从有膜处慢慢捞起，并放入真空烘箱中加热到 100～120 ℃烘干。亦可用热风吹干或红外线烘干，烘干后的样品架小孔处可见有一层薄膜，薄膜破裂太多的应该重做。

(4) 真空镀膜

镀膜装置为一台小型真空镀膜机。加热器是用厚 0.1 mm、宽 5 mm 的钼片制成的钼舟。加热电流在 40 A 左右即可蒸发银。蒸发器两电极之一是直接固定在底板上，真空机组本身即为一电极，另一电极连接于镀膜罩的外罩上。在安装时，要注意镀膜罩和底板的绝缘。将制好底膜的样品架插入镀膜罩支架上盖好，待真空达 $10^{-2}$ Pa 以后即可蒸发镀膜。

① 在密封无大问题的情况下，开扩散泵 25 min 后，应观察到真空度明显上升，并很快达到热偶计的满刻度(真空度已在 0.1 Pa 以上时)可以进行镀膜。

② 将“镀膜—灯丝”转换开关转向“镀膜”，打开“镀膜”开关，调节镀膜调压器，使电流逐渐加至 40 A 左右(注意电表满刻度为 100 A)，通过观察窗观察钼舟，当银粒开始熔化时，再稍增大电流，当见到有机玻璃罩盖上已镀上一层银膜时，立即将电流降至零并关“镀膜”开关。镀膜完毕，按真空系统操作规程进行放气，取出样品架并移入样品台中，其余样品架放入玻璃器皿中保存。

③ 样品镀好以后，关闭电离计、关蝶阀，三通阀保持在“推”位，打开开放气阀放气，然后打开镀膜罩盖，取出样品架放到玻璃器皿内。

**2. 物性表征及电子衍射观察**

(1) 电子衍射观察

① 打开样品台的后盖，可将样品插入样品推杆上，盖好后盖再盖好镀膜罩，关放气阀。将三通阀慢慢置“拉”位，将腔体部分抽真空达 1 Pa(约 2 min)，再将三通阀置“推”位，开蝶阀。扩散泵恢复工作，一般 5～10 min 可抽至 $5\times10^{-3}$ Pa 以上的真空度。

② 观察衍射环：先拧动样品推杆的平动螺旋，将样品架推离中心位置，打开灯丝开关，调节灯丝电压到 120～150 V(每台仪器因灯丝长度不一，电压也不一致)，此时灯丝已加热到白炽状态。开“高压”开关，调节“高压调节”手柄，将电压加到 15 kV 左右，此时在荧光屏上应能

观察到一个电子束的中心亮点(若光点边缘严重不规整、多亮点或亮点很暗则需进行同轴调整)。然后再将样品移到中心位置,电压加到20～30 kV时,应可观察到衍射圆环。

利用扫描隧道显微镜、原子力显微镜等分析测试仪器,对所镀样品进行物理性质测量表征。

(2) 阴极的清洗与安装

电子枪部分是由底板、灯丝和栅套组成,灯丝烧断、阴极严重溅射和电子枪严重不同轴等情况,需要拆卸电子枪。拆卸过程如下:

① 将顶紧阴极底板的三个螺旋稍拧出,松开固定有机玻璃支板的两个大螺丝,将有机玻璃支板取下。

② 用手托住阴极底板和玻璃管,打开放气阀放气,因为阴极是借助大气压强压接于样品台上的,故放气后即可将阴极连同玻璃管一起取下。

③ 当更换灯丝、调整同轴或清洗完后,将玻璃管、阴极一起盖到样品台的胶皮圈上,注意将阴极、阳极尽量保证在一条轴线上,开动机械泵进行抽气。

④ 安装上有机玻璃支板,将上端三个螺旋轻轻拧至顶住阴极底板,即安装完毕。

⑤ 阴极、阳极及玻璃管一般要进行严格的清洗。阴极和阳极锈蚀后要用布轮抛光,再依次用甲苯→丙酮→酒精进行超声清洗,安装前放入真空烘箱中加热到100 ℃烘干。密封圈需要涂真空脂的地方,应尽量少涂,并避免过多的真空脂暴露在真空中。

**3. 注意事项**

本仪器因考虑到直观、简要、可动等要求,在设计上增加了许多可动半可动接口。这给获得真空和电子枪承受数万伏的电压造成了不少困难,因此本仪器要求严格遵守操作程序,并特别注意遵守以下注意事项:

① 为了提高实验的精确度,在仪器周围应避免有较强的磁场。

② 仪器必须接好地线。

③ 所有接触真空的部件,必须严格清洗。

④ 高压开关必须经常保持在"关"位,"高压调节"在零位,启动高压时应缓慢。在最初几次使用高压时,由于电子枪、阳极各部件的放气很容易造成辉光放电,应分阶段加电压(10 kV、20 kV、30 kV、35 kV)缓慢进行,不可一次连续升压。

⑤ 启动高压以后,操作者应尽量做到手不离高压开关,当电子枪部分出现辉光放电时,应做到迅速关闭高压开关,或将高压变压器拧至零位。一般应尽量缩短加高压的时间。

⑥ 直流高压部分置有一个滤波电容。关高压电源以后需要接触高压部分时,应进行放电或稍等数分钟。

⑦ 本仪器电子枪部分有较强X射线,电子枪前方应放置铅玻璃板或采用其他防护措施。此外观察窗处亦有一定强度X射线,在观察样品位置时,应关闭高压。

⑧ 停止实验或镀膜、照相完毕对系统进行放气时,应注意先关闭高压、灯丝和电离计。

⑨ 整个系统必须经常保持真空,实验中应尽量缩短放入大气的时间。长期放置不用时,应过一段时间开机械泵抽空一次。在正式实验前,应开动扩散泵先抽空几次。

⑩ 为防止机械泵返油,当机械泵停止抽气时,安装在机械泵进气口一侧的电磁放气阀将自动向机械泵进气口一侧放气。但使用中由于放气阀弹簧过松或拉杆滑动不好而使气阀不能自动弹回,将造成机械泵油反入真空系统的事故。因此每次停止抽气时,应检查一下放气阀是

否弹回。开机抽气时也应注意检查一下气阀是否被拉出。

⑪ 表面保护:本仪器的大部分零件均进行表面发黑处理,当进行去油清洁处理后,应尽快进行安装并抽真空,暴露于大气的零件表面应均匀地涂抹一层扩散泵油,使用中应定期擦洗。

## 五、电子衍射的其他应用

现代分析技术中,经常不是用单一的一种手段,而是将 X 射线分析技术、电子衍射、俄歇电子能谱等现代分析手段有机地结合起来,特别是运用现代电子计算机技术,可存储大量的数据、标准谱图,可以借助配合各台仪器的小型计算系统处理专门的各类数据,可以进行图像复原,从而使这些设备在现代分析测试技术中发挥更大的作用,如测定晶格常数、图像鉴定和测定晶体取向等是电子衍射最常使用的项目。由于单晶体和多晶体的电子衍射图像十分不同,在现代晶体生长的分子束外延设备中,常用电子衍射来控制生长过程。

## 六、思考题

1. 本实验证实了电子具有波动性,这个波动性是单个电子还是大量电子所具有的行为表现?如何解释?

2. 根据实验能否给出 $\lambda^2-1/V$ 曲线?若能,怎样由曲线测定普朗克常数 $h$ 的值?

3. 加高压前为什么要先将电离真空计关掉?